中国科学院大学研究生教材系列

高等构造地质学

第四卷 知识综合与运用

侯泉林 等 编著

科学出版社

北 京

内 容 简 介

《高等构造地质学》按照“思想方法与构架—新理论与应用—专题知识与实践—知识综合与运用”思路构思，分四卷先后出版。本书为第四卷，是本套教材的收尾卷，以造山带及其分析方法为重点，同时注意与成矿作用的结合。内容包括山脉与造山带、造山带的结构和组成、造山带的分析方法——大地构造相、增生型造山带等传统大地构造学内容，以及构造作用与成矿，最后探讨了应力化学概念和有关问题。

主要读者对象为高等院校（研究所）地质学专业研究生，也可供高年级本科生及大学教师和科研人员等地质工作者参考。

图书在版编目（CIP）数据

高等构造地质学 . 第四卷 , 知识综合与运用 / 侯泉林等编著 . —北京 : 科学出版社 , 2021.9

中国科学院大学研究生教材系列

ISBN 978-7-03-069737-0

Ⅰ . ①高… Ⅱ . ①侯… Ⅲ . ①构造地质学 – 研究生 – 教材 Ⅳ . ① P54

中国版本图书馆CIP数据核字(2021)第182157号

责任编辑：韦 沁 韩 鹏 / 责任校对：张小霞

责任印制：赵 博 / 封面设计：北京东方人华科技有限公司

科学出版社 出版

北京东黄城根北街16号

邮政编码:100717

http://www.sciencep.com

涿州市般润文化传播有限公司印刷

科学出版社发行 各地新华书店经销

*

2021年9月第 一 版 开本：787 × 1092 1/16

2024年8月第四次印刷 印张：22 插页：1

字数：534 000

定价：258.00元

（如有印装质量问题，我社负责调换）

总　序

研究生是科学人生的关键阶段，与本科和中学阶段不同，它既有扩充拓展深化知识的功能，又有知识专门化专业化的功能，更有研究创新能力培养训练的功能。我认为教与学的方式可以分为三个层次，不同阶段其侧重点不同。

第一层次：知识传授与汲取——知识拥有；

第二层次：科学问题研讨，解决科学问题能力的培养——知识运用；

第三层次：发现和提出科学问题，创新能力的培养——知识创新。

大学之前，主要是第一个层次；大学阶段要从第一层次扩展到第二层次；研究生阶段要扩展到第三层次，且以第三层次为重点。

只要上了研究生，不管将来是否从事本专业的工作，都要不遗余力地努力学习，因为研究生不仅仅是学知识，更主要的是能力的培养，进而发现自己的发展潜能。不管从事什么工作，能力是通用的。

科学是一种理论化的知识体系，更是人类不断探索真理的一种认识活动。现代社会条件下，科学也是一种社会建制，科学的发达水平、公民的平均科学素养，是衡量一个国家文明程度和综合国力强弱的重要指标。北京大学老校长蒋梦麟先生曾指出："强国之道，不在强兵，而在强民。强民之道，惟在养成健全之个人，创造进化的社会。所谓教育，就是为了达此目的之方法也。"作为知识体系，科学是逻辑连贯的、自洽的；作为活动，科学是不断修正自身，不断发展；作为社会建制，科学是人类文化的最重要组成部分，科学为技术提供指导。科学精神就是实事求是，勇于探索真理和捍卫真理的精神。主要包括：求实精神、创新精神、怀疑精神、宽容精神等几个方面，其中最主要的，是求实与创新，不求实就不是科学，不创新科学就不会发展。著名地质学家孙贤鉥先生指出："业余选手总是沉醉于自己的成绩中，而职业选手——真正的科学家总是看到自己的不足。"要成为一名真正的科学家，必须经受严格的科学训练。

研究生开展研究工作要调研和思考三个问题：

- 为什么要做这项研究？
- 还有其他人在做或做过相关的研究工作吗？已经做到了什么程度？
- 别人是怎样做的？有无借鉴的价值？如何超过前人的工作？

构造地质学有其自身学科特点，主要表现在以下方面：

时间跨度大：地球长达42亿年的变形历史，从前寒武纪变形到现代地裂缝；早期变形可能被后期变形改造、破坏殆尽，造成对早期变形的识别困难，但辨认各期变形特色，

建立变形期次、序列，重塑变形历史和过程又是构造地质学的重要任务。

尺度跨度大：从整个地球到晶格位错，以超宏观到超微观构成特色，而且其原理具有普适性，与自然现象最为贴近，这有别于其他学科。因此需要注意：①从更大的区域去理解小区域构造，避免“只见树，不见林”；②正确处理大尺度构造和小尺度构造之间的关系，避免以小代大；③忠实于野外现象，谨防以假乱真。

层次跨度大：上地壳—中地壳—下地壳—岩石圈—地幔—地核；板块构造—大陆漂移—磁条带对称分布—海底扩张—地幔对流—登陆局限性—逆冲、裂谷、走滑断层—地体—层圈构造—地幔柱构造。涉及地球整体及各圈层的相互作用。

应用和服务对象跨度大：涉及固体矿产资源（构造成矿控矿、断层阀模式等）、油气资源（构造圈闭作用）、工程建设（地基和大坝选址）、各类地质灾害（包括地震、滑坡、泥石流等）、环境保护以及全球环境变化（青藏高原隆升与气候关系）等。这是其他学科所不能媲美的。

学科跨度大：构造地质学除自身的知识体系外，还涉及岩石学、矿物学、地层古生物学、地球化学、地球物理学等方面的知识，它不仅记录了历次构造－热事件，而且是重要研究手段；构造地质学是地球科学中的上层建筑，起统帅作用。因此，构造地质学家不仅要有深厚的构造地质学功底，而且要有广博的地质学知识和扎实的野外基本功。

在地球科学领域中，各分支学科均拥有稳定的研究队伍，有各自的研究方法和技术手段，建立了各具特色的科学思维方式，能比较得心应手地研究本学科所面临的主要科学问题。然而，随着社会和科学的发展，地球科学家所面临的许多重大科学命题，却往往要求综合性的、跨学科的研究工作。这种以综合（synthesis）为主导的研究工作，已成为地球科学所面临的重大挑战，这正符合构造地质学的学科特点。因此这既是构造地质学和构造地质学家面临的严峻挑战，也是难得的机遇。

随着我国经济实力的提升，我国构造地质学研究也相应取得长足进展，拥有了国际上最先进的仪器设备；研究领域日趋扩展，地壳→岩石圈→软流圈；大陆→大洋；本土→国外；微观→超微观；定性→定量；现象描述→理论创新（如最大有效力矩准则及其扩展、广义断层模式等）。但与国际先进水平相比仍有差距，存在明显不足，主要表现在如下方面：①模仿多于创新，整体表现为跟踪为主，近些年来在有些方面显示出了领先端倪。②缺乏稳定的研究基地，泛泛提出的模式多，公认的模式和新理论产出少。我国拥有各种类型的造山带，但没有一个能够像阿尔卑斯造山带研究的那样精细，它尽管没有太多的年龄数据，但却成为“构造地质学”的摇篮，构造地质学家的“朝圣地”。③实验和定量研究手段创新偏少，购买国外的先进仪器多，自己研发的装备少。④对方法学研究重视不够，缺乏后劲，近些年来有所改观。⑤知识不够宽厚，基础知识和实践经验明显不足，我们的教材与发达国家相比明显逊色。⑥在广泛利用现代化仪器分析的同时，野外地质有被边缘化或弱化之趋势，年轻地质学家的野外基本功有趋弱现象。⑦学术风气相对浮躁，存在“著书不立说”现象。作为研究生，对这些现象要有清醒的认识，要脚踏实地，力戒浮躁！

“构造地质学”（tectonics）按照研究对象尺度不同，可分为大地构造学（简称“大构造”，geotectonics）、（中小尺度）构造地质学（简称“小构造”，structural geology）、显微构造地质学（简称“显微构造”，microstructural geology），乃至超显微构造地质学（简称“超显微构造”，super-microstructural geology）。本教材侧重于“小构造”，但同时注重与“大构造”以及“显微构造”的衔接和延伸。此外，考虑到目前研究生通常对某一学科知识掌握的比较好，但对学科知识的综合运用相对薄弱的情况，力图使本教材能体现思想性、综合性、系统性、实用性和前沿性。

广义的“构造地质学”是地质学科的核心和基础，俗称地质学的三大件之一（三大件是指构造地质学、岩石学、地层古生物学）。构造地质学科本身有其独特的一面，它不仅具有很强的知识体系，而且具有明显的哲学色彩，其思想方法独特，涉及面宽，有较强的探索性。所以有人说“构造地质学”是地质学的统帅性学科。鉴于此，本教材的结构按照“思想方法与构架—新理论与应用—专题知识与实践—知识综合与运用”思路构思，分四卷先后出版。

第一卷　思想方法与构架：科学哲学与地质学思维方式、地球科学革命与启示、板块构造学的基本内容和思想方法。

第二卷　新理论与应用：以岩石变形理论为基础，以最大有效力矩准则的分析和应用为核心，进而探讨广义断层模式和岩石不同变形准则的联合与应用问题等。

第三卷　专题知识与实践：构造形迹（面理、线理等）、构造岩石特征、逆冲推覆构造、伸展构造、走滑构造、韧性剪切带、变质核杂岩等。

第四卷　知识综合与运用：碰撞造山带及其大地构造相分析方法、造山带研究中的若干问题、造山带研究实例分析、构造作用与成矿等。

此外，针对容易混淆和误解的一些问题，或者当前使用中有些混乱的概念，以附录的方式附于每卷之后，以便学生学习和讨论。

按说研究生不应有固定教材，而是随着学科的发展而不断修正和补充，所以与其说是教材倒不如说是参考教材更为贴切。研究生的专业课程并没有统一的教学大纲，这为各个大学和教授本人根据具体情况和自身特色因材施教提供了空间。本教材主要是作者在中国科学院大学（简称“国科大”，原中国科学院研究生院）地球科学学院多年讲授“高等构造地质学”研究生核心课程、“碰撞造山带研究方法”和“板块边缘地质学”等研究生研讨课程，郑亚东教授讲授的“构造地质学新进展”以及作者在河南理工大学开设的“构造地质学系列讲座”等的基础上，经不断修正、补充完善综合而成。因涉及内容较多，不同专业研究生可根据需要选择不同部分阅读。本教材若能为研究生在课程学习阶段提供参考、有所裨益，作者就已很感满足，除此之外并无其他奢望。本教材并未邀请名师作序，主要担心书中会有错误和不妥之处，影响大师之声誉。教材中若有任何错误和问题均由作者本人负责。

这里要特别感谢中国科学院大学地球与行星科学学院的吴春明教授和闫全人教授，还有中国科学院地质与地球物理研究所的王清晨研究员，是他们的多次鼓励才使我下决心撰写本教材。本教材实际上是整个学科组集体劳动的成果，在各卷的前言中会分别予以致谢。本教材得到了多个研究项目的支持，主要包括：国家重点研发计划“深地资源勘查开采”重点专项（编号：2016YFC0600401）、国土资源部行业科研专项项目（编号：201211024-04）、岩石圈演化国家重点实验室开放课题（编号：开 201605）、国家自然科学基金重点项目（编号：41030422；90714003）、中国科学院战略性先导科技专项项目（编号：XDA05030000）等。

这里要特别感谢我的博士生导师，中国科学院地质与地球物理研究所的孙枢院士和李继亮研究员、硕士生导师钟大赉院士；我在北京大学进修时的指导老师郑亚东教授和刘瑞珣教授；我的构造地质学启蒙老师，河南理工大学的康继武教授；博士后阶段的合作导师，中国科学院高能物理所的柴之芳院士等，他们的学术思想和科学精神都深深地影响着我。遗憾的是，在第一、二卷书稿成稿之时，恩师孙枢先生和康继武先生不幸辞世，谨以本教材寄托哀思！

书中一些观点仍存在争论或还很不成熟，有些内容仍在讨论和完善之中。作者认为，这正是研究生教材与本科生教材的不同所在。此外，由于作者水平所限，疏漏和错误之处一定不少，恳请读者和广大师生不吝指教，以便今后修正完善。

张进林

于中国科学院大学　雁栖湖校区

2018 年 4 月

前　言

本卷“知识综合与运用”是这套《高等构造地质学》教材的收尾卷，继续保持前面三卷的写作风格，主要包括以下内容：

（1）造山带及其分析方法。造山带是地球上最为复杂的构造单元，也是本卷的核心内容，约占 60% 的篇幅（第 1 ～ 5 章）。内容以造山带研究中面临的一些问题和容易误解或含混不清的概念为主线展开，具体包括山脉与造山带、造山带结构和组成、造山带分析方法——大地构造相、增生型造山带概念和特征及增生弧的识别和有关问题讨论，以及全球大地构造相思路和可能成矿特征。

（2）构造作用与成矿。这部分是构造地质学与矿床学的学科交叉内容，是向矿床学科的延伸和拓展，约占 25% 的篇幅（第 6 ～ 7 章）。包括：①造山带的成矿作用。介绍了造山作用前、俯冲造山过程、碰撞造山过程、碰撞造山后和非造山等不同构造环境的成矿特征，并试图澄清碰撞造山作用过程中能否大规模成矿问题。②剪切带成矿作用。以胶东金矿和湘东钨矿为例，着重讨论了“多期岩浆—热液流体—构造剪切—脆性破裂（R、R′ 、T）—应力骤降—流体闪蒸—元素析出”的成矿过程。

（3）构造应力化学概念讨论。构造应力化学研究刚刚起步，极富探索性，有望成为构造地质学的发展方向之一。这部分篇幅不大，约占 15% 的篇幅（第 7 ～ 8 章），旨在启发同学们对有关问题的思考，培养批判性思维能力。应力作用能否引起化学变化是争论了上百年的老问题，这里主要探讨了两方面问题：剪切带成矿过程中的应力化学过程（第 7 章）；应力作用下有机岩石 - 煤的裂解与生气，对煤的力解作用和热解作用的差异做了比较分析。

（4）构造地质学发展方向思考。构造地质学的发展方向是构造地质学家面临的挑战之一。对此不同学者从不同角度进行了探索。本卷对此问题进了思考，提出构造地质学未来的发展方向应是与物理学、化学乃至数学等基础学科的深度融合。这部分内容仅作简单讨论，没有放在正文中，而是以“尾声”的形式予以体现，仅供读者思考和参考。

本卷用较大篇幅反映了中国科学院地质与地球物理研究所李继亮研究员有关碰撞造山带方面的学术思想和研究成果，主要考虑两方面因素：①李先生在碰撞造山带研究方面有比较系统和全面的思考和认知，形成了独到的学术思想，曾被大家戏称为“碰撞李”。② 1984 年，李先生曾为中国科学技术大学研究生院（国科大前身）编撰《现代地质学导论》若干册（油印本，现存放于国科大校史馆）；21 世纪初，计划撰写一本《碰撞造山带研究的理论与方法》，遗憾的是因种种原因没有成行。尽管这里不能囊括李先生的所有学术思想，也无法达到先生的认识高度和深度，但我尽可能地将李先生有关造山带的学术思想继承下来，传承下去。作为弟子，也算完成了先生“学术上要有所交代”的遗愿。撰写过程中还参阅了李先生的一些未公开的手稿资料。本想完成书稿后请先生审阅指导，遗憾的是在书稿完成前夕先生不幸辞世，谨以此寄托哀思！

本卷主要执笔人的大致分工：第 4 章 4.4 节由陈艺超执笔；第 5 章 5.4 节由侯泉林、闫全人和陈艺超执笔，5.5 节由郭谦谦和侯泉林执笔；第 6 章由闫全人执笔；第 7 章由程南南（河南理工大学）和侯泉林执笔；第 8 章由王瑾（太原理工大学）、韩雨贞（山西省科技厅）和侯泉林执笔。其他章节均由侯泉林执笔，最后由侯泉林修改统编。主要内容反映了作者多年来的教学和科研成果。这里要特别感谢我的同事闫全人教授，除了撰写部分章节内容外，还经常就一些问题与笔者进行深入讨论，并帮助修改和润色部分稿件。河南理工大学教师程南南博士和石梦岩博士帮助查阅资料、清绘图件和审阅稿件，并承担了全部稿件校对工作；中国科学院大学何苗博士承担了全部有关出版联系事务。中国科学院地质与地球物理研究所翟明国院士、吴福元院士、肖文交院士、王清晨研究员、孟庆任研究员、林伟研究员，中国地震局杜建国研究员，中国地质科学院王宗起研究员、王涛研究员，北京大学郭召杰教授、张进江教授，中国地质大学（北京）刘俊来教授，南京大学李永祥教授，河南理工大学张国成教授、郑德顺教授和潘结南教授，英国卡迪夫大学（Cardiff University）卢茜（Lucy X. Lu）博士等与笔者进行有益讨论或提出积极建议。中国科学院大学地球与行星科学学院柴育成教授、吴春明教授、马麦宁教授、刘庆副教授、郭谦谦副教授、孙金凤副教授、张玉修副教授、张吉衡副教授、宋国学副教授和博士后研究人员何苗博士、陈艺超博士等经常在地星学院“构造组会”上针对有关问题展开讨论，并提出宝贵意见；学科组的研究生们也积极参与讨论。匿名评审专家提出了建设性意见。可以说，本教材是集体智慧的结晶。在此，对所有提供帮助的同仁表示衷心感谢！还要特别感谢中国科学院大学教材出版中心的资助和大力支持！

由于作者水平和学识所限，不当和错误之处在所难免，敬请读者不吝批评指正！

侯泉林

2021 年 3 月 3 日

目　录

第1章　山脉与造山带

自地质学发端以来，山脉就是人们关注的焦点，特别是20世纪之前，地质学只研究陆地上的山川和岩石。地槽理论通过地槽回返来解释山脉的形成，又称造山作用(orogeny)。板块构造理论将板块边界划分为三种类型，在不同的板块边界，乃至板块内部均形成了高耸的山脉。那么，何为山脉？何为造山带？常常被混用，似乎是一种含混不清的概念。本章通过对山脉和造山带的研究历史和特征的剖析，来澄清山脉与造山带两个概念的含义与区别。

1.1　研究历史

山脉（mountain chain）是地球表面上常见而引人注目的地貌特征。然而，在人类早期文明社会中，人们在山与水两者之间，更偏重于对水，对江、河、湖、海的观察与研究，因为水与人类的衣食住行的关系更为密切。唯一的例外是人们对火山的关注。火山的拉丁名称来自罗马神话中冶铁之神伍尔坎（Vulcan）。古希腊学者毕达哥拉斯（Pythagoras，580B.C. ～ 500B.C.）述及火山是燃烧的山，由于燃烧的洞穴由此及彼地转换，火山位置不断迁移。亚里士多德（Aristotle，384B.C. ～ 322B.C.）则把火山和地震都看作是地下风造成的。奥古斯都（Gaius Octavius Augustus，古罗马帝国开国皇帝）时期（63B.C. ～ 23B.C.）的希腊地理学家斯特拉博（Strabo，63B.C. ～ 21A.C.）写出了17卷巨著《地理学》。他认为山脉的隆起有两类：一类是与地震有关的突然隆起；另一类是范围更大的缓慢隆起。

最早对山脉做出广泛陈述的古籍是我国的《山海经》。据历史学家、历史地理学家谭其骧考证，山经部分成书时代是战国时期（403B.C. ～ 221B.C.）。其中《五藏山经》部分，不仅描述了一些山脉的高程、形态，还描述了由这些山脉发源的河流，山脉中生长的植物、动物以及山脉中的矿产等。如在《山海经·西山经》中对太华山的描述：“又西六十里曰太华之山。削成而四方，其高五千仞，其广十里，鸟兽莫居。有蛇焉，名曰肥螘。”“又西八十里曰符禺之山。其阳多铜，其阴多铁，其上有木焉，名曰文茎。”“符禺之水出焉，而北流注于渭。其兽多葱聋，其状如羊而赤鬣。其鸟多鴖，其状如翠而赤喙，可以御火。”可以说，《五藏山经》是世界上系统描述山脉的最早的典籍。

阿拉伯学者阿维森纳（Avicenna，980 ～ 1037年）在他的《论山岳的成因》一书中，发展了斯特拉博的见解。阿维森纳认为，地震使陆地上升，形成岛与山，变成山岳；风和水的侵蚀，造成深谷，使原来相连的陆地被切割成高山和深谷。

由上述史料可以看出，现代地质学诞生之前，对于山脉的研究只限于对其形态的描述和对其隆升成因的探索。然而，由于对山脉内部构造缺乏了解，这些成因论断的依据不足，不具有普遍的解释意义，构不成“范式”（参阅第一卷第 1 章）。因此，一些学者把山岳研究的早期阶段称为“形貌学研究阶段”。

古生物地层学研究是现代地质学形成的基础，而产业革命引起工业快速发展转而对矿业的促进，则是对地质学诞生的召唤。矿山多见于山区，连续的地层也只有在露头良好的山区才能见到。于是，地质学的先驱们奔向山脉，山脉的结构和山脉的形成时代等问题进入了早期地质学家思考的范围。

丹麦人斯坦诺（Nicolaus Steno，1638 ～ 1687 年）的 *De Solido intro Solidum Naturaliter Contento Prodromus Dissertations*（《受固体自然过程控制的固体》）是第一本系统描述造山理论的书，也是现代地质学的开端（Miyashiro *et al.*，1982）。水成论的奠基人魏尔纳（Abraham Gottlob Werner，1750 ～ 1817 年）注意到，山脉构造的核心是结晶岩石（花岗岩、片岩和片麻岩），边缘则是较年轻的沉积岩。这是对山脉构造的早期分析。火成论的支持者、实验地质学的创始人，英国物理学家霍尔（James Hall，1761 ～ 1832 年）用实验证明了山脉中的褶皱构造是挤压成因的。德国著名地貌学家洪堡（Alexander von Homboldt，1769 ～ 1859 年）则认为岩浆侵入导致造山带核心的结晶岩推开了当地的沉积岩，并形成了褶皱和断裂。1842 年，美国地质学家罗杰斯兄弟（H. D. Rogers，1808 ～ 1866 年；W. B. Rogers，1804 ～ 1882 年）绘制了阿巴拉契亚（Appalachia）的地质图。1843 年，他们指出，山脉的上升隆起是构造应力引起的，而不是火山作用造成的。

19 世纪中叶是山脉研究从形貌学转向内部构造的转型时期，进入了内部构造、大地构造和形成机制的研究阶段，也是现代造山理论发展的高峰期。欧洲阿尔卑斯（Alps）山和北美洲阿巴拉契亚山是这一时期山脉研究的核心地带，固定论的地槽回返造山说和活动论的碰撞造山说分别在这两条山脉的研究中创立。1843 年，美国的丹纳（James Dana，1813 ～ 1895 年）在“论大陆的起源”中指出，地球的冷却收缩引起大陆边缘的断裂与褶皱，而山脉呈北东和北西走向是沿着地壳最容易破裂的方向。1852 年，法国的艾利·德·鲍蒙（Elie de Beaumont，1798 ～ 1874 年）在三卷本的《论山系》中，运用冷缩说论述了山脉褶皱的成因，提出山脉隆升是缓慢的，但全球具有同时性。1853 年，瑞士的施图德（Bernhard Studer，1794 ～ 1872 年）和林思（Arnold Escher von der Linth，1801 ～ 1872 年）完成了 38 万分之一的瑞士地质图，并出版了二卷本的《瑞士地质》作为地质图的说明书，第一次对瑞士阿尔卑斯山的内部构造作了总括说明。1857 年，美国地质学家，“地槽说”的创始人霍尔（James Hall，1811 ～ 1898 年）在纽约自然科学技术协会上作主席致辞时提出，地壳中有狭长的地带，不断接受沉积物而下沉，以致堆积了巨厚的沉积。这些地带就是褶皱形成山脉的地方。

霍尔关于原始的狭长的巨厚沉积带的构想，得到了丹纳的支持。丹纳把这种狭长带称为地槽（geosyncline），并运用地球冷缩说解释了地槽的成因和地槽演变为山脉的机制与过程，使“地槽说”成为当时比较完善的大地构造假说。1900 年法国的奥格（Emil

Haug，1861 ～ 1927 年）首次把地槽说引入欧洲，并把地壳单元划分为活动的地槽系和稳定的大陆区——地台（platform）。由此，地槽说在世界上流行起来。

在地槽说进入欧洲之前，对阿尔卑斯山的研究已经促使具有欧洲特色的山脉研究和大地构造研究理论成熟起来。1875 年，奥地利的休斯（Eduard Suess，1831 ～ 1914 年）发表了著名的论文“阿尔卑斯的成因”。文中首次将造山带的构造几何学、运动学和动力学区分开来。论文以观察的事实证明阿尔卑斯山系不是由于中央地块的垂直隆升造成的，而是由于比垂直作用力大得多的水平力造成的，观察证明整个阿尔卑斯山都是由南向北进行逆掩冲断运动的。文中还指出，现在复理石的位置已经不是原来沉积的地方，而是发生了巨大的位移。休斯还把这些几何学、运动学与动力学解释扩展到对侏罗山（Jura Mountain）、喀尔巴阡（Carpathian）山和亚平宁（Apennines）山脉的解释。休斯的这篇划时代论文引起了构造学研究的变革，被奉为造山带研究的经典之作，标志着造山运动研究经典时期（史称 Suess-Heim 时期）的开始。休斯也因此被称颂为“地质学上永不磨灭、最有创见的思想家和最伟大的综合分析家”（Miyashiro *et al.*，1982）。

休斯的文章之后，瑞士的海姆（Albert Heim，1849 ～ 1937 年）于 1878 年发表了有关变形力学的著名著作（Untersuchugen über den Mechanismus der Gebirgsbildung im Anschluss an die geologiesche Monographie der Tödi-Windgällen-Gruppe），提出水平缩短是造山的主因。通过对格拉鲁斯双重褶皱的研究，海姆还提出了岩石变形是固态流动的见解，并提出了诸如褶皱（fold）、剪切（shear）、节理（cleavage）、应变（strain）和化石（fossil）等许多地质术语。1884 年，法国人伯特朗（Marcel Bertrand，1847 ～ 1907 年）发表了关于格拉鲁斯和阿尔卑斯北部盆地构造的论文（Rapports de structure des Alpes de Glaris et du basin huiller du Nord），提出了推覆构造概念，并指出格拉鲁斯不是双重褶皱，而是向北运动的巨大推覆体（图 1.1）。1919 年，中国地质学家翁文灏博士于《地质汇报》第 1 号发表了“大青山南部逆掩断层”一文，紧跟国际研究前沿。推覆体的概念是解开造山带几何图像的钥匙，也是运动学分析的基础。

1883 年，休斯发表了《地球的面貌》。这部巨著是世纪之交对全球地质研究的概括，提出了造山幕的概念；同时，该书以恢宏的气度阐述了世界各大洲的造山带，提出环太平洋型和特提斯型两大类造山带的特点，成为迄今关于划分两大类造山带的经典。

在 19 世纪，尽管已经出现了起源于美洲和欧洲的两个大地构造学派，但他们之间并没有剧烈的论战。进入 20 世纪，奥格（1900）把美洲构造学派的地槽说引入欧洲后不久，1912 年，魏格纳（Alfred Wegener，1880 ～ 1930 年）发表了“大陆的成因”（Die Entstehung der Kontinente，1912 年）和“大陆与海洋的成因”（Die Entstehung der Kontinente und Ozeane，1915 年），矛盾变得激化起来。欧洲地质学会甚至做出决议：不准许在课堂上讲授魏格纳的大陆漂移说。然而，追求真理的科学家，必然追求学术的自由和思想的自由。瑞士大地构造学家阿尔冈（Emile Argand，1879 ～ 1940 年）不仅坚持在课堂上为学生们讲解大陆漂移的新概念，而且在 1922 年的第 13 届国际地质大会上发表了“亚洲的大地构造”的著名演讲，阐述了活动论大地构造的主要理论。在提交的大会论文（La tectonique de l’Asie，Bruxelles，Publ. Cong. Int. de Geol.，13e session，1922 年）中，他绘制了冈瓦纳大陆（Gondwana）的复原拼合图，并推断了亚洲大陆的拼合与离散

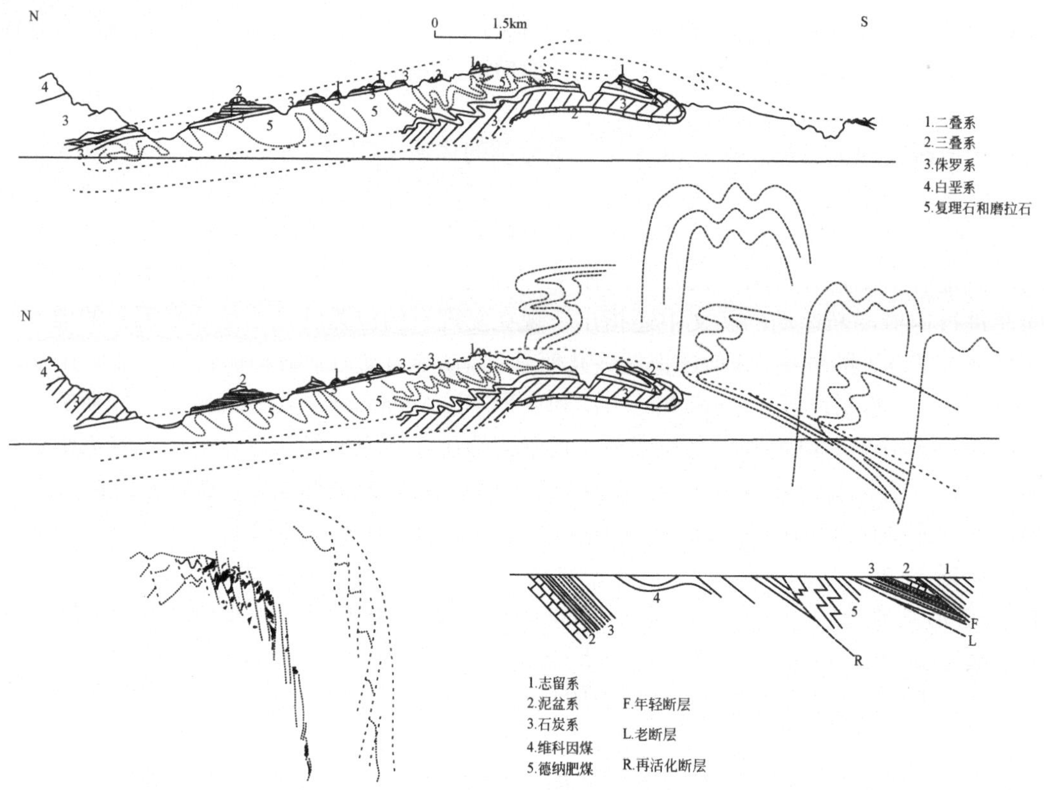

图 1.1　瑞士格拉鲁斯阿尔卑斯和法国北部煤盆地构造剖面图（据 Bertrand，1884；转引自李继亮手稿资料）

历史；他论证了印度与亚洲大陆碰撞和喜马拉雅造山带的形成，并绘制了印度向欧亚大陆之下俯冲的剖面图。在此论文中，阿尔冈还编绘了 2500 万分之一的亚洲大地构造图，表示出造山带和基底的构造特征。1927 年，南非地质学家杜图瓦（Alexander du Toit，1878 ～ 1948 年）发表了“南美洲与非洲的地质对比”一文，用古生物、地层、沉积和岩石学多种证据论证了南美与非洲由于大西洋张开而裂离。1937 年杜图瓦出版了他的著作《我们的游弋的大陆》，以大量的地质、古生物和古气候证据论证了大陆的漂移。以魏格纳和阿尔冈为代表的活动论，是休斯思想在逻辑上的延续，以均变论和“将今论古原则”阐述地球构造过程，史称 Wegener-Argang 学派。

奥格（1900）把美洲构造学派的地槽说引入欧洲之后，在欧洲兴起了新的地槽学派，即收缩论或固定论，其代表人物是德国的史蒂勒（Wilhelm Hans Stille，1876 ～ 1966 年）和奥地利的考伯尔（Leopold Kober，1883 ～ 1970 年），史称 Kober-Stille 学派，与美洲构造学派的 Dana-Le Conte 派一脉相承。考伯尔关注大地构造的空间特点，他把地球表面分为克拉通区和造山区。造山区通过造山作用演化为克拉通区。他又把克拉通区分为大陆上的高克拉通区和大洋底的低克拉通区，认为低克拉通区比高克拉通区更古老也更稳定。

史蒂勒将地槽分为优地槽和冒地槽，而把地槽形成的山脉分为由紧闭褶皱和推覆体

构成的阿尔卑斯型造山带和由断褶作用或块断作用形成的日尔曼型造山带。史蒂勒更为关注的是大地构造的时间问题。他认为造山作用是分幕式的突变，而每一个造山幕在全球是同时的。他提出了大地构造旋回概念。在一个造山旋回中，岩浆演化可以分为四个阶段：①前造山期的初始火山作用形成蛇绿岩或绿岩系；②同造山期发育硅铝质的深成侵入作用，有早期整合花岗岩侵入和晚期不整合花岗岩侵入；③造山期后立即出现安山质火山作用；④造山作用结束后出现玄武岩喷发。1924 年，史蒂勒划分了 25 个全球造山幕，1940 年他的造山幕数目达到 42 个，1955 年他又把全球造山幕的数目增加到 50 个。20 世纪 60 年代地学革命的帷幕拉开（参阅第一卷第 2 章），史蒂勒的造山幕数目就截止到 50 个，没有继续增加下去。现在国内仍在划分造山幕数，如燕山运动 A 幕、B 幕……，实乃槽台学说或固定论之印记（参阅附录 1 问题 23）。

1900 年到 1960 年，是地槽学说在全世界盛行的 60 年。在这期间，尽管有一些杰出的地球科学家致力于探索活动论的证据，然而他们取得的成就却被巨大的“舆论一致”的海涛淹没。阿尔冈向学生讲授大陆漂移说，他的学生们却进入了地槽说的营垒。我国杰出的地质学家黄汲清先生就是一个例证。据李继亮（2003）手稿资料记载，黄先生 1929 年赴瑞士纳沙泰尔大学做访问学者，当时阿尔冈依然健在。黄先生存留在纳沙泰尔大学的野外记录本表明，他在阿尔冈那里学习了阿尔卑斯的大地构造，在野外观察了许多推覆构造和冲断构造。黄先生归国后，坚持实证的方法论，获得了大量可靠的观察资料，对中国的大地构造做出了卓越的贡献。但是，黄先生自己也承认，他的大地构造思想是属于地槽说范畴的，也就是不同于阿尔冈的大地构造思想。可以想象，在黄先生归国的时候，美国学派的大地构造思想正充斥中国地质界，比欧洲更难接受阿尔冈学派思想的传播，黄先生转向地槽说应属于大势所趋。然而，正如“最伟大的创新必然是建立在最深刻的继承基础之上”，黄先生在对地槽说深刻认识的基础上，晚年转向活动论观点，建议他的助手从事活动论研究，并立字为据。

第二次世界大战期间积累的大洋地质与地球物理观测资料的整理和发表，适值地球科学革命的暴风雨风起云涌之际，成为划破长空的第一道闪电（参阅第一卷第 2 章）。1962 年，美国的赫斯（Harry Hammond Hess，1906 ～ 1969 年）发表了题为“洋盆的历史”的长篇论文，阐述了大洋底的新的活动构造，论证了大洋地壳是由洋中脊处新生，并由洋中脊向两侧扩张，成为支持大陆漂移说的海底扩张假说。1963 年瓦因（Frederick J. Vine）和马修斯（D. H. Matthews）分析了欧文号考察船获得的磁力测量结果，提出洋脊两侧有对称平行分布的海底磁条带，确证了海底扩张假说（论文刊于 *Nature*，1963 年 9 月），被誉为“瓦因－马修斯假说”。需要说明的是，据说加拿大地质学家莫莱（Morley）是最早将海底斑马条带与海底扩张联系起来的科学家，因其 1963 年 2 月的投稿被拒，直到 1964 年才在加拿大的一家刊物发表，因此有人建议称为“瓦因－马修斯－莫莱假说”。1965 年，威尔逊（John Tuzo Wilson）提出了转换断层概念，描述了这类断层的构造活动特点，阐释了它们对海底扩张的意义。威尔逊论文中的全球活动带网络示意图表达了全球板块的分布格局。勒・皮雄（Xavier Le Pichon）在 1968 年的题为“海底扩张与大陆漂移”的论文中，将岩石圈划分为六大板块，并计算了它们相对运动的旋转极和相对运动速率。

1970 年，杜威（John F. Dewey）和伯德（John M. Bird）发表了著名论文“山带与新

全球构造”（Mountain belts and the new global tectonics），把造山带中的沉积、火山作用、构造变形及变质岩的年代学等资料与新全球构造－板块构造联系起来，表明造山带是板块演化的结果。作者认识到造山带中被动大陆边缘沉积发育在板块扩张时期，而造山带中变质和变形作用发育在板块汇聚时期。他们依据参与汇聚的板块的性质，把造山带分为科迪勒拉（Cordillera）型和碰撞型两类，本质上是休斯造山带分类的延续。此文运用板块演化导致造山带形成的理论分析了世界各地古生代以来的造山带，得出的结论是：全球各地各时代的弧（科迪勒拉）型和碰撞型造山带均可用新全球构造的理论得到解释。此后，用新全球构造观解释世界上各时代造山带的论文和著作大量涌现。1990 年，Şengör 总结了板块构造问世以来 25 年间用板块构造理论研究造山带取得的进展。本教材第一卷中对地球科学革命过程进行了比较系统地总结，并以问答的形式对运用板块构造理论研究造山带过程中的一些容易误解的问题予以阐释（见附录 1）。

1987 年，华裔瑞士地质学家许靖华（Kenneth J. Hsü）应邀在英国伦敦地质学会的 Femour 演讲会上，做了题为“阿尔卑斯造山作用的时空观”的演说。他运用阿尔卑斯造山作用的运动学数据和大西洋及东地中海海底磁条带资料，推算出阿尔卑斯造山带的变形运动速率为每年 0.5 ～ 1.0cm。他论证了造山作用的均变论，把造山作用的运动学理论提高到一个新的层次。20 世纪 90 年代初，许靖华（Hsü，1991，1995）和李继亮（1992）分别发表了造山带大地构造相的论文，阐明任何一个造山带都可以划分出几个必然出现的大地构造相，通过大地构造相分析，可以复原造山带的演化历史，甚至推断出已经缺失了的地质记录，并分别编制出版了《中国大地构造相图》（许靖华等，1998）和《中国板块构造图》（李继亮，1999）。Robertson（1994）运用大地构造相分析方法解析了东地中海区域造山带组成与演化过程。可以说，大地构造相概念是运用板块构造理论分析造山带的行之有效的方法（参阅第 5 章）。

1.2 山　　脉

“**山**”（mountain）是具有相当大的高程和陡坡的地貌特征。“**山脉**”（mountain chain）是线状延伸的山，或者线状延伸的山体组成的山系。“山”和“山脉”这两个术语本身都不带有成因倾向。但是，我们要把造山带（orogen）与山脉区分开来，就必须鉴别各种不同成因的山脉。

山脉的形成或者是地壳受到力的作用而隆升，或者是地幔来源的物质直接堆垛在地壳之上所致。地壳受到的力主要有拉张（伸展）、剪切（走滑、转换）和挤压三种，而地幔来源物质不受上述三种力的控制直接堆垛在地壳之上，是由地幔柱作用造成的。下面我们就这四种情况分别予以阐述。

1.2.1 拉张应力作用下的山脉

在拉张应力场的作用下，岩石圈可以被拉裂，形成延伸长度很大的**裂谷**（rift）。在

大陆岩石圈中发育的裂谷称为**大陆裂谷**（continental rift），其肩部可以形成高耸的山脉；在大洋岩石圈中形成的裂谷位于大洋中脊上。大洋扩张脊在海底可形成高出海底数千米的海下山脉（参阅第一卷图 3.9）。

多数大陆裂谷的肩部都形成巍峨的山脉（图 1.2）。图 1.3 表示出了几个大陆裂谷的地貌形态，可以看出裂谷的肩部或者是山脉，或者是高原。图 1.3（a）表示西非裂谷贝努埃段的地貌剖面。该裂谷东侧肩部是高峰达 2740m（班布托山）和 2460m（姆巴博山）的阿达马瓦山脉；西侧是 800 ～ 1000m 高程的乔斯高原。图 1.3（b）表示东非裂谷东支肯尼亚 - 坦桑尼亚地段的地貌剖面。裂谷东侧有一系列高山，如乞力马扎罗（5895m）、巴蒂安（5199m）、梅鲁火山（4566m）和莱萨蒂马（3999m）等组成的山脉；西侧则是 1000m 左右的高原。图 1.3（c）表示贝加尔裂谷北部的地貌剖面。贝加尔裂谷东侧是雅布洛夫山脉，西侧是滨湖山脉，两条山脉的山峰可达到 2000m 以上。图 1.3（d）表示我国山西省北部的三个小型引张盆地，从北向南依次为浑源盆地、代县盆地和定襄盆地。浑源盆地的东南侧为恒山山脉，高峰在 2000m 以上；其西北侧是近 2000m 高的晋北高原。代县盆地的西侧也是恒山山脉，盆地肩部的馒头山高程为 2426m。代县盆地东侧是五台山脉，高峰可达 3000m 以上。定襄盆地的西侧是吕梁山支脉云中山脉，高峰超过 2000m；东侧为五台山余脉，肩部高峰柳林尖山 2101m。图 1.3（e）表示美国西部盆 - 岭省的一条地貌剖面，盆地西侧是东莫尔蒙山，高度接近 1000m，东侧比沃丹姆山高达 4000m，表现出一种非对称引张。图 1.3（f）表示美国里奥格兰德裂谷的地貌剖面，西

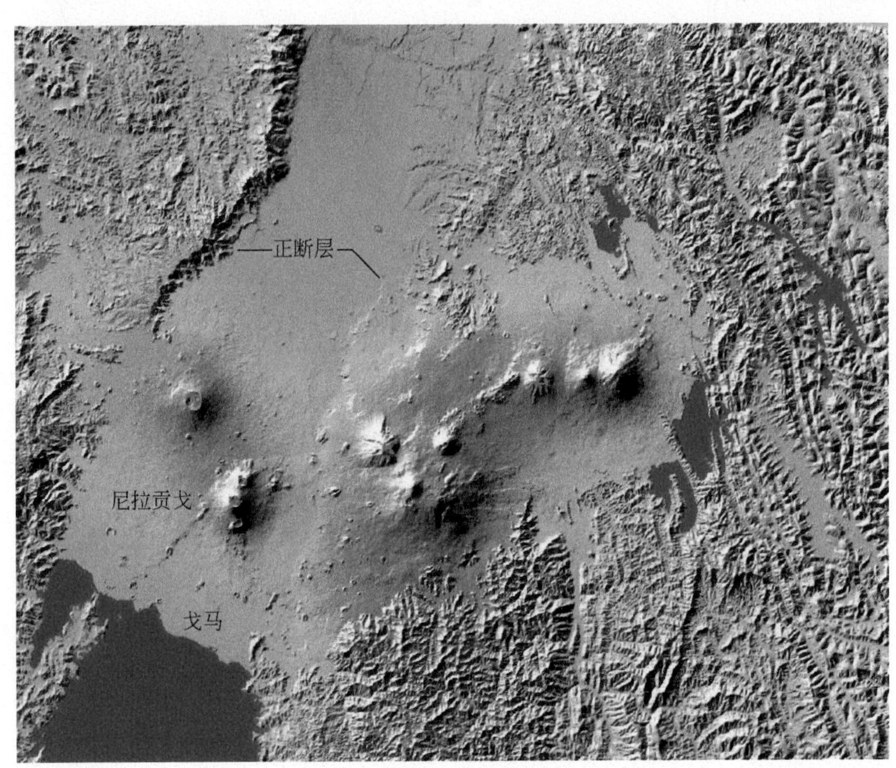

图 1.2　以系列正断层和火山活动为特征的东非裂谷（据 Hamblin and Christiansen，2003）

伸展应力作用下形成的山脉

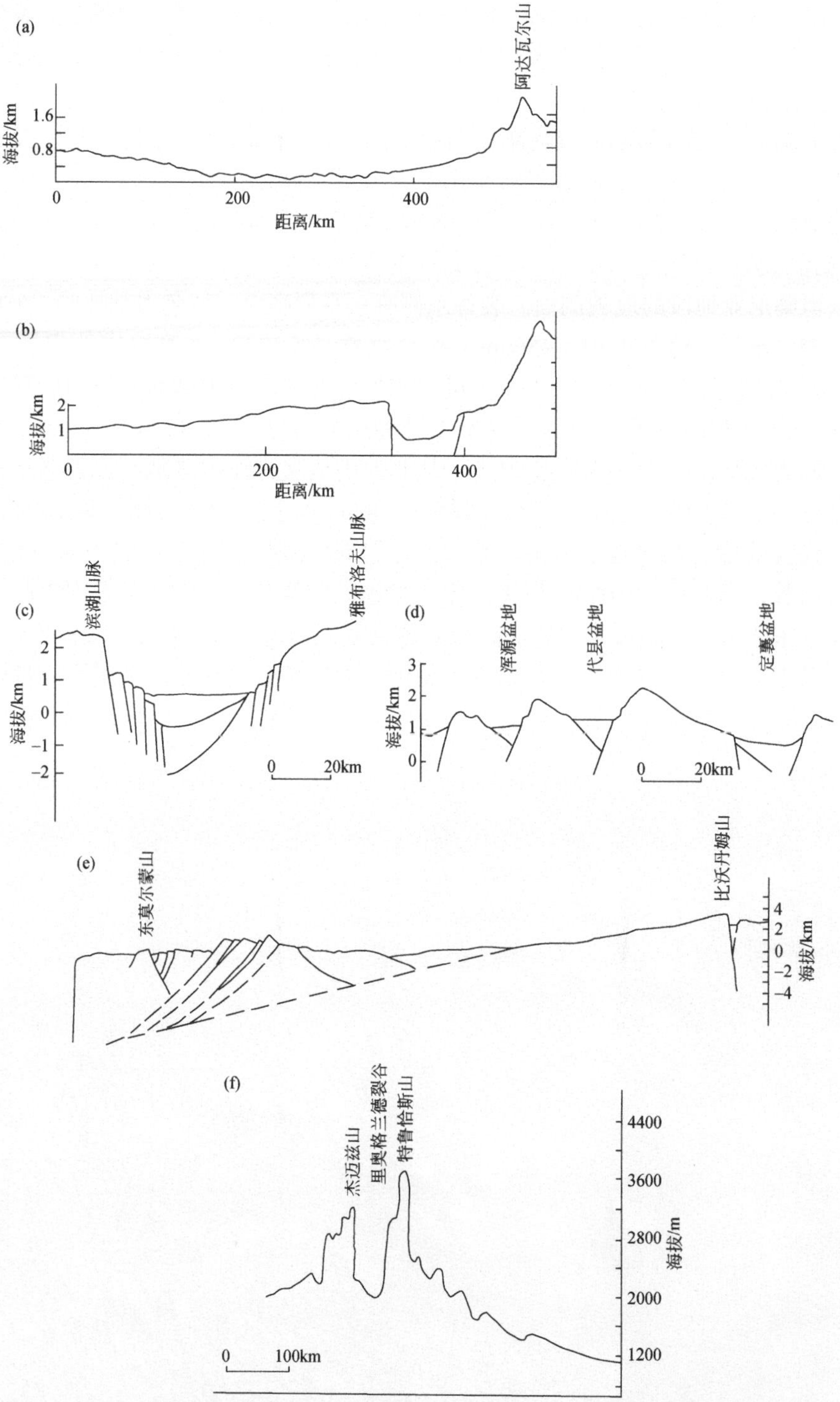

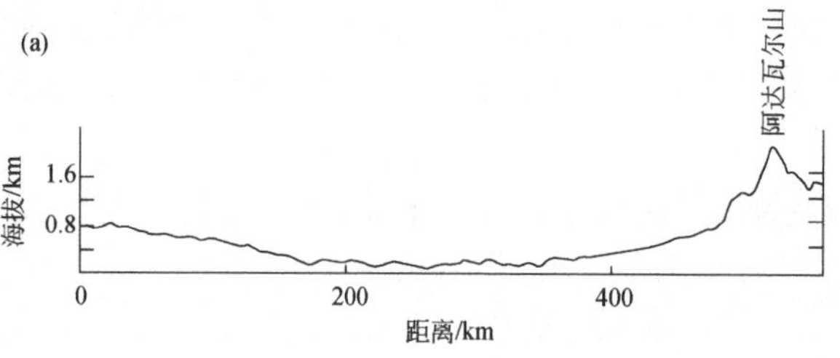

图 1.3　拉张应力作用下形成的各种山脉（转引自李继亮手稿资料）

（a）西非裂谷的地貌剖面；（b）东非裂谷东支的地貌剖面，右边的高峰为乞力马扎罗山；（c）贝加尔北部地貌剖面；（d）山西北部三个引张盆地的地貌剖面；（e）美国西部盆 – 岭省地貌剖面；（f）通过里奥格兰德裂谷的地貌剖面

侧肩部的杰迈兹山脉和东侧特鲁恰斯山脉的高峰都达到 3000m 以上的高度。此外，板块内部的山脉许多形成于伸展作用过程，如华北的燕山、太行山等，发育大量变质核杂岩（metamorphic core complex，MCC；详见第三卷第 10 章）。

通过上面所述的拉张应力场中所形成的山脉实例，我们可以了解到伸展构造体制下，也可以形成巨大的山脉。这反映了山脉成因的多样性，也说明用冷缩说来解释地球上所有山脉的成因，是不妥当的。

1.2.2　剪切应力场形成的山脉

走向滑动（走滑）断层，又称横推断层，是由沿直立断层面的剪切应力形成的。从理论上讲，走滑断层的两盘沿着直立的断层面作水平位移，两盘之间不会产生高度差异。但是，当走滑断层发生弯曲，或走向改变，或呈雁列状排列时，在两个走滑段之间往往发生走滑引张段或走滑挤压段来衔接，于是就形成了走滑引张（拉分）盆地和走滑挤压山脉（详见第三卷第 9 章）。在走滑引张的情况下，大型拉分盆地的肩部可以隆升成为山脉，这与前述的引张应力场情况相似，这里不再赘述。走滑挤压可能导致岩石圈向下挠曲形成盆地，如鄂尔多斯盆地和酒西盆地，讨论这类盆地不是本节主题，不予展述。本节主要讨论走滑挤压形成的山脉。

从第三卷第 9 章讨论可以看出，走滑断层侧接部位或侧接带（stepovers）会发生走滑引张或走滑挤压。走滑挤压形成菱形地垒或正花状构造，成为上投山脉（upthrown mountain），或导致挤压隆升山脉。

图 1.4 表示美国加利福尼亚湾东侧，布塔诺走滑断层与圣安德烈亚斯（San Andreas）断层之间发生走滑挤压，形成具有褶皱的小型山脉，山峰高度可达 2000ft（$1ft=3.048\times10^{-1}m$）以上。图 1.5 表示挪威西部斯匹次卑尔根群岛（Spitsbergen）西侧霍恩桑德（Hornsund）断裂带与朗菲奥登（Lomfjorden）断裂带之间，在新生代时期，由走滑引张转变为走滑挤压时形成的山脉。

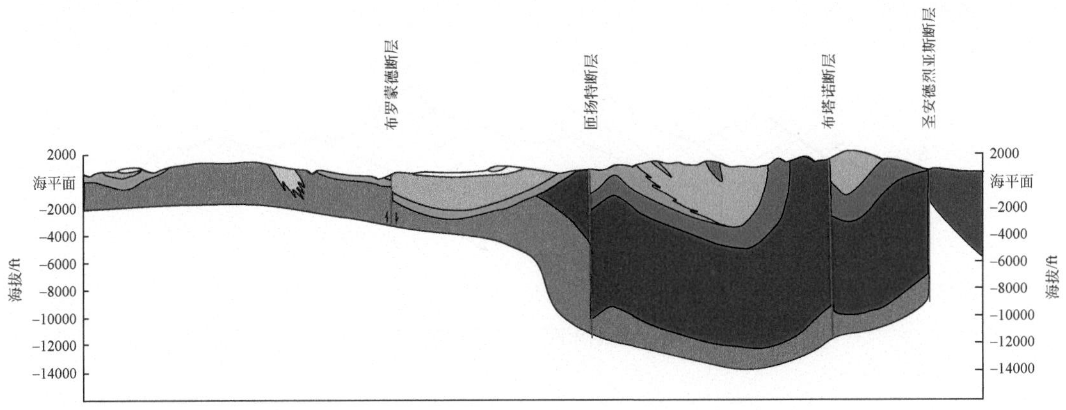

图 1.4　加利福尼亚湾附近布塔诺断层与圣安德烈亚斯断层之间的走滑挤压，造成高达 2000ft 以上的山峰（转引自李继亮手稿资料）

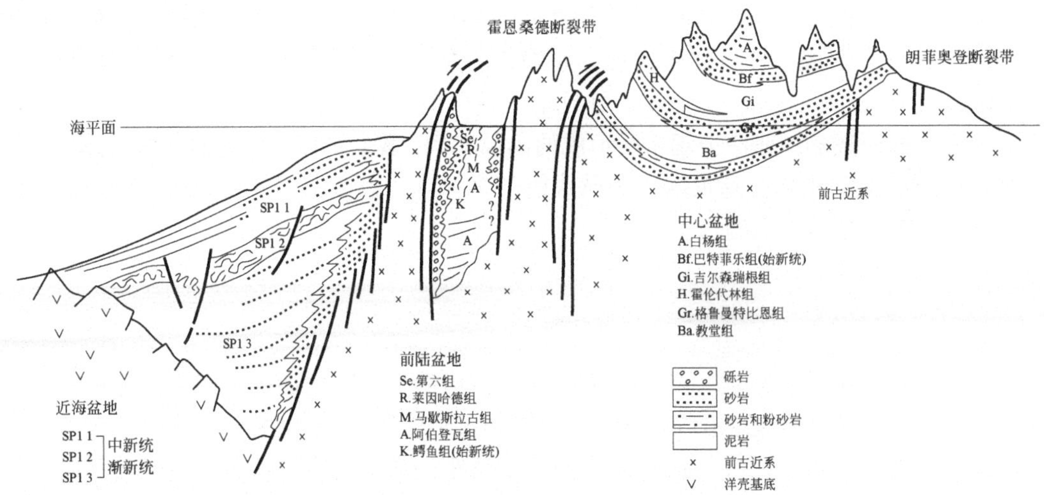

图 1.5 挪威斯匹次卑尔根群岛西侧霍恩桑德断裂带与朗菲奥登断裂带之间的走滑挤压山脉（转引自李继亮手稿资料）

在中国境内，特别是中国西部，由于喜马拉雅造山作用的远程效应，许多高大的山脉都与走滑断裂密切相关。例如，昆仑山脉几乎所有海拔 6000m 以上的高山均与走滑断裂伴生；天山山脉中海拔 5000m 以上的高山也都与走滑断裂作用有关。

喀尔力克山在伊吾哈萨克自治县南部，山脉的脊部是一系列终年积雪的雪山，最高峰海拔为 4928m。喀尔力克山出露的岩石主要是奥陶系、泥盆系、石炭系的沉积岩以及晚古生代的花岗岩和闪长岩。喀尔力克山也表现为正花状构造，反映了走滑挤压成因。

阿尔金断裂是我国西部一条重要的大断裂带，其延伸长度约 2000km。阿尔金断裂在新生代活动期间，形成了一系列走滑双重构造（strike-slip duplex），次级走滑断层通过的地方，形成了一系列走滑挤压山脉，如祁连山、党河南山、青海南山、拉脊山、布尔汉布达山和阿尼玛卿山等。图 1.6 表示中祁连断裂与北祁连断裂的走滑挤压作用形成的祁连山、疏勒山和党河南山。

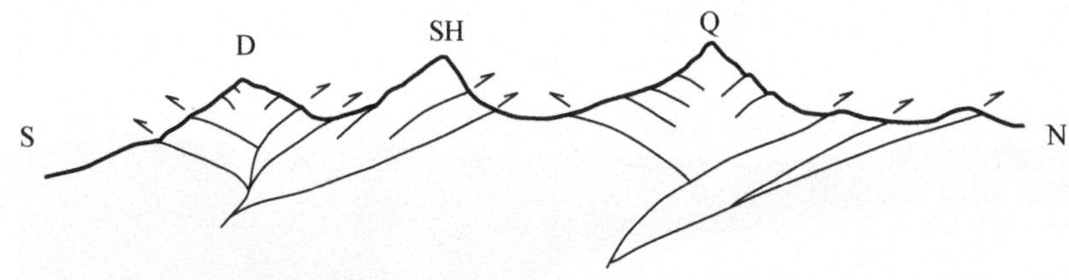

图 1.6 中祁连断裂和北祁连断裂的走滑挤压作用形成了祁连山（Q）、疏勒山（SH）与党河南山（D）的正花状构造（李继亮提供）

1.2.3 挤压应力环境中形成的山脉

挤压应力作用下，形成了现今世界上最厚的大陆地壳和最高的山脉。挤压形成的山

脉有许多，如我国的喜马拉雅山脉，伊朗的扎格罗斯山脉，欧洲的阿尔卑斯山脉、喀尔巴阡山脉、亚平宁山脉，非洲的大阿特拉斯山脉，美洲的科迪勒拉山脉等。以冲断层为主形成的挤压山脉往往伴随走滑挤压作用。世界上许多著名的新生代时期形成的山脉均具有走滑性质，如喜马拉雅、阿尔卑斯、喀尔巴阡、亚平宁、科迪勒拉、台湾海岸山脉等。

挤压成因山脉由逆冲断层造成的推覆体或叠瓦状逆冲岩席堆垛而成山。例如，在喜马拉雅南坡，可以看到一系列大规模的推覆体，从下喜马拉雅带一直堆垛到高达8848.86m 的珠穆朗玛峰（图 1.7）。阿尔卑斯山脉也有相似的构造特征，图 1.8 表示了瑞士阿尔卑斯的一条由马特洪峰到魏斯峰的南北方向剖面，图中可以看出，这个剖面上包含了七个以缓倾角逆冲断层为边界的推覆体：当 • 布朗什推覆体、嚓特推覆体、伏瑞利峰推覆体、西姆布朗什推覆体、蔡玛特蛇绿岩带、芒特 • 罗莎推覆体和希维茨 • 末莎贝尔推覆体（图 1.8）。

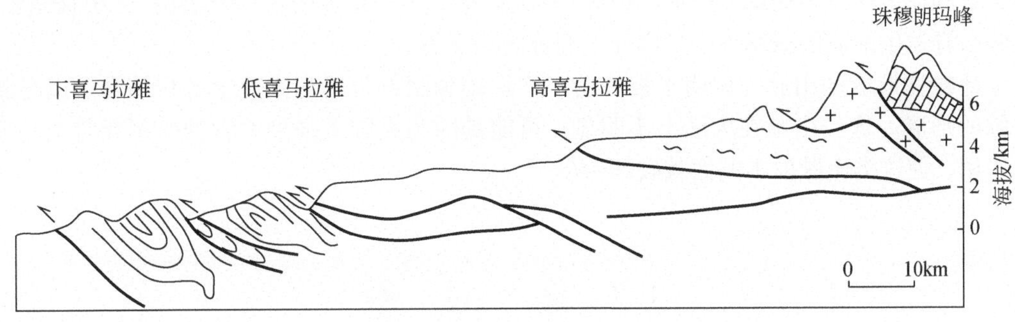

图 1.7　下喜马拉雅到珠穆朗玛峰的地貌与地质简化剖面（转引自李继亮手稿资料）

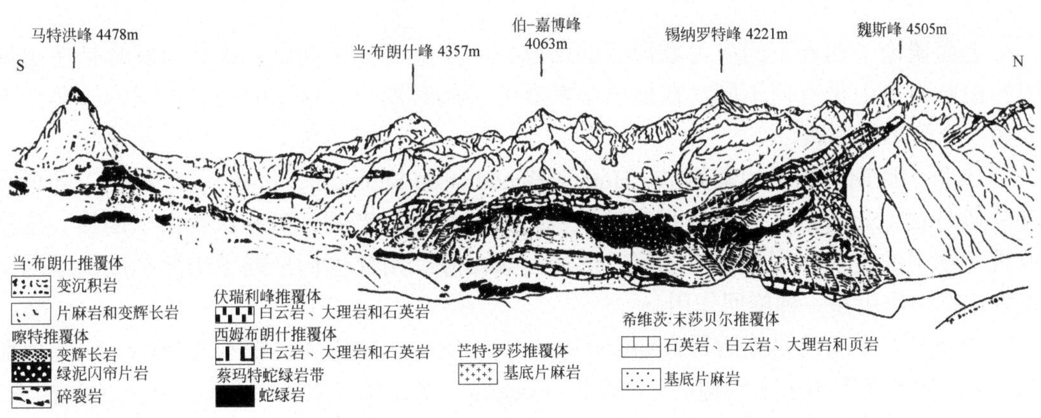

图 1.8　瑞士阿尔卑斯山脉马特洪峰到魏斯峰的地貌与地质剖面（据 Pfiffner *et al.*，1997）

在大洋岩石圈向大陆消减的地方会形成挤压山脉，如美洲的科迪勒拉山脉，日本的九州山地、四国山地和纪伊山脉等。还有由造山作用远程效应造成的板内挤压山脉，如龙门山即是由喜马拉雅造山作用的远程效应造成的挤压应力形成的山脉。此外，造山带也属于挤压应力作用形成的山脉，后面有关章节会专门讨论，这里不再赘述。

1.2.4 地幔柱形成的山脉

地幔柱（mantle plume）是来自地幔深部乃至核幔边界处的熔融体，它们在地球表部形成了热点。当岩石圈通过地幔柱顶部持续运动时，地幔柱熔融体在地表的喷发，就会形成连续或断续的山脉。最典型的实例是太平洋中的皇帝海山链和夏威夷群岛（详见第一卷第 4 章 4.6 节图 4.64）。

夏威夷岛上的冒纳罗亚火山，从海底崛起 9200m，由海平面算起，海拔 4120m，由此可知该地区的海水深度在 4000m 以上，深的地方可以超过 5000m。因此，从中途岛到夏威夷岛这 2000 多千米的距离中，所有露出水面的岛屿，如莱桑岛、内克岛、尼华岛、考爱岛、瓦胡岛、毛伊岛等，都是海底之上的高山。这些岛屿周边几十千米的范围中，海水深度只有 1000 多米，因此这些岛屿链接成为绵延 2000 多千米的巍巍壮观的海洋山脉。由岩石圈在地幔柱上面运动而成的山脉，在大洋中成为一道道山脊，与大洋扩张中脊相比，这些山脊发生地震的概率很小，因此人们称之为无震脊。

地幔柱形成的山脉，说明了板块的水平运动和深部位置的垂直上升相结合可以导致山脉的形成。这类山脉在大陆上不明显，可能是因为大陆上强烈的剥蚀作用和复杂的变形作用，使这类山脉原本的面貌破坏殆尽。

1.3 造 山 带

1.3.1 造山带的概念

上面谈论了四种不同应力场形成的山脉，于是就有一个问题：这些山脉都是造山带吗？山脉与造山带有何不同？在地质学发展的不同时期，对这个问题有不同的答案。下面做一个简单的回顾。

18 世纪后期，瑞士的索苏尔（Horace Bénédict de Saussure，1740 ～ 1799 年）和意大利的斯丹农（Stanonh）认为大尺度层状构造是一种旋回产物，每一次都由于加热、位移或沉积物中的侵入作用及整体隆起，形成一条山脉。由此他们推断了山脉形成的原因，也断定造山作用是一种旋回作用。

1840 年，瑞士的格赖斯利（Amand Gressly，1814 ～ 1865 年）把术语 orographic（山形的）从描述意义上用于山岳构造，把术语 orogenic（造山的）从成因意义上用于山岳构造。1890 年，美国的吉尔伯特（Grove Karl Gilbert，1843 ～ 1918 年）把大地构造运动分为造山运动和造陆运动，他将产生山脉的地壳的位移叫作**造山作用**（orogeny）。1894 年，英国的伍法姆（Warren Upham）认为造山作用（orogeny）这一术语表示影响比较狭窄的带，并使之上升为高火山脊的褶皱、翘曲作用，以及仰冲断层和逆掩断层等形成山脉的各种作用。

1920 年史蒂勒把造山运动定义为岩石组构的偶然性改变。这个定义包含了时间因素，也暗示了造山运动的突发性。1940 年，史蒂勒又把造山运动定义为岩石组构在有限的空

间和时间范围内发生的强烈变形事件。这个定义在槽台说盛行的时代得到了广泛的认可。1966 年吉卢利（J. Gilluly）把造山运动定义为导致有限地壳带隆起而形成山脉的地壳运动。

从前面的历史回顾可以看出，在板块构造理论诞生之前，造山带和造山运动的定义强调了隆升的地貌和地壳的变形两个方面。就这两个方面来看，本章所述的四种应力场形成的山脉都合乎这种定义。这样的定义，存在着外延过宽的明显缺陷，缺少指称的制约条件。显然，最主要的是缺少大地构造环境的制约。因为地槽可以在任何地方发生与发展，因此，前板块构造时代对大地构造环境的认识，仅限于活动区和稳定区，活动区即是地槽和地槽回返后的造山带，因此不能用活动区作为制约条件。板块构造理论建立以后，我们有三类板块边界和板内四种大地构造环境作为一级大地构造环境制约条件，造山带和造山作用的定义应该做出更为明确的限定。

1990 年，Şengör 在“25 年后的板块构造与造山作用研究”一文中，在分析了吉尔伯特、布契尔、考伯尔、史蒂勒和吉卢利的造山作用定义之后，提出了一个关于造山作用的新的定义：**造山作用是汇聚板块边缘大地构造作用的总和**（Şengör，1990）。由此定义引申，**造山带是汇聚板块边缘大地构造作用下挤压应力场中形成的带状地质体，具有汇聚板块边缘的岩石构造组合**，其中包含两层含义：一是大洋岩石圈俯冲阶段形成的各类带状地质体，如环太平洋周边的一些山脉，包括安第斯（Andes）山脉（图 1.9）、落基（Rocky）山脉；二是大洋岩石圈俯冲殆尽，两侧大陆发生碰撞形成的带状地质体，如喜马拉雅山脉［图 1.10（a）］、阿尔卑斯山脉和阿巴拉契亚山脉等，其中有些造山带可能并不表现出高耸的山脉如乌拉尔山［图 1.10（b）］，因此造山带并不与大的高程和陡坡的地貌特征有必然联系。前者称为**俯冲造山作用**（subduction orogeny），后者称为**碰撞造山作用**（collision orogeny）。按此定义，可以看出，上述的四类山脉中只有那些形成于汇聚板块边缘的挤

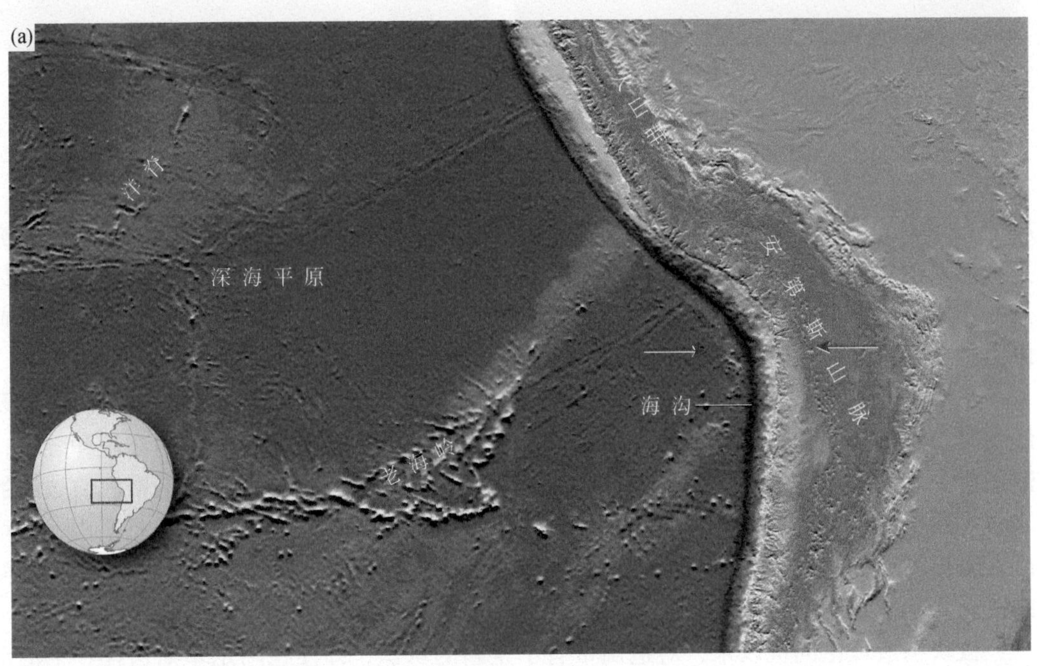

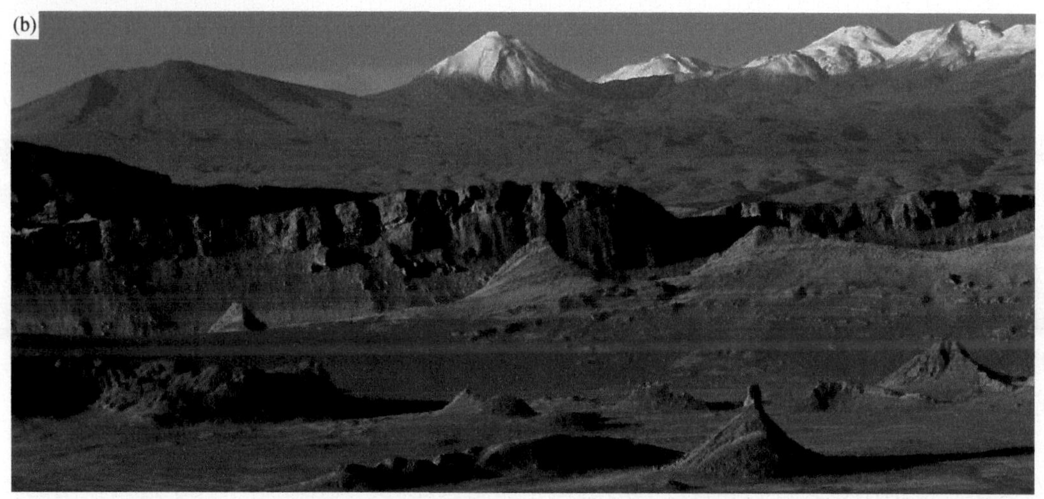

图 1.9　南美安第斯俯冲造山带（据 Hamblin and Christiansen，2003）

（a）安第斯造山带形成于纳斯卡（Nazca）板块向南美大陆之下俯冲阶段的汇聚板块边缘；（b）安第斯山脉智利北部强烈变形的沉积岩之上的安山岩层状火山岩；造山带根部的岩石可能正在发生变质作用

图 1.10　碰撞造山带实例（据 Hamblin and Christiansen，2003）

（a）喜马拉雅造山带：新生代印度大陆与欧亚大陆碰撞，形成了世界上海拔最高的山脉；（b）乌拉尔造山带：晚古生代（～350Ma）欧洲与亚洲大陆碰撞，已不见高耸的山脉

压应力场中的山脉才属于造山带的范畴。这与休斯、阿尔冈、杜威等活动论造山带研究大师们所使用的造山带的含义完全一致。造山作用和造山带的这种隶属板块构造理论体系的定义，较前板块构造时期的定义更为明确与合理。同样，按此定义，板内山脉如燕山山脉、龙门山等，无论其高程如何，都不能称其为造山带。

从以上分析可以看出，山脉和造山带是不同的概念，具有不同的科学内涵。**山脉是地貌学、地理学名词，强调的是现时状态和形貌特征，关键是具有一定的高程和陡坡；造山带是地质学名词，强调的是板块汇聚作用的动态过程，关键是具有汇聚板块边缘的岩石构造组合，包括俯冲造山带和碰撞造山带**（参阅附录 1 问题 1），可以是高山，也可以是被夷平后的平原。因此，山脉与造山带是既有交集，又是彼此不可包容的两个不同的概念。

板块构造理论问世以来，对造山带有了全新的认识，即使在阿尔卑斯这样一个活动

论发源的研究地区，也取得了许多新的认识和进展。这些进展为我们深入地研究造山带提供了理论与方法。在中国的版图中，纵横分布着各个地质时代的造山带，它们的数目和分布面积，在世界上首屈一指，让人赞叹！

正如“最伟大的创新必然是建立在最深刻的继承基础之上”一样，要想在板块构造理论方面有所创新，必须对板块构造理论本身深刻理解和准确把握。所谓创新就是突破科学前沿。前沿就是知道的和不知道的之间的界线。如果把知道的，或者说拥有的知识当作一个圆，圆之外是不知道的，那么这个圆的圆周就是前沿。学科前沿就是包括这个学科全部知识的大圆的圆周。要想使自己站在板块构造理论前沿，就要准确把握板块构造理论的内涵，努力撑大自己的圆，使之成为包含板块构造理论的大圆，而不仅仅是包含几个板块构造的概念和理论碎片而已。突破大圆才是创新，所以全面理解和准确把握板块构造理论内涵是地质学创新之基础。

1.3.2　造山带研究——中国地质学家的机遇

两个世纪以来，造山带是地质学家滔滔不竭的话题。从阿尔卑斯造山带到阿巴拉契亚造山带，从加里东造山带到海西造山带，然后到喜马拉雅造山带。毋庸置疑，这个话题将与地质学相伴终生。虽然，中国的地质学研究比西方晚了大约一个世纪，但是，中国的造山带，从数量上、时代分布上、空间展布上和地质特征方面，都具有世界其他地区不可比拟的优势。喜马拉雅以它出众的高度、广袤的高原和巨大的地壳厚度，吸引了大批世界一流的学者络绎不绝地前来考察研究。天山 - 兴安造山带和昆仑 - 秦岭 - 大别造山带都具有 4000km 以上的延伸长度和鲜明的特点，还有近些年来备受瞩目的中亚造山带（Central Asian orogenic belt），中外学者均已进行了大量研究，但仍有许多尚未解决的问题（参阅附录 2）。可以预料，它们仍然是今后造山带研究的世界性重点。此外，中国有古太古代、新太古代、古元古代、中元古代、新元古代、早古生代、晚古生代、中生代和新生代各个时代的造山带，为我们提供了用之不尽的研究资源。有如此丰富的得天独厚的天然资源，中国造山带研究应该以辉煌的成果对世界做出贡献。阿尔卑斯、阿巴拉契亚、加里东和海西造山带的研究，都是由于这些造山带所在国家的学者的勤奋研究，获得了卓越成果，成为地质学中造山带研究的经典。我们也必须造就自己的学者、大师，使中国的造山带研究跻身于国际研究前缘。20 世纪 80 年代以前的一百多年，要么是战乱频仍，要么把太多的精力荒废在突出阶级斗争上，科学研究发展缓慢。如今，国力不断增强，科学研究成为国家实实在在的需要，经费投入不断增加，其支持强度即使与发达国家相比亦不逊色。我们应该珍惜这得来不易的机遇，在地质学，在造山带研究上，做出辉煌的成就。所以，学生时代一定要打牢基础，厚积薄发，而不是相反！

造山带研究属于大地构造学的范畴，要求研究者具有广博、深厚的地质学、地球物理学和地球化学知识，放量全球的思维和四维时空的想象力。这些能力不可能一蹴而就，需要不断地积累，包括野外观察的积累、资料的积累、比较大地构造学实用例证的积累和时空演化想象能力的积累。这个积累的过程就是大地构造学家成长的过程。此外，科学哲学的逻辑术和思维方式，对于大地构造学的逻辑推理、认识论规律和概念与模式的界定和拓展，是不可或缺的基础（参阅第一卷第 1 章）。因此，大地构造学家面对的是忙碌的一生、艰辛且快乐的一生和不断学习的一生。

思 考 题

1. 人们早期对山脉的认识及其启示。
2. 山脉及其类型。
3. 造山带及其与山脉的区别。
4. 创新与继承的关系。
5. 中国地质学家的机遇。

参考文献

李继亮 . 1992. 碰撞造山带大地构造相 // 李清波 , 戴金星 , 刘如琦等 . 现代地质学研究文集（上）. 南京 : 南京大学出版社 : 9 ～ 21

李继亮 . 1999. 中国板块构造图 // 中华人民共和国国家自然地图集 . 北京 : 中国地图出版社 : 1 ～ 15

许靖华 , 孙枢 , 王清晨等 . 1998. 中国大地构造相图 . 北京 : 科学出版社

Bertrand M. 1884. Rapports de structure des Alpes de Glaris et du bassin houiller du Nord. Bul Soc Geol Fr, Ser 3, 12: 318 ～ 330

Hamblin W K, Christiansen E H. 2003. Earth's Dynamic Systems （Tenth Edition）. New Jersey: Prentica Hall Inc

Hsü K J, 1991. The concept of tectonic facies. Bulletin of the Technology University of Istanbul, 44: 25 ～ 42

Hsü K J. 1995. The Geology of Switzerland: An Introduction to Tectonic Facies. Princeton: Princeton University Press

Miyashiro A, Aki K, Şengör A M C. 1982. Orogeny. Chichester: John Wiley & Sons

Pfiffner O A, Sahli S, Stäuble M. 1997. Compression and uplift of the external massifs in the Helvetic zone. In: Pfiffner O A, Lehner P, Heitzmann P, *et al* （eds）. Deep Structure of the Swiss Alps: Results of NRP 20. Basel: Birkhauser Verlag: 139 ～ 153

Robertson A H F. 1994. Role of the tectonic facies concept in the orogenic analysis and its application to Tethys in the Eastern Mediterranean region. Earth-Science Reviews, 7: 139 ～ 213

Şengör A M C. 1990. Plate tectonics and orogenic research after 25 years: a Tethyan perspective. Earth-Science Reviews, 27: 1 ～ 201

第 2 章　造山带类型与地体

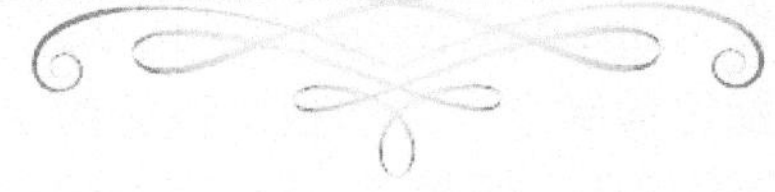

根据前一章讨论的关于造山带的定义，即板块汇聚作用形成的带状地质体，造山带分为板块俯冲过程形成的造山带和碰撞过程形成的造山带，其中俯冲过程造山带又分为洋－洋俯冲造山带和洋－陆俯冲造山带；碰撞过程造山带包括窄增生楔参与碰撞的碰撞型造山带和宽增生楔和增生弧参与碰撞的增生型造山带（图 2.1）。本章以碰撞过程造山带为讨论重点，尤其是碰撞型造山带，而增生型造山带另章专门讨论（见第 4 章）。

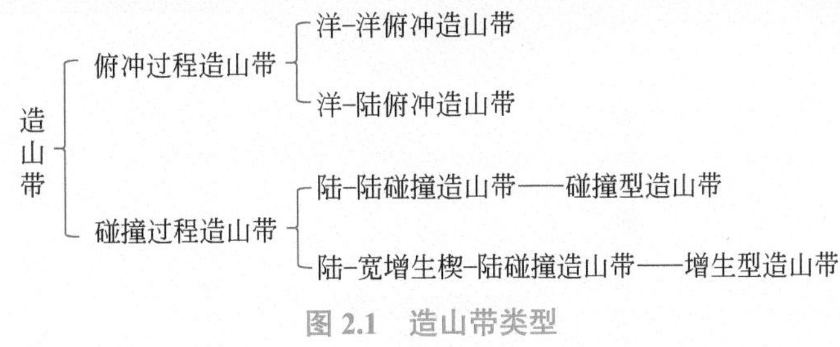

图 2.1　造山带类型

2.1　造山带分类思路

2.1.1　分类原则

分类是一门科学，即**分类学**（taxonomy），广义讲是系统学，指分门别类的科学，是按照一定秩序排列区分事物类别的学科。各个学科都需要进行分类，如生物分类学等。无论在自然科学，还是在社会科学研究中，分类都是十分重要的研究内容。“科学”一词字面上就包含着“分类的学问”。科学的分类必须符合两个原则：一是包容性原则，即所有的研究对象都必须包括在分类之中，不能有一个对象放不到任一类中去；二是不可重叠性原则，即所有研究对象只能归为一类，不能既可属于 A，又可属于 B。

造山带也需要进行分类。19 世纪晚期，Suess（1875）就已经认识到造山带分类的重要性，并把造山带分为环太平洋型和特提斯型。环太平洋型也就是弧型造山带。后来人们又把它进一步划分为西太平洋的岛弧型和东太平洋的山弧型。特提斯型即是以阿尔卑斯和喜马拉雅为代表的碰撞型造山带。Suess 没有对其作进一步的分类。这一分类方案在

当时具有积极意义，但是按照现代板块构造理论，这一分类方法并不符合分类原则，因为任何一个碰撞造山带均是从环太平洋型造山带演化而来，也就是说，任何一个碰撞造山带既属于A（环太平洋型），又属于B（特提斯型）。

“地槽学说”认为造山带是地槽回返褶皱的产物。由于在岛弧和山弧内找不到地槽所必须具有的巨厚沉积地层，因此它们不属于“地槽学说”所定义的造山带。至于大陆内部的造山带，Stille（1924）提出了一个分类，即分为日尔曼型造山带（Germano-type orogen）和阿尔卑斯型造山带（Alps-type orogen）（图2.2）。从板块构造观点看，日尔曼型造山带指的是克拉通和稳定褶皱带，并非板块边缘作用的产物，以不连续的开阔褶皱和微弱断裂为特征。不符合现代造山带观点，所以不属于造山带范畴（参阅第1章），因此这个分类也就失去了应用的价值。

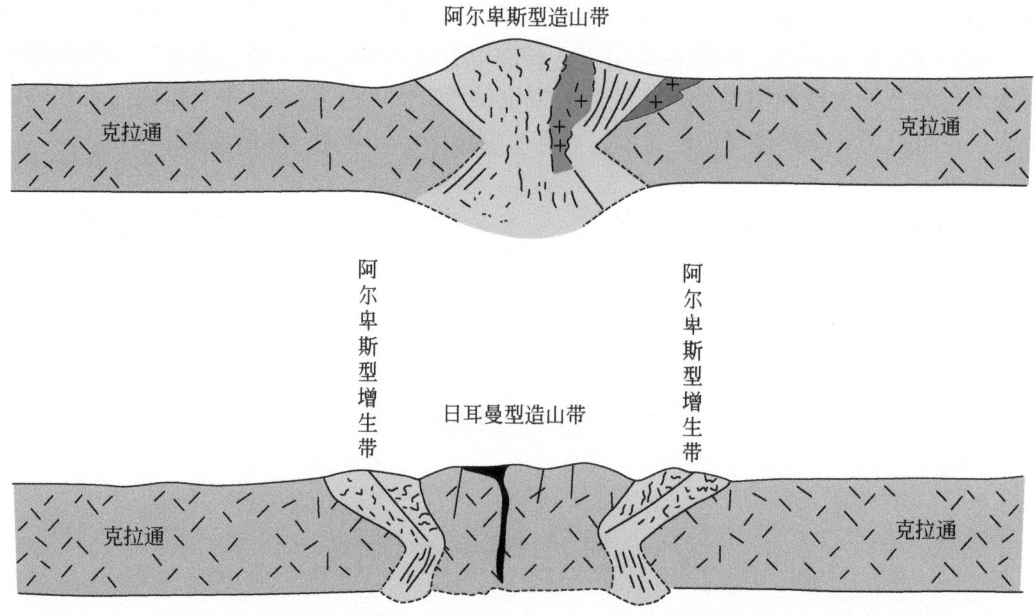

图2.2 Stille的造山带分类（据Stille，1924；转引自李继亮等，1999）

Dewey对碰撞造山带研究做出了重要贡献（Dewey，1969，1988a，1988b；Dewey and Bird，1970；Dewey and Horsfield，1970；Dewey and Burk，1973；Dewey and Kidd，1974；Dewey *et al.*，1986，1988）。20世纪70年代，Dewey和Bird（1970）根据板块边界作用类型将造山带划分为三类：①安第斯型造山带，位于俯冲带之上的大陆边缘；②陆-陆碰撞型造山带，如喜马拉雅造山带；③（岛）弧-陆碰撞型造山带，如新几内亚。后来，Johnson和Harley（2012）又增加了第四种类型，即板块活动边界远程效应引起的克拉通内造山带。这一分类是将纵向演化与横向比较混在一起，作为分类容易引起混乱，如现在的安第斯造山带将来碰撞以后该属于什么类型的造山带呢？再者，后来研究表明，喜马拉雅造山带并非陆-陆碰撞型（见下文），板内造山带不属于造山带序列（参阅第1章）。

Dewey的学生Şengör（1992）认识到碰撞造山带有不同的类型，并根据碰撞造山带

不同的内部结构把碰撞造山带分为三种类型：阿尔卑斯型、喜马拉雅型和阿尔泰型（图 2.3）：

阿尔卑斯型碰撞造山带。位于现存的两个大陆之间，发育较窄的缝合带（不发育增生弧），以具有仰冲到混杂带和前陆褶皱冲断带之上的刚性基底推覆体为特点[图 2.3(a)]。

喜马拉雅型碰撞造山带。以很宽的蛇绿混杂带把两个相互碰撞的板块远远隔开为特点［图 2.3（b）］。

阿尔泰型碰撞造山带。以宽阔的消减－增生杂岩带，其上发育增生弧，且以增生弧

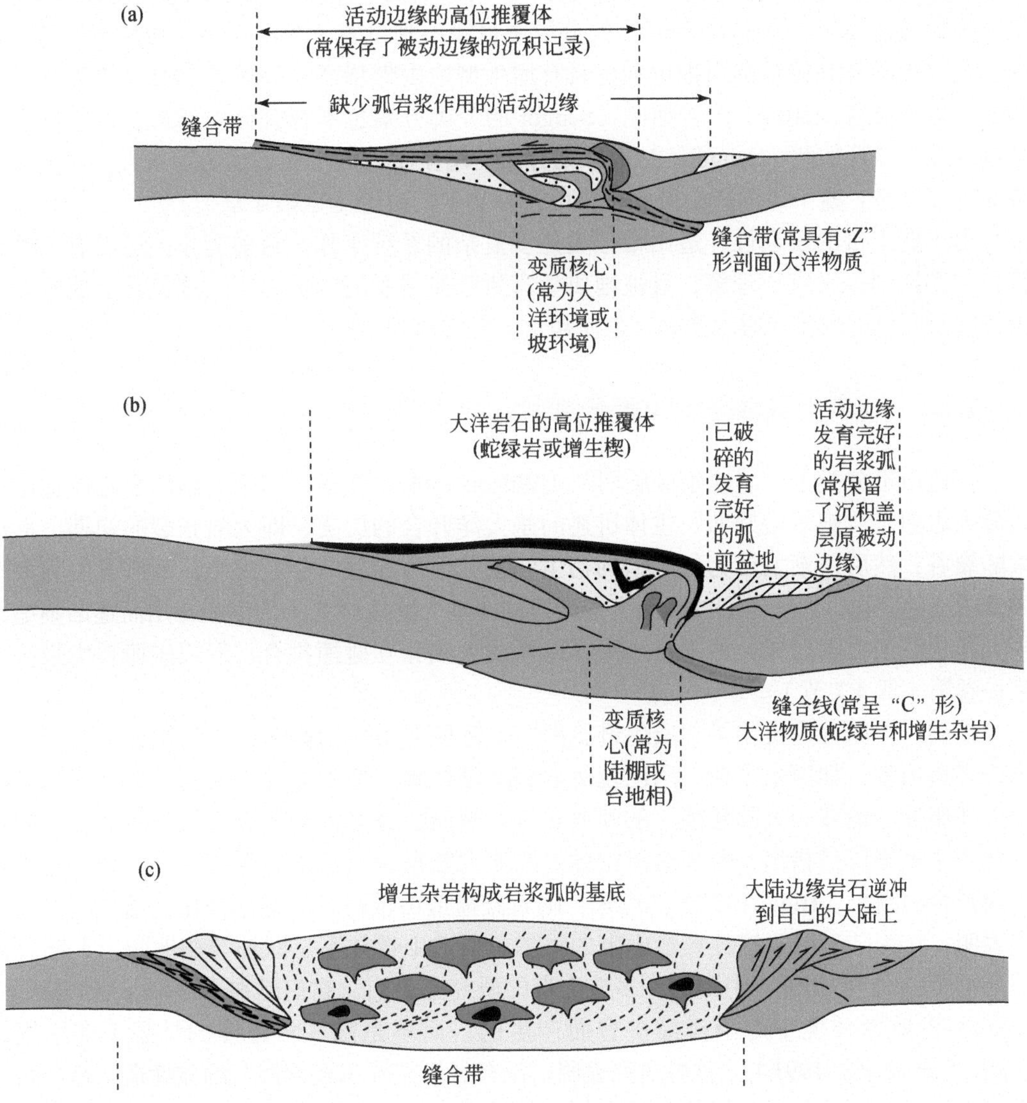

图 2.3　Şengör 的碰撞造山带分类

（a）阿尔卑斯型碰撞造山带理想模式剖面：具仰冲到混杂带和前陆褶皱冲断带之上的刚性基底推覆体（据 Şengör，1992）；（b）喜马拉雅型碰撞造山带理想模式剖面：很宽的蛇绿混杂带把两个相互碰撞的板块远远隔开（据 Şengör，1992）；（c）阿尔泰型造山带理想模式剖面：宽的增生楔及其上的增生弧与俯冲板块相碰撞，故又称增生型造山带或土耳其型造山带（据 Şengör，1992；Xiao *et al.*，2010 修改）

与俯冲板块碰撞为特点，故又称**增生型造山带**（accretionary orogenic belt，参阅附录1问题7）或土耳其型造山带，其典型实例即中亚造山带［图2.3（c）］（详细讨论见第4章）。

Şengör（1992）的碰撞造山带分类不完全符合分类原则。一方面其包容性不够。世界上许多碰撞造山带无法归入这一分类方案之中。例如，著名的阿巴拉契亚造山带，其南部由俯冲的北美板块前陆（谷陵带）、西蓝岭混杂带、东蓝岭－内麓弧、帝王山混杂带、恰洛特弧、海岸平原混杂带和仰冲的非洲板块组成（参阅本章2.3节）。该造山带经历了三次碰撞作用，无论是总体上还是分解开来，均无法归入Şengör的分类方案中。我国的古元古代五台山造山带、古生代闽赣湘造山带和滇西保山－澜沧－哀牢山造山带均属于陆－弧－陆碰撞造山带，它们在Şengör的分类中也找不到位置（李继亮等，1999）。另一方面，研究表明喜马拉雅造山带可能也具有增生型造山带特征（郝杰等1995；李继亮等，1999；肖文交等，2017）。若如此，Şengör的分类方案也不符合分类的第二条原则即不可重复性。尽管如此，Şengör（1992）划分出的增生型造山带类型成为后来人们研究造山带的重要思路。鉴于该类造山带的重要性，后文专门讨论（见第4章）。

由于造山带的复杂性，造山带分类是项复杂的系统工作。目前为止，还没有一种既符合分类原则，又宜于理解，且被地质学家所普遍接受的分类方案。这也是造成有关造山带的研究争论颇多的原因之一，也使初学者常常感到困惑。

2.1.2 威尔逊旋回与造山带分类

在造山带分类上，“威尔逊旋回”（Wilson cycle）在很大程度上制约了碰撞造山带的分类思想。“威尔逊旋回”主体讲述的是大洋开合的历史，即大陆张裂的初期，形成大陆裂谷；然后逐渐发展为红海型的初生洋盆和大西洋型的年轻大洋；最后发展为太平洋型的成熟大洋，太平洋型的成熟大洋通过向活动大陆边缘之下的消减作用而逐渐萎缩，当大洋最终消亡的时候，原来位于大洋两岸的大陆相互碰撞拼合，形成碰撞造山带（见第一卷第4章4.7节）。

最初，人们普遍接受了“威尔逊旋回”是碰撞造山作用必然经历的过程的认识，并将许多造山带，如阿尔卑斯、阿巴拉契亚和喜马拉雅，都划归为“大陆张裂→大洋形成→大洋俯冲、消减→大陆碰撞”的经典实例。然而，那时也有人提出例外的情况，如台湾地质学家毕庆昌指出，台湾海岸山脉是欧亚大陆东缘与吕宋岛弧碰撞的产物，而不是大陆开合的结果（Biq，1973）。后来，随着碰撞造山带研究的逐渐深化，越来越多的事实表明，作为陆－陆碰撞经典造山带的阿尔卑斯造山带并不是欧洲与非洲两个大陆碰撞的产物（Hsü，1995）。中国的许多造山带的研究亦表明，它们是在多岛洋（archipelagic ocean）古地理环境中逐渐碰撞拼合而产生的，而不是陆－陆碰撞的结果（李继亮，1988；Sun *et al.*，1991）。这些研究表明，没有经历“威尔逊旋回”的碰撞造山带数目远远超过经历了“威尔逊旋回”的造山带。李继亮等（1999）称这些不受“威尔逊旋回”制约的造山带为“非威尔逊旋回造山带”。

2.2 造山带结构与经典类型

2.2.1 造山带中的几个关键碰撞单元

自 19 世纪中叶以来，造山带研究就进入了内部构造研究阶段。然而，至今对许多造山带的内部构造的认识依然是模糊不清的。因此，运用造山带内部构造特征进行分类，如 Şengör（1992）的分类，尚缺乏必要的资料基础。所以依赖于参与碰撞的单元进行造山带的分类成为必然。实际上，一般情况下首先参与碰撞的是增生楔，但因增生楔是混杂堆积（mélange），组成非常复杂（见第一卷第 3 章 3.3 节 73 页；附录 1 问题 1），而且大洋闭合时往往并未固结，所以在考虑碰撞单元时不将其作为独立单元。参与碰撞的关键单元简要介绍如下。

1. 大陆碎片

对于一些具有大陆壳基底的小型陆块（碎片），不仅其规模与大陆板块相比要小得多，而且缺乏成熟的被动大陆边缘，也称为微板块或微大陆。这些大陆碎片（continental fragments）可能长期漂泊在洋盆中（参阅第一卷图 3.48）。有研究认为，羌塘和保山微板块漂浮在原特提斯洋和古特提斯洋中，早古生代时期靠近扬子板块，晚古生代时又靠近冈瓦纳大陆（李继亮等，1999）。也有一些微板块，刚刚从别的大陆裂离出来不久，就又碰撞在另一个大陆上，如帕米尔造山带中的一些微板块（Searle，1991）。有的微板块具有显生宙各个时期的沉积盖层，有的则盖层剥蚀殆尽或者沉积甚少。这些大陆碎片或微板块在造山带中常被称为**地体**（terrain）（详见 2.3 节及第一卷第 3 章 3.3 节 81 页）。但是，在碰撞造山带中的微板块上不应该有岩浆弧成因的火山岩和深成岩。如果有的话，则称为弧，而不再叫作微板块或大陆碎片。

2. 增生弧

增生弧（accretionary arc）不是新发现的一种岩浆弧，而是过去没有把它们作为单独的类型给予独立的名称。Parada（1990）在讨论南美洲安第斯的深成作用时，描绘出从早古生代持续增生到新生代的岩浆弧（图 2.4）。这种形成于增生楔和蛇绿混杂带中的岩浆弧称为**增生弧**（accretionary arc），其中常含有来自蛇绿混杂带的顶垂体（roof pendent）（参阅第一卷第 4 章 4.1 节；附录 1 问题 7 ～ 9）。顶垂体的岩石类型包括变质橄榄岩、方辉橄榄岩、纯橄岩、辉石岩等超镁铁岩；辉长岩、辉绿岩、玄武岩等镁铁质岩；硅质岩、复理石砂板岩等（李继亮等，1999）。增生弧是一种常见的地质现象，在碰撞造山带中可以作为参与碰撞的单元，而且是增生型造山带的重要鉴别特征之一。鉴于其在造山带研究中的重要作用，后面第 4 章还会专门讨论。

3. 大洋岛弧

大洋岛弧（oceanic island arc）也是碰撞造山带中比较常见的大地构造单元。在现代大洋环境中有很多大洋岛弧的实例，如大西洋和太平洋之间的巴拿马弧和南极附近的三明治岛弧。在碰撞造山带中也有若干实例，如与澳大利亚碰撞的斐济岛弧和与台湾岛碰

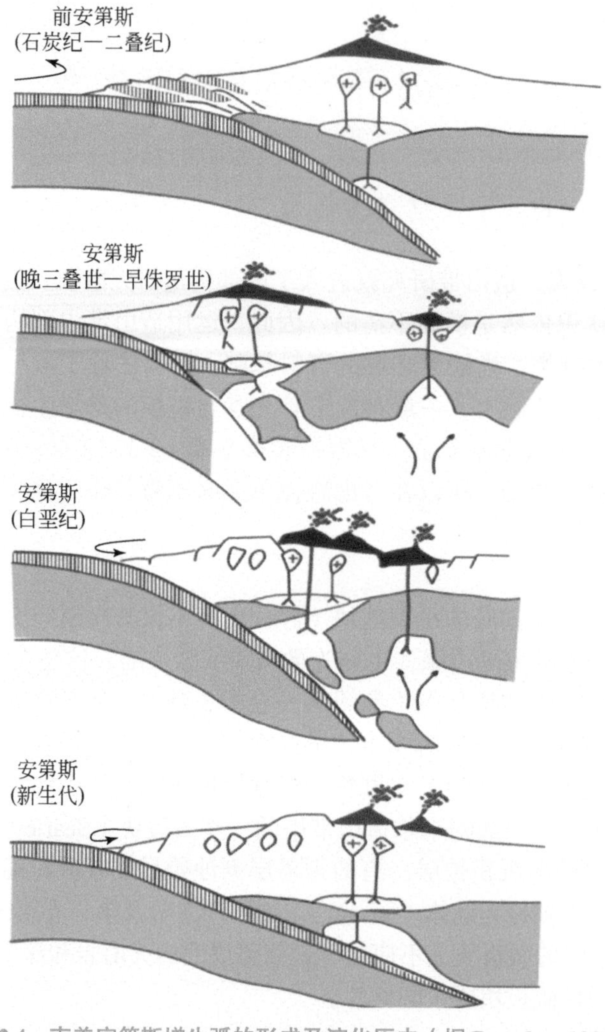

图 2.4　南美安第斯增生弧的形成及演化历史（据 Parada，1990）

撞的吕宋岛弧。这些大洋岛弧在岩石成分和构造特征上与前缘弧没有太大的不同，只是完全没有或者几乎没有独立结晶基底。因此，我们在造山带分类中把它们与前缘弧等同看待。但是，应该特别指出的是，在前寒武纪早期，大洋岛弧具有极为重要的地质意义。大洋岩石圈之间的消减作用形成了早期的大洋岛弧型的过渡地壳，大洋岛弧与大洋岛弧的碰撞形成了早期的大陆地壳（Li，1992）。

2.2.2　造山带经典类型

造山带类型主要考虑参与造山作用的地质体有哪些，实际上是陆与弧的相互作用类型，因此理论上可分为如下造山带的碰撞类型：活动大陆 - 被动大陆碰撞［图 2.5（a）］、弧前 - 被动大陆碰撞［图 2.5（b）］、活动大陆 - 弧后碰撞［图 2.5（c）］、弧前 - 弧后碰撞［图 2.5（d）］、活动大陆 - 活动大陆碰撞［图 2.5（e）］、弧前 - 活动大陆碰撞［图 2.5（f）］、弧前 - 弧前碰撞［图 2.5（g）］。

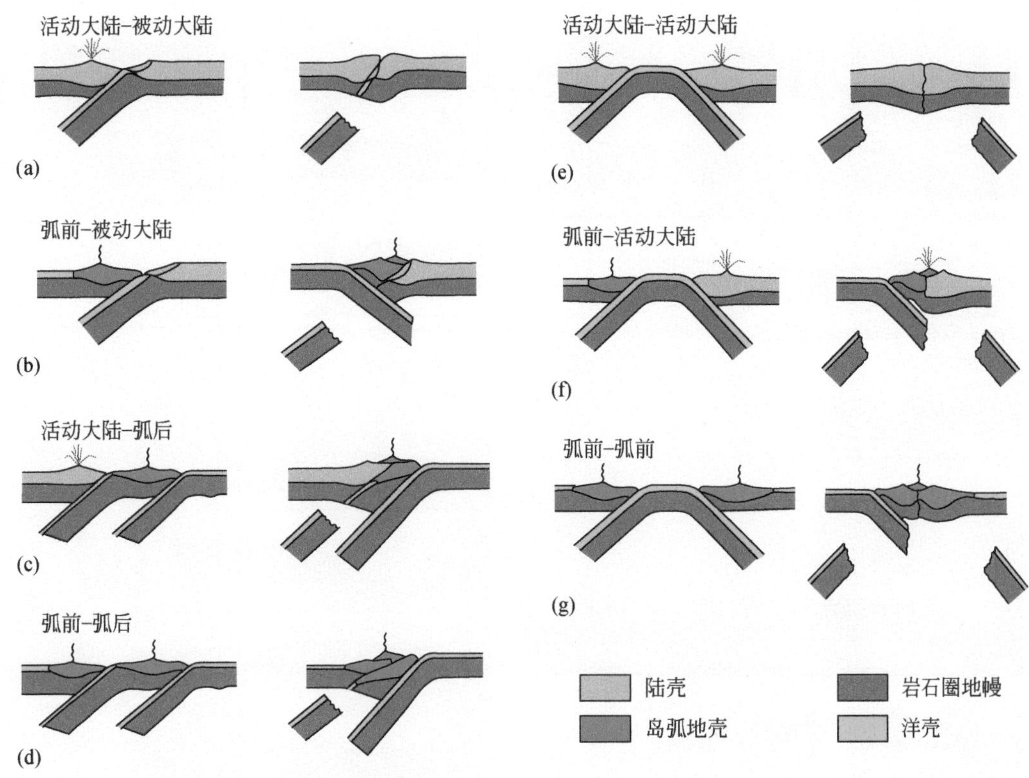

图 2.5　造山带碰撞类型（据 Twiss and Moores，1995）

从地球表面造山带实例来看，的确存在不同类型的造山带，其中最经典的造山带应属阿尔卑斯和科迪勒拉造山带。Frisch 等（2011）以实际造山带为基础概括了几种类型（图 2.6），但不能涵盖全部，所以也不是造山带分类。下面以此为基础讨论几种造山带的特征。

1. 岛弧型造山带

岛弧型造山带（island-arc type orogen）由洋内或其边缘长期的俯冲作用形成［图 2.6（a）～（c）］；俯冲作用产生了岛弧和弧后盆地，如西太平洋的弧，其特征是岛弧直接参与碰撞。这种情况通常是由老的高密度大洋岩石圈俯冲引起的（称“自发俯冲”，spontaneous subduction；参阅第一卷图 3.29）。当俯冲速度长期超过洋中脊的单边扩张速率时，伴随着岛弧发育，持续俯冲作用最终会导致大洋闭合。在闭合过程中，岛弧与靠近的被动大陆边缘碰撞，并逆冲其上。但是，汇聚过程（碰撞作用）并不会随之停止，因为板块运动是由全球板块漂移模式驱动，并且大洋中总有俯冲。俯冲带通常会越过增生弧跳入相邻海域，并形成新的岛弧［图 2.6（a）］。随着弧的增生和俯冲的更新，俯冲带的极性可能发生变化，然后在碰撞的地体上形成新的火山弧［图 2.6（b）］。当新的大洋岩石圈仍然很热时，它可能会因板块汇聚而仰冲或向上逆冲，因其浮力太大而不能因自身密度下沉（称“被迫俯冲”，forced subduction）。在特定的区域内，也许有若干条洋内俯冲带，现在的实例就是菲律宾海板块与摩鹿加群岛（Molucca Islands）［图 2.6（c）］。

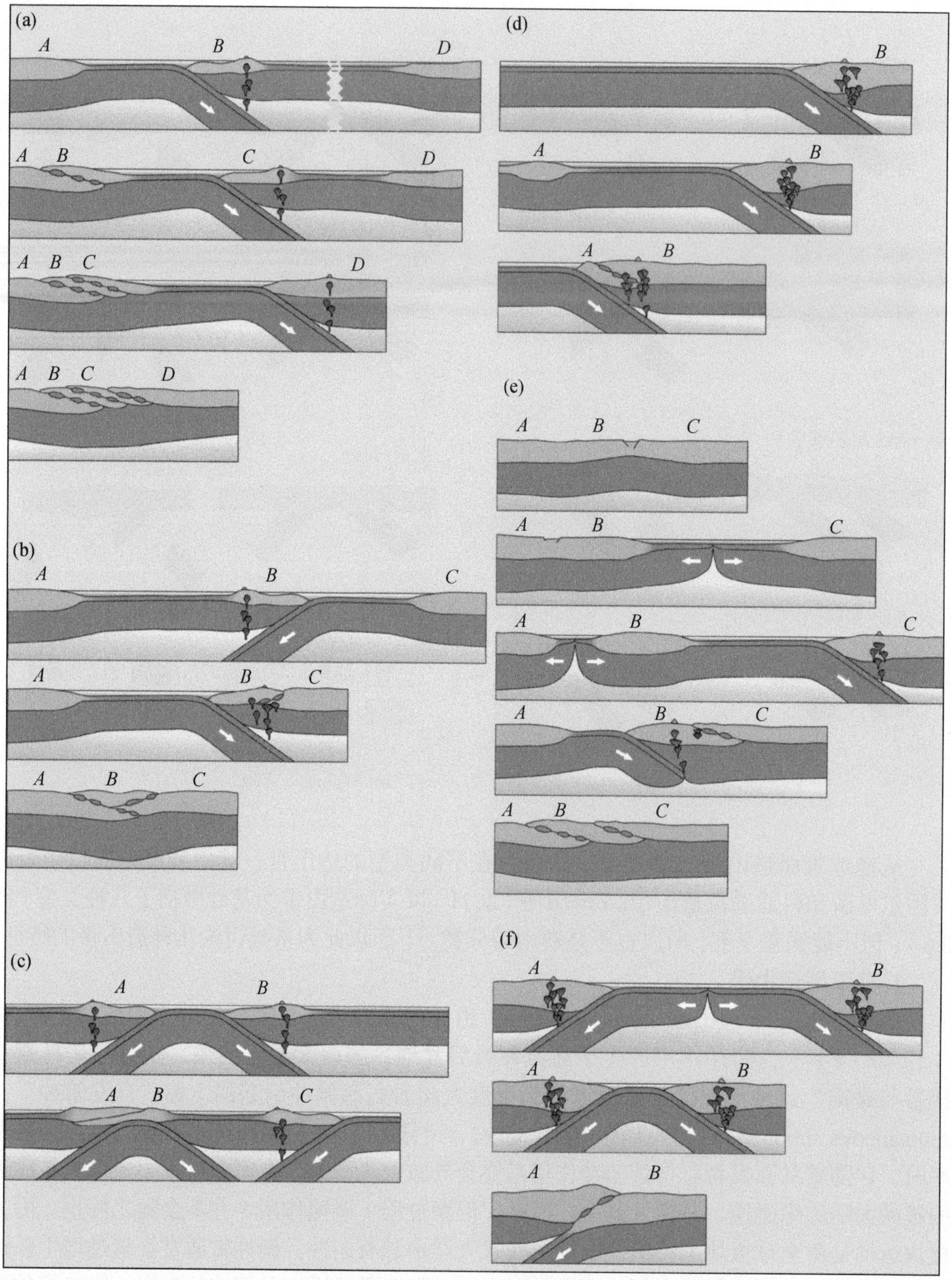

图 2.6　不同类型造山带演化示意图（据 Frisch *et al.*，2011 修改）

（a）～（c）岛弧型造山带，主要是指岛弧直接参与碰撞，有反向俯冲或俯冲带反转的复杂情景，图中展示了三种可能情况；（d）安第斯型造山带，以大量岩浆生长为特征（类似于岛弧型），同时地体参与地壳生长；（e）、（f）阿尔卑斯型，代表了正常的碰撞造山带，两个大陆（或大陆碎片、残留弧）相碰撞，其中（e）表示了完整的威尔逊旋回（参阅第一卷第 4 章 4.7 节）。*A*、*B*、*C*、*D* 代表不同板块

各洋盆的最终闭合导致两个或多个大陆（或地体）碰撞。两个大陆边缘和其间的岛弧系统发生向上或向下的逆冲、褶皱，被推或拖拽到深部的物质发生变质作用。在岛弧型造山带的造山作用过程中，新大陆地壳由漫长的俯冲产生长期岩浆活动形成，如非洲东北部和阿拉伯半岛的前寒武纪晚期的泛非造山运动。

2. 安第斯型造山带

安第斯型造山带（Andean type orogen）因安第斯山而得名。沿活动大陆边缘的长期俯冲作用、岩浆活动，以及地体拼贴而形成造山带［图 2.6（d）］，这一过程在北美科迪勒拉也很常见。通常认为，安第斯型造山带的特点是大洋岩石圈直接俯冲于大陆之下，而不是在边缘岛弧系统之下。实际上，也有可能是俯冲于非常宽大的富含地体的增生楔之下，现在的岛弧系统形成于增生楔之上，即所谓的增生弧（accretionary arc）。安第斯型造山带并非碰撞过程造山带，而是俯冲过程造山带。若干地质年代之后会发生碰撞，碰撞造山作用会使造山带更为复杂。

3. 阿尔卑斯型造山带

阿尔卑斯型造山带（Alps-type orogen）可用威尔逊旋回来描述，从大陆破裂到洋的生长［图 2.6（e）、（f）］。这个洋可以有限大小，也可以达至大西洋之规模，最后随着大陆的碰撞而闭合，威尔逊旋回结束（参阅第一卷第 4 章 4.7 节）。活动大陆边缘可以是岛弧型、安第斯型，或二者兼有；活动边缘可位于大洋一侧，也可位于两侧。从被动大陆边缘分裂出来的微陆块最后成为增生地体，而使俯冲和碰撞过程复杂化。尽管这种复杂的造山实例很多，但最为复杂的造山带之一当属特提斯洋的多次打开和闭合而形成的特提斯造山带。在古生代和中生代，每一次关闭都有碰撞的痕迹，许多来自冈瓦纳的微陆块地体拼贴到亚洲大陆。印度大陆与欧亚大陆的碰撞形成喜马拉雅造山带使事件达到顶峰。

在威尔逊旋回中，板块离散运动到大陆汇聚的转变可由老的大洋岩石圈的“自发俯冲”，或者年轻的中等大洋在全球板块漂移模式驱动下的“被迫俯冲”来实现。现在位于北美洲与非洲西北部之间的中大西洋边缘有老至早—中侏罗世的洋壳，在未来的某个地质时期会转变为俯冲带。由于洋底的对称性，也许在大洋两侧都形成俯冲带［图 2.6（f）］。大西洋目前正在加勒比（Caribbean）板块下面俯冲（参阅第一卷图 3.7）。阿尔卑斯的彭宁洋，俯冲带只发生于一侧，是在非洲向欧洲靠近的板块漂移模式驱动下进行的。中等的大陆碎片会使闭合历史复杂化［图 2.6（e）］，而洋中往往发育诸多不同规模的大陆碎片（参阅本章 2.4 节和第一卷图 3.48、图 3.49）。

2.3　造山带的分类

李继亮等（1999）将弧分为三种类型：前缘弧、残留弧和增生弧（见第 5 章 5.2 节），并以参与碰撞造山作用的主要单元类型作为分类依据，提出了碰撞造山带分类方案（表 2.1）。这个方案符合包容性原则，因为所有可能参与碰撞造山作用的单元都可以包括进来。同时，它也没有重叠，因为参与碰撞的单元之间的区别是明确的，从而避免了造山带既可归属 A，又可归属 B 的缺陷。

表 2.1　碰撞造山带分类方案（据李继亮等，1999 修改）

造山带类型	亚类	参考实例
陆－陆碰撞型		泛非造山带
陆－前缘弧碰撞型	弧前碰撞 弧后碰撞	台湾造山带 哀牢山造山带
陆－残留弧碰撞型		阿尔卑斯造山带
陆－增生弧碰撞型		中亚造山带部分段 喜马拉雅造山带
弧－弧碰撞型	前缘弧－前缘弧碰撞 前缘弧－残留弧碰撞 前缘弧－增生弧碰撞 残留弧－增生弧碰撞 增生弧－增生弧碰撞	太平寨造山带 中亚造山带部分段 西准噶尔造山带
陆－弧－陆碰撞型	陆－前缘弧－陆碰撞 陆－增生弧－陆碰撞	五台山造山带 闽赣湘造山带

2.3.1　陆－陆碰撞造山带

参与碰撞的单元可以是两个大陆板块，或者是大陆板块与微板块或两个微板块。其实这类碰撞造山带非常少见。以前所说的典型陆－陆碰撞造山带，如阿尔卑斯和喜马拉雅等，现在都认为是陆－弧碰撞的产物（Hsü，1995）；只有非洲的一些泛非造山带，现在仍被认为是陆－陆碰撞造山带（图 2.7），如横穿撒哈拉造山带（Boullier，1991）、达

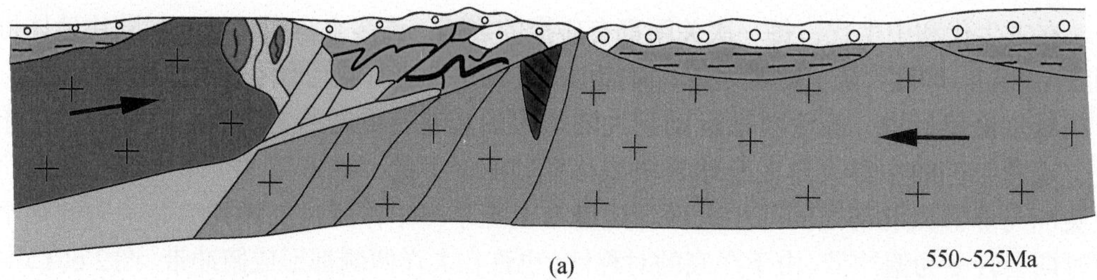

(a)

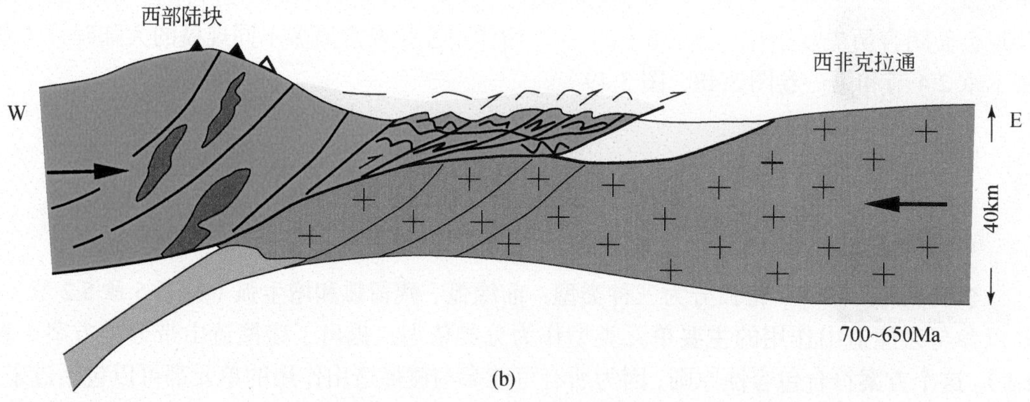

(b)

图 2.7　泛非陆－陆碰撞造山带

（a）毛里塔尼亚造山带（据 Lecorche *et al.*，1991）；（b）洛克莱德造山带（据 Culver *et al.*，1991）

荷迈伊德造山带（Affaton *et al.*，1991）、洛克莱德造山带（Culver *et al.*，1991）和毛里塔尼亚造山带（Lecorche *et al.*，1991）等。

2.3.2　陆 - 前缘弧碰撞造山带

陆 - 前缘弧碰撞造山带的实例较多，如台湾造山带（图 2.8）和澳大利亚与斐济岛弧

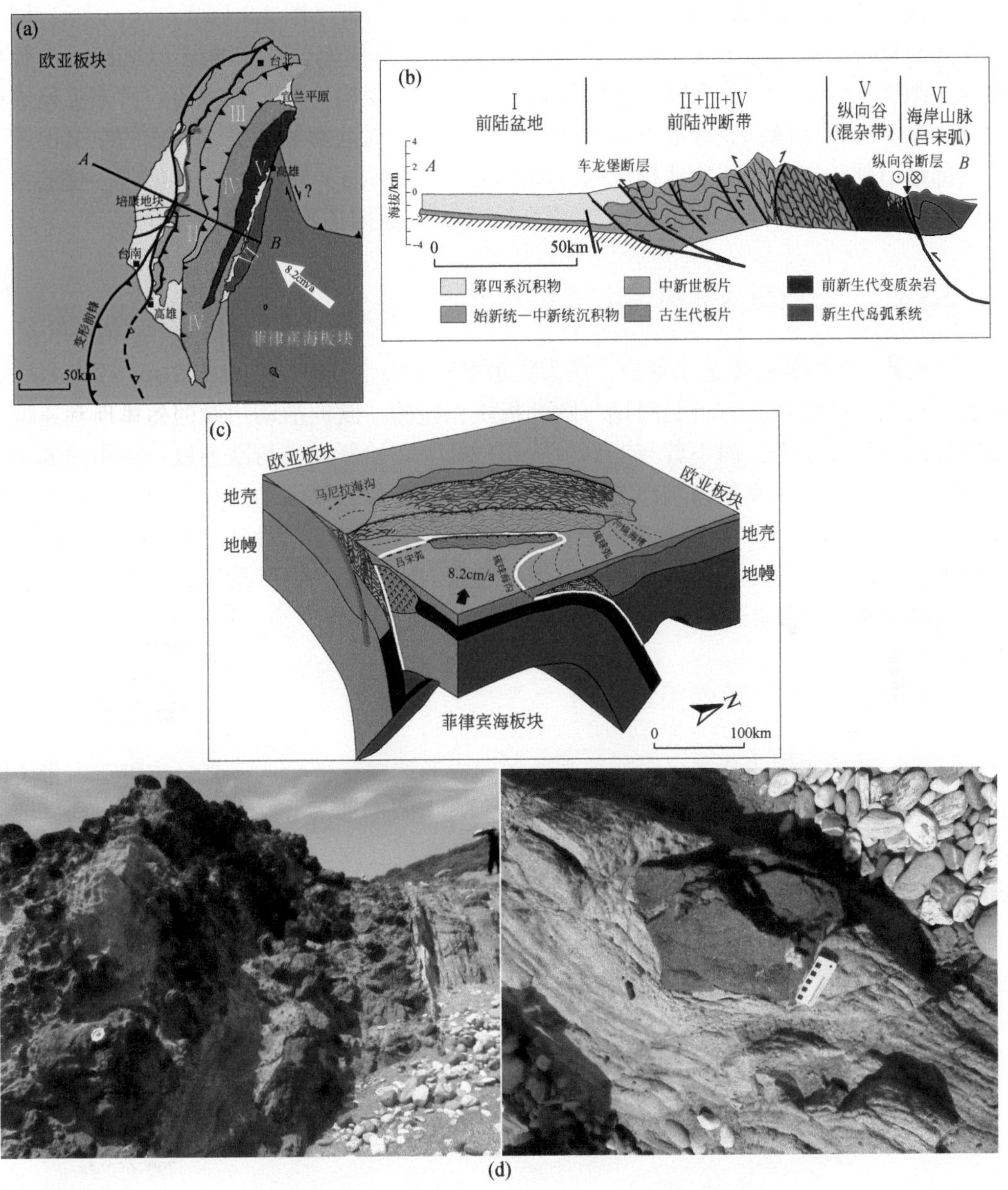

图 2.8　台湾陆 - 前缘弧碰撞造山带

（a）台湾造山带主要地质单元图示；（b）为（a）的切剖面示意图；（c）台湾造山带立体图示；（d）台湾纵谷南端蛇绿混杂带岩石照片（侯泉林摄于 2015 年）。（a）、（b）和（c）根据各方面资料综合而成

碰撞形成的造山带。这两个碰撞造山带的碰撞造山作用均发生在弧前位置。弧后位置也可以生成这类碰撞造山带，如阿巴拉契亚的阿尔根尼期（C_{2-3}—P_1）的碰撞造山作用，实际上是冈瓦纳大陆与阿瓦隆尼亚弧（Avalonia arc）后的碰撞，其间夹一西阿摩力克地体（Western Armorican terrane）。

台湾造山带是现在仍在活动的典型的陆－前缘弧碰撞造山带（图 2.8）。菲律宾海板块现在仍以每年约 8cm 的速度向北西方向移动，其中菲律宾海板块向西仰冲于欧亚板块之上，其上的吕宋前缘弧与欧亚大陆碰撞形成台湾造山带［图 2.8（a）～（c）］；同时菲律宾海板块沿琉球海沟向北俯冲于欧亚大陆之下，形成琉球弧和冲绳（Okinawa）弧后盆地［图 2.8（c）］。台湾碰撞造山带自东向西的主要构造单元依次为：吕宋弧构成的台湾（东）海岸山脉；蛇绿混杂带构成的台湾纵谷；前陆褶皱冲断带构成的中央山脉及其西部诸山脉；周缘前陆盆地构成的台湾海峡［图 2.8（a）～（c）］。值得一提的是海岸山脉的蛇绿岩多具再沉积特征［图 2.8（d）］，其原因还不是特别清楚。

2.3.3 陆－残留弧碰撞造山带

目前陆－残留弧碰撞造山带的实例为阿尔卑斯造山带［图 2.3（a）］。Hsü（1995）认为，非洲大陆板块并没有在古近纪时期与欧洲板块相碰撞，欧洲活动边缘的岛弧现在还位于地中海海岭的位置上，尚不曾与非洲板块相碰撞。在始新世，与欧洲板块相碰撞的奥地利阿尔卑斯和南阿尔卑斯乃是前缘弧后面的一个缺少弧岩浆活动的具有结晶基底的残留弧（Cavazza *et al.*，2004），它在弧后位置上与欧洲大陆碰撞［图 2.3（a）］（李继亮等，1999）。值得一提的是，阿尔卑斯造山带缺乏弧岩浆作用，也就是说碰撞前俯冲阶段尚未在活动边缘发育弧岩浆，个中原因尚不清楚。

2.3.4 陆－增生弧碰撞造山带

这种类型的实例非常之多，如前文所述的中亚造山带部分段、喜马拉雅造山带（图 2.9）、天山和昆仑造山带等（李继亮等，1999）。增生弧即是由前缘弧向大洋方向迁移，以致形成于增生楔之上的弧。如果把造山作用的变形复原，增生弧的火山岩和花岗岩都有向大洋变年轻的趋势。

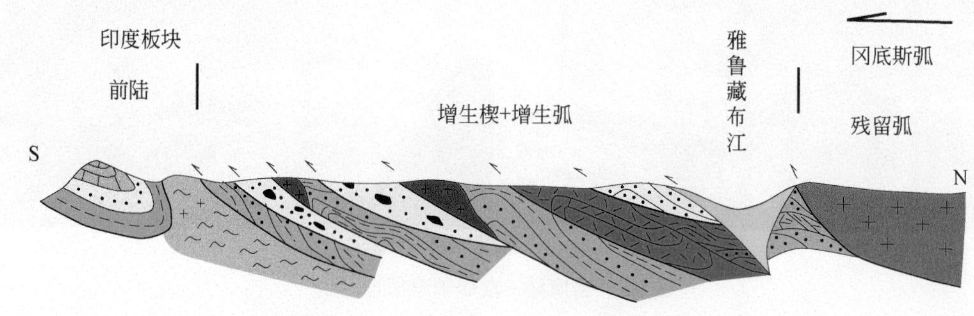

图 2.9 喜马拉雅陆－增生弧碰撞造山带（据李继亮等，1999 修改）

增生弧的一个尚未解决的问题是其岩浆来源问题。Nicholls 和 Ringwood（1973）提出，弧拉斑玄武岩岩浆和钙碱性系列岩浆生成于消减带之上的地幔楔中。但是，混杂带增生楔发生长距离增生，而这种大陆地幔楔不可能紧跟在消减带之上，所以增生弧的岩浆来源显然不能用 Nicholls 和 Ringwood（1973）的模式来解释（李继亮等，1999；参阅附录 1 问题 7、8）。这是尚未解决的科学问题，详见第 4 章 4.4 节讨论。

这类造山带也称为增生型造山带，是碰撞造山带的重要类型，发育非常普遍，但是长期以来没有被充分认知。鉴于此，第 4 章对此类造山带进行专门讨论。

2.3.5　弧－弧碰撞造山带

由于板块俯冲的复杂性，如双向俯冲等，各个时代的造山带均可发育弧－弧碰撞方式（图 2.5），如印尼的摩鹿加群岛海域弧－弧碰撞可能是一现代模式［图 2.10（a）］（Silver

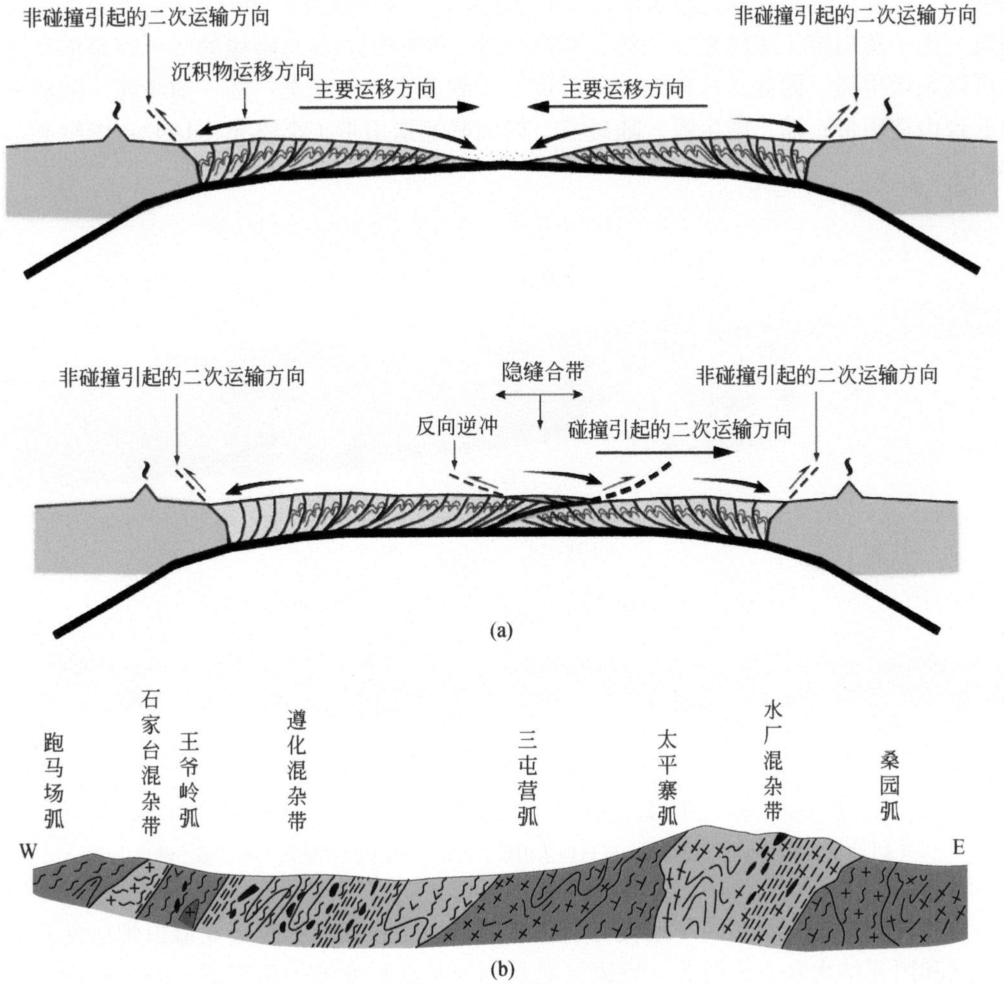

图 2.10　弧－弧碰撞造山带

（a）可能现实模型：印尼的摩鹿加群岛海域弧－弧碰撞造山带（据 Silver and Moore，1978）；（b）冀东太古宙太平寨弧－三屯营弧碰撞造山带（据李继亮等，1999）

and Moore，1978）；加拿大发育许多太古宙弧－弧碰撞实例（Hoffman，1988）；我国冀东太平寨弧与三屯营弧的碰撞［图 2.10（b）］（李继亮等，1990）；显生宙的弧－弧碰撞造山带，如阿巴拉契亚中—晚泥盆世的塔康尼亚弧（Taconia arc）后与阿瓦隆尼亚弧的碰撞（Frisch *et al.*，2011）；新疆北部西准噶尔增生弧－增生弧碰撞造山带（李继亮等，1999）；中亚造山带部分段也可能属此类型。依据已有的实例和可能参与碰撞的单元，这种类型可以进一步划分出前缘弧－前缘弧碰撞、前缘弧－残留弧碰撞、前缘弧－增生弧碰撞、残留弧－增生弧碰撞及增生弧－增生弧碰撞五个亚类（表 2.1）。

2.3.6 陆－弧－陆碰撞造山带

这种类型指的是三个参与碰撞的单元在同一地质时期发生碰撞的造山带。我国此类造山带多有发育，如古元古代的五台山造山带［图 2.11（a）］（李继亮等，1990，1999）、古生代的闽赣湘造山带［图 2.11（b）］（李继亮等，1993）和三叠纪的保山－澜沧－扬子造山带（李继亮，1988；李继亮等，1999）。参与碰撞的弧可以是前缘弧，也可以是增生弧。因此，这种类型还可进一步划分出若干亚类：陆－前缘弧－陆碰撞，如五台山造山带；陆－增生弧－陆碰撞，如闽赣湘造山带（李继亮，1992；李继亮等，1993）。

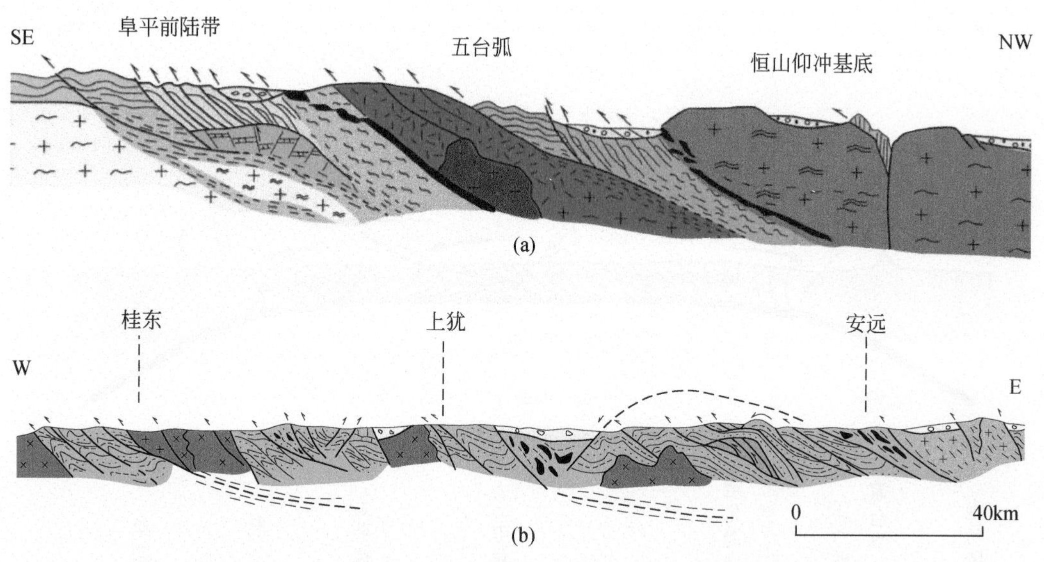

图 2.11 陆－弧－陆碰撞造山带（据李继亮等，1993，1999 修改）

（a）古元古代五台陆－前缘弧－陆碰撞造山带；（b）古生代闽赣湘陆－增生弧－陆造山带

需要说明的是，不在同一地质时期碰撞的造山带，如阿巴拉契亚造山带由两陆（劳伦大陆和冈瓦纳大陆）、两弧（塔康尼亚弧和阿瓦隆尼亚弧）相碰撞，但碰撞发生在塔康尼亚、阿卡德和阿尔根尼三个地质时期（图 2.12），因此不属于此种类型。如此造山带应按不同时期的碰撞方式分别归类。

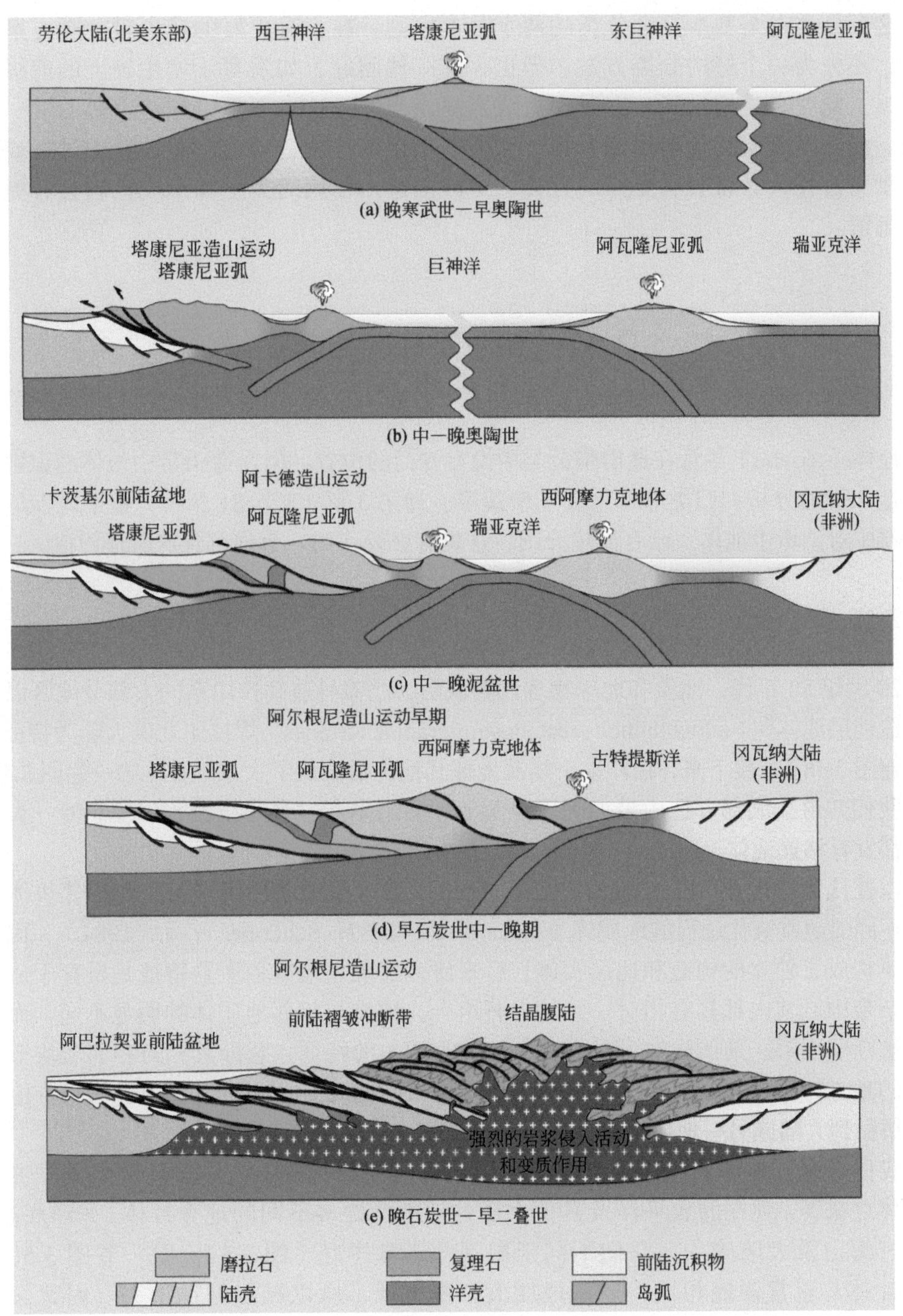

图 2.12　阿巴拉契亚造山带构造演化剖面图示（据 Frisch *et al.*，2011 修改）

（a）塔康尼亚造山运动前的巨神洋（Iapetus Ocean）；（b）塔康尼亚造山运动（Taconic orogeny，O_{2-3}）（陆－前缘弧碰撞）：塔康尼亚弧与劳伦大陆（北美东部）碰撞，西巨神洋闭合；（c）阿卡德造山运动（Acadian orogeny，D_{2-3}）（弧－弧碰撞）：阿瓦隆尼亚弧与塔康尼亚弧后碰撞，巨神洋闭合，同时西阿摩力克地体从冈瓦纳大陆（非洲）裂离；（d）阿卡德造山运动晚期—阿尔根尼造山运动（Alleghenian orogeny，C_{1-2}）早期：西阿摩力克地体拼贴；（e）阿尔根尼造山运动（C_{2-3}—P_1）（陆－弧碰撞）：冈瓦纳大陆与劳伦大陆最终碰撞，实际上是冈瓦纳大陆与阿瓦隆尼亚弧碰撞，其间夹一西阿摩力克地体，形成阿巴拉契亚造山带和泛大陆

这个分类方案基本符合分类的两个基本原则，在没有更好的造山带分类方案的情况下，不失为一个好的分类方案。但也存在一些问题，如发育于增生楔上的前缘弧或残留弧，同时又是增生弧，有时会造成重复。当然，这也不是碰撞造山带的唯一分类方法。相信随着研究资料逐渐积累，依据造山带内部构造特点，碰撞造山过程或者岩石圈动力过程，必将会有更好的分类，对碰撞造山作用的类型和形成机制会有更加深入的理解。

2.4 造山带中的地体

地体（terrane）尽管在造山带分类中没有专门的位置，但是造山带中地体的识别和解剖对造山带的分析和归类非常重要（参阅第一卷第 3 章 3.3 节 81 页）。鉴于此，尽管在第一卷中对“增生地体”已有简单介绍，这里有必要作为一节内容再次具体讨论。

2.4.1 概述

20 世纪 80 年代，地质和地球物理调查表明，北美科迪勒拉山系的大部分地区以“移置构造地层地体”（allochthonous tectonostratigraphic terranes）焊接于北美大陆为特征（见第一卷图 3.48）。接下来，在环太平洋及地球其他位置确认了大量地体（第一卷图 3.49）。现在我们知道，大部分造山带如阿巴拉契亚、阿尔卑斯、喜马拉雅，以及秦岭－大别等大多都发育移置地体。

以往认为**“地体”**（terranes，不是 terrain）通常是由断层围限，且与相邻块体具有明显不同的地质演化过程的地质体（Jones *et al.*，1982；Schermer *et al.*，1984），因此每个地体构成了独立的构造和地层实体。后来研究发现，地体最主要特征是发育于造山带的混杂带中，其内部具有相对一致的岩石组合，构成与相邻地质体的明显不同，而未必一定被断层围限。地体同时可具有外来（或移置）的特征，意即其相对相邻岩块形成于遥远的地方，是外来的，故也称**移置地体**（allochthonous terranes）。由此看来，地体在碰撞拼贴到大陆或另一地体上之前，一直在大洋中飘逸游荡。

我们知道，地体有不同的来源。可以通过研究现代成熟大洋盆地的组成，进而推测地体之来源。现在的太平洋及其他大洋盆地中有许多不同的地壳片体，如洋底高原、洋岛－海山及大陆碎片，它们不同于周围的正常洋底（图 2.13；第一卷图 3.50）。这些片体与正常洋底相比，通常厚度大、密度低，所以难以俯冲下去。因此，它们会与上行板块发生碰撞并焊接，亦即增生于增生楔中（图 2.14；第一卷图 3.48）；也许部分发生俯冲侵蚀（参阅第一卷第 3 章图 3.45、图 3.46）。原理上，该碰撞拼贴过程与两个大陆碰撞的大规模造山作用雷同，只是规模小，缺乏成熟大陆边缘相应物质。

地体的初始位置与最后就位增生的位置之间的距离可达数千千米以上，如太平洋中的某地体，到后来与环太平洋的某大陆碰撞可达此距离。然而，地体并非由其运移距离来确定的，而是由其自身独特的地质演变过程来确定。地体的大小也相差悬殊，可以从不足 100km^2 大小的大陆碎片（微大陆），达数千平方千米。地体通常会在增生之前或增生过程中分裂成若干碎片（图 2.14），如此造成地体重建的困难。

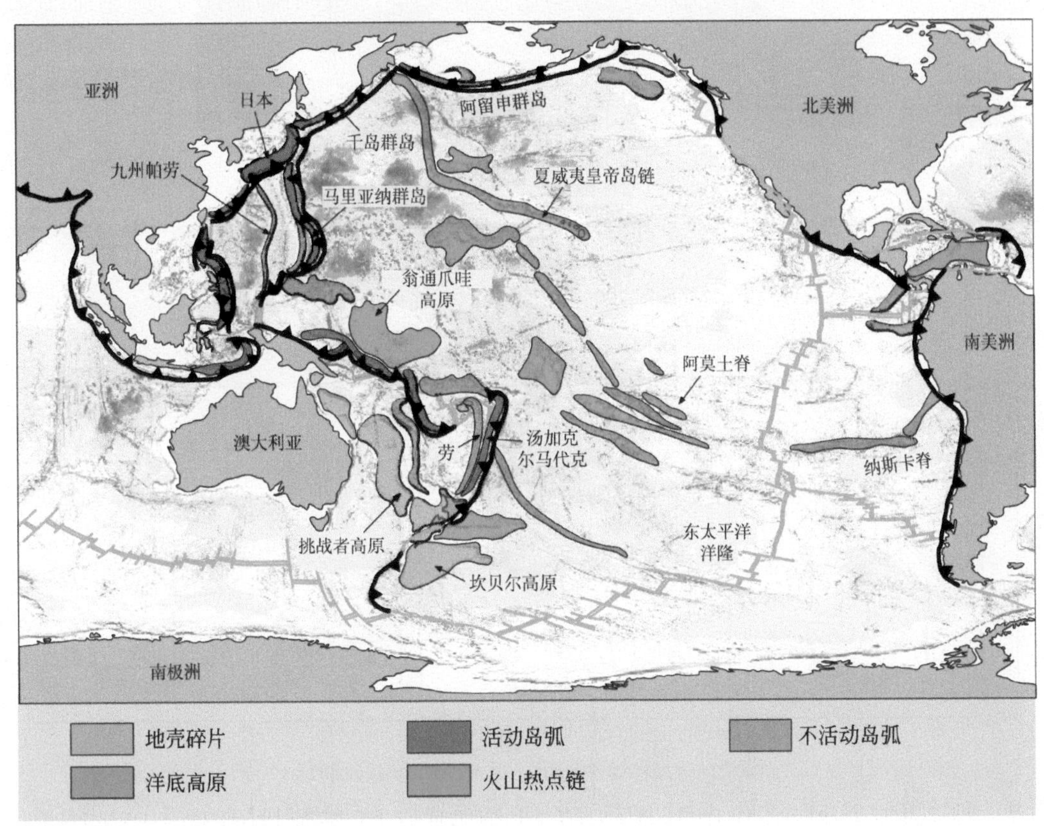

图 2.13　太平洋中的各种地壳碎片（据 Howell，1985；转引自 Frisch *et al.*，2011）

这些碎片可能以地体形式与太平洋周边大陆碰撞增生

地体可由各种地壳片段构成，如洋岛、海山、热点火山链、洋底高原及大陆碎片等，所有现代大洋中存在的均可能成为古代造山带中的地体来源。它们构成洋壳俯冲过程中的障碍，所以很可能从俯冲的大洋基底被剪裂下来，增生到上行板块边缘。西北太平洋皇帝岛链的最北端在堪察加半岛俯冲带的位置与亚洲大陆相碰撞，一部分已作为地体增生（图 2.13；第一卷图 4.75）。由地幔柱头形成的洋底高原也会成为增生地体。此外，从大陆上撕裂下来的孤立地漂浮于洋中的陆块，称为**微大陆**（microcontinents）或**大陆碎片**（continental fragments），也可形成洋底高原。这种大陆碎片在撕裂过程中可能会因伸展作用而减薄，尽管具有陆壳，但在大洋中可能完全位于海平面以下，如澳大利亚东部的挑战者深海高原（Challenger Plateau）（图 2.13）。

在俯冲带或沿转换断层，地体之间也会彼此发生碰撞。现在此类碰撞正发生于菲律宾、爪哇岛（Java）、新几内亚（New Guinea）之间的三角地带，这里几个俯冲

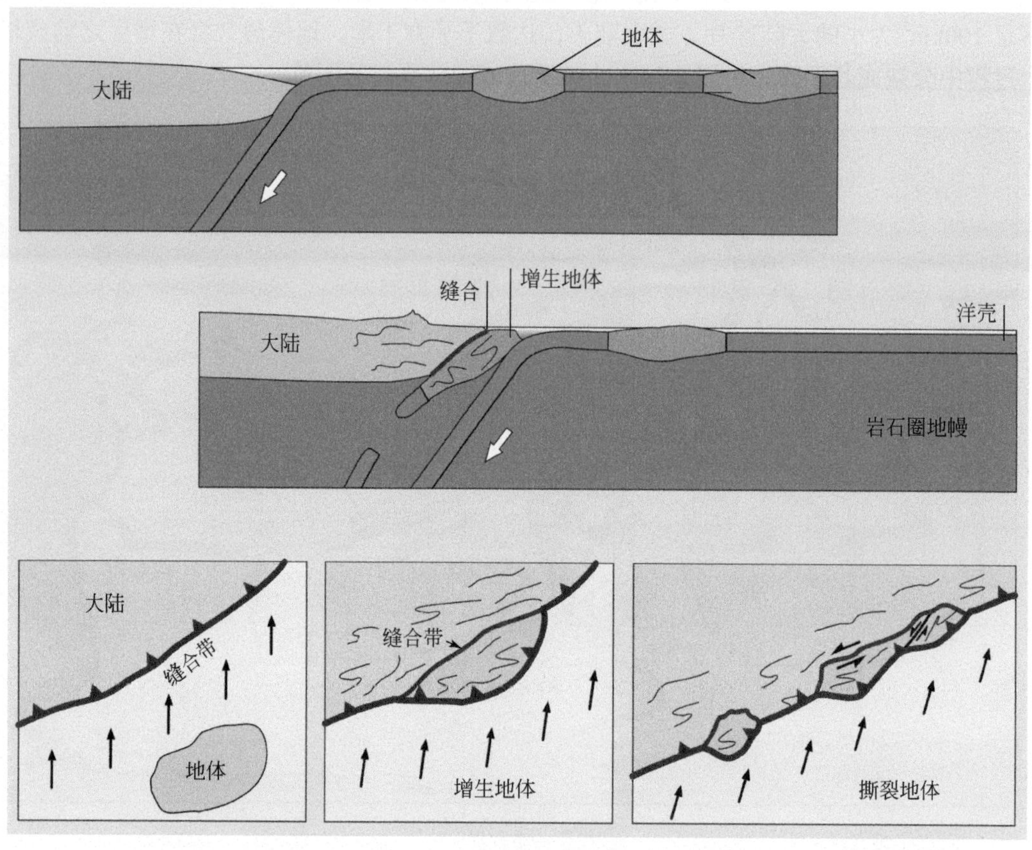

图 2.14　地体增生图示（据 Frisch *et al.*，2011）

通过洋底的俯冲，地体接近大陆；最终的碰撞导致地体的下插和增生；而后俯冲带向大洋方向跃迁至地体外侧；在增生过程中或之后，地体可能发生断裂或沿大陆边缘方向撕裂

带同时活动，且有些俯冲极性相反（图 2.15）。地体的碰撞拼合形成“复合地体”（composite terrane），有人将大的复合地体称为“超级地体”（superterranes）。复合地体通常由不同类型的地壳构成，并在后期的碰撞中增生于大陆边缘。北美西海岸的岛状超级地体达数百千米宽，从加拿大温哥华岛、不列颠哥伦比亚省至美国阿拉斯加中部，延绵 2500km，它是由美国兰格尔（Wrangell）地体、亚历山大（Alexander）地体（图 2.16），以及一些较小的地体组合而成的超级地体。这两个地体在与北美西部碰撞时拼贴在一起。

由此可见，地体边界通常为断层或宽阔复杂的断层带，通常为逆冲断层，或仰冲于大陆边缘之上，或下插于大陆边缘之下。许多地体边界被斜向位移的走滑断层叠加而进一步复杂化；地体增生以后，可沿大陆边缘滑动数百甚至数千千米（图 2.14）。地体周边还可有蛇绿岩拼贴。

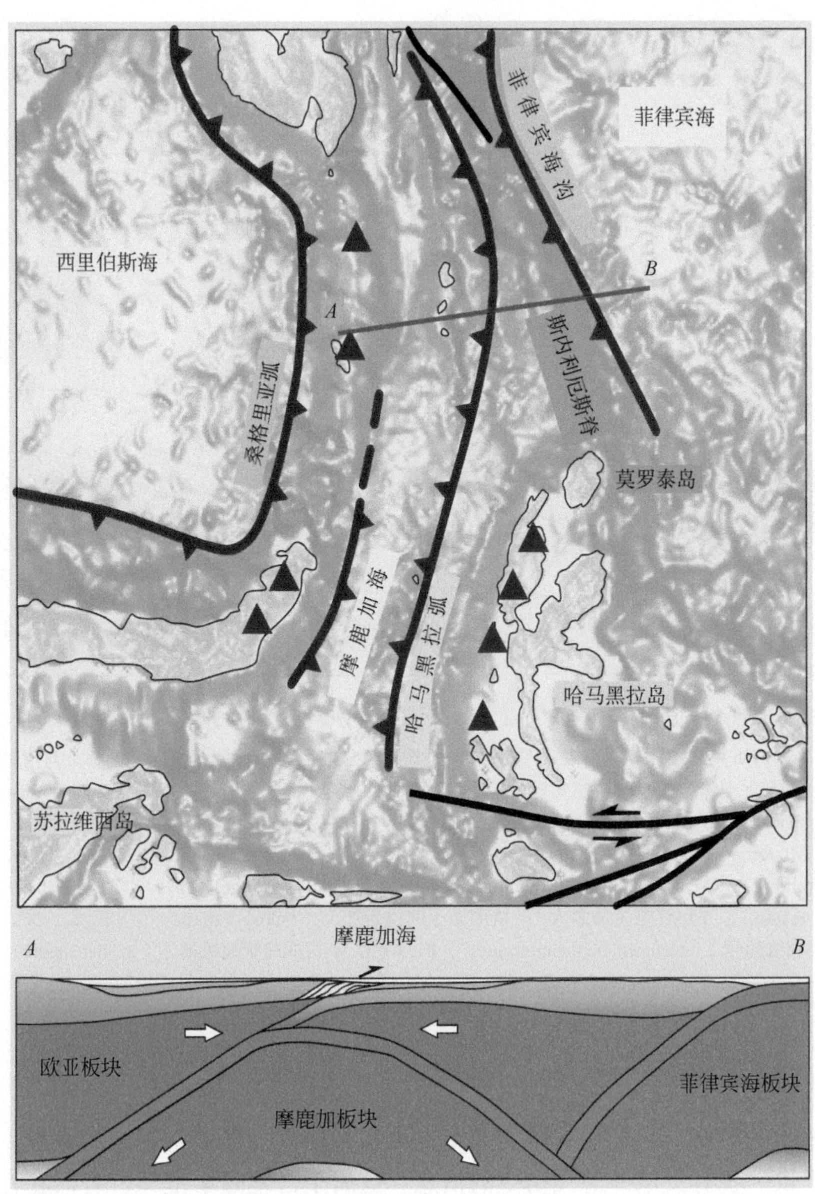

图 2.15　印度尼西亚中部苏拉维西（Sulawesi）岛和哈马黑拉（Halmahera）岛一带复杂板块构造环境（据 Hall，2000；转引自 Frisch *et al.*，2011）

注意：摩鹿加板块（Molucca Plate）已完全俯冲下去

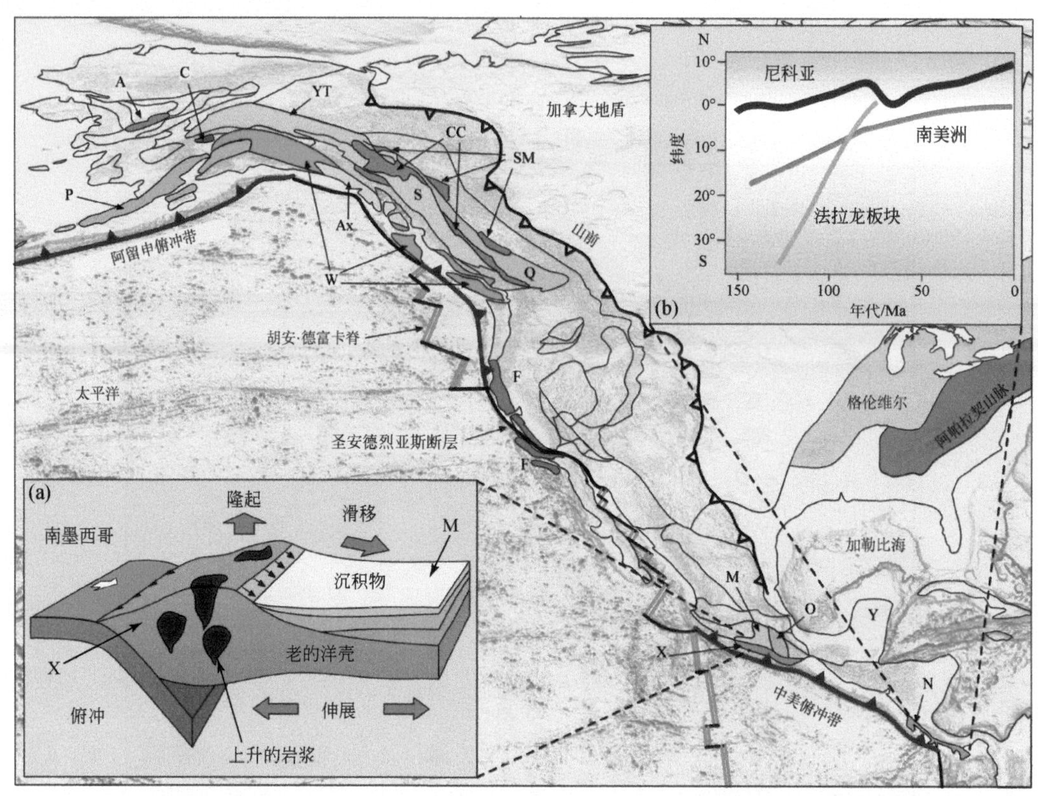

图 2.16 北美西海岸部分地体和中美可疑地体图示（据 Howell，1985；转引自 Frisch *et al.*，2011）

（a）白垩纪南墨西哥克洛帕地体混杂模式图；（b）哥斯达黎加的尼科亚地体缓慢向北漂移，与南美洲的漂移路径一致，因此排除了是来自太平洋法拉龙板块（粉红色路径线）的一部分。地体：A. 昂古查姆（Angayucham）；Ax. 亚历山大（Alexander）；C. 朱丽娜（Chulitna）；CC. 卡什克里克（Cache Creek）；F. 弗朗西斯科（Franciscan）；M. 密斯特克（Mixteca）；N. 尼科亚（Nicoya）；O. 瓦哈卡（Oaxaca）；P. 半岛（Peninsular）；Q. 克内尔（Quesnel）；S. 斯蒂金（Stikinia）；SM. 斯莱德山（Slide mountain）；W. 兰格尔（Wrangell）山；X. 克洛帕（Xolapa）；Y. 尤卡坦半岛（Yucatan）；YT. 育空（加拿大）-塔纳诺（阿拉斯加）（Yukon-Tanana）。YT、S、CC、SM 和 Q 构成山间超级地体（intermontane superterrane）；P、Ax 和 W 构成岛状超级地体（insular superterrane）

2.4.2 游弋的地体

追踪地体的历史，尤其是其游弋的距离和初始位置，是非常困难的事情。古地磁的研究可以提供一些有关地体游弋历史的信息。这属于古地磁学范畴，有兴趣者可参阅相关文献和书籍，这里不再赘述。

岩石中的动植物群落可以反映过去的气候和环境条件。相邻构造块体之间同时代动植物群落的突然变化暗示它们曾经相距很远。一些生物有其独特的生活环境和地域性，所以化石是识别游弋地体的重要手段。北美科迪勒拉的一些构造单元含有产华夏古陆植物群化石的晚古生代地层，其余部分则表现出完全不同的北美 - 欧洲植物群。含华夏植物群的构造单元在纬度上跨越了现在的太平洋。如此情况，不同的植物区系并没有反映气候条件的巨大差异，而是巨大的古时距离阻碍了植物区系成分的混合。

沉积相能够提供地质历史时期环境条件的有力证据，包括气候、沉积环境，以及附近山脉的存在和组成，这可用于推测地体的古地理环境。黏土矿物由岩浆岩和变质岩风化而成，它不仅可以作为源区指标，也可作为其形成时的气候条件的古地理指标。碳酸盐岩优先形成于温暖的海洋环境，而且不同类型的灰岩形成于不同环境，如沿岸、浅水或深水等。砂岩和杂砂岩的成分和结构，如有黏土基质以及长石和岩屑的砂岩，可以反映其矿物成分是来自具有变质岩和花岗岩的大陆还是附近有年轻火山岛弧的深渊混杂岩。重矿物谱的研究也很有价值，重矿物在地体分析中非常有用。砂岩中的重矿物比重为 $3g/cm^3$ 或以上，耐风化，因此能够长距离搬运和保存。其性质提供了有关碎屑沉积物源区的年龄和成分的关键信息。地体分析中最新、应用最广泛的技术之一是碎屑锆石的研究（$ZrSiO_4$；密度为 $4.7g/cm^3$）。锆石含有少量的 U，便于使用最新的 U-Pb 定年方法。它们形成于酸性火成岩中，可通过火山灰直接落入沉积物中，保持精美的原始晶体形态，也可以通过火成岩露头的风化和剥蚀，形成圆形和磨蚀的锆石晶体。前者可用于直接测定沉积物的年龄；后者用于测定沉积物源区年龄。例如，阿拉斯加南部、加拿大西部的亚历山大地体，其碎屑锆石的年龄与北美西部任何其他岩石都不协调，暗示该地体来自于北美西部之外。实际上，锆石年龄及碳酸盐岩岩相信息、化石数据和变形岩石年龄均表明，前寒武纪时亚历山大位于波罗的海或西伯利亚附近，远离北美西部。

上述每一项研究都有助于重建地体的古地理位置，并评估可能的邻近地体和相邻大陆之间的差异是否可以通过相对较短距离内的正常相转变来解释，或者在地质历史中形成于远方。为了确定地体的存在，上述任何方法都可以使用。并非所有在 20 世纪 80 年代在环太平洋地区确定的众多地体都能经受以后更精确的方法的检验。尽管亚历山大和朗格利亚等地体经历了后来的检验，被认为是外来的，并认为其他地体是沿着某一海岸侧向迁移，形成离岸岛弧，或形成裂谷地体，后来又重回到原籍大陆。这些地体称为近原地地体（subautochthonous terrane）。

2.4.3　北美科迪勒拉造山带地体

北美科迪勒拉造山带是正在形成的增生楔混杂带，其中地体的发育情况对认识古老造山带中的地体发育具有重要启发。

自古生代以来，美国和加拿大的科迪勒拉地区有大量地体增生。在过去的 300Ma 中，北美大陆边缘向西增生移动了 800 多千米，有些地体漂移了 5000 多千米。古生代的大部分时间里，北美西部一直是典型的被动大陆边缘，沉积了数千米厚的沉积岩。这一切在石炭纪和二叠纪发生了改变，因为外来的岛弧和洋底高原的增生，开始了活动大陆边缘历程，持续至今（Frisch *et al.*，2011）。太平洋洋壳俯冲于北美大陆之下，随之而来的许多地体因密度低而未能俯冲下去，增生到大陆边缘。为了正确认识沿科迪勒拉地区发生的潜在地体增生和俯冲的数量，主要考虑中生代早期，法拉龙（Farallon）板块是地球上最大的板块；除了少数几个曾经强大的板块外，这些板块要么被俯冲，要么增生到美洲西海岸。

有关地体增生的最早也是最令人信服的论据之一是外来的晚古生代蜓类和大型有孔

虫化石在科迪勒拉地区的出现。许多外来的地块含有这些来自特提斯域的䗴类化石。北美本土的䗴类化石与特提斯域不同，二者属于不同的动物群。

落基山脉以东的北美大陆由诸多前寒武纪造山带形成的加厚和变质克拉通化的稳定地壳构成；加拿大地盾就是一个例子（图 2.16）。在这个稳定的地台上，接受了古生代和中生代的陆相和浅海相沉积，这与科迪勒拉的活动地体形成鲜明对比。图 2.16 为北美增生地体的简化图（Jones *et al.*，1982；Howell，1985），下面对地体做简要介绍，以便了解，同时思考如何进行造山带中地体的识别和分析。

昂古查姆地体（Angayucham terrane，A）。位于阿拉斯加的布鲁克斯岭（Brooks Range），由晚古生代和中生代洋内玄武岩、硅质和钙质深水沉积物构成，晚中生代增生到北极圈阿拉斯加，代表了带有单个火山的仰冲洋内地壳。这类洋内玄武岩和主要的玄武岩火山主要是由热点活动所致，可以通过其地球化学特征来识别，尽管它们已被破坏并发生强烈变形。需要说明的是，这类洋内玄武岩是由热点形成的板内玄武岩，通常与地幔柱有关，属钙碱性玄武岩，与形成于离散板块边界——大洋中脊的大洋拉斑玄武岩不同。因此，尽管其就位于增生楔，但作为独立地质单元——地体，不属于蛇绿岩（有关“蛇绿岩”和“地幔柱”分别参阅第一卷第 4 章 4.1 节和 4.6 节）。

朱丽娜地体（Chulitna terrane，C）。是阿拉斯加山脉中的一系列小地体，每一个都是相对独立的由厚的复理石层序所围限的地块组成，暗示它们是从一个大的地质单元上刮削下来的片体。朱丽娜地体由北美其他未知地区的层序构成。该层序包含深水硅质岩和古生代蛇绿混杂岩，其上覆盖了岛弧火山岩顶部的晚古生代至中生代的浅水沉积物。这套岩石组合可能代表了与俯冲有关的洋内火山链，因为没有任何受大陆影响的沉积物。早三叠世的菊石动物群揭示了地层沉积于低纬度地区。相比之下，加拿大地盾的邻近区域当时位于北纬 40° 左右。晚三叠世，朱丽娜地体的构造环境发生了戏剧性变化。大量石英砂岩的发育表明附近出露有变质岩或花岗岩的大陆的巨大露头，暗示地体已增生到北美大陆边缘。而邻近的兰格尔山地体（Wrangell terrane，W）（见下文）的早三叠世沉积序列与朱丽娜地体具有完全不同的环境。

山间超级地体（intermontane superterrane）。是地体分析中的最好实例之一（图 2.16）。“山间”（intermontane）术语即位于东部的褶皱和冲断的加拿大落基山与西部的海岸山脉之间。该超级地体由四个主体部分和一些小的碎块组成。四个主体地体自东向西依次为（图 2.16）：①斯莱德山地体（Slide mountain terrane，SM），主要是三叠系和下侏罗统洋底玄武岩、深海沉积物和来自附近大陆高地的沉积物。②育空（加拿大）-塔纳诺（阿拉斯加）地体（Yukon-Tanana terrane，YT）及其向南延展的克内尔地体（Quesnel terrane，Q），由变质岩、火山岩和花岗岩组成的陆核构成。碎屑锆石研究表明，这一大的、复合的地体是前寒武纪北美大陆（劳伦大陆）的一部分，随后在晚古生代从大陆裂解离开了一定距离，究竟裂离多大距离还有争议。③卡什克里克地体（Cache Creek terrane，CC）主要由上古生界至下侏罗统大洋玄武岩、蛇绿岩、海沟混杂堆积和变复理石沉积组成；大部分由蓝片岩相岩石组成。该地体有较大争议，从其岩石组成看应属蛇绿混杂带（参阅附录 1 问题 1），而不是地体。④斯蒂金地体（Stikine terrane，S）由大洋岩石、岛弧岩石和远洋沉积岩等岩石构成的复合体，但像育空 - 塔纳诺和克内尔地体一样，含有陆

核物质。地质学家们认为，山间超级地体在中侏罗世拼合，并于侏罗纪末期增生到北美大陆。然而，有关超级地体的演化细节，尤其是与北美的距离，仍在争论中。

岛状超级地体（insular superterrane）。主要由三部分构成（图 2.16）：①兰格尔山地体（Wrangell terrane，W）由顶部覆盖厚厚的二叠纪和三叠纪沉积物的晚古生代火山岛弧，以及沉积于地壳伸展部位的火山岩构成。二叠纪碳酸盐岩中含有的䗴科化石与邻近山间超级地体中特提斯型䗴科化石明显不同，暗示兰格尔山地体可能起源于广阔的泛大洋中远离特提斯洋的位置。晚侏罗世和白垩纪的沉积序列与邻近的②半岛地体（Peninsular terrane，P）和③亚历山大地体（Alexander terrane，Ax）相同。上覆相同的晚侏罗世沉积岩和横切的侏罗纪深成岩表明这三个地体在中侏罗世拼贴在一起。在白垩纪发生了共同的褶皱作用、冲断作用和变质作用，表明这一大的复合地体与北美发生碰撞。正是这次碰撞事件，使得部分地体被撕裂，因此今天显得不连续。

弗朗西斯科地体（Franciscan terrane，F）。具有完全不同性质的地体，出露于加利福尼亚海岸，位于圣安德烈亚斯断层两侧（图 2.16）。其岩石主要为上侏罗统至古近系的蛇绿岩和深海沟沉积复理石。古地磁和古生物研究表明，许多岩块是外来的，表现为“基质夹岩块”的构造混杂特征（参阅附录 1 问题 1）：不同岩石类型和大小（数米至数千米）的相对坚硬的岩块“漂浮”于较软弱的强烈变形的基质岩石（复理石为主）中，有些岩石的变质程度大于蓝片岩相，暗示了俯冲过程中的混杂作用，因此弗朗西斯科地体实际上是蛇绿混杂带（参阅第一卷图 2.31）。

以上各地体的研究程度较高，不仅识别了其特征、划分了分布范围，还分析了其演化历史和路径，当然也还存在一些争议。

思考题

1. 造山带分类。
2. 造山带的类型与特征。
3. 造山带地体及意义。

参考文献

郝杰，柴育成，李继亮 . 1995. 关于雅鲁藏布江缝合带（东段）的新认识 . 地质科学，31（4）: 423 ～ 431

李继亮 . 1988. 中国的山脉与特提斯多岛海 . 世界科技，3: 34 ～ 35

李继亮 . 1992. 中国东南地区大地构造基本问题 // 李继亮 . 中国东南海陆岩石圈结构与演化研究 . 北京：中国科学技术出版社：3 ～ 16

李继亮，郝杰，柴育成等 . 1993. 赣南混杂带与增生弧联合体：土耳其型碰撞造山带的缝合带 // 李继亮 . 东南大陆岩石圈结构与地质演化 . 北京：冶金工业出版社：2 ～ 11

李继亮，孙枢，郝杰等 . 1999. 论碰撞造山带的分类 . 地质科学，34（2）: 129 ～ 138

李继亮，王凯怡，刘小汉等 . 1990. 五台山早元古代碰撞造山带初步研究 . 地质科学，25（1）: 1 ～ 10

肖文交，敖松坚，杨磊等 . 2017. 喜马拉雅汇聚带结构 - 属性解剖及印度 - 欧亚大陆最终拼贴格局 . 中国科学：地球科学，47（6）: 631 ～ 656

Affaton P, Rahaman M A, Trompette R, *et al.* 1991. The Dahomyide orogen: tectonothermal evolution sand relationships with the Volta basin. In: Dallmeyer R D, *et al* （eds）. The West African Orogens. Berlin: Springer-Verlag: 107 ～ 122

Biq C C. 1973. Kinematic pattern of Taiwan as an example of actual continent-arc collision. US-ROC Cooperative Program, 21 ～ 26

Boullier A M. 1991. Pan-African Trans-Saharan belt in the Hoggarshield （Algeria, Mali, Niger）: a review. In: Dallmeyer R D, *et al* （eds）. The West African Orogens. Berlin: Springer-Verlag: 85 ～ 106

Cavazza W, Roure F, Ziegler P A. 2004. The Mediterranean area and the surrounding regions: active processes, remnants of former Tethyan oceans and related thrust belts. In: Cavazza W, *et al* （eds）. The TRANSMED Atlas The Mediterranean Region from Crust to Mantle. Berlin: Springer-Verlag: 1 ～ 29

Culver S J, Williams H R, Venkatakrishnan R. 1991. Roke lideorogen. In: Dallmeyer R D, *et al* （eds）. The West African Orogens. Berlin: Springer-Verlag: 123 ～ 150

Dewey J F. 1969. Evolution of the Appalachian orogen. Nature, 222: 124 ～ 129

Dewey J F. 1988a. Extensional collapse of orogens. Tectonics, 7: 1123 ～ 1139

Dewey J F. 1988b. Lithosphere stress, deformation, and tectonic cycles: the disruption of Pangaea and closure of Tethys. Geological Society, London, Special Publications, 37: 23 ～ 40

Dewey J F, Bird J. 1970. Mountain belt of the new global tectonics. Journal of Geological Review, 75: 2625 ～ 2647

Dewey J F, Horsfield B. 1970. Plate tectonics, orogeny and continent drift. Nature, 225: 521 ～ 525

Dewey J F, Burk K. 1973. Tibetan, Variscan and Precambrian basement reactivation: products of continent collision. Journal of Geology, 81: 683 ～ 692

Dewey J F, Kidd W S F. 1974. Continent collision in the Appalachian-Caledonian orogenic belt, variations in style related to complete and imcomplete suturing. Geology, 2: 543 ～ 546

Dewey J F, Hempton M R, Kidd W S F, *et al.* 1986. Shortening of continental lithosphere, the neotectonics of eastern Anatolia: a young collision zone. Geological Society, London, Special Publications, 19: 3 ～ 36

Dewey J F, Shackleton R M, Chang C F, *et al.* 1988. The tectonic evolution of the Tibet Plateau. Philosophical Transactions of the Royal Society of London, 327: 379 ～ 413

Frisch W, Meschede M, Blakey R. 2011. Plate Tectonics-Continental Drift and Mountain Building. London, New York, Berlin, Heidelberg: Spring-Verlag

Hall R. 2000. Neogene history of collision in the Halmahera region, Indonesia. Indonesian Petrol Ass Proc, 27th Annual Convention, 487 ～ 493

Hoffman P M. 1988. United plates of America, the birth of a craton Early Proterozoic assembly and growth of Laurentia. Annual Review of Earth and Planetary Sciences, 16: 543 ～ 603

Howell D G. 1985. Tectonostratigraphic terranes of the circum-Pacific region.Circum-Pacific Council for Energy and Mineral Resources, Earth Science Series 1

Hsü K J. 1995. The Geology of Switzerland and an Introduction to Tectonic Facies. Princeton: Princeton University Press

Johnson M R W, Harley S L. 2012. Orogenesis. New York: Cambridge University Press

Jones D L, Cox A, Coney P, *et al.* 1982. The growth of western North America. Scientific American, 247（5）: 70 ～ 84

Lecorche J P, Bromer G, Dallmeyer R D, *et al.* 1991. The Mauritanide orogen and its northern extensions. In: Dallmeyer R D, *et al*（eds）. The West African Orogens. Berlin: Springer-Verlag: 187 ～ 228

Li J L. 1992. Accretion tectonics of Early Precambrian in North China. Sci Geol Sinica, 1: 15 ～ 29

Nicholls I A, Ringwood A E. 1973. Effect of water on olivine stability in tholeiites and the production of silica-saturated magmas in the island-arc environment. Journal of Geology, 81: 285 ～ 300

Parada M A. 1990. Granitoid plutonism in north Chile and its geodynamics: a review. Geological Society of America Special Paper, 241: 51 ～ 66

Schermer E R, Howell D G, Jones D L. 1984. The origin of allochthonous terranes. Annual Review of Earth and Planetary Sciences, 12: 107 ～ 131

Searle M. 1991. Geology and Tectonics of the Karakoram Mountains. Chichester: John Wiley and Sons

Şengör A M C. 1992. The Palaeo-Tethyan suture: a line of demarcation between two fundamentally different architectural styles in the structure of Asia. Island Arc, 1: 78 ～ 91

Silver E A, Moore J C. 1978. The Molucca Sea collision zone, Indonesia. Journal of Geophysical Research, 83: 1681 ～ 1691

Suess E. 1875. Die Entstehung der Alpen. Wien: W Braumuller

Sun S, Li J, Lin J, *et al.* 1991. Indosinides in China and the consumption of eastern Paleotethys. In: Muller D W, *et al*（eds）. Controversiesm Modern Geology. London: Academic Press: 363 ～ 384

Stille H. 1924. Grundfragen der Vergleichenden Tektonik. Berlin: Borntrager

Twiss R J, Moores E M. 1995. Structural Geology. New York: W H Freeman and Company

Xiao W J, Han C M, Yuan C, *et al.* 2010. Transitions among Mariana-, Japan-, Cordillera- and Alaska-type arc systems and their final juxtapositions leading to accretionary and collisional orogenesis. In: Kusky T M, Zhai M G, Xiao W（eds）. The Evolving Continents: Understanding Processes of Continental Growth. Geological Society, London, Special Publications, 338: 35 ～ 53

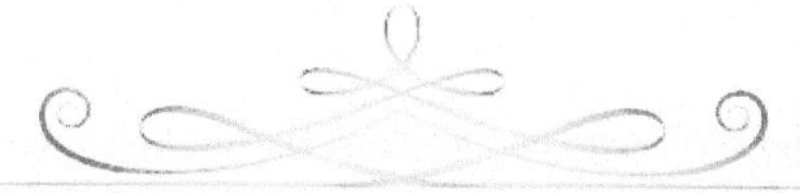

第 3 章　碰撞造山带

前已述及，造山带形成于汇聚板块边缘，由大洋板块俯冲作用形成的俯冲造山带和洋壳俯冲殆尽，两侧大陆发生碰撞作用形成的碰撞造山带（见第 2 章）。实际上，它们并非是两种类型的造山带，而是持续演化的结果，也就是说碰撞作用是俯冲作用的必然结果，碰撞造山带是由俯冲造山带演化而来。现在的俯冲造山带主要分布于环太平洋周边，如南美安第斯山和北美落基山等，有关问题在第一卷中已有讨论，故本章以碰撞造山带为讨论重点。这里的碰撞造山带是广义的碰撞造山带，包括碰撞型造山带和增生型造山带，本章暂不作区分。鉴于增生型造山带的特殊性和复杂性，第 4 章专门讨论。

3.1　实例简介

3.1.1　喜马拉雅造山带

无论是俯冲作用还是碰撞作用均可形成不同规模和时间跨度的造山带（表 3.1），其中喜马拉雅造山带是碰撞造山带的典型代表，下面我们从正演角度看喜马拉雅造山带的形成过程（图 3.1），以对造山带研究给予启示。

表 3.1　不同规模造山带比较（据 Johnson and Harley，2012 修改）

造山带		宽度 /km	长度 /km
北美科迪勒拉高级变质带		900	7000
塞维尔造山带		600	600
安第斯造山带	中央段	＜ 800	8000
	北段和南段	＜ 300	
西阿尔卑斯高级变质带		200	1100
喜马拉雅高级变质带		300	2500

续表

造山带	宽度 /km	长度 /km
欧洲海西高级变质带	600	?
苏格兰加勒多尼亚，格兰佩恩高级变质带	70 ～ 120	?
阿巴拉契亚高级变质带	< 700	3500
塔科尼克高级变质带	?200	400
乌拉尔高级变质带	300 ～ 400	—
斯堪的纳维亚加里东高级变质带	200	1400
东格陵兰高级变质带	200	1400
苏格兰加勒多尼亚，斯堪的纳米内斯	50 ～ 80	—

巍峨的喜马拉雅造山带是在过去 100Ma 中，印度板块的大洋岩石圈向北俯冲于欧亚大陆之下，在欧亚大陆南侧发育增生棱柱体，沿活动大陆（欧亚大陆）边缘的沉积物发生褶皱冲断［图 3.1（a）］。同时随着大洋岩石圈的俯冲，发育岩浆弧和火山弧［图 3.1（a）、（b）］。当两个大陆开始发生碰撞，俯冲带的岩浆作用停止。黑海（Black Sea）和里海（Caspian Sea）是没有俯冲的大洋岩石圈残余。往东，洋壳残片仰冲于大陆之上。蛇绿岩在喜马拉雅北侧沿缝合带处初步就位［图 3.1（c）］。随着两个大陆的碰撞，印度大陆下插于欧亚大陆之下，使地壳厚度实际上翻了一倍，达 70km。其浮力阻止了它向地幔深处（> 40km）的沉降，所以由冲断和褶皱作用形成造山带。变形主要是韧性变形，同时伴随地壳深部的高级别变质作用。挤压和地壳加厚造成喜马拉雅和宽阔的青藏高原隆升。高喜马拉雅构成了造山带前陆冲断带的一部分［图 3.1（d）］，而世界最高峰——珠穆朗玛峰，位于地壳巨厚的位置。两个大陆碰撞后，俯冲的大洋岩石圈板片会断离沉陷，独立于印度大陆。沉陷以后，火山活动和深源地震停止，但会出现同碰撞的壳源花岗岩。青藏高原缺乏深源地震也从侧面佐证了洋壳俯冲板片断离之后大陆不可能深俯冲，自然也就不会发生高压变质作用，即使所处深度的压力达到高压程度，也因其正常地温梯度控制下的温度不够低而使压温比（P/T）达不到高压变质条件，所以（超）高压变质岩是大洋板块俯冲阶段的产物，而非碰撞阶段的产物（参阅附录 1 问题 11、12；侯泉林等，2021）。碰撞驱使东南亚和中国的部分地区沿断层呈扇形侧向逃逸而远离印度（图 3.2）。

需要说明的是，有关喜马拉雅造山带的研究还有诸多问题没有达成共识（参阅附录 2），如印度大陆与欧亚大陆何时发生碰撞？目前至少有三种观点：～ 50Ma、～ 25Ma 和 < 14Ma；高喜马拉雅是前陆冲断带还是混杂带或是其他，或者说高喜马拉雅位于俯冲带的下盘还是上盘；藏南拆离系的形成机理（图 3.1、图 3.3），等等。

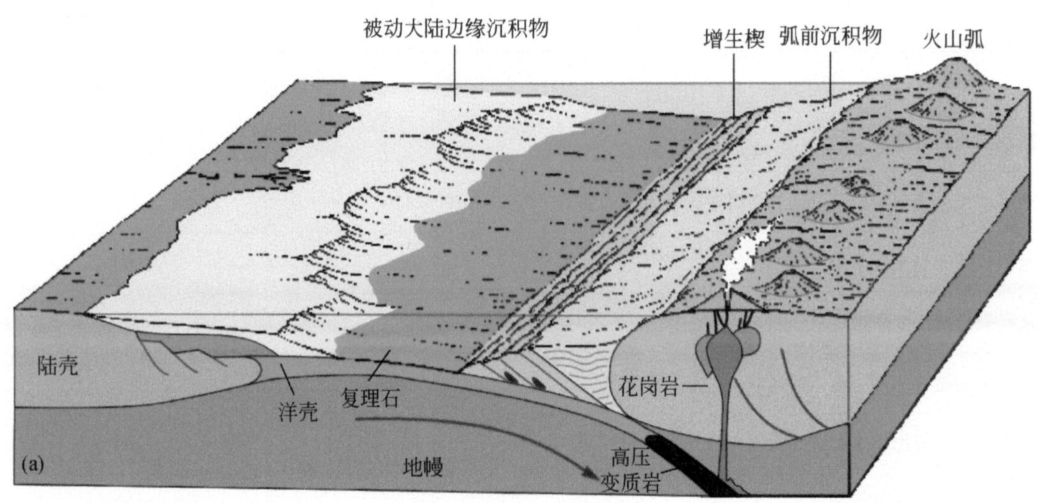
被动大陆边缘沉积物
增生楔
弧前沉积物
火山弧
陆壳
洋壳
复理石
花岗岩
(a)
地幔
高压
变质岩

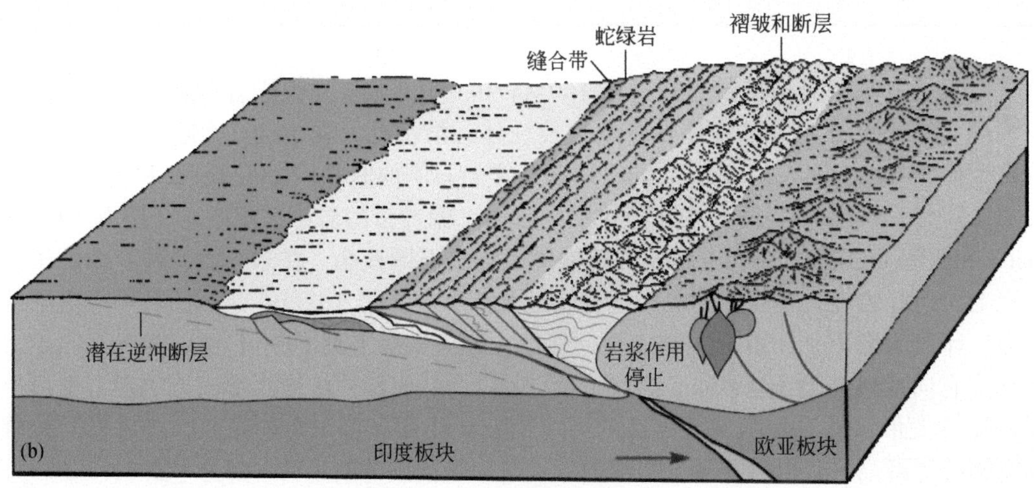
蛇绿岩
褶皱和断层
缝合带
潜在逆冲断层
岩浆作用
停止
(b)
印度板块
欧亚板块

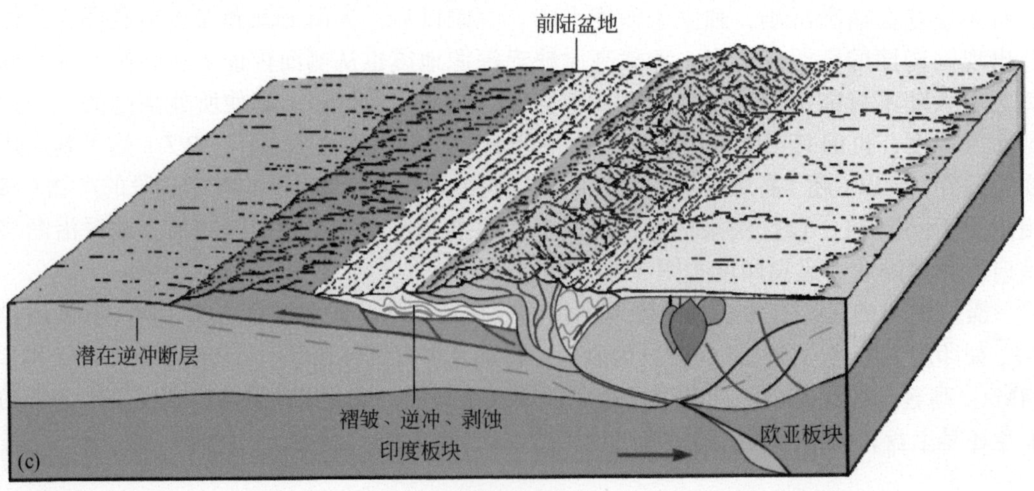
前陆盆地
潜在逆冲断层
褶皱、逆冲、剥蚀
印度板块
欧亚板块
(c)

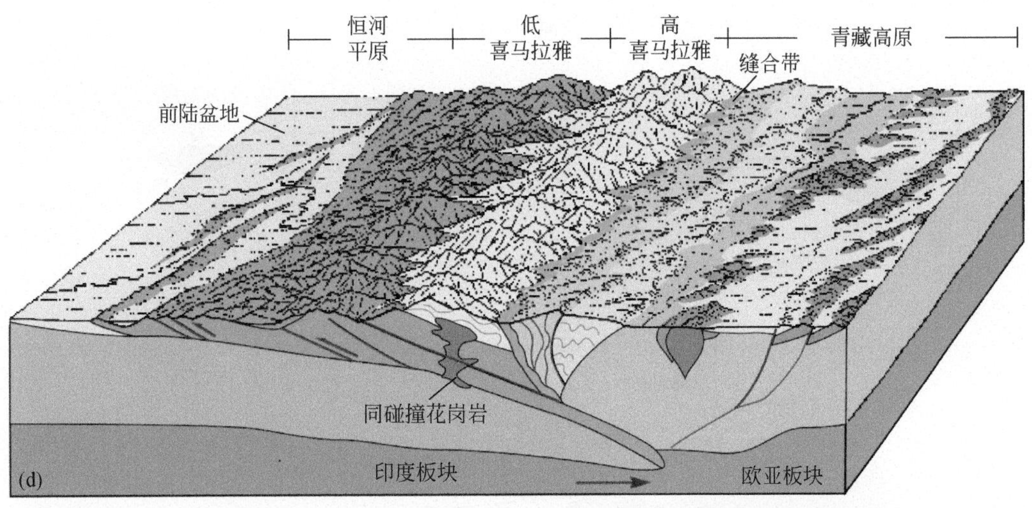

图 3.1　喜马拉雅碰撞造山带形成过程图示（据 Hamblin and Christiansen，2003 修改）

（a）俯冲阶段：发育弧、弧前盆地、增生楔、（超）高压变质岩、大洋盆地、被动大陆边缘、复理石；（b）洋盆趋于闭合阶段：发育增生楔、弧前沉积物发生褶皱冲断、洋壳残片仰冲，野复理石；（c）碰撞作用开始：褶皱冲断、前陆盆地及其磨拉石、蛇绿岩就位、双层陆壳；（d）碰撞造山阶段：深成变质、陆壳部分熔融（同碰撞花岗岩）、前陆冲断带（高喜马拉雅）和前陆磨拉石盆地

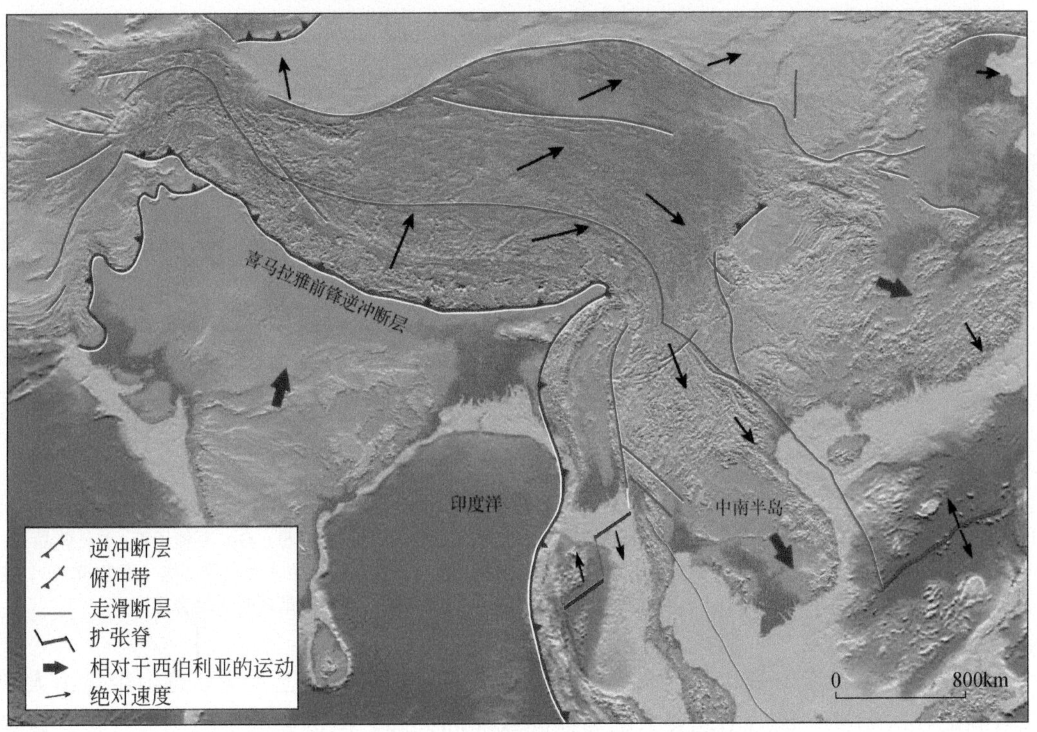

图 3.2　印度大陆与欧亚大陆碰撞导致的构造逃逸图示（据 Hamblin and Christiansen，2003）

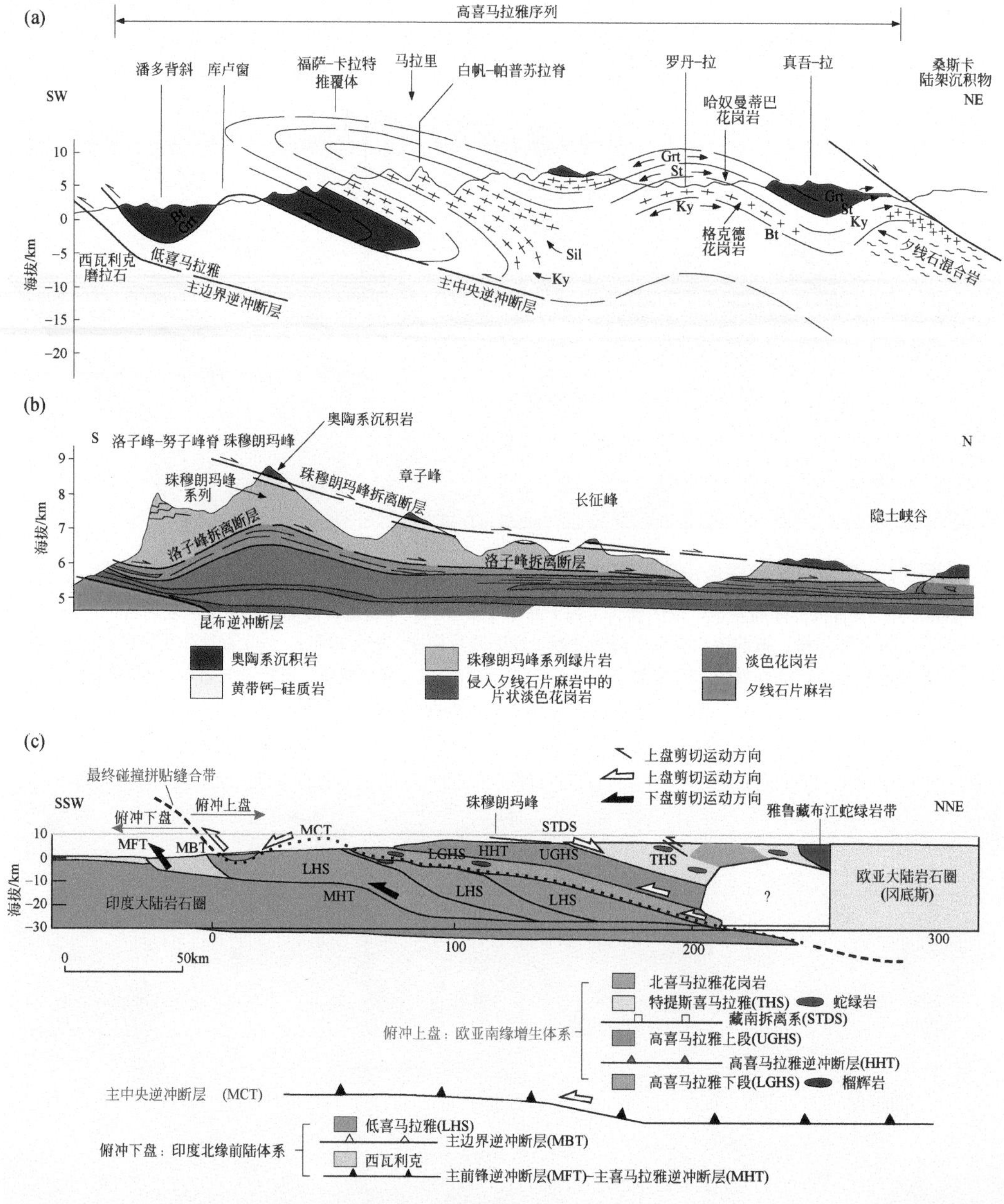

图 3.3 喜马拉雅造山带剖面图

（a）西喜马拉雅地质剖面；（b）东喜马拉雅地质剖面［（a）、（b）据 Searle，2007；转引自 Johnson and Harley，2012］；（c）喜马拉雅造山带结构剖面（据肖文交等，2017）。Bt. 黑云母；Grt. 石榴子石；Ky. 蓝晶石；Sil. 夕线石；St. 十字石。注意：图中榴辉岩折返就位于俯冲带上盘，高喜马拉雅位于缝合带上盘（混杂带？），主中央逆冲断层（MCT）附近断层面则可能是早期增生楔底界，即最终拼合缝合带

比较喜马拉雅造山带与美国东部的阿巴拉契亚造山带。阿巴拉契亚造山带是由大洋岩石圈的几次俯冲，最后由北美大陆与欧洲或非洲大陆之间的碰撞形成的造山带，碰撞事件发生于古生代（参阅第 2 章图 2.12）。所以阿巴拉契亚造山带已有 300Ma 的历史，喜马拉雅造山带则比较年轻，其碰撞作用现在仍在持续中，而更年轻的造山带则属北美

落基山造山带和南美安第斯造山带等，它们是东太平洋俯冲作用形成的造山带，碰撞作用尚未发生。不同的造山带在剖面上表现出不同的结构和变形样式（图 3.4）。俯冲作用伴随着（超）高压变质作用和大规模深成岩形成；碰撞作用伴随着造山带的区域变质作用，有时有同碰撞壳源侵入岩。

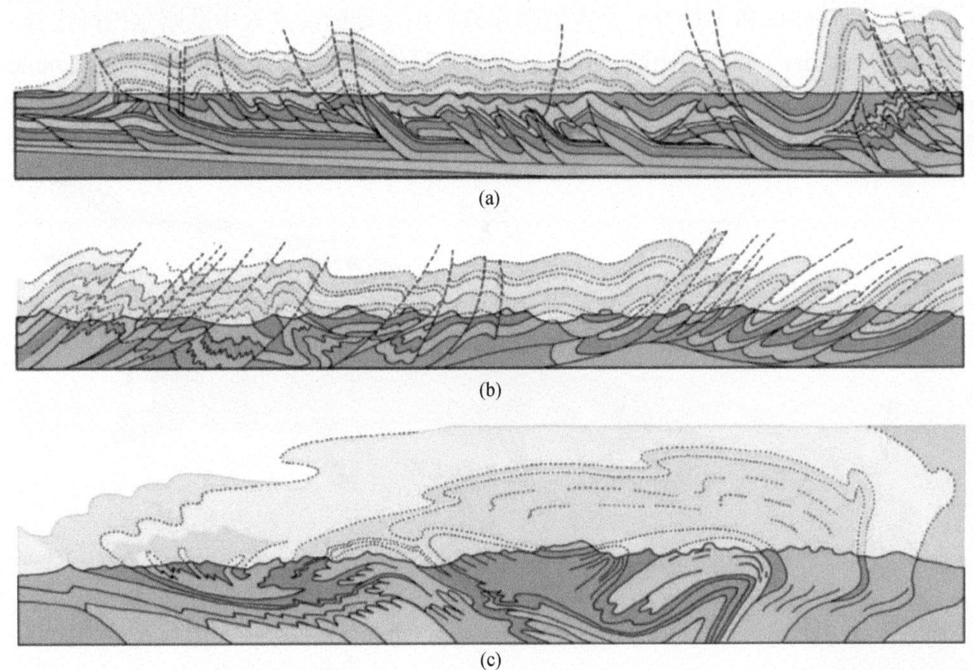

图 3.4　不同造山带的结构剖面比较（据 Hamblin and Christiansen，2003）

（a）北美落基山俯冲造山带，褶皱和冲断构造；（b）美国东部古生代阿巴拉契亚碰撞造山带，紧闭褶皱和冲断构造；（c）欧洲新生代阿尔卑斯碰撞造山带，大的褶皱推覆体

3.1.2　阿尔卑斯造山带

欧洲阿尔卑斯造山带尽管不属于典型的碰撞造山带，因如前所述两侧大陆并未碰撞；但它是非常经典的造山带，因为已经被深入研究了两百多年，许多有关造山带的基本概念和基本理论都来自于对阿尔卑斯的研究，被誉为“构造地质”摇篮。许多地质学家认为，阿尔卑斯是地球上最为复杂的造山带，具有复杂的演化历史，尤其是与喜马拉雅造山带相比，没有如此清楚的演化过程。简单来说，非洲板块的大洋部分汇聚于欧亚板块之下（参阅第 2 章），但地中海洋壳尚未完全消亡。残留的火山弧和未俯冲的洋壳残片标志了两个大陆尚未完全碰撞的缝合带位置。造山带中，巨大的倒转褶皱推覆体表明了地壳的大规模缩短作用［图 3.4（c）］。造山带内部变形非常强烈，原来近等轴的砾石被拉长 30 倍（参阅第二卷图 1.24），但向北进入大陆内部变形消失。

近些年来，有研究者认为，阿尔卑斯造山带之所以复杂可能是因为现在的阿尔卑斯山由两个造山带构成：较早的一个是中生代事件（J_2—K_1），称为“古阿尔卑斯”（Eoalpine）；较晚的一个是新生代事件（Frisch *et al.*，2011）。中生代的早期阿尔卑斯造山带后来构

成了阿尔卑斯东部的奥地利阿尔卑斯推覆体系统，成为阿尔卑斯造山带的三个巨型单元的构造高位（图 3.5）。就位之前，奥地利阿尔卑斯是俯冲板块——非洲（冈瓦纳）亚得里亚海路（Adriatic Spur）的一部分。仰冲板块由特提斯海域及镶于其中的若干微板块构成。上行板块的一部分逆冲于奥地利阿尔卑斯单元之上，蛇绿岩即来自于仰冲的特提斯洋壳（图 3.6；145Ma 和 110Ma）。古阿尔卑斯造山运动继续进入中欧喀尔巴阡山脉、第纳尔山脉（Dinarides）和其他山脉，并进一步向东延伸，称为基梅里造山运动（Cimmerian orogeny）；在中亚青藏高原，它标志着西藏拉萨地体与欧亚大陆的碰撞。这些事件标志着特提斯洋的部分关闭。

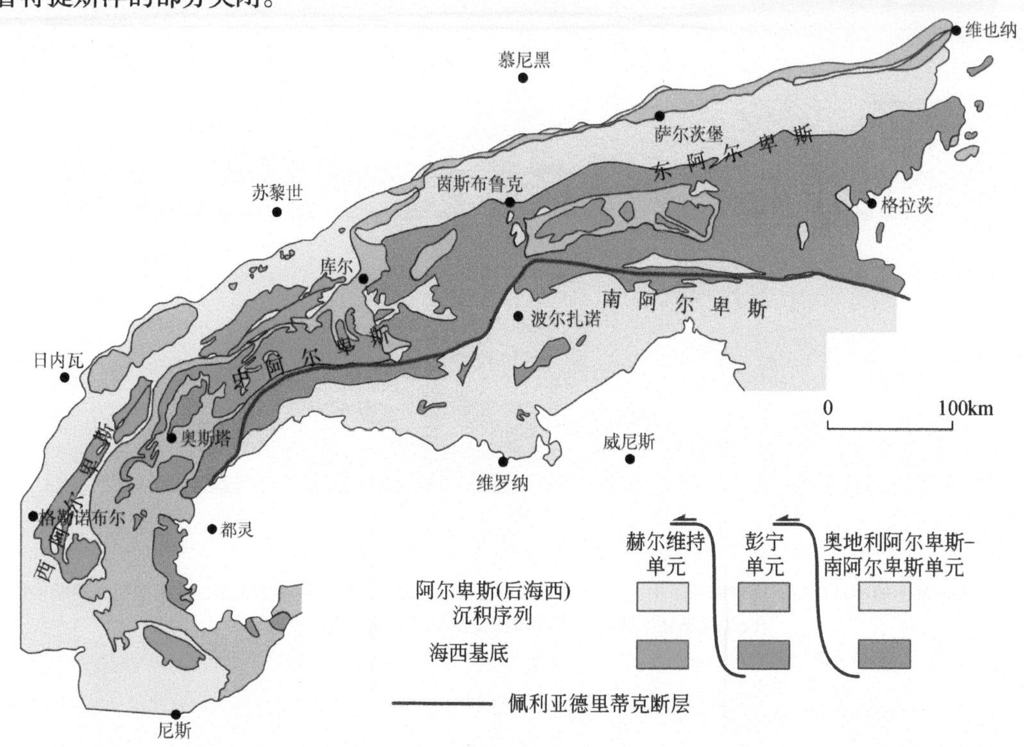

图 3.5　阿尔卑斯三个巨型单元的构造模式图（据 Frisch *et al.*，2011）

对于每个巨型单元，其基底和上覆地层层序是不同的。奥地利阿尔卑斯单元（Austroalpine unit）逆冲于彭宁单元（Penninic unit）之上，彭宁单元又逆冲于赫尔维特单元（Helvetic unit）之上。佩利亚德里蒂克（Peridadriatic）断层带为南阿尔卑斯的北部边界

严格地说，阿尔卑斯造山作用主要发生在古近纪。其标志是彭宁洋的关闭，这是一个非常窄的洋，在侏罗纪和白垩纪时期是大西洋的分支。古近纪造山作用期间，奥地利阿尔卑斯和南阿尔卑斯居于上行板块位置，而彭宁单元作为俯冲和底垫板块。最后，叠置的推覆体逆冲于欧洲被动大陆边缘；叠瓦状的推覆叠置使赫尔维特巨型单元成为构造上的最底层单元（图 3.5、图 3.6）。奥地利阿尔卑斯单元作为东阿尔卑斯的主要部分，在构造形态上与中阿尔卑斯和西阿尔卑斯弧完全不同（图 3.5）。阿尔卑斯演化的这种解释清楚地反映了不同部分在构造行为和构造历史方面的差异；同样强调了奥地利阿尔卑斯单元的双重角色：首先是下位板块，而后是上位板块（Frisch *et al.*，2011）。这一观点解释了阿尔卑斯造山带演化的一些矛盾之处。

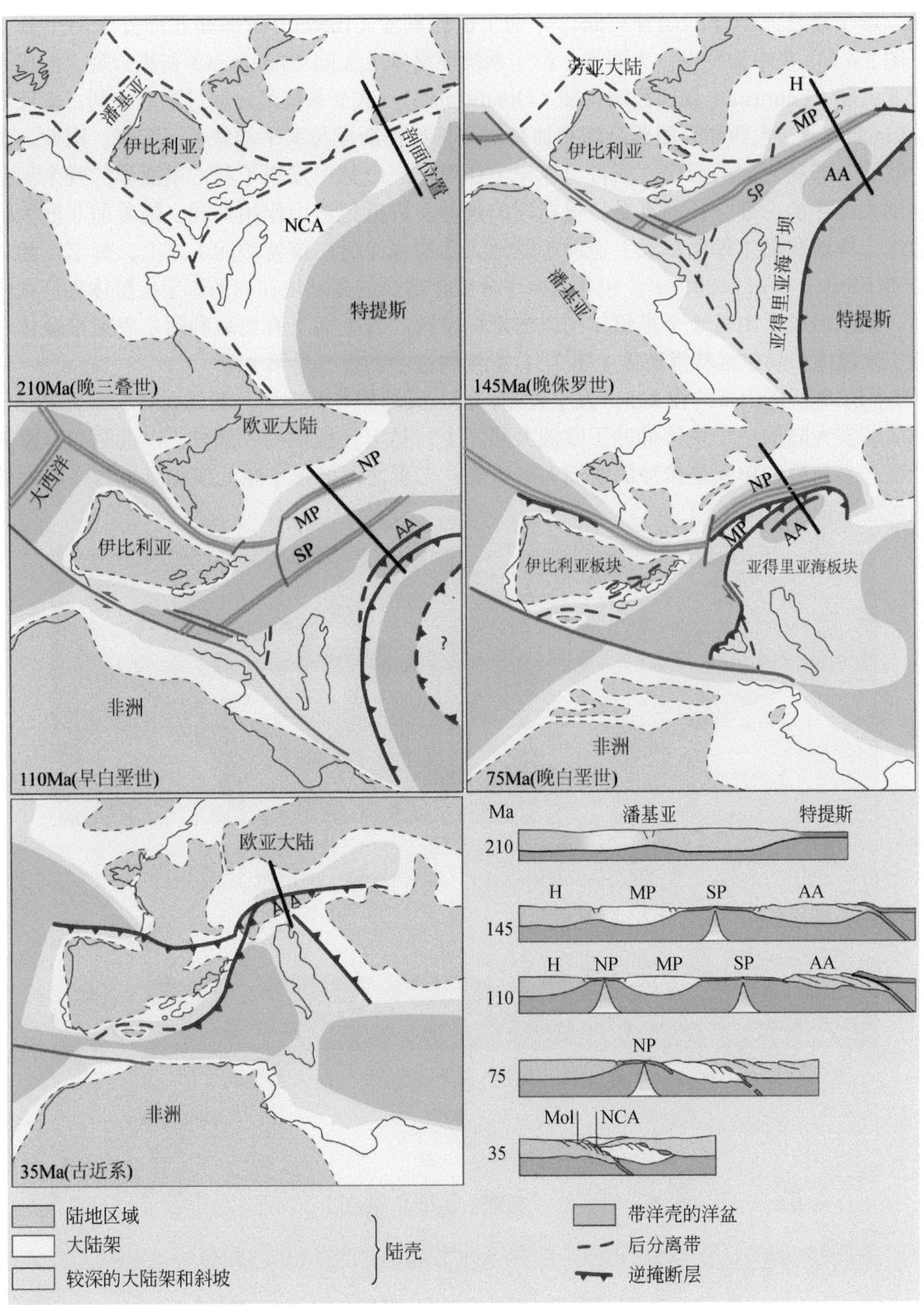

图 3.6　阿尔卑斯及欧洲和北非邻区板块构造演化图示（据 Frisch，1979；Frisch *et al.*，2011）

平面图和剖面图均显示晚三叠世至始新世的演化；AA. 奥地利阿尔卑斯（Austroalpine）；SP. 南彭宁带［South Penninic（洋壳）］；MP. 中彭宁带（Middle Penninic）；NP. 北彭宁带［North Penninic（部分洋壳）］；H. 赫尔维特单元（Helvetic）；NCA. 高钙阿尔卑斯北部（Northern Calcareous Alps）（奥地利阿尔卑斯的一部分）；Mol. 磨拉石带（Molasse zone）

彭宁洋是大西洋的延伸海路，分别于伊比利亚（Iberia）南部和北部分为两个分支（图 3.6）。在中侏罗世，大西洋 - 彭宁系统使潘基亚大陆（Pangaea）初步分裂，形成了劳亚大陆（Laurasia）和冈瓦纳大陆（Gondwana）。这个系统最终通过彭宁 - 利古里亚洋（Ligurian）、大西洋、墨西哥湾和加勒比海将特提斯洋与太平洋联系了起来。因此，位于欧洲与非洲之间的彭宁 - 利古里亚洋（在亚平宁山脉中发现了利古里亚洋的残余）是早期大西洋的一部分，而不是特提斯洋的延伸。古近纪造山作用期间，随着前非洲大陆边缘（奥地利阿尔卑斯单元）逆冲于欧洲大陆边缘（赫尔维特单元）之上，彭宁洋随之关闭（Frisch *et al.*，2011）。包含与两个分支洋缝合的微陆块在内的彭宁推覆体夹持在中间。结果形成了由若干个推覆体构成的堆垛系统，自上而下有奥地利阿尔卑斯推覆体、彭宁推覆体和赫尔维特推覆体（图 3.5；推覆构造参阅第三卷第 8 章）。

阿尔卑斯造山带约在 30Ma 发生碰撞，其三元结构非常清楚。奥地利阿尔卑斯单元是原属非洲大陆的一个块体仰冲于欧洲大陆之上，是上行板块的一部分，以远距离推覆为特征；赫尔维特单元是俯冲的欧洲大陆边缘；二者之间的彭宁单元实际是包含一些地体的蛇绿混杂带（图 3.7）。

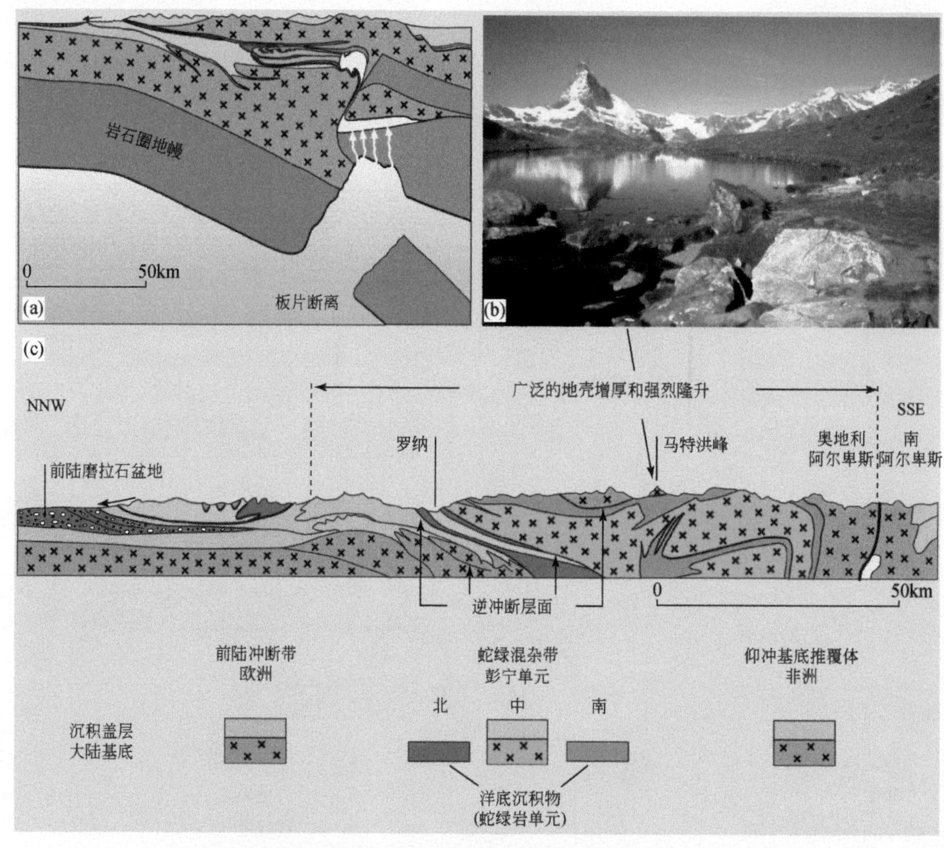

图 3.7 中阿尔卑斯造山带构造图示（据 Frisch *et al.*，2011）

（a）瑞士阿尔卑斯东部约 30Ma 前碰撞与俯冲板片断离图示；（b）马特洪峰（Matterhorn，瑞士与意大利边境）推覆体照片，属奥地利阿尔卑斯单元，来自非洲大陆；（c）瑞士阿尔卑斯西部构造剖面模式图，注意照片（b）的位置。奥地利阿尔卑斯单元仰冲于由洋底物质构成的南彭宁单元之上；中彭宁单元（Middle Penninic unit）是裂离于欧洲大陆的大陆碎片。注意照片（b）的方向与剖面图（c）的方向相反

尽管阿尔卑斯造山带经过了 200 多年的研究，但仍有一些问题没有得到解决，如目前为止并未找到造山带的弧在哪里？是没找到，还是没发育？为什么？还有，这里介绍的模式，如何与前章讨论的阿尔卑斯造山带是大陆与残留弧碰撞模式相协调和统一等。总之，阿尔卑斯造山带是一个非常复杂的造山带，有兴趣者可阅读相关文献，这里不再赘述。

3.2　碰撞造山带的识别标志

板块俯冲阶段和碰撞阶段均可以形成造山带，但是对于碰撞造山带因洋盆已经闭合消亡，这就给碰撞造山带的识别造成了一定困难，所以有关碰撞造山带的争论也最多，如喜马拉雅造山带、中亚造山带、阿尔卑斯造山带等。需要说明的是，这里的“碰撞造山带”是广义的碰撞造山带，包括造山带分类中的“碰撞型造山带”和具有很宽增生楔并发育增生弧的“增生型造山带”（参阅第 2、4 章；附录 1 问题 7）。本节重点讨论碰撞造山带的识别标志（表 3.2）。

表 3.2　碰撞造山带的识别标志（据李继亮，1992b 修改）

现象学标记	地质特点	辨识方法
（1）蛇绿混杂带	不同年龄、不同变质程度和不同岩性的岩石相混杂。基本特征是“基质夹岩块”：基质主要是变形的复理石；岩块主要是大小悬殊的外来块体如蛇绿岩块、岛弧火山岩块、不同成因的碳酸盐岩块（多变质为大理岩）等，以及各种地体。呈冲断岩片或推覆体出露	可以由地质图上读出，再进一步研究
（2）前陆褶皱冲断带	碳酸盐岩、浅海碎屑岩和浊积岩的线性褶皱，叠瓦冲断或双重构造（duplex）带，前锋为隔挡式褶皱（侏罗山式褶皱）	读地质图初步判断，野外构造剖面测量
（3）前陆盆地	位于前陆具有冲断边界的挤压盆地，充填从海相到陆相的磨拉石沉积，形成于碰撞造山作用过程	读地质图、盆地分析、构造边界研究
（4）与消减作用有关的高压－超高压变质带	出露有蓝闪石片岩、红柱石片岩、榴辉岩和白片岩的构造带	野外详细观察，室内深入的矿物学、岩石学研究
（5）洋岛和海山组合	因消减作用而并入造山带的洋岛主要为玄武岩（或科马提岩）、碱性火山岩、火山角砾岩、硅质岩、复理石和碳酸盐岩组合；海山主要是玄武岩、深海黏土沉积和碳酸盐岩组合；会出现滑塌构造和冲断构造	野外岩石组合、构造特点认识，室内岩石学、岩石成因学研究
（6）变质级倒转带	较高变质程度的变质杂岩受构造作用叠置在较低变质程度的杂岩之上	野外详细工作中做出初步认识，室内深入的变质组合和地质温压计工作
（7）I 型与 S 型双花岗岩带	消减作用过程中形成的两类花岗岩，造山作用中呈推覆体或准原地岩体就位	野外识别花岗岩，室内进行岩石学、地球化学和同位素地质学研究

续表

现象学标记	地质特点	辨识方法
（8）大型剪切带	浅部脆性、脆－韧性剪切变形，深部韧性剪切变形，出现千糜岩、糜棱岩和粗晶剪切构造岩	野外构造观测和室内组构、构造分析
（9）壳内低速、高导带	地球物理剖面上的地震波低速带和大地电磁测量的高导带，可以从地表延伸到莫霍面以下，或者地表不出露，只位于地下	地球物理探测与分析
（10）块体走滑旋转构造	碰撞造山作用之后诱发的菱形剪切地块的走滑旋转构造格局	读图、野外构造测量、室内运动学分析

3.2.1 蛇绿混杂带

蛇绿混杂带（ophiolite mélange zone）是识别造山带的关键大地构造单元。其典型特征是基质夹岩块（block-in-matrix），岩石组成包括两部分（参阅附录 1 问题 1）：①复理石基质，主要由海沟与海沟－斜坡盆地的浊积岩复理石和块体搬运沉积（mass-transport deposit，MTD），以及远洋沉积物组成，常含放射虫硅质岩；②包裹于复理石基质中的大小悬殊、岩性和时代各异的外来块体（allochthonous block），如蛇绿岩块、岛弧火山岩块、不同成因的碳酸盐岩（多变质为大理岩）块体等（图 3.8、图 3.9），以及各种地体，如洋岛（oceanic island）、海山（seamount）、洋底高原（oceanic plateau）、大陆碎片（continental fragments）等构成的地体（参阅第 2 章和第一卷第 3 章 3.3 节）。

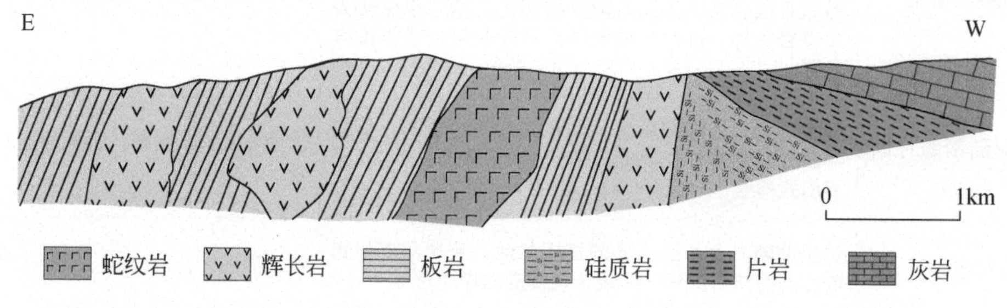

图 3.8 朝鲜北部豆满江混杂带局部信手剖面图（据侯泉林资料，2013 年）

混杂带（mélange）的一些物质会随俯冲带俯冲到不同的深度，经历不同的变质作用而后折返就位，所以混杂带物质可以从基本不变质到高压乃至超高压变质（参阅第一卷第 4 章 4.4 节）。这些不同来源、不同成因和时代、不同变质程度的外来岩块（或构造岩块）与基质混杂在一起构成蛇绿混杂带（参阅第一卷第 3 章 3.3 节）。

混杂带构造杂乱，变形强烈（图 3.9），尤其是基质，发育各类冲断构造（thrusts，duplex；参阅第三卷第 8 章）、线形褶皱（如阿尔卑斯式褶皱）和大型韧性剪切带（参阅第三卷第 7 章），以及底劈构造、变质核杂岩（参阅第三卷第 10 章）等。

位于扬子板块西缘的川西木里混杂带是一条出露完整的典型蛇绿混杂带，记录了完整的混杂带的岩石－构造组合，但研究程度较低。我们测制了一条比较完整的岩石－构造剖面图（图 3.10），从图中可以看出蛇绿混杂带的岩石－构造组合特征。

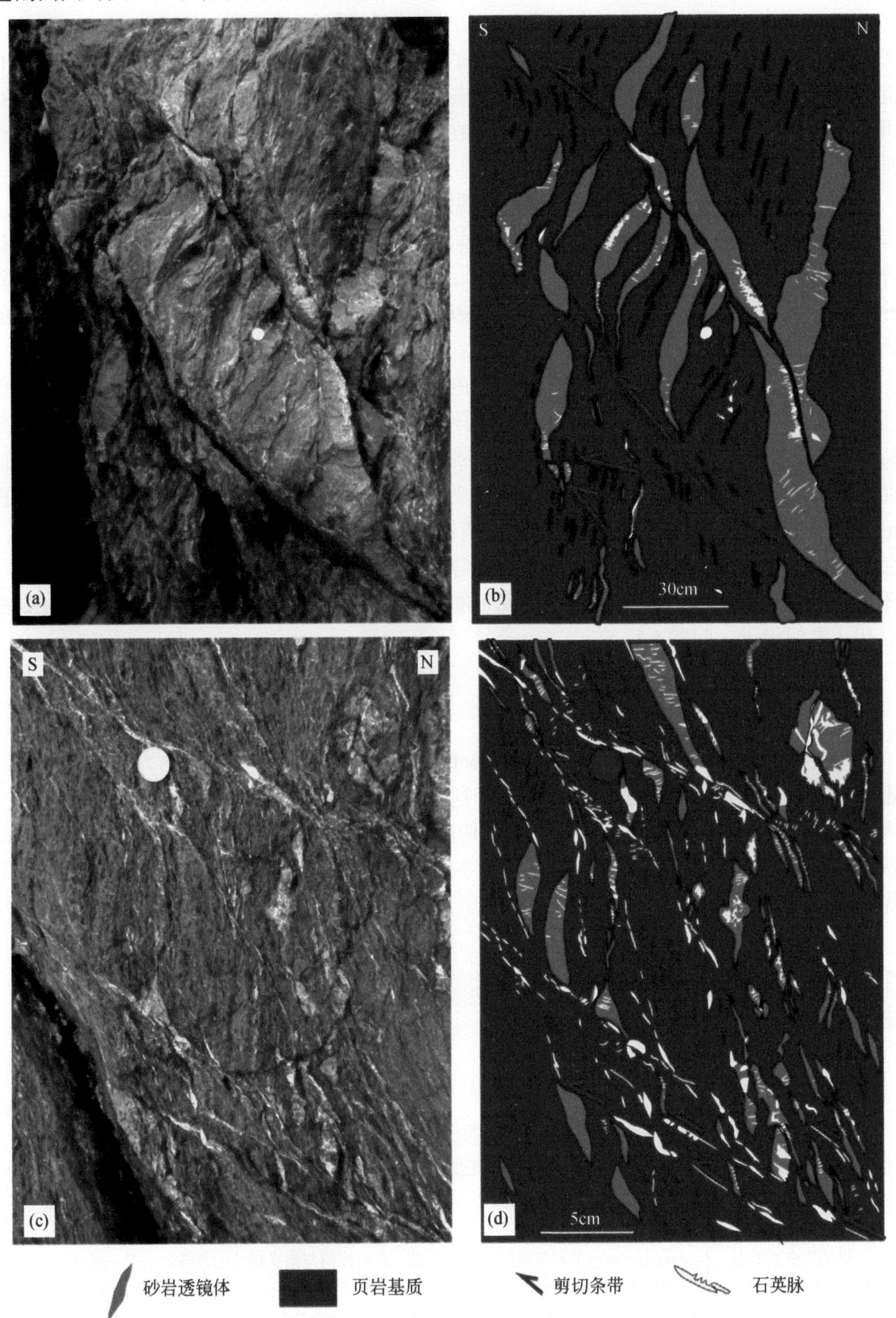

图 3.9　混杂带中复理石基质变形特征（据 Raimbourg *et al.*，2019）

蛇绿混杂带的识别，首先通过阅读地质图，依据断续分布的镁铁质和超镁铁质岩石的构造透镜体或顶垂体及其赋存岩石加以初步识别和判断（参阅第一卷第 4 章 4.1 节）；然后进行野外验证和室内分析。值得注意的是，在多数碰撞造山带中，蛇绿混杂带并不是连续分布的带状体，而是呈推覆体、飞来峰或构造窗等方式（图 3.7、图 3.11）。这种几何分布，在小范围内显得杂乱无序，但在小比例尺（如百万分之一或更小比例尺）地质图上，可以断续相连成带（图 3.5）。

值得注意的是，蛇绿岩作为大洋岩石圈残片，是大洋岩石圈、洋壳存在的直接证据，是充分条件，但并非必要条件，因为大洋岩石圈残片能被保存到造山带，并被发现的概率非常低（见第一卷第 4 章 4.1 节 143 页），有些造山带中并未发现蛇绿岩，如大别山造山带目前为止仍未发现公认的蛇绿岩。所以若有其他方面的证据足以证明洋盆曾经存在而又消亡，仍可认定其为造山带。

需要强调的是，蛇绿混杂带是造山带的重要识别标志，而蛇绿岩又是蛇绿混杂带的重要标志。造山带中，蛇绿混杂带代表着闭合了的洋盆的构造残留体。因此，人们往往以这种蛇绿混杂带作为碰撞造山带的缝合带（suture zone）的标志，也就是说缝合带可能是一条很宽的带。也有人认为，缝合带相当于一个面，那么这面就相当于蛇绿混杂带的底界面。如此，可以认为蛇绿混杂带位于俯冲带或缝合带的上盘（参阅第一卷图 3.30）。然而，其中蛇绿岩的出露位置并不能代表缝合带的位置；蛇绿岩的时代或其就位时代均不能代表造山带的碰撞时间，也就是说不能用蛇绿岩时代或其就位时代来限定造山带的时代（参阅附录 1 问题 5）。

3.2.2 前陆褶皱冲断带

前陆褶皱冲断带（foreland fold-thrust belts）是造山带中又一个重要的大地构造单元。造山带中的许多特征性构造现象都出现于这个带中，如韧性剪切带、推覆体、飞来峰、大型平卧褶皱、叠瓦状逆冲断层系、双重构造（duplex）、构造窗，以及隔挡式和隔槽式褶皱（侏罗山式褶皱）等（参阅第三卷第 7、8 章）。所以，早期的造山带构造研究对此做了大量工作。

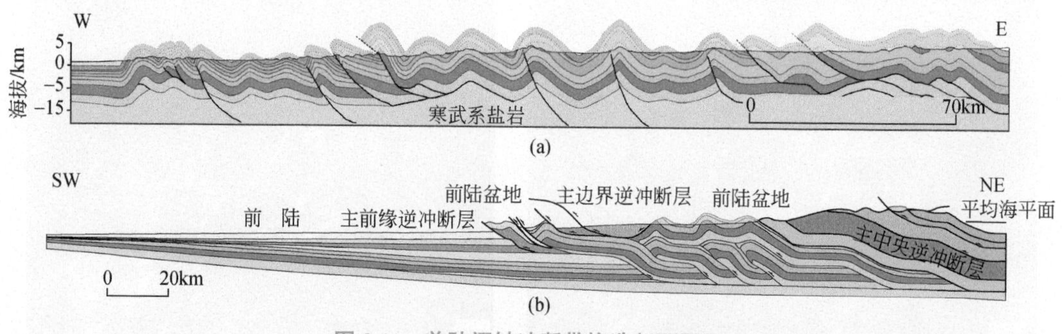

图 3.11 前陆褶皱冲断带构造剖面图示

（a）伊朗扎格罗斯山（Zagros mountains）局部褶皱冲断带剖面，系阿拉伯与南亚板块的碰撞造山带一部分，阿拉伯小板块向亚洲板块俯冲（据 Hamblin and Christiansen，2003）；（b）喜马拉雅造山带前陆冲断带剖面图示，主要包括高喜马拉雅和低喜马拉雅（据 Srivastava and Mitra，1994；转引自 Johnson and Harley，2012）。注意：向前陆方向变形减弱

在第一卷中我们曾提到，**前陆褶皱冲断带**一般是指碰撞前位于被动大陆边缘的沉积体系（参阅第一卷第 3 章 3.6 节），碰撞事件后进入造山带而形成的构造变形带（见第一卷第 3 章 66 页，图 3.30；第三卷图 8.23），形成于碰撞作用过程，常呈楔形体（图 3.11；第三卷图 8.8），典型的实例有台湾中央山脉［第三卷图 8.13（a）］、高喜马拉雅［图 3.1、图 3.11（b）］、阿尔卑斯造山带的赫尔维特单元（图 3.7）等。其典型的构造形式是薄皮构造（第三卷第 8 章 8.4 节），靠近前缘表现为侏罗山式褶皱（第三卷图 8.45）。在地质图上往往表现为线性褶皱和冲断体系，通过阅读地质图比较容易识别（图 3.12）。

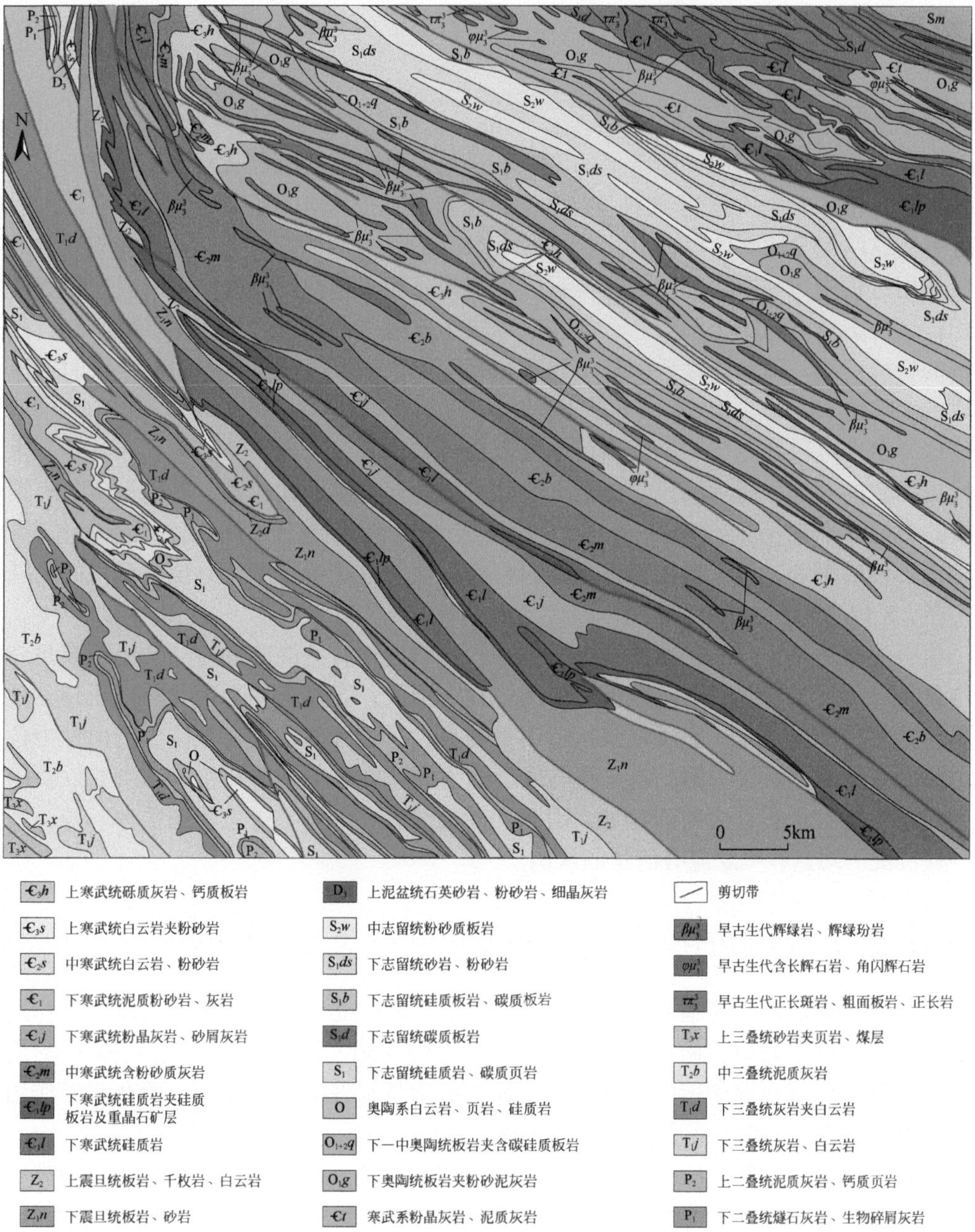

$Є_3h$ 上寒武统砾质灰岩、钙质板岩
$Є_3s$ 上寒武统白云岩夹粉砂岩
$Є_2s$ 中寒武统白云岩、粉砂岩
$Є_1$ 下寒武统泥质粉砂岩、灰岩
$Є_1j$ 下寒武统粉晶灰岩、砂屑灰岩
$Є_2m$ 中寒武统含粉砂质灰岩
$Є_1lp$ 下寒武统硅质岩夹硅质板岩及重晶石矿层
$Є_1l$ 下寒武统硅质岩
Z_2 上震旦统板岩、千枚岩、白云岩
Z_1n 下震旦统板岩、砂岩
D_3 上泥盆统石英砂岩、粉砂岩、细晶灰岩
S_2w 中志留统粉砂质板岩
S_1ds 下志留统砂岩、粉砂岩
S_1b 下志留统硅质板岩、碳质板岩
S_1d 下志留统碳质板岩
S_1 下志留统硅质岩、碳质页岩
O 奥陶系白云岩、页岩、硅质岩
$O_{1-2}q$ 下—中奥陶统板岩夹含碳硅质板岩
O_1g 下奥陶统板岩夹粉砂泥灰岩
$Єt$ 寒武系粉晶灰岩、泥质灰岩
剪切带
$\beta\mu_3^3$ 早古生代辉绿岩、辉绿玢岩
$\varphi\mu_3^3$ 早古生代含长辉石岩、角闪辉石岩
$\tau\pi_3^3$ 早古生代正长斑岩、粗面斑岩、正长岩
T_3x 上三叠统砂岩夹页岩、煤层
T_2b 中三叠统泥质灰岩
T_1d 下三叠统灰岩夹白云岩
T_1j 下三叠统灰岩、白云岩
P_2 上二叠统泥质灰岩、钙质页岩
P_1 下二叠统燧石灰岩、生物碎屑灰岩

图 3.12　中国某地区前陆褶皱冲断带地质简图（引自 1：20 万地质图）

前陆褶皱冲断带位于缝合带的下盘，与蛇绿混杂带的接触面（带）即代表了缝合带位置。需要强调的是，前陆冲断带的岩石组合和构造样式与造山带中弧前域比较相似，都是一套由浊积岩构成的复理石，构造样式主要为冲断构造、双重构造，以及线形褶皱等。但它们是完全不同的两个大地构造环境，应加以严格区分（弧前域内容参阅第一卷第3章3.4节）。一般来说，被动陆缘沉积体系的成分成熟度和磨圆、分选程度更高些，且不含弧火山物质；而弧前域往往富含弧火山物质。还可以从沉积学及地球化学方面进一步区分，这里不再赘述。

3.2.3 前陆盆地

这里的**前陆盆地**（foreland basin），石油系统称为**周缘前陆盆地**（peripheral foreland basin），指位于前陆褶皱冲断带上的磨拉石盆地，也称**前陆磨拉石盆地**（磨拉石与复理石参阅第一卷第3章66页）。这种盆地的突出特点是在挤压应力场下形成，属挤压型盆地，盆地一侧或两侧为冲断、褶皱边缘［图3.11（b）；第一卷图3.31］。盆地的充填物是在挤压作用过程中边冲断边沉积的磨拉石，下部为海相沉积如台湾海峡，向上过渡为陆相沉积，这与山前沉积完全不同。这类盆地形成于碰撞造山作用过程，并贯彻始终，是造山带的特征产物，因此该盆地中最早的磨拉石层位代表了碰撞事件发生的上限时间（参阅附录1问题16、17；第5章5.5节）。

这类盆地可以在地质图上读出，也可以在野外比较容易地识别出来，在此基础上可进行更细致的盆地分析和沉积学分析。前陆盆地的典型实例比较多，如瑞士阿尔卑斯造山带的磨拉石盆地［图3.7（c）］、喜马拉雅造山带的前陆盆地［图3.11（b）］、秦岭-大别造山带的荆鄂盆地，现在正在发育的台湾海峡为正在接受海相磨拉石沉积的前陆盆地［图2.8（b）］。

值得注意的是，前陆盆地的概念在一些领域的使用有些混乱。前陆盆地须满足三个基本条件：①位于前陆；②碰撞造山作用过程中形成；③具有冲断边界的挤压型盆地。这里应注意前陆的概念，它通常是指造山带与克拉通过渡的位置，在碰撞造山带中位于被“骑”在下面的板块一侧，它与腹陆或后陆为一对概念（见第一卷66页，232页）。有人将挤压性盆地统称为前陆盆地，因不在前陆位置，又称“再生前陆盆地”等，造成了一些混乱。对这些概念应有清楚的认识。

3.2.4 与消减作用有关的高压变质带

蓝片岩，特别是C型榴辉岩等高压和超高压变质岩是大洋消减时期高压变质作用的产物，它们的存在表明了俯冲带的存在（第一卷图4.50、图4.52）。在造山带中它们以残留体的形式出现在混杂带内或其附近，成为造山带存在的标志之一。而在碰撞作用过程中不可能形成高压相系变质岩（图3.13）

需要强调的是，有人认为高压变质与碰撞作用有关，这可能是个误区。所谓高压变质是指高的P/T，而非压力的绝对值，如高压麻粒岩的变质压力可能超过蓝片岩和榴辉岩，但因其P/T不够高，仍属中压变质相系；而蓝片岩和榴辉岩因其高的P/T而属于高压相系（图 3.13）。俯冲板片因其低的温度（T），而具有高的P/T，所以高压变质也称为俯冲变质，也就是说高压变质与俯冲作用密切相关（参阅第一卷第 4 章 4.4 节）；碰撞作用过程因其正常（中等）的P/T，发生巴洛式变质，而不可能发生高压变质作用（图 3.13；侯泉林等，2021）。

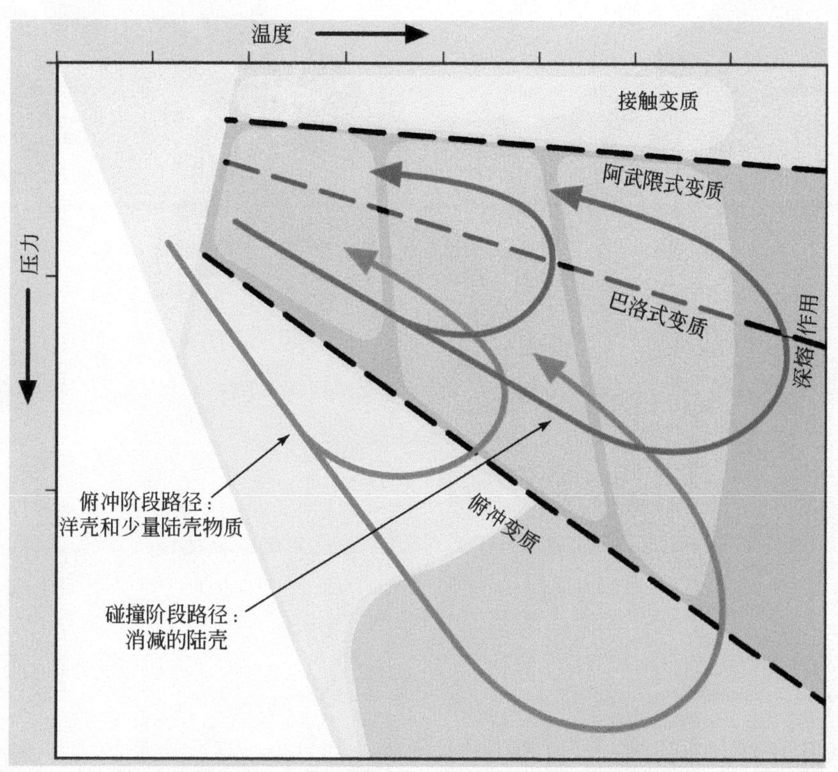

图 3.13　碰撞造山带岩石的典型压力－温度环（据 Frisch *et al.*，2011 修改）

洋壳和一些大陆碎片物质可被深俯冲，经历俯冲变质作用（高压变质作用）；在折返过程中，将会叠加角闪岩相或绿片岩相变质（绿色线条）。大陆地壳在碰撞过程中经受的压力主要是区域变质作用（巴洛式变质），折返过程中会进入阿武隈式变质作用范围（棕色线条）。注意，折返过程中岩石的温度比下降期间同一深度下岩石的温度要高，因为加热和冷却都是缓慢的过程（相对压力来说）（比较第一卷图 4.48）

与消减作用有关的变质带的识别不能只依靠读图或野外工作，必须有深入细致的室内岩石学和矿物学的研究工作，才能予以确认。值得注意的是，有些蓝片岩尽管含有典型的蓝闪石矿物，却不是消减作用形成的，而是剪切带的产物（李继亮，1992a）。尽管这类蓝片岩也大多发育于造山带，但并不能作为造山带识别标志。

3.2.5　洋岛和海山岩石组合

大洋科考揭示，在现代大洋中发育有大量的海山（seamounts）和洋岛（oceanic islands）（图 3.14）。按照“将今论古”的原则，古代大洋也不例外。在洋壳俯冲过程中，洋岛和海山一部分可能随俯冲带进入深部（第一卷图 3.45、图 3.46）；另一部分可能增生于增生楔中（第一卷图 3.48），进而在碰撞造山过程中成为造山带混杂带的组成部分。因此，洋岛和海山自然成为识别造山带的重要标志。考虑到其他教材中有关洋岛和海山的介绍比较少，这里作一简单讨论。

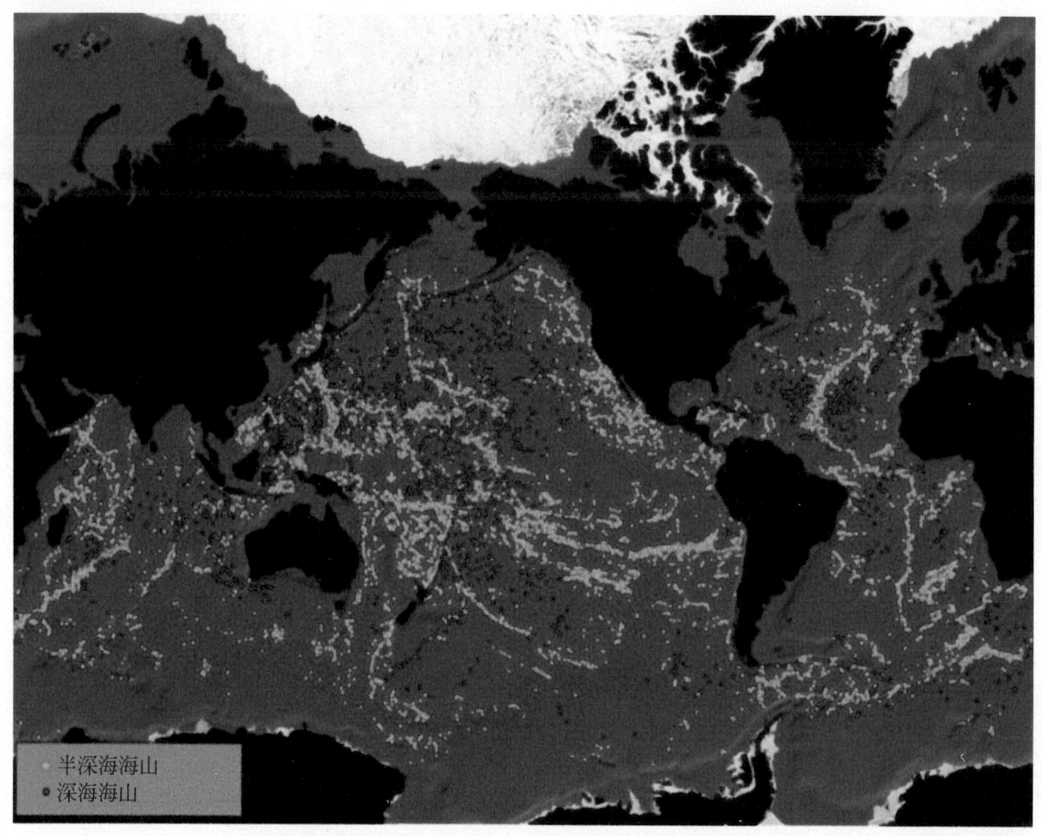

图 3.14 全球海山分布（据 Clark *et al.*，2011）

1. 洋岛、海山的成因和特征

大洋板片在漂移的过程中，如果经过上升的地幔柱，就会形成海山或洋岛，主要为板内的碱性洋岛玄武岩（oceanic island basalt，OIB）；当经过地幔柱头时会形成洋底高原（oceanic plateau，OPB）；当地幔柱发育于洋脊之下时，形成富集型洋中脊玄武岩（enriched mid-ocean ridge basalt，E-MORB）（有关地幔柱讨论见第一卷第 4 章 4.6 节）。尽管洋岛、海山及洋底高原也是大洋岩石圈的一部分，但它与从大洋中脊形成的正常大洋岩石圈的结构和性质不同，正常大洋玄武岩主要为洋中脊玄武岩（mid-ocean ridge basalt，MORB），多为大洋拉斑玄武岩。在适宜的纬度和碳酸盐岩补偿深度等条件下，洋岛、海山高点的顶部会沉积碳酸盐沉积物，形成碳酸盐岩帽（图 3.15）。海山的岩石组合主要为玄武岩、碳酸盐岩和深海硅质岩及黏土岩组成，侧翼往往发育斜坡相半远洋火山碎屑岩、角砾灰岩及硅质泥岩和页岩，其底部一般发育远洋硅质岩，构成一套海山岩石组合（图 3.15）。洋岛的岩石组合主要为玄武岩、碱性火山岩（粗面岩和响岩）、火山角砾岩、放射虫硅质岩、浊积岩和碳酸盐岩组成。在我国滇西的孟连，则出现喷发的科马提岩与上述沉积岩相伴生的现象（李继亮，1992a）。

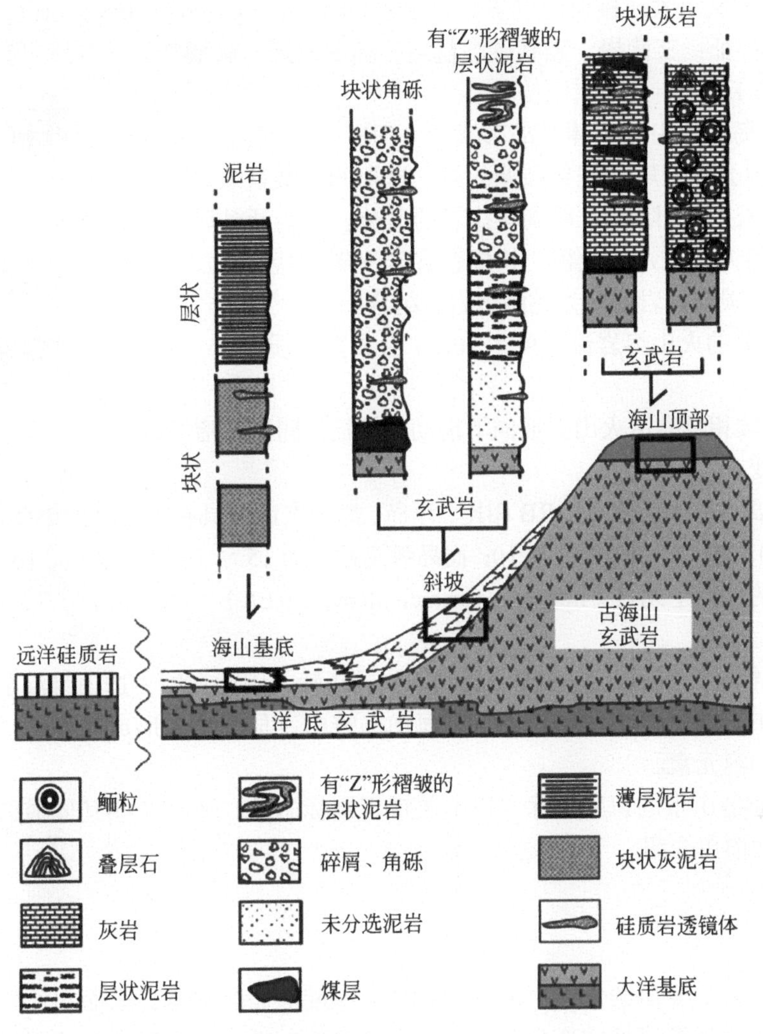

图 3.15　古海山岩石组合图示（据 Safonova，2009）

2. 洋岛、海山的识别

碰撞造山带中的海山和洋岛组合是常见现象，如日本 Akiyoshi 地区的石炭纪—二叠纪的海山（Sano and Kanmera，1991）、新赫布里底碰撞造山带中的海山（Fisher，1986）。据统计，在中亚造山带增生楔中已经发现了 30 多处海山组合（Safonova，2009；Safonova and Santosh，2014）。川西木里混杂带（图 3.10；周斌，2020）和甘肃敦煌混杂带（石梦岩，2019）中也发育大量洋岛、海山岩石组合。然而，洋岛、海山岩石组合的识别需要详细的野外和室内分析，仅靠读图和现有区测资料是不够的。因混杂带的强烈构造变形作用往往使海山、洋岛岩石组合被肢解，与混杂带的其他岩石组分相混杂，且海山相对规模较小，不易发现。据统计在混杂带镁铁质岩中发现仅有 5% ～ 10%

的 OIB 型玄武岩，因此经常被忽略（Safonova *et al.*，2012）。Safonova（2009）提出了洋岛、海山的一些判别标准，现归纳如下：

（1）充分利用大洋板块地层学（oceanic plate stratigraphy；OPS）知识，识别洋岛、海山的 OPS 特征：玄武岩、礁状碳酸盐岩、陆源碎屑 – 碳酸盐岩 – 硅质岩斜坡相、洋底硅质岩（图 3.15）。

（2）洋岛、海山的主体洋岛玄武岩（OIB）上往往盖有碳酸盐岩帽（图 3.15），但在造山作用中会被肢解。需要强调的是，这里的碳酸盐岩是远洋碳酸盐岩（参阅第一卷图 3.81），应注意与陆缘台地碳酸盐岩的区分。因为活动陆缘的台地碳酸盐岩可能会以孤立滑塌岩块方式进入增生楔，构成玄武岩 + 碳酸盐岩的混合，所以，不能在造山带中看见玄武岩 + 碳酸盐岩就认为是海山岩石组合。

（3）较薄的火山熔岩流（可达 10m）会夹杂硅质页岩、泥岩、碳酸盐岩角砾等斜坡相沉积物。

（4）斜坡相具有沿火山斜坡向下滑动的特征：同沉积褶皱或“Z”形褶皱、角砾状，以及厚度突变。

（5）与岛弧玄武岩和 MORB 相比，洋岛、海山玄武岩具有中至高的 TiO_2（$> 1.5wt\%$，质量百分比），Al_2O_3/TiO_2 在 4 ～ 10；而岛弧玄武岩为 15 ～ 25，MORB 为 10 ～ 15。另外，具有中至高的轻稀土元素（light rare earth element，LREE）（$La/Sm_n > 1.3$）（Safonova，2009）。

（6）地幔柱形成的洋岛、海山具有不同的年龄，因此在同一造山带混杂带中可以找到不同时代的洋岛、海山块体；同一个海山岛链中，早期喷发形成的洋岛、海山玄武岩更加富集不相容元素。

对于碰撞造山带的识别，除了以上关键识别标志外，还有一些其他辅助标志，也值得重视，下面简单介绍。

3.2.6 变质级倒转

在非造山带的变质杂岩中，由于变质级随深度增加而增高，因而在地质剖面上变质程度从底向顶有逐渐降低的变化顺序。而在碰撞造山带中，由于结晶冲断岩席的仰冲，可以使高级变质岩逆冲就位于低级变质岩之上，甚至位于未变质的表壳岩之上，因此出现高级变质岩在上，低级变质岩在下的倒转现象（图 3.7）。这种变质级倒转可以在地质图上初步判定，野外进一步判别，最终还是要经过室内变质矿物组合的研究才能得到最终确证。

3.2.7 I 型与 S 型双花岗岩带

1981 年 Ishihara 指出，日本岛弧上存在与俯冲消减作用有关的 I 型和 S 型并存的双花岗岩带，S 型花岗岩靠近海沟一侧，而 I 型花岗岩则靠近弧后一侧（Ishihara，1981；杨树峰，1987）。在双花岗岩带中，两种类型的花岗岩都是碰撞前形成。为什么会形成这种双花岗岩带还不是十分清楚，也可能靠近海沟一侧会有增生楔物质如复理石发生部分熔

融，成为岩浆的重要来源之一，故形成 S 型花岗岩，而弧后一侧岩浆来源较深，可能有地幔物质参与，故形成 I 型花岗岩。尽管双花岗岩带的普适性还有待进一步确证，但这一线索对于识别有岛弧参与的碰撞造山带具有重要价值。有研究发现，在五台山古元古代造山带（李继亮等，1990）和武夷山古生代造山带（孙志明和徐克勤，1990）都有双花岗岩的迹象，但是后来对此问题没有开展更深入的工作。要识别这类双花岗岩带，必须进行深入的岩石学、岩石化学、同位素地球化学和地质年代学的研究，才能得到确实证据。

3.2.8　大型剪切带和剪切穹窿带

碰撞造山带中往往发育一条及以上的大型剪切带。李继亮（1992a）将控制薄皮构造的大型剪切带（参阅第三卷第 8 章）称为主剪切带。该剪切带可表现为碎裂岩为主的脆性剪切带，或糜棱岩为主的韧性剪切带，或脆 - 韧性过渡带。主剪切带往往由前陆向后陆方向缓缓倾斜延伸。有些大型剪切带在地表呈剪切穹窿排列出现，如拉萨以北的韧性剪切带和江西星子剪切带，它们以广泛的韧性变形和剪切热引起的混合岩化为特点（李继亮，1992a）。

3.2.9　壳内低速、高阻带

在地球物理测深剖面上，造山带中会出现一条或两条地震低速带或大地电磁高阻带。其地表与主剪切带相符合，往下则控制了薄皮构造的深部边界，反映了滑脱带（detachment）的发育位置。这种壳内低速带、高阻带在福建（廖真林等，1988），武夷山和祁连山（李继亮，1992）等造山带都有清楚地表现，在瑞士阿尔卑斯（Hsü，1979）和北美阿巴拉契亚山（Brown，1982）则有反射地震剖面表现得更为明显。

以上各识别标志应互相印证，综合判别。对一个新的地区，要首先阅读资料，特别是通过阅读地质图进行初步判断，进而进行野外观察和室内分析互相验证。这里想强调的是，造山带的判断最重要的是野外观察，所以野外基本功就显得非常重要，这也是一名合格地质学家的基本修炼，当然室内工作也十分重要，且不可或缺，但须以扎实的野外工作为基础。仅靠室内数据分析，可能会得出相反的认识，如长期以来认为的敦煌地块，后经详细的野外工作和室内分析证明为敦煌造山带（王浩，2017；石梦岩，2019）。

3.3　碰撞事件的时限标志

大陆碰撞是指大洋岩石圈消亡，两侧大陆或其增生楔相互接触碰撞，大陆地壳增厚，进而产生造山作用的过程。自 20 世纪 70 年代地球科学革命成功之后（参阅第一卷第 2 章），板块构造理论完全取代了槽台学说。例如，优地槽的成因、地槽岩浆旋回、褶皱回返等概念，在 20 世纪 80 年代之后的教科书中均已销声匿迹。但是，认为“地层不整合”代表“造山运动”、代表“造山幕”的思想，仍有一定市场。例如，燕山运动一幕、二

幕，吕梁运动、兴凯旋回、东吴运动等以不整合命名的术语，在地质图件和文献中仍不罕见；还有利用不整合来限定造山事件的发生。这些都是垂向运动的固定论思想的表现。作为当代研究生，绝不能再“穿着活动论外衣，行固定论之实”。本节并不是讨论不整合与造山幕问题，而只是想强调，从大洋岩石圈消减到大陆岩石圈消减（即碰撞）是一个连续的过程，碰撞事件没有留下可直接观察到的地质记录和能直接检测到的年龄记录，也就是说，不整合与碰撞事件并无必然联系（参阅附录 1 问题 17、18、23）。因此，用科学的方法去限定碰撞事件发生的时间是造山带研究的关键问题之一。到目前为止，利用碰撞事件的下限和上限之间的时间间隔，使其逐渐缩小，来推断碰撞事件发生的时代，可能是最可行的方法。本节以李继亮等（1999）总结的方法为基础，讨论碰撞前和碰撞后的各种时间标志，分别选取其中下限的最小年龄值和上限的最大年龄值来限定碰撞事件的时代。

3.3.1　碰撞事件的下限标志

碰撞前的所有地质时代记录均可作为碰撞事件的时代下限。但是，为了限定事件的时代，应该选取最接近碰撞事件的记录作为识别该事件时代的标志。

1. 混杂带中大洋岩石圈火成岩块的最小年龄

这里的火成岩主要是指蛇绿岩套中的各种火成岩、地幔变质橄榄岩，以及从堆晶橄榄岩到堆晶辉长岩的堆晶岩系，从冷凝辉长岩到斜长花岗岩的岩浆房深成岩、辉绿岩墙群、大洋拉斑玄武岩和石英角斑岩等。对于这些岩石，一般认为由斜长花岗岩中分离出的锆石，测定其 U-Pb 年龄是最佳方法（Coleman，1981；Tilton *et al.*，1981），不过，利用深成岩的内部 Rb-Sr 或 Sm-Nd 等时线，冷凝辉长岩、辉绿岩和玄武岩作全岩 Sm-Nd 等时线，也可以得到较好的年龄数据。但应该特别注意的是，从冷凝辉长岩到玄武岩和石英角斑岩的岩石单元，都会受到不同程度的海水热液蚀变，它们的 Sr 同位素比值受到海水 Sr 同位素比值的影响而向 0.709 靠近，因而使得年龄数据不可靠。所以，对于使用 Rb-Sr 同位素定年法得到的年龄数据，应该特别慎重。利用 Re-Os 同位素定年方法可以测定蛇绿岩中超镁铁岩的年龄。

应该指出的是，在碰撞造山带的混杂带中出现的大洋岩石圈火成岩，一般都远比碰撞事件更老。例如，始新世碰撞的阿尔卑斯造山带，其中的蛇绿岩年龄是白垩纪（Hsü，1995）；再如，闽赣湘早古生代造山带是在晚志留世碰撞的，而在政和 - 建瓯弧后蛇绿岩的辉绿岩墙群测得的 Sm-Nd 等时线年龄是 600 ～ 590Ma（任胜利，1995）。因此，大洋火成岩的生成年龄为碰撞事件提供了较宽范围的下限时限。

2. 混杂带中深海沉积物最年轻的时代

碰撞造山带的混杂带中，最常见的深海沉积有两类。一类是在大洋盆地中沉积的放射虫硅质岩，另一类则主要是在海沟中沉积的复理石浊积岩（参阅第 5 章 5.5 节）。前一种主要以混杂块体出现，后者主要作为混杂带的基质。放射虫硅质岩的古生物时代也往往比碰撞事件早许多。例如，祁连山造山带在晚志留世发生弧后碰撞，放射虫的时代是奥陶纪和早志留世；那丹哈达造山带碰撞事件发生在早白垩世早期，而深水硅质岩中放

射虫的时代为中侏罗世。混杂带中最晚的复理石浊积岩的时代往往更接近碰撞事件的时代。例如，秦岭造山带的碰撞事件发生在早—中三叠世，甘肃宕昌至陕西凤县的复理石浊积岩用西伯利亚菊石和蛇菊石确定的时代是早三叠世（姜春发和朱志直，1979）。

3. 高压和超高压变质岩的最小年龄

高压和超高压变质也称俯冲带变质（参阅第一卷第 4 章 4.4 节）。大洋岩石圈消减时期，可以使大洋岩石圈，以及增生楔物质向下俯冲进入高压和超高压变质带，形成高压和超高压变质岩（图 3.13）。它们最小的变质年龄，可以作为碰撞事件的时代下限。高压变质的蓝片岩和超高压变质的柯石英榴辉岩，可以是大洋岩石圈消减的产物，也可以是大洋岩石圈带下去的大陆地壳物质（Platt，1986，1993）。不论前者还是后者，其变质作用都发生在碰撞之前。这些最小的高压和超高压变质年龄往往比较接近碰撞事件的时代（李继亮等，1999）。

需要强调的是，有人认为高压变质与碰撞作用有关，因此用高压变质年龄限定碰撞事件上限，这是个误区。俯冲带可以将混杂带中的任何物质包括其中的陆壳物质携带至深部发生高压变质，然后再折返就位，此时碰撞作用并未发生，如北美弗朗西斯科杂岩带（Wakabayashi，2015）中就出露有大量的榴辉岩和蓝片岩，而太平洋远未闭合。

4. 弧火成岩的生成年龄

大洋岩石圈的消减，促使在前缘弧上生成钙碱质系列的火山岩和花岗岩。大洋消亡、陆块碰撞之后，这类钙碱质系列岩浆便终止活动，而代之以同碰撞花岗岩（syncollisional granite）。因此，最晚的钙碱性火成岩的生成年龄可以作为碰撞事件的时代下限。前缘弧可以有初生的，以玄武岩和安山玄武岩为特点；另外还有成熟的岩浆弧，其火山岩可以从岛弧玄武岩经安山岩、英安岩到流纹岩，乃至碱性的粗面岩和钾玄岩（shoshonite）。增生弧是否也存在这两种类型，目前还缺乏深入研究。这些弧花岗岩无论是 I 型的还是 S 型的，其最晚年龄均可作为碰撞事件的时代下限。前缘弧的火成岩年龄可能略远早于碰撞事件，如闽北古生代前缘弧，年龄为奥陶纪，而碰撞事件发生在晚志留世；也有些实例中很接近碰撞事件，如那丹哈达造山带的松花江弧的最晚的钙碱性火山岩时代是早白垩世初期，而碰撞事件发生在早白垩世中期。增生弧中最年轻的弧岩浆岩往往很接近碰撞事件，如秦岭佛坪弧早中生代花岗岩的年龄为 242Ma，与早—中三叠世的碰撞事件十分接近（李继亮等，1999）。

5. 碰撞前被动大陆边缘最晚复理石地层时代

这是碰撞事件时代下限最重要的标志之一（见附录 1 问题 16、17）。大洋岩石圈消减至消亡，大陆碰撞之际，海相沉积环境发生巨大的变化，被动边缘的海相复理石沉积直接变为陆相磨拉石沉积，或者残留海相磨拉石沉积（前陆盆地）。无论发生何种变化，我们都可以清楚地识别出最后的被动大陆边缘的海相复理石沉积（参阅第 5 章 5.5 节）。这些沉积作用往往直接被碰撞事件终止（图 3.1），因此它们是最接近碰撞事件发生的地质记录。例如，浙闽三叠纪碰撞造山带中，闽西南的溪口组是早三叠世的第一个组，主要发育被动边缘环境的复理石浊积岩和平流岩；而早三叠世的第二个组是溪尾组，主要发育前陆盆地的磨拉石沉积。因此，碰撞事件应发生于早三叠世大约距今 243 ～ 242Ma 期间（侯泉林等，1995；李继亮等，1999）。

比较上述这些时限标志，我们可以看出，混杂带基质复理石浊积岩、俯冲作用导致的高压和超高压变质岩、增生弧的火成岩和被动大陆边缘的复理石浊积岩等，是比较有效的碰撞事件时代的下限标志。

3.3.2　碰撞事件的上限标志

大洋岩石圈消亡，大陆岩石圈碰撞后到挤压应力场转化为区域伸展应力场的一段时间（约 50 ～ 100Ma）内，是碰撞造山作用的全过程。在此过程中留下一些地质记录，可作为限定碰撞事件的时代上限。

1. 前陆冲断带中推覆与冲断构造变形作用的时代标志

在碰撞事件发生之前，被动大陆边缘处于伸展体制下，发育的断层大都是正断层。大洋岩石圈消亡之后，被动大陆边缘受大洋岩石圈向下牵引，而向下俯冲。伸展应力场转变为挤压应力场，正断构造反转为逆冲与推覆构造。前陆褶皱冲断带中出现两类推覆体。一类是褶皱推覆体，如阿尔卑斯的格拉鲁斯推覆体和莫科尔推覆体；另一类是由一系列双重构造（duplex）组成的冲断推覆体（参阅第三卷第 8 章）。两类推覆体都有顶冲断层和底冲断层。底冲断层以及顶冲断层的剪切变形作用会在断层面上使矿物重结晶或者生成新生矿物，反映了底冲断层的摩擦热和剪切热的影响。新结晶的伊利石、绢云母或白云母，以及强烈韧性变形的原生云母等矿物，可以用 Rb-Sr 法或 Ar-Ar 法测定其生成年龄或变形年龄。其中最老的年龄值比较接近碰撞事件的时代，可作为碰撞事件时代的上限标志。

2. 被动大陆边缘俯冲变质作用的时代标志

被动大陆边缘的沉积盖层，由于碰撞后的 A 型消减作用，被带到仰冲的混杂带或仰冲的陆块之下。这种消减作用导致原来被动陆缘的沉积盖层在较深处受到升高的温度和压力造成的变质作用。在欧洲的阿尔卑斯造山带，这种变质作用的典型产物是著名的**亮片岩**（schiefer lustre）。然而，在造山带中，被动边缘沉积盖层俯冲下去的变质产物不仅仅是亮片岩，可以从低级绿片岩相的千枚岩一直到角闪岩相的片麻岩。在昌都地区的怒江造山带，可以看到这些不同变质程度的“活化盖层”（李继亮等，1999）。在这些变质沉积岩中，可以分离出云母、角闪石或其他适宜的矿物进行 Ar-Ar 年龄测定，得到其变质年龄。所得到的最老年龄最接近碰撞事件的年代。

3. 垂直造山带走向的张裂隙中岩脉的生成年龄

在碰撞造山带中，主压应力（σ_1）垂直于造山带走向，会使造山带沿走向伸展，于是产生垂直于造山带走向的张性裂隙。这些裂隙往往被来自深部的岩浆充填，形成岩脉（如正长岩脉、碱性花岗岩脉和煌斑岩脉）。大多数张性裂隙都是碰撞后强烈挤压下生成的。因此，这些岩脉的生成年龄可以作为碰撞事件的时代上限。在云南三江地区、大别山等造山带，有研究者都对这些岩脉作过详细研究（张玉泉等，1989；周泰禧等，1992），表明这些岩脉中最老的年龄略小于碰撞事件的年龄，可作为碰撞事件的上限。使用这种方法时，要注意与俯冲阶段的岩脉相区别，否则会造成误导。

4. 韧性剪切带提供的年龄依据

碰撞事件发生后，造山带内产生若干条大的韧性剪切带来调整岩石圈不同圈层的构造关系。有的剪切带控制了前陆的薄皮或厚皮构造（参阅第三卷第 8 章）；有的发育在混杂带中（如新疆北部西准地区萨尔托海的滑石带和西昆仑库地南的胜利桥剪切带）；有的产生在活化基底中（如喜马拉雅造山带的康马 - 拉轨冈日剪切穹窿带）。还有一些韧性剪切带发育在仰冲基底之中（如哀牢山造山带的元江剪切带）（李继亮等，1999）。这些剪切带大都发生角闪岩相变质作用，个别剪切带可以达到麻粒岩相（如西昆仑的胜利桥带）。因此，可以把角闪石、黑云母或者麻粒岩的长石分离出来，进行变质年龄测定，得到碰撞事件的时代上限。值得注意的是，俯冲阶段，在增生楔以及弧前和弧背等环境也会发育韧性剪切带，应注意区分，否则，会造成误导。

5. 剪切重熔混合岩和重熔花岗岩的年龄

碰撞事件发生后，陆壳俯冲及大规模韧性剪切带的剪切热，会导致地壳的部分熔融作用，产生花岗岩浆（同碰撞花岗岩）。这种重熔花岗岩浆侵入到前陆褶皱冲断带、混杂带或仰冲基底中，形成规模大小不同的深成侵入岩体。小的花岗岩株，如阿尔卑斯造山带的伯格斯花岗岩（Hsü，1995）；大的岩基，如闽赣湘古生代造山带的桂东岩体和东秦岭佛坪晚中生代花岗岩体（李继亮等，1999）。存留在剪切带的花岗岩浆与剪切带变质岩形成各种形式的混合岩。需要强调的是，要注意与增生弧成因的花岗岩相区分（参阅附录 1 问题 8）。这需要细致的野外关系观察和岩石、地球化学分析，如这些重熔花岗岩要晚于增生楔的年龄。也可以采取回避的办法。选择那些远离增生弧的岩体，或者与韧性剪切带剪切热熔融关系十分清楚的岩体，进行年龄测定。重熔花岗岩可以用 Rb-Sr、Sm-Nd、Ar-Ar 和单颗粒锆石 U-Pb 法测定年龄。其最老年龄接近碰撞事件时代。如果采用单颗粒锆石 U-Pb 法，则必须谨慎，因为可能有不止一个时代的更老的锆石会被带入重熔花岗岩。

6. 前陆盆地中最早的磨拉石地层时代

这里的前陆磨拉石盆地是指发育于前陆冲断带之上的周缘前陆盆地，或叫原前陆盆地。它们紧随碰撞事件之后发育起来，并贯穿整个碰撞造山作用过程。因此，最适宜用于确定碰撞事件时代的上限。利用前陆盆地磨拉石层系中的化石，可以由最老磨拉石地层的时代逼近碰撞事件。例如，瑞士阿尔卑斯西部的磨拉石盆地中，下部海相磨拉石的时代为渐新世，略晚于始新世的碰撞事件。有时前陆盆地中的磨拉石地层与其下伏的复理石地层为连续沉积，这样可以把碰撞事件限定在很小的时间范围（见附录 1 问题 16、17），例如，闽西南永安、大田一带，最晚的碰撞前被动边缘沉积层称为溪口组是下三叠统第一个组，而碰撞后的第一个磨拉石地层是溪尾组，它是下三叠系的第二个地层组，为连续沉积，因此，碰撞事件的时代很清楚地放在溪口组与溪尾组之间（侯泉林等，1995；李继亮等，1999）。有些磨拉石沉积中很难找到化石，但可能夹有火山岩。用火山岩样品作同位素年龄测定，同样也可以得出碰撞事件的时代上限。这是限定碰撞事件的时代上限的最有效方法，关键是沉积地层和沉积环境的识别，以及沉积盆地分析，正确识别前陆盆地的磨拉石地层（参阅第一卷第 3 章 66 页；本卷第 5 章 5.5 节）。

7. 古地磁极移曲线提供的碰撞时代

在碰撞之前，两个分离的大陆板块，各自有自己的古地磁视极移曲线（apparent polar wander path，APWP）。碰撞之后，这两条 APWP 应该在某一时间点相交甚至彼此重合。这一时间节点代表了两个大陆块体初始碰撞时间。如果古地磁能够如此准确地把碰撞事件精确到一个时间点上，那么所有为了确定碰撞事件时代的方法都可以放弃，而只待古地磁极移曲线一锤定音就大功告成了。然而，古地磁极移曲线交汇点往往滞后于碰撞事件。例如，华北板块与扬子板块的碰撞，已有许多不同的证据线索，证明是三叠纪早—中期。但是，几乎所有作者得到的古地磁结果，APWP 的交汇点都在侏罗纪。开始曾有学者怀疑地质的证据错了，古地磁获得的才是真正的碰撞时代。然而，后来越来越多的证据说明三叠纪碰撞是对的，APWP 的交汇点是滞后的。滞后的原因目前还没有十分清楚，有人认为碰撞的初始时期，两个陆块还没有完全拟合焊接，或者还有洋壳介于中间，或者地壳的大规模缩短。是不是还有更深一层的作用，例如，碰撞成为一体的两个陆块的磁性还需要在地核内予以调整，使两者的磁倾角和磁偏角合二为一，这个过程所需要的时间可能是极移曲线交汇时间滞后的原因（李继亮等，1999）。是否还有其他原因，迄今还缺乏详细的研究，也还不能完全排除地质证据有问题的可能性。尽管如此，古地磁资料仍然不失为限定碰撞事件时代上限的重要参考。

尽管不同造山阶段无论在构造、岩石还是沉积方面都有其特征（表 3.3），但要比较精确地了解碰撞事件发生的时间，必须多种方法相结合，才能获得理想的结果。碰撞事件需要由时代下限和上限来限定，以逼近其发生的时间，也反映了碰撞造山作用由洋壳消减经过碰撞事件再到陆壳缩短变形的过程是一个渐变（或均变）的过程。造山作用的均变过程可以引起许多突变的现象，如断裂、地震、沉积相突变、不整合、剪切带熔融及各种变质作用。这些突变现象是渐变过程中突破某些障碍或者调节某些强烈的不平衡而导致的。尽管有众多的突变现象，造山作用是均变过程的本质并不因此而改变。造山幕理论的基本错误就是把地层不整合这一突变现象当作了造山作用的总体（参阅附录 1 问题 23）。

表 3.3　造山带不同阶段特征比较

构造阶段	构造特征	变质特征	岩浆特征	沉积特征
俯冲阶段	挤压（增生楔等）+ 伸展（弧后）	双变质带（高 P/T 的高压变质 + 低 P/T 的阿武隈式变质）	弧花岗岩（钙碱性；I+S 型双花岗岩带）	复理石
碰撞阶段	强烈挤压（逆冲推覆 + 阿尔卑斯式和侏罗山式褶皱）	中 P/T 的巴洛式变质	小规模同碰撞（淡色）花岗岩（酸性；S 型）	磨拉石
碰撞后阶段	伸展构造（大型拆离作用）	无明显变质作用	碱性花岗岩（A 型）	山前堆积

注：仅为标志性特征比较，并非该阶段的全部特征；结合第一卷第 4 章阅读。

以上所阐述的限定碰撞事件的标志，对于不同造山带，其限定的效果不同，这是由于各种地质记录保存的程度不同而造成的。如果地质记录，特别是前陆褶皱冲断带中被

动边缘最晚期复理石浊积岩沉积和前陆盆地中最早期磨拉石的记录保存完好，那么由此来限定碰撞事件的时代下限和时代上限的效果最好。其他一些标志，稍为远离碰撞事件的时代，但是在地质记录不完整的情况下，我们也不得不有选择地使用。科学总是在探索中前进的，期望将来能探索出确定碰撞造山作用时代的更有效的方法。

3.3.3　碰撞造山作用结束时代问题

20 世纪 90 年代之前，造山带研究基本上是到了板块碰撞之后就不再往下追索。这是因为，板块构造理论认为，造山带是板块汇聚作用的产物，碰撞之后基本上没有大的构造作用，之后主要被风化剥蚀。后来，一系列重大发现改变了这一传统认识：①全球的造山带中都发现了碰撞之后的伸展构造；②深部地震资料表明，在古老造山带下面几乎都不存在山根，而年轻的造山带下面却有山根；③许多造山带核部发现含柯石英、金刚石的高压变质岩，推测其形成深度大于 100km，单靠风化剥蚀作用很难达到这么大的厚度。研究表明，两个大陆板块的碰撞不是一个简单的短暂过程，从初始碰撞到全面碰撞再到碰撞作用结束是一个长期的穿时过程，碰撞造山作用可持续 50 ～ 100Ma，如苏鲁 - 大别碰撞造山带从大约 230Ma 开始碰撞，直到早白垩世 130Ma 左右才趋于结束汇聚过程，前陆盆地停止发育，碰撞持续了约 100Ma。然而，碰撞作用结束时代如何确定是非常困难的事（丁林等，2013）。尽管如此，分析同碰撞与后碰撞作用的岩石和构造作用的差异是识别碰撞作用结束时代的重要方面（表 3.3）。碰撞后阶段的主要构造模式有以下两种。

1. 拆沉作用（delamination）模式

板块碰撞作用趋于结束，造山带底下的岩石圈地幔部分发生快速机械减薄，与上覆地壳剥离，并下沉到更深的地幔（软流圈地幔）。拆沉作用可视为板块作用旋回中不可缺少的一部分，其结果导致上覆地壳的快速抬升和伸展、下地壳的加热。抬升的主要原因是密度较低的软流圈取代了高密度的岩石圈地幔而造成的均衡调整（可达几千米的上升量）。下地壳被加热有两种方式：替代岩石圈地幔的软流圈到达地壳底部或附近使下地壳加热；软流圈减压熔融产生的玄武岩浆侵入于下地壳而使之加热。

拆沉作用从整个岩石圈的尺度上解释了碰撞后的造山过程和一系列疑难问题：造山带内部地壳厚度比外部薄、造山期后的岩浆成因、超高压变质岩的剥露、壳 - 幔再循环等问题。这种拆沉作用造成了地壳在高温低压条件下的部分熔融，形成 A 型花岗岩。

2. 伸展垮塌作用（extended collapse）模式

在碰撞作用期间，抬升地势的体力和相应的壳根，在动力学上是由驱动碰撞的板块边界作用力所平衡的。随着拆沉作用导致的山根消失，造山带就开始在其自重下发生伸展垮塌，形成大规模拆离断层。Dewey（1988）认为，如果下地壳是冷的，伸展垮塌所起的作用相对较小，造山带的破坏需要持续几千万年之久；反之，如果下地壳是热的，伸展垮塌将起主要作用，造山带可在几百万年之内消失。所以，伸展拆离作用是造成山脉夷平的主要原因（可达 80%），而不是风化剥蚀。伸展垮塌模式可以解释许多造山带的后期大规模的伸展拆离构造、山前推覆构造，以及山根和山脊的消失现象。与拆沉作用相结合很好地解释了造山带岩石圈碰撞后的行为。

造山带深部的拆沉作用和去根作用，以及上部的伸展拆离作用共同造成了造山带从区域挤压应力场转变为区域伸展应力场，标志着造山作用的结束（参阅表 3.3）。

3.4 碰撞造山带的极性标志

碰撞造山带的时限和极性是造山带研究的两个关键问题。在造山带研究中，有关造山带的时限和极性问题争论颇多。上节我们讨论了造山带的碰撞时限问题，本节简要讨论造山带的**极性**（vergence）。所谓碰撞造山带的极性是指造山带的仰冲方向，如某造山带极性向北，即指该造山带上行板片向北仰冲，下行板片向南俯冲。有关造山带极性的判别概括为以下几个方面。

3.4.1 大地构造相排布方向

这里的大地构造相是指李继亮（1992a）划分的碰撞造山带大地构造相（见第 5 章 5.1、5.2 节）。通常造山带由三大基本构造单元构成，仰冲基底推覆体→混杂带→前陆褶皱冲断带，该展布方向指示造山带的极性，如阿尔卑斯新生代造山带［图 3.7（c）］。有些造山带构造单元比较复杂，如五台山古元古代造山带［图 2.11（a）］，表现为仰冲基地→弧后混杂带→弧→弧前混杂带→前陆冲断带，指示造山带极性。需要说明的是，用此方法判别造山带极性，详细的大地构造相分析是基础。

3.4.2 前陆褶皱冲断带内部标志

前陆褶皱冲断带变形前位于被动大陆边缘（见第一卷第 3 章 3.6 节），大陆坡的反方向，即沉积环境由深变浅方向，或浊流流向的反方向指示造山带的极性，如闽西南三叠纪前陆褶皱冲断带浊积岩清楚地指示了浊流流向（侯泉林等，1995；李培军，1995）；前陆褶皱冲断带的变形强度由强变弱，即从冲断带→褶皱带（侏罗山式褶皱）的方向，或前陆冲断带的主要冲断构造的逆冲方向（图 3.16；第三卷图 8.23）。

需要说明的是，前陆冲断带的主要构造样式主要为叠瓦式逆冲断层系和双重构造，整体上具有相对协调一致的逆冲方向，所以可以用来判断造山带的极性。然而，混杂带的构造比较杂乱，根据冲断构造的逆冲方向判别造山带极性时往往风险较大。

3.4.3 混杂带内部标志

前已述及，造山带混杂带由复理石基质和蛇绿岩等块体组成。大洋岩石圈俯冲过程中，增生楔的生长通常是个穿时过程，从弧前向海沟方向逐渐变年轻，蛇绿岩就位也大致有此变化规律。在碰撞过程中，尽管这一变化规律会遭到一定程度的破坏，但其变化趋势还会被保存。因此，混杂带基质由老变年轻的方向指示造山带的极性，如西昆仑造山带

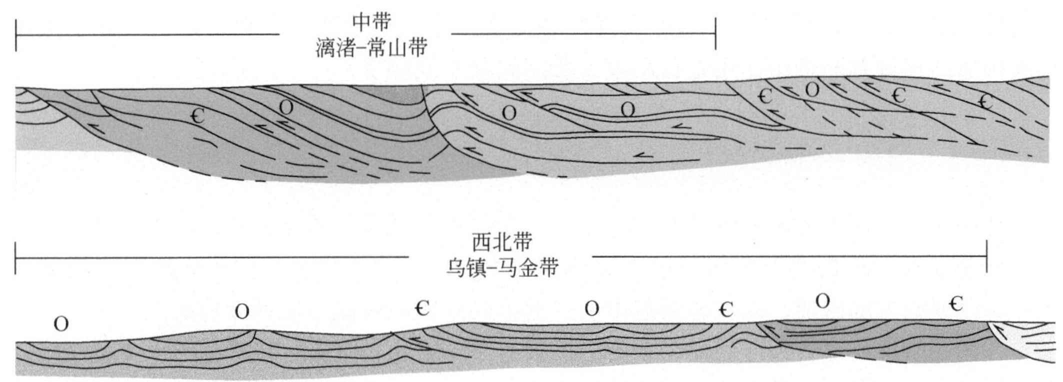

图 3.16　浙西北前陆褶皱冲断带构造分带剖面图（据肖文交，1995）

西北带为褶皱带，主要为侏罗山式褶皱；中带为冲断带，主要为逆冲构造

混杂带比较清楚地记录了这一规律。如果混杂带中有多条不同时代的蛇绿岩带，其由老变年轻的方向指示造山带极性，如祁连山－阿尼玛卿造山带。

3.4.4　岩浆弧内的双花岗岩带

3.2 节已述及，岩浆弧常发育双花岗岩带，靠近海沟为 S 型花岗岩，靠近弧后一侧为 I 型花岗岩。因此，如果岩浆弧发育双花岗岩带，从 I 型花岗岩带到 S 型花岗岩带指示造山带的极性，如闽赣湘造山带的双花岗岩带（李继亮等，1999）。

3.4.5　增生弧内部标志

增生弧是发育于增生楔上的岩浆弧或火山弧，这是因为随着海沟不断向洋的方向跃迁，增生楔随之生长，增生弧也随之向洋的方向迁移（参阅第 4 章）。所以，增生弧花岗岩类由老变年轻的方向，如喜马拉雅冈底斯－错那增生弧；以及增生弧火山岩类由老变年轻的方向，如南美安第斯中段，指示造山带极性。

需要强调的是，由于碰撞造山作用的持续进行，上述这些标志会遭到破坏和肢解，其相对位置也可能会因远距离的逆冲推覆而发生改变，所以在利用其相对位置判别造山带极性时，应对构造作用进行分析，尽可能恢复其初始位置；再者，应多种方法综合分析判断。

3.5　造山带的伸展构造

通常认为，造山带主要发育挤压构造如逆断层、逆冲断层，以及推覆构造。其实并不尽然，正如伸展构造也不仅限于裂谷和被动大陆边缘一样，在造山带中，无论是俯冲阶段造山还是碰撞阶段造山，均可发育伸展构造，形成伸展断层和剪切带，因此不能用伸展构造的发育判断造山作用是否结束（参阅附录 1 问题 2）。

3.5.1　造山过程的伸展作用

造山作用是威尔逊旋回的几个阶段之一（参阅第一卷第 4 章 4.7 节）。换言之，造山带往往建立在早期的离散型板块边界或裂谷之上，而又会在之后的阶段再次发生裂解。从洋壳俯冲到大陆碰撞，以及碰撞造山期后的不同阶段都可能形成伸展构造。

在俯冲阶段，尽管大洋仍存在于两个汇聚的大陆之间，但弧后裂解会产生伸展作用；在洋壳进入俯冲带时，洋壳上部也会发生拉伸作用，形成伸展构造如正断层和地堑等［图 3.17（a）］。另外，砂箱实验表明，有些海山，尤其是规模比较大的海山等发生俯冲时，可以在上覆的增生楔中引发一系列反冲断层（back thrusts）、正断层、隆升和重力垮塌，以及走滑断层等构造（图 3.18；Li *et al.*，2013）。

陆 - 陆碰撞阶段，不稳定的造山楔尚可形成伸展断层和剪切带。如果有一个大的基底岩片加入，会使楔形体过度增厚而失稳，必然产生正断层和剪切带［图 3.17（b）］。对于正在活动的喜马拉雅造山带，被拆离并加热的基底岩片可以具有足够低的密度，因浮力在其下侧形成逆冲断层、在其上侧形成正断层（如藏南拆离系）而迅速上升［图 3.3（c）、图 3.17（c）］。基底岩片向腹陆方向变薄的几何形状有助于向前陆方向的挤出。

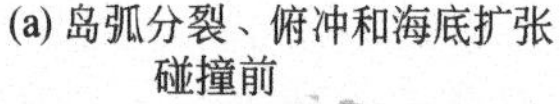

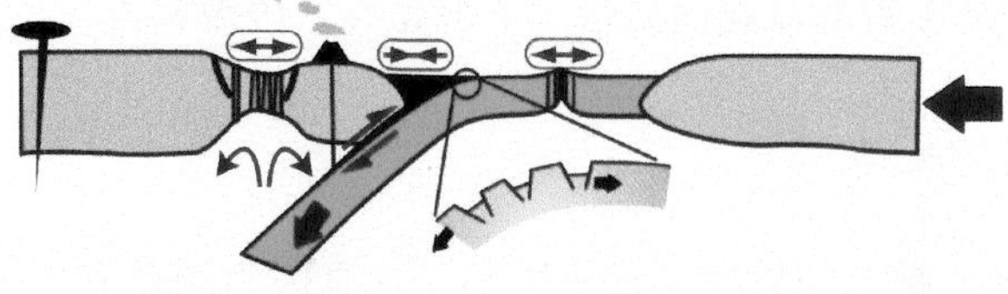

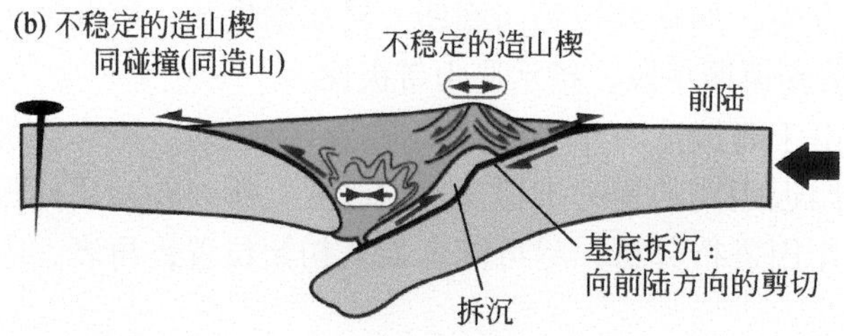

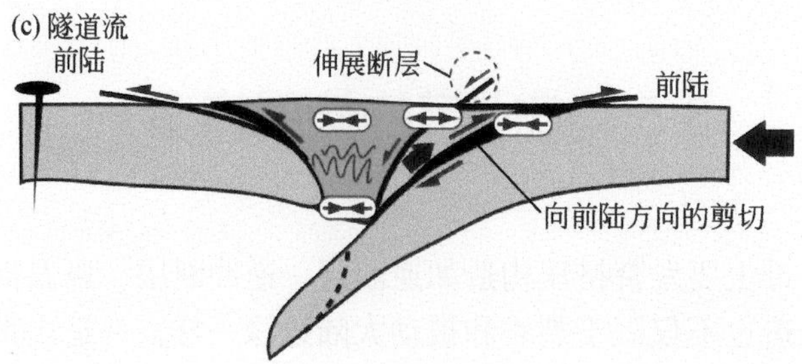

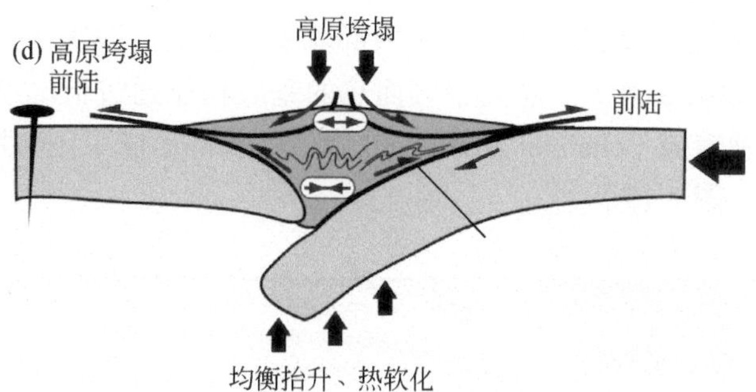

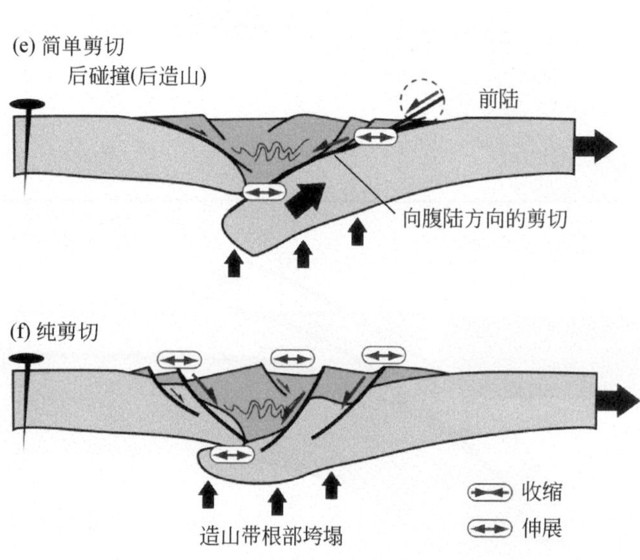

图 3.17 不同造山阶段的伸展作用（据 Fossen，2016）

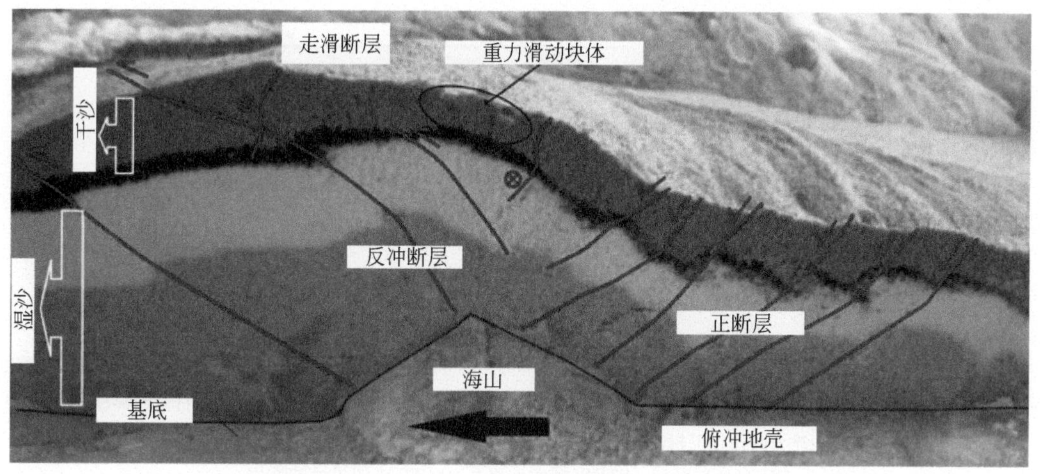

图 3.18 海山俯冲的砂箱实验剖面图（据 Li *et al.*，2013）

海山上覆增生楔中发育一系列反冲断层（back thrusts）、正断层，以及走滑断层

图 3.19 展示了喜马拉雅造山带伸展构造（藏南拆离系，STDS）的发育模式。陆壳岩片可以是相对刚性块，但是也可以很软并且发生内部流动，这主要取决于流体、温度和低的应变速率（参阅第二卷第 3 章）。腹陆中轻而热的基底物质通过低黏度流方式向前陆方向的挤出通常被称为**隧道流**（channel flow）。在隧道的顶部形成了正剪切带（正断层），构成整体的收缩状态（图 3.19）。

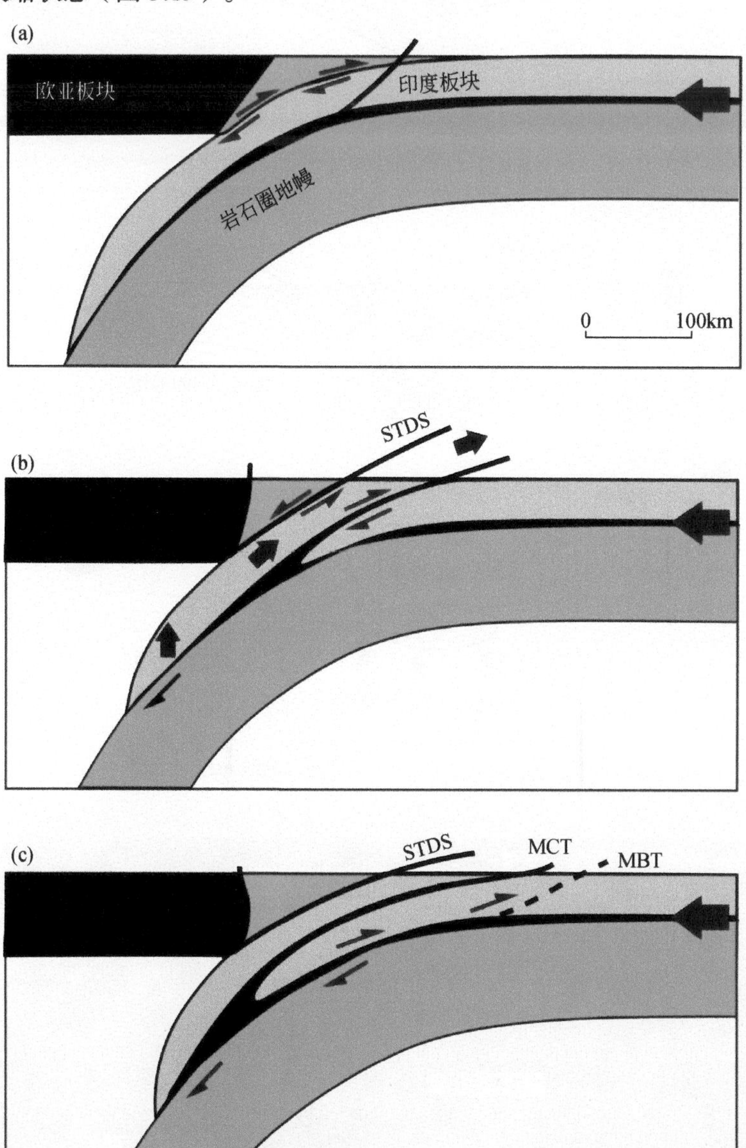

图 3.19 喜马拉雅造山带藏南拆离系形成模式图示（据 Chemenda *et al.*，1995；转引自 Fossen，2016）

一个大陆壳岩片在挤压和浮力的作用下拆离回返上升，其下为逆冲断层（MCT），其上为正断层（STDS）。MCT. 主中央逆冲断层；STDS. 藏南拆离系；MBT. 主边界逆冲断层

同汇聚阶段伸展作用的又一模式涉及下地壳和岩石圈地幔的热结构变化。在陆 - 陆

碰撞过程中，地壳物质会发生俯冲并被加热。受热会使地壳变弱，甚至可能在自重作用下沿伸展断层和剪切带发生塌陷［图 3.17（d）］。通常称这种模式为**造山带重力垮塌**（gravitational orogenic collapse）。总之，重力驱动的伸展垮塌发生于地壳过厚以致其强度无法支撑重力的情形。

我们通常可能认为造山带重力垮塌仅是造山带上部山的塌陷，但实际上地壳底部发生的事情同样重要。在陆－陆碰撞过程中，消减陆壳也会发生一定深度的俯冲作用，因其较周围岩石圈物质轻而被浮起；而其下部的岩石圈地幔通常较周围岩石更冷，密度也更大。位于大陆前端的洋壳亦是如此。有些根带岩石可能会发生相转变如榴辉岩化，从而进一步增加其密度。造山带根带密度最大的岩石可能会因重力失稳而沉陷进入下部的软流圈地幔之中，这就是前文述及的拆沉作用模式（delamination model；图 3.20），也称造山带的去根作用，从而导致造山带的根带残余快速加热、部分熔融，产生岩浆作用，进一步使造山带失稳反弹，加剧造山带顶部的拆离和垮塌，这也标志了造山作用的结束。因此，如前文所述，造山带深部的去根作用与顶部的伸展拆离和垮塌有着内在成因联系。

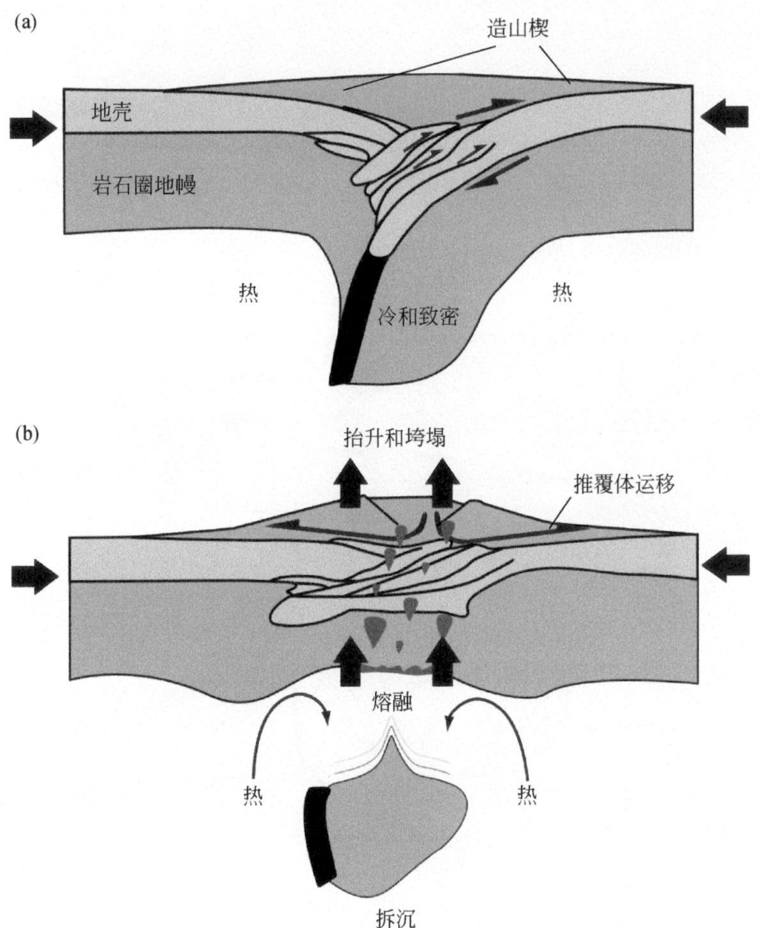

图 3.20　造山带去根和伸展垮塌的拆沉作用模式图（据 Fossen，2016）

（a）冷和致密的根带向下拖拽陆壳；（b）高密度根带的拆沉和沉降会导致深部根带陆壳向上的塌陷，碰撞带上部高位的造山带腹陆岩石向前陆的转移而使造山楔抬升和垮塌

高密度根带拆沉作用释放出了根带的浮力，导致造山带抬升，以及简单剪切的伸展作用［图 3.17（e）］；同时深部根带向上塌陷，称之为**造山带根带塌陷**［orogenic root collapse；图 3.17（f）］，以共轴应变机制产生伸展，其中根带沿着地壳的底部侧向扩展，同样可能引起隧道流。造山带根带塌陷和区域隆升的必然结果是引起造山带上部的重力垮塌。有人认为，这一过程正在青藏高原发生（Fossen，2016）。

3.5.2　造山期后的伸展作用

在造山带的发展历史中，基底的逆冲方向总是指向前陆，如图 3.21（a）所示的斯堪的纳维亚（Scandinavian）实例。一旦剪切方向发生反转，造山楔向碰撞造山带中心（腹陆）运动［图 3.21（b）］，那么，造山带在运动学上就进入了离散或造山期后阶段（post-orogenic

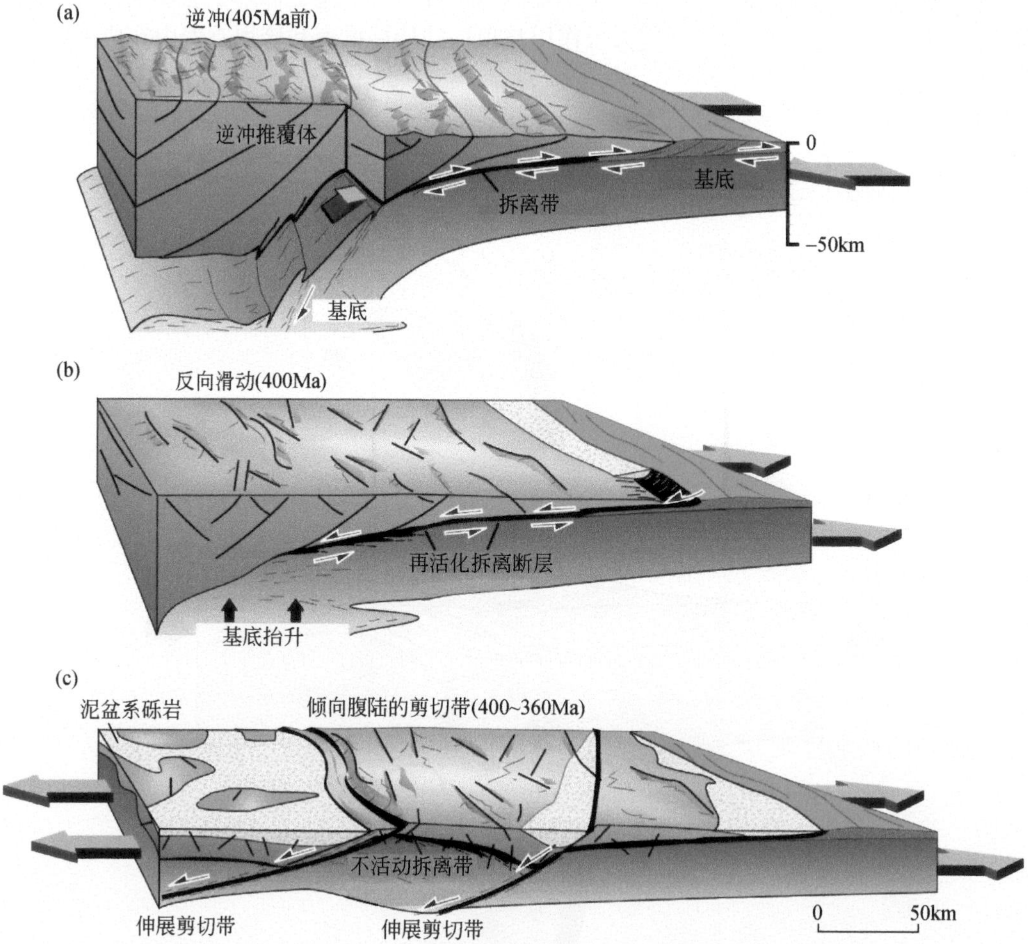

图 3.21　斯堪的纳维亚（Scandinavian）半岛南部加里东造山带低角度伸展断裂和剪切带的发育过程（据 Fossen，2000；转引自 Fossen，2016）

（a）板块汇聚过程中推覆体的就位；（b）造山楔的反向滑动，导致沿基底滑脱带的剪切方向发生反转；（c）形成倾向腹陆的剪切带和断层，它们切过先前的逆冲断层和基底

stage）。在该阶段，伸展变形在整个地壳层次起主导作用。其中一种造山期后的伸展变形模式包括基底逆冲的反转和造山楔内部高层位的逆冲［图 3.17（e）、图 3.21（b）］。这种基底（底部）逆冲带的再活化可形成变质核杂岩（MCC；参阅第三卷第 10 章）。

伸展作用的另一种模式是切穿地壳倾向腹陆的剪切带的形成。这种剪切带可能形成于腹陆被抬升并将造山带的逆冲断层旋转至不利于伸展再活化的方向之后［图 3.17（f）、图 3.21（c）］。这种倾向腹陆的剪切带通常影响整个地壳断面，进而使反向基底逆冲断层发生旋转。这种构造发育的绝好实例即北欧斯堪的纳维亚的加里东造山带。

思　考　题

1. 比较喜马拉雅与阿尔卑斯造山带。
2. 碰撞造山带的识别标志。
3. 碰撞事件的时限标志。
4. 碰撞造山带的极性标志。
5. 碰撞造山带中的伸展构造。

参考文献

丁林，蔡福龙，王厚起等 . 2013. 大陆碰撞时间研究方法 // 丁仲礼 . 固体地球科学研究方法 . 北京：科学出版社：842 ～ 853

侯泉林，李培军，李继亮 . 1995. 闽西南前陆褶皱冲断带 . 北京：地质出版社

侯泉林，郭谦谦，陈艺超等 . 2021. 山脉与造山带及有关问题讨论 . 岩石学报，37（8），doi: 10.18654/1000-0569/2021.08.02

姜春发，朱志直 . 1979. 留凤关复理石 . 地质学报，53（3）：203 ～ 218

李继亮 . 1992a. 碰撞造山带大地构造相 // 李清波，戴金星，刘如琦等 . 现代地质学研究文集（上）. 南京：南京大学出版社：9 ～ 21

李继亮 . 1992b. 中国东南地区大地构造基本问题 // 李继亮 . 中国东南海陆岩石圈结构与演化研究 . 北京：中国科学技术出版社：3 ～ 16

李继亮，孙枢，郝杰等 . 1999. 碰撞造山带的碰撞事件时限的确定 . 岩石学报，15（2）：315 ～ 320

李继亮，王凯怡，刘小汉等 . 1990. 五台山早元古代碰撞造山带初步研究 . 地质科学，25（1）：1 ～ 10

李培军，1995，闽西南地区三叠纪沉积学及其构造演化 . 北京：中国科学院地质研究所博士学位论文

廖真林等 . 1988. 泉州 – 汕头地区地壳及上地幔速度结构的初步结构 . 北京：地质出版社

任胜利 . 1995. 闽西赣南大地构造演化的岩石学与地球化学制约条件 . 北京：中国科学院地质研究所博士学位论文

石梦岩 . 2019，敦煌造山带古生代增生弧 – 混杂带研究 . 北京：中国科学院大学博士学位论文

孙明志，徐克勤 . 1990. 华南加里东花岗岩及其形成地质环境试析 . 南京大学学报（地球科学），4: 10 ～ 22

王浩 . 2017. 敦煌造山带中 – 南部变质演化、高精度年代学及其大地构造意义 . 北京：中国科学院大学博士学位论文

肖文交 . 1995. 浙西北前陆褶皱冲断带的构造样式及其演化 . 北京 : 中国科学院地质研究所博士学位论文 .
肖文交 , 敖松坚 , 杨磊等 . 2017. 喜马拉雅汇聚带结构 – 属性解剖及印度 – 欧亚大陆最终拼贴格局 . 中国科学 : 地球科学 , 47(6): 631 ～ 656
杨树锋 . 1987. 成对花岗岩与板块构造 . 北京 : 科学出版社
张玉泉 , 朱炳泉 , 谢应雯 . 1989. 横断山区花岗岩类 Rb-Sr 等时年龄讨论 . 地质学报 , 63: 373 ～ 382
周斌 . 2020. 四川木里混杂带海山玄武岩中熔体包裹体成因研究及意义 . 北京 : 中国科学院大学硕士学位论文
周泰禧 , 陈江峰 , 李学明等 . 1992. 安徽响洪甸碱性杂岩体的地球化学特征和岩石成因 // 李继亮 . 中国东南海陆岩石圈结构与演化研究 . 北京 : 中国科学技术出版社 : 182 ～ 192
Brown L D. 1982. COCORP seismic profiling, the eastern overthrust, and continental evolution: abstract. AAPG Bulletin, 66: 1708
Chemenda A I, Mattauer M, Malavieille J, *et al.* 1995. A mechanism for syn-collisional rock exhumation and associated normal faulting: results from physical modelling. Earth and Planetary Science Letters, 132: 225 ～ 232
Clark M R, Watling L, Rowden A A, *et al.* 2011. A global seamount classification to aid the scientific design of marine protected area networks. Ocean & Coastal Management, 54（1）: 19 ～ 36
Coleman R G. 1981. Tectonic setting for ophiolite obduction in Oman. Journal of Geophysical Research, 86(B4): 2491 ～ 2508
Dewey J F. 1988. Extensional collapse of orogens. Tectonics, 7: 1123 ～ 1139
Fisher M A. 1986. Tectonic processes at the collision of the D'entrecasteaux Zone and the New Hebrides island arc. Journal of Geophysical Research, 91: 10470 ～ 10476
Fossen H. 2000. Extensional tectonics in the Caledonides: synorogenic or postorogenic? Tectonics, 19: 213 ～ 224
Fossen H. 2016. Structural Geology（Second Edition）. New York: Cambridge University Press
Frisch W. 1979. Tectonic progradation and plate tectonic evolution of the Alps. Tectonophysics, 60: 121 ～ 139
Frisch W, Meschede M, Blakey R. 2011. Plate tectonics-Continental drift and mountain building. London, New York, Berlin, Heidelberg: Spring-Verlag
Hamblin W K, Christiansen E H. 2003. Earth's Dynamic Systems （Tenth Edition）. New Jersey: Prentice Hall Inc
Hsü K J. 1979. Thin-skinned plate tectonics during Neoalpine orogenesis. American Journal of Science, 279: 353 ～ 366
Hsü K J. 1995. The Geology of Switzerland: An Introduction to Tectonic Facies. Princeton: Princeton University Press
Ishihara S. 1981. The granitoid series and mineralization. Economic Geology, 458 ～ 484
Johnson M R W, Harley S L. 2012. Orogenesis: The Making of Mountains. New York: Cambridge University Press
Li R, Sun Z, Hu D, *et al.* 2013. Crustal structure and deformation associated with seamount subduction at the north Manila Trench represented by analog and gravity modeling. Marine Geophysical Researches, 34:

393 ～ 406

Platt J P. 1986. Dynamics of orogenic wedges and the uplift of high-pressure metamorphic rocks. Geological Society of America Bulletin, 97: 1037 ～ 1053

Platt J P. 1993. Exhumation of high-pressure rocks: a review of concepts and processes. Terra Nova, 5: 119 ～ 133

Raimbourg H, Famin V, Palazzin G, *et al*. 2019. Distributed deformation along the subduction plate interface: the role of tectonic mélanges. Lithos, 334-335: 69 ～ 87

Safonova I Y. 2009. Intraplate magmatism and oceanic plate stratigraphy of the Paleo-Asian and Paleo-Pacific Oceans from 600 to 140 Ma. Ore Geology Reviews, 35: 137 ～ 154

Safonova I Y, Santosh M. 2014. Accretionary complexes in the Asia-Pacific region: tracing archives of ocean plate stratigraphy and tracking mantle plumes. Gondwana Research, 25: 126 ～ 158

Safonova I Y, Simonov V A, Kurganskaya E V, *et al*. 2012. Late Paleozoic oceanic basalts hosted by the Char suture-shear zone, East Kazakhstan: geological position, geochemistry, petrogenesis and tectonic setting. Journal of Asian Earth Sciences, 49: 20 ～ 39

Sano H, Kanmera K. 1991. Collapse of ancient oceanic reef complex-what happened during collision of Akiyoshi reef complex? Sequence of collisional collapse and generation of collapse products. Journal of Geological Society of Japan, 97（8）: 631 ～ 644

Searle M P. 2007. Diagnostic features and processes in the construction and evolution of Oman-, Zagros-, Himalayan-, Karakoram-, and Tibetan-type orogenic belts. In: Hatcher R D, Carlson M P, McBride J H, *et al*（eds）. 4D Framework of Continental Crust. Geological Society of America Memoir, 200: 1 ～ 20

Srivastava P, Mitra G. 1994. Thrust geometries and deep structure of the outer and lesser Himalaya, Kumaon and Garhwal（India）: implications for evolution of the Himalaya fold-and-thrust belt. Tectonics, 13: 89 ～ 109

Tilton G R, Hopson C A, Wright J E. 1981. Uranian lead isotopic ages of the Semair ophiolites, Oman, with application to Tethyan ocean ridge tectonics. Journal of Geophysical Research, 86: 2763 ～ 2775

Wakabayashi J. 2015. Anatomy of a subduction complex: architecture of the Franciscan Complex, California, at multiple length and time scales. International Geology Review, 57(5-8): 1 ～ 8

第4章　增生型造山带

4.1　概　　述

自 Şengör（1992）提出**增生型造山带**（accretionary orogenic belt）之后，受到广泛重视，尤其在分析中亚地区的造山带中收到了良好的效果（李继亮等，1993；李继亮，2004；肖文交等，2019）。然而，近些年来，有关增生型造山带的概念在实际运用中有些混乱，因此有必要予以澄清和规范。这里所指的增生型造山带是指 Şengör（1992）提出的具有很宽的增生楔，发育增生弧的那种造山带（图 4.1）。这种造山带的形成，主要是海沟后撤，

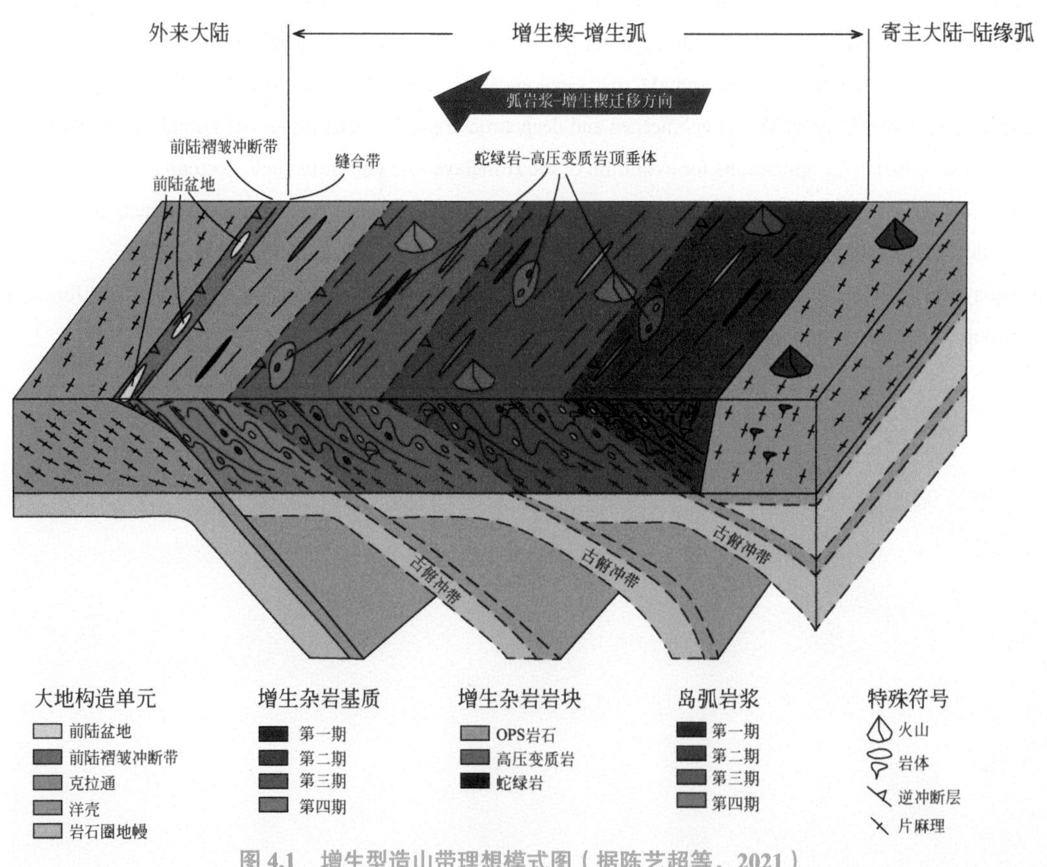

图 4.1　增生型造山带理想模式图（据陈艺超等，2021）

增生楔不断向前生长，形成很宽的增生楔，并在增生楔上发育岩浆弧（增生弧；图 4.2；参阅附录 1 问题 7）。

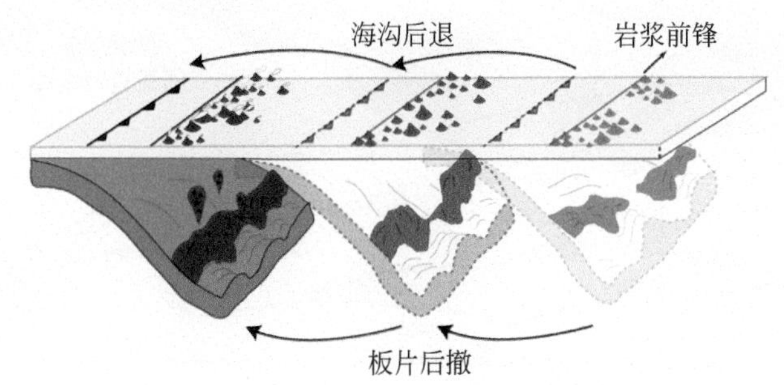

图 4.2　增生型造山带形成过程模式图（据 Lom *et al.*，2018）

4.2　增生型造山带的基本特征

有关增生型造山带的基本特征，李继亮（2004）进行了很好的总结，下面以此为基础进行讨论。

4.2.1　具有很宽的增生楔

增生型造山带具有很宽的增生楔，增生楔中的复理石基质向海沟后退方向时代逐渐变新（图 4.1）。

增生型造山带的主要增生过程和增生物质，是由于海沟后退（图 4.2），消减作用刮下的洋壳上部物质，由构造堆积形成的增生楔不断扩大造成的。增生楔的主要构成物质是海沟沉积的复理石和大洋壳表部的沉积物等，大洋壳和地幔的镁铁和超镁铁质岩石可通过适宜的滑脱断层从消减带较深处折返到增生楔中。

增生楔的复理石冲断岩片向着海沟后退方向逐渐变年轻。海沟位置未变动时，增生楔中的复理石向海沟方向由老变新。当海沟后退时，新的增生楔生成，其中的冲断岩片也有由老变新的次序，而新的增生楔又比上一个增生楔年轻。海沟不断后退，就形成了一系列由老变新的复理石楔状体（图 4.1）。图 4.3 表示出新疆东昆仑复理石向南由早古生代到晚古生代再到三叠纪的时代变化。

4.2.2　增生楔中有多条蛇绿岩带

增生型造山带增生楔中有一条以上的蛇绿岩带。然而，对于蛇绿岩在增生楔中的就位机制仍有不同的见解（参阅第一卷第 4 章 4.1 节）。李继亮（2004）提出了有两种解释：一种认为蛇绿岩沿增生楔的冲断方向就位（图 4.4）。这种模式中，蛇绿岩块体和冲断席应该散布在增生楔的复理石基质中，因此它不能解释蛇绿岩的成带性。另一种解释认为，

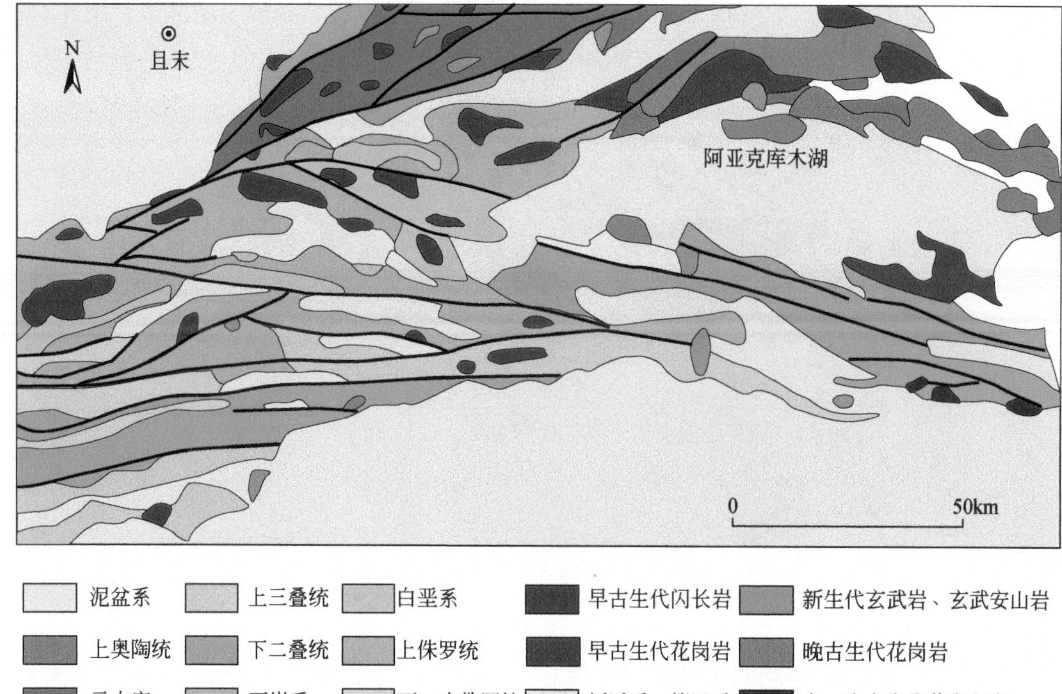

图 4.3 新疆东昆仑地质图（据《中国地质图集》编委会，2002）

复理石由北向南时代从早古生代到晚古生代再到三叠纪逐渐变新

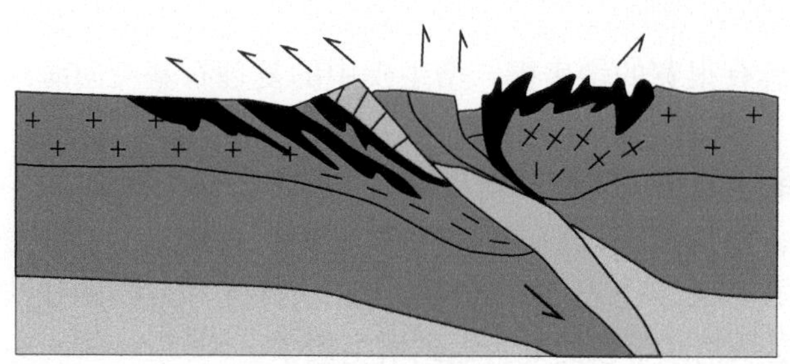

图 4.4 蛇绿岩就位机制解 I（据 Juteau and Maury，1999）

在消减过程中，蛇绿岩的铁镁组分和超镁铁组分先在消减带上受到冲断，形成双重构造（见第一卷图 3.44），然后沿着适宜的滑脱断层冲断到复理石基质中，成为呈线性分布的蛇绿岩构造块体（图 4.5）。这种方式尽管可以解释一些现象，但并未得到最终证实。增生型造山带中，顶垂体方式也是蛇绿岩就位的重要方式（参阅第一卷第 4 章图 4.17、图 4.18）。

图 4.5 中的就位机制解释不仅说明了蛇绿岩的成带分布，也说明了在海沟后退过程中，随着增生楔不断扩大，多条蛇绿岩带形成的原因。

在新疆东昆仑出露了茫崖蛇绿岩带、鸭子泉蛇绿岩带、乱山子蛇绿岩带和月牙河蛇绿岩带四条蛇绿岩带。在祁连山 - 阿尼玛卿增生型造山带则出露了北祁连蛇绿岩带、疏勒南山 - 大通山蛇绿岩带、柴北 - 都兰蛇绿岩带、阿尼玛卿蛇绿岩带和扎河 - 玉树蛇绿岩带五条蛇绿岩带。反映了海沟的多次后退和蛇绿岩的多次就位。

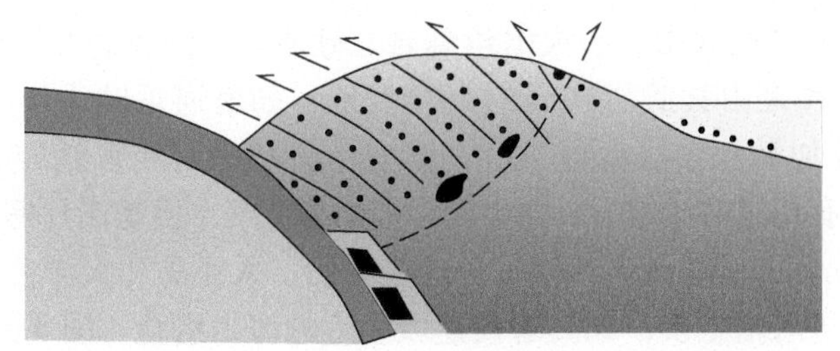

图 4.5　蛇绿岩就位机制解 II（据李继亮，2004）

4.2.3　发育多条钙碱性弧火山岩和花岗岩带

增生型造山带中有多条发育于增生楔上的钙碱性火山岩和花岗岩带，即增生弧（参阅附录 1 问题 8），其年龄向海沟后退方向逐渐变年轻。从图 4.6 可以看到，在西昆仑地质构造剖面上，有五个时期的花岗岩体出露，它们的年龄从北向南依次为 490Ma、404Ma、214Ma、210 ～ 190Ma 和 190Ma（李继亮，2004）。钙碱性火山岩也表现出类似的趋势，只是因为把它们划分在地层中，所以表现得不像花岗岩那么清楚。

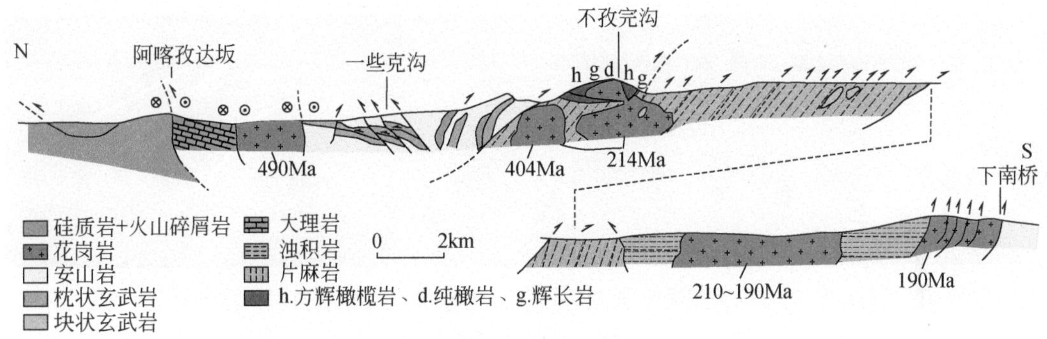

图 4.6　西昆仑地质构造剖面图（据李继亮，2004）

这些增生弧钙碱性岩浆岩的成因目前还不清楚。20 世纪 60 年代，Ringwood（1966）、Ringwood 等（1967）用实验岩石学证据证明岩浆弧的钙碱性岩浆来源于消减带之上的大陆地幔楔。李继亮（2004）认为，在海沟后退、增生楔增生过程中，大陆地幔楔不可能追随着海沟一直处于消减带之上的位置，因此，增生弧中的大量钙碱性岩浆岩不可能来源于大陆地幔楔。那么，这些岩浆的来源究竟何在呢？是复理石重熔造成的，还是蛇绿岩组分重熔造成的，还是其他的来源？这有待于岩石化学、同位素地质学和实验岩石学证据的证实（详见本章第 4.4 节）。

4.2.4　含有海山、大洋岛和大洋台地的构造碎块

增生型造山带内含有海山、大洋岛和大洋台地的构造碎块，使增生造山带复杂化。海山岩石组合在增生楔中表现为碳酸盐岩、黑色板岩和海山玄武岩构造碎块；大洋岛岩

石组合由枕状熔岩、碱性火山岩、火山角砾岩、硅质岩、浊积岩和碳酸盐岩组成。大洋台地则有两种：一种是由玄武岩构成的大洋台地，如翁通爪哇大洋台地（地壳厚度为39km）和哥伦比亚加勒比大洋台地（由玄武岩、科马提岩和苦橄岩组成，地壳厚度为20km）；另一种具有花岗岩质组分，如中国南海的永兴岛（由花岗片麻岩和玄武岩组成，地壳厚度大于15km）（李继亮，2004）。这些海山、大洋岛和大洋台地岩石的构造碎块都会由于消减作用进入增生楔，如阿喀孜达坂附近的海山组合（图4.6）、川西木里增生型混杂带中的海山组合（图3.10）、敦煌增生型混杂带海山组合（图4.7），以及祁连山东部甘肃永登的大洋岛组合和阿尼玛卿山花石峡附近的碳酸盐台地组合等。它们的进入导致了增生型造山带的复杂格局，增加了造山带研究的难度。

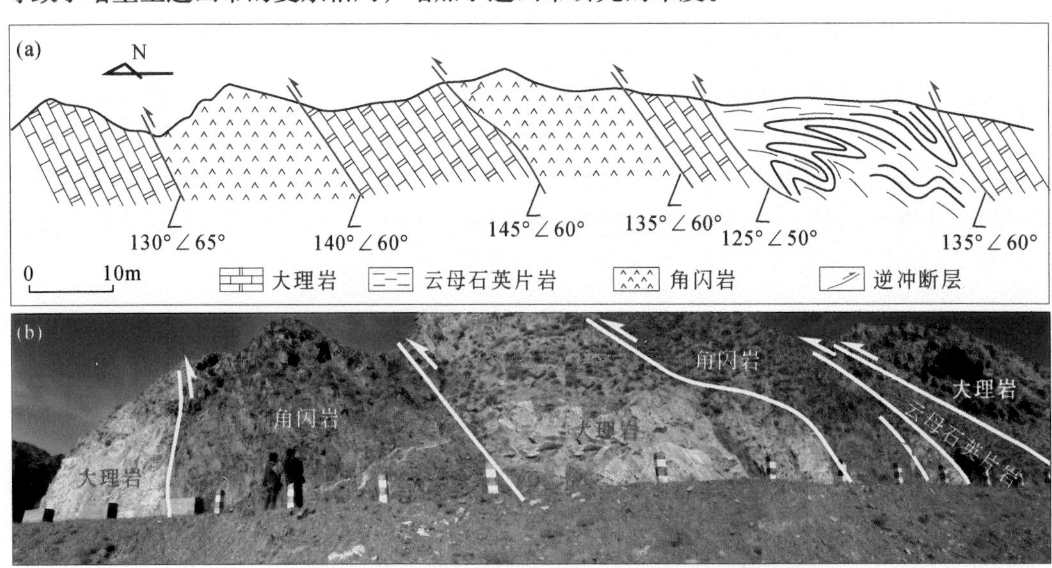

图4.7 敦煌增生型混杂带红柳峡海山组合剖面图（据石梦岩，2019）

角闪岩原岩为玄武岩

4.2.5 发育多条韧性剪切带

增生型造山带中有多条韧性剪切带，如在西昆仑有库地剪切带、胜利桥剪切带；在新疆东昆仑有乌鲁克苏河剪切带和月牙河剪切带；在祁连-阿尼玛卿造山带则有湟源剪切带、拉脊山剪切带、得勒尼剪切带和通天河剪切带；川西木里混杂带中的韧性剪切带更多（图3.10）。这些韧性剪切带都处于蛇绿混杂带的附近，有可能是蛇绿岩就位时的滑脱带。但是，要证明这种推断，必须有充分的地质、构造观察证据，还必须有可靠的同位素定年证据。

4.2.6 发育大型和超大型斑岩铜矿、金矿和铅锌多金属矿床

增生型造山带中有大型和超大型斑岩铜矿、金矿和铅锌多金属矿床。未碰撞的增生型造山带，如南美洲安第斯山脉，有大量的斑岩铜矿、金矿、多金属矿床，已闻名于世界。

已碰撞的增生型造山带，如天山造山带、昆仑造山带、祁连－阿尼玛卿造山带的金沙江带和喜马拉雅造山带的冈底斯带，也都发现了这类矿床。值得注意的是，这些矿床很可能是形成于碰撞前，而非碰撞过程中（参阅附录 1 问题 19；详见本章 4.5 节）。

需要强调的是，这里的增生型造山带是指发育很宽的增生楔，而且在其上发育增生弧的一类碰撞造山带（参阅附录 1 问题 7）。其变形程度相对于具有窄的增生楔，且不发育增生弧的碰撞型造山带来说可能较弱，也许这就是通常说的“软碰撞”。

4.3　增生型造山带有待解决的问题

增生型造山带是一种新识别出来的造山带类型，还有许多问题没有解决。李继亮（2004）对此进行了归纳总结，主要有以下几方面问题。

4.3.1　增生型造山带中的多条蛇绿岩带的就位问题

尽管 4.2 节提及了蛇绿岩就位机制的两种模式，第一卷第 4 章中也提出了蛇绿岩就位的若干种方式，但增生型造山带中蛇绿岩究竟如何就位，还缺乏确凿、充分的证据证实。因此，还需要构造几何学和构造运动学的证据，最好有现代或近代蛇绿岩就位过程的实例来予以证实。

4.3.2　增生弧岩浆的来源和岩浆生成机制问题

前已述及，既然这些岩浆不能由大陆地幔楔提供，那么，它们必然来自增生楔物质的重熔。可以提供重熔的物质可能是复理石，也可能是蛇绿岩的镁铁质组分。究竟是哪种物质，必须通过岩石地球化学家和实验岩石学家的深入研究，才能得到最终的解决（详见 4.4 节讨论；参阅附录 1 问题 8）。

4.3.3　多条韧性剪切带的成因问题

这个问题可以这样考虑：这些剪切带的岩石主要是角闪岩相的斜长角闪岩或者角闪斜长片麻岩，它们可能的变质原岩是复理石或者镁铁质火成岩。李继亮（2004）认为，有可能是蛇绿岩的超镁铁质岩石，带着 900℃的余温，滑脱仰冲时导致了韧性剪切带的形成。但是，要证实这种推断，需要构造运动学和构造年代学等方面的证据。

4.3.4　复理石带的沉积环境、增生机制与增生过程问题

增生楔中大部分复理石应该是在海沟中沉积的，但是，很可能也有弧前盆地的浊积岩和大洋岛组合的浊积岩，如何将它们区分开来，需要做详细的构造环境和沉积环境分析。

在海沟后退时，复理石浊积岩沉积环境如何变化，是一个有待研究的问题，尤其是现代实例。因此，必须从已有的沉积岩着手研究。这需要具有大地构造学和沉积学两方面的深厚功底。

4.3.5 增生型碰撞造山带变形作用问题

参与增生型造山带碰撞作用的，一侧是含有未固结沉积物的被动大陆边缘，另一侧是增生楔。这样的碰撞作用造成的变形应该是典型的软碰撞变形。然而，这种变形作用有哪些特点？还缺乏深入研究。这种变形作用究竟使被动大陆边缘的软沉积物发生什么样的形变？又使增生楔的冲断岩席有怎样的改变？目前都不清楚。因此，这类变形作用应该是今后特别关注的问题之一。

4.3.6 增生型造山带中各种大型矿床成因问题

南美安第斯造山带是一条未碰撞的增生型造山带。这里巨大的斑岩型铜矿和共生的金、银、铅锌矿床已经做了大量研究（如 Hollister，1974）。但是，尚未从增生型造山带的角度分析其成矿的大地构造环境。从剪切带成矿的应力化学过程分析（侯泉林和刘庆，2020；程南南，2020），增生型造山带的大规模成矿可能与增生弧的多起岩浆作用和多条韧性剪切带的耦合配套有关（详见第 7 章）。中国具有众多的增生型造山带，开展这些地区的成矿作用和成矿规律研究，能够发掘这些造山带巨大的资源潜力。

增生型造山带是一种新的造山带类型，有很多基本问题尚待解决。中国的增生型造山带最为发育，为做出世界一流成果提供了天时和地利条件。

4.4 增生弧及有关问题

4.4.1 增生弧与增生型造山带

增生弧概念的提出，与对增生型造山带的理解息息相关。例如，中亚造山带相比于地球上的其他造山带，存在着很大的特殊性：①巨量的地壳生长，可达 530 万 km^2（Şengör *et al.*，1993）；②大于一半的新生地壳源自亏损地幔的贡献，具有异常年轻的 Nd 同位素组成（Jahn，2004）。对于如何解释这些中亚造山带的特殊之处，不同学者提出了不同的机理，如多块体拼贴、多岛洋演化等。Şengör（1992）首先对比了特提斯域造山作用同中亚域的异同，认为特提斯域造山作用是参与造山的克拉通之间的直接碰撞，而中亚域造山则由宽阔的增生楔－岛弧体隔绝了参与造山的克拉通。环绕中亚造山带的几大克拉通，如西伯利亚、华北、塔里木、欧罗巴，彼此之间均没有发生直接的碰撞。据此，Şengör（1992）、Şengör 和 Natal’in（1996）定义了土耳其型（Turkic-type）造山带，即后来的增生型造山带。在这篇文章中，他认为造成增生型（土耳其型）造山带特殊性的根本原

因在于类似日本岛弧的增生弧的发育。

大地构造学家很早就认识到，根据基底的性质，岛弧可以划分为不同的种类，如安第斯型大陆岛弧，发育在陆壳之上，具有富集的同位素特征；而马里亚纳（Mariana）型洋内岛弧，发育在洋壳之上，具有亏损的同位素特征。一条俯冲带可能绵延数万千米长，而一般的克拉通尺寸则为数千千米，因此一条俯冲带上盘可以同时发育安第斯型的大陆弧和马里亚纳型的洋内弧，二者可以沿着俯冲带走向逐渐过渡，如北美阿拉斯加地区，从东到西，俯冲带上盘的岛弧由安第斯型大陆弧过渡为白令海峡处的洋内弧（Xiao *et al.*，2010）。但是，这种分类方法，无法运用在日本岛弧上。在日本岛弧上进行的大量工作表明，日本岛弧发育在早于岛弧的增生杂岩之上（Isozaki *et al.*，1990），且随时间推移不断发生迁移（Taira，2001）（图 4.8）。Şengör（1992），Şengör 和 Natal'in（1996）注意到了日本岛弧的案例，认为增生型（土耳其型）造山带是由于日本型岛弧的发育，海沟不断后退，造成新生弧岩浆侵位于老的增生杂岩之上，形成了宽阔的增生楔－岛弧体，阻隔了克拉通之间的直接碰撞。由于海沟迁移，新生弧岩浆侵位于增生杂岩之上，而不是其初始的大陆地壳基底之上，也造成大陆地壳来源的古老同位素贡献被隔绝，弧岩浆的同位素特征越来越亏损，新生地壳中年轻物质的比例越来越高（Şengör *et al.*，1993；

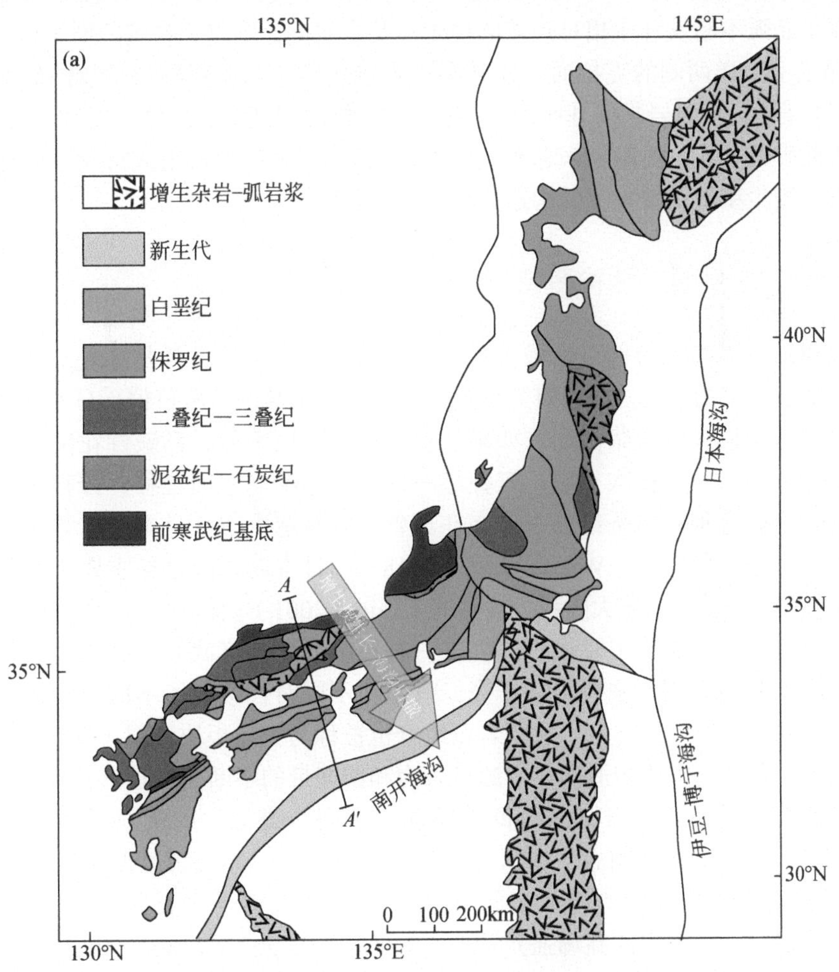

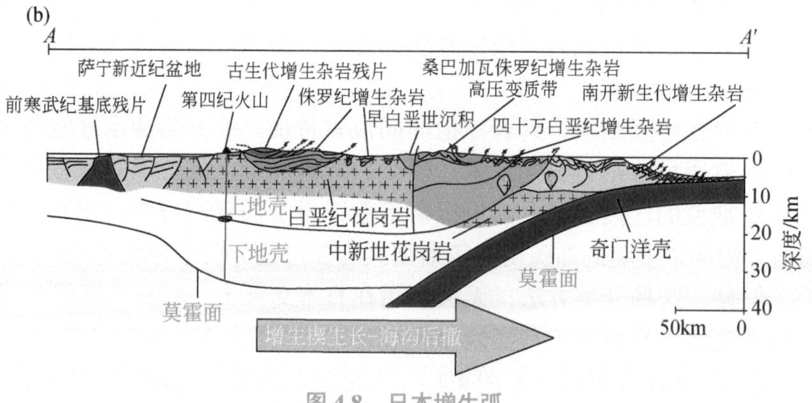

图 4.8 日本增生弧

（a）日本增生弧 1 ∶ 100 万地质简图（据 Wakita *et al.*，2018 修改）；（b）地球物理剖面图（据 Taira，2001 修改）

Şengör and Natal’in，1996）。李继亮等（1993）将这种发育在增生楔基底上的岛弧命名为**增生弧**（accretionary arc），以区别于正常的大陆弧和洋内弧。

增生弧是增生型造山带特征的地球动力学过程和构造样式。①由于持续性的海沟后撤，新生岛弧不断发育在相对较老的增生楔基底之上，形成了宽阔的增生楔－增生弧体。这也隔绝了大洋两侧的克拉通，使其很难直接碰撞。②随着海沟持续的后退，增生弧作用不断发育，新生弧岩浆的基底中，由年轻大洋物质铲刮形成的增生楔物质比例越来越高，古老大陆碎屑物质的贡献越来越小，导致增生弧岩浆的同位素组成持续性地变亏损。这样，就形成了增生型造山带独特的构造特征（图 4.1）。

4.4.2 增生弧大地构造特征

这里以日本岛弧为例讨论增生弧大地构造特征。日本岛弧是 Şengör（1992）用以建立增生型造山带的模式地区，研究程度很高，具有很高的参考价值。日本岛弧的弧岩浆，主要是白垩纪以来的岩浆活动。如果从整个东亚地区来看，钙碱性花岗质岩浆在二叠纪主要分布在蒙古－鄂霍次克域；三叠纪—侏罗纪逐渐向东南迁移，分布至中国东北、朝鲜半岛、华南等地；白垩纪以来分布在苏鲁－大别造山带、日本列岛等地，具有明显的规律性向洋迁移的特征（Wakita *et al.*，2018）。日本岛弧的基底主要是晚古生代至中生代以来的增生杂岩，而非大陆或大洋地壳（Taira，2001）［图 4.8（b）］。Isozaki 等（1990）指出，这些增生杂岩除了时代不同以外，岩石组合总是玄武岩、硅质岩、灰岩、浊积岩的组合。这表明它们均来自俯冲洋壳，只是在不同时代接受了不同沉积物，最终在俯冲时铲刮或底垫在增生杂岩中。这套岩石组合也被称为大洋板块地层（OPS）。弧岩浆发育在早期增生杂岩之上的构造样式，源自海沟和俯冲带的不断向洋迁移。

在弧岩浆特征上，日本岛弧同陆缘弧岩石组合类似，白垩纪以来发育钙碱性系列为主的玄武岩至流纹岩组合。微量元素地球化学上，日本岛弧岩浆发育经典的弧岩浆地球化学特征，包括富集的轻稀土元素（LREE）和大离子亲石元素（large ion lithophile element，LILE），亏损的高场强元素（high field strength elements，HFSE）。但不同时代，

不同位置（弧岩浆前缘 - 弧后）产生的岩浆，在主微量元素特征上有一定差异。特别是日本海打开以来（< 25Ma），拉斑质和碱性的岩浆增多（Hanyu *et al.*，2006）。在同位素地球化学上，不同地区的弧岩浆差异很大（Nohda and Wasserburg，1981），但总体显示随时间推移变亏损的特征（Terakado *et al.*，1997），特别是日本海打开以来（Terakado *et al.*，1997；Hanyu *et al.*，2006；图 4.9）。这显示随着海沟后退，弧后扩张，增生弧岩浆逐渐向增生楔迁移，弧岩浆中源自亏损地幔的贡献显著增加，而继承自华北克拉通的富集特征逐渐减弱。

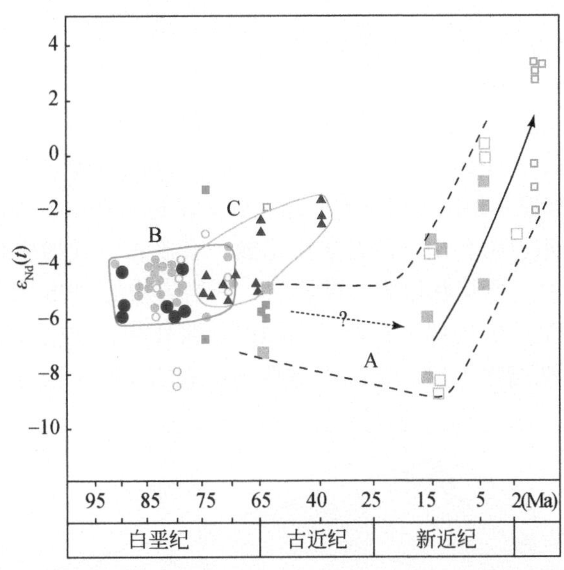

图 4.9　日本岛弧的弧岩浆 Nd 同位素时间演化特征（据 Terakado *et al.*，1997）

值得注意的是，地球物理工作发现，日本岛弧的弧岩浆具有两个明显不同的源区。在综合地球物理剖面上［Maruyama，1997；Taira，2001；图 4.8（b）］，Nankai 增生杂岩之中侵入了中新世花岗岩，岩浆源区在莫霍面之上；而第四纪日本岛弧岩浆则直接源自莫霍面以下，穿切了白垩纪花岗岩、前白垩纪增生杂岩之后喷发至地表。前者显然是源自增生杂岩的直接熔融，而后者源自地幔楔的水致熔融。

李继亮（2004）认为，增生弧岩浆不能来自地幔楔部分熔融，因为增生楔直接发育在下行洋壳板片之上。当海沟后撤形成增生弧后，原本的岛弧地幔楔不会跟着海沟一起后撤，因此增生弧岩浆只可能来自上覆增生楔自身。但在日本岛弧的例子中，同位素地球化学和地球物理工作均证实，日本增生弧的弧岩浆显然具有直接的幔源贡献。这涉及一个关键问题，即海沟后退后，增生楔地壳之下的地幔究竟是什么？古老克拉通的形成也受困于这一问题，即新生的克拉通地壳之下，岩石圈地幔是从哪里来的？Kusky（1993）认为，古老克拉通下部的地幔常常具有不同指向的快速剪切波极性（fast shear-wave polarization direction）。如果在克拉通地壳形成时，地幔由于某种统一的机制，如软流圈地幔上涌这样的方式形成，则其必然具有统一的地球物理极性，而不是杂乱无章的。一种可能的解释是，通过俯冲作用，克拉通地壳发生了持续性的侧向生长，逼迫海沟发生后退；而残留在俯冲带内的下行板片洋壳及其地幔，则固定下来作为克拉通的新生地幔。由于洋壳的快速剪切波极性总是垂直于洋中脊，因此不同时期，不同洋中脊走向的洋壳俯冲并残留后，就形成了不同极性的新生克拉通地幔。这一模式可以很好地移植到增生弧的问题上来，即当海沟后退时，残留在原俯冲带位置的下行洋壳及其地幔，固定下来作为了增生楔的地幔，并在后续增生弧作用中发生了水致熔融，贡献了增生弧岩浆中大量的新生物质（参阅图 4.1、图 4.2）。这可能是增生弧幔源岩浆来源的解释之一，尚需更多工作予以证实。

4.4.3 增生弧的野外地质特征

增生弧是发育在增生楔之上的岛弧，因此增生弧在野外表现为二元结构：作为基底的较老的增生杂岩，以及后期侵入、不整合覆盖在增生杂岩之中或者之上的岛弧岩浆和弧火山岩。这里以新疆西准噶尔地区北缘萨吾尔增生弧为例进行展示（Chen *et al.*，2017）。

西准噶尔北缘塔尔巴哈台山－萨吾尔山出露一套晚古生代增生杂岩，包括呈叠瓦状叠置的复理石连续单元，含枕状熔岩、硅质岩、灰岩岩块的 OPS 混杂岩单元，以及蛇绿混杂岩单元。这套增生杂岩内部发育非常强烈的岩浆作用，包括大型岩基侵入、岩墙侵入和不整合覆盖在早期增生杂岩之上的中基性火山熔岩（图 4.10）。这套岩浆为典型的

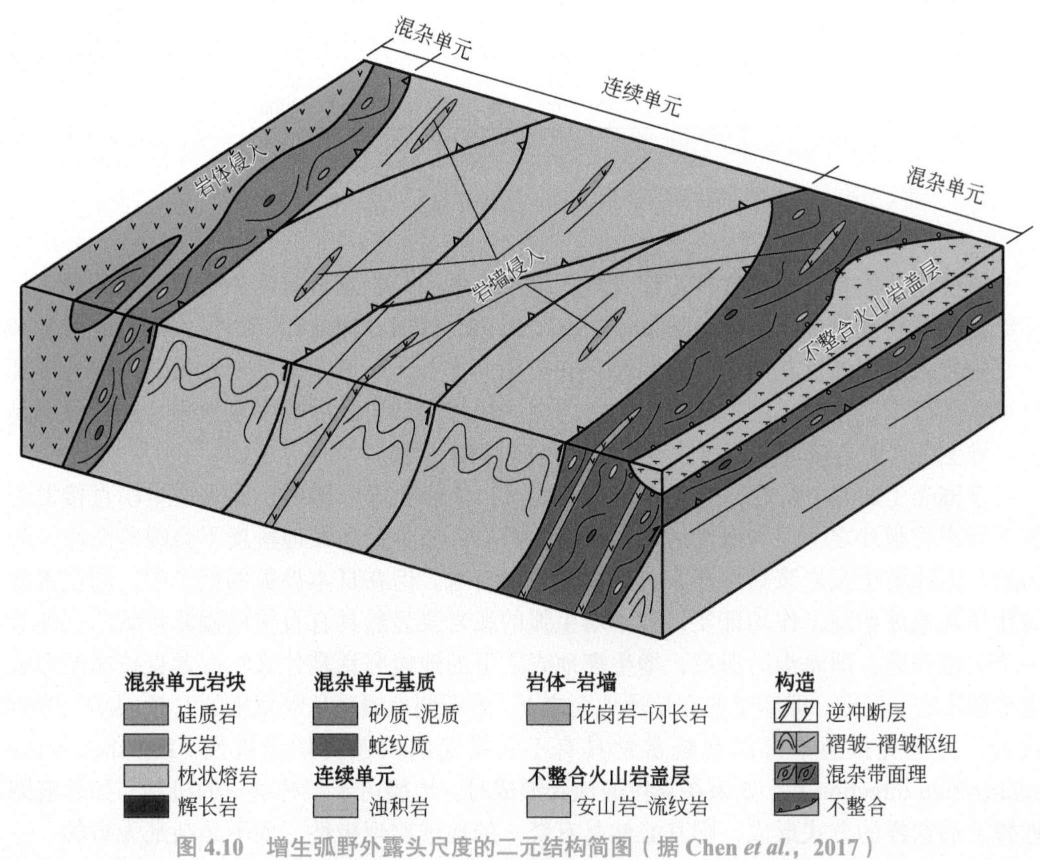

图 4.10 增生弧野外露头尺度的二元结构简图（据 Chen *et al.*，2017）

包括作为基底的增生杂岩、蛇绿岩和后期增生弧岩浆的改造

钙碱性岩浆，在微量元素上亏损 HFSE 而富集 LILE 和 LREE，同典型的岛弧岩浆类似；Sr-Nd 同位素地球化学揭示其同时含有增生杂岩与亏损地幔的贡献（详见 4.4.4 增生弧的地球化学部分）。该区域发育同时代的增生杂岩与浊积岩，指示这套岩浆为岛弧成因。因此，这套岩浆为典型的发育在增生杂岩基底上的增生弧岩浆。

在野外露头上，数个大型岩基侵入于早期增生杂岩，并形成典型的接触变质带[图 4.11（a）]。这些岩基多为 I 型花岗岩 - 花岗闪长岩，但也有少量闪长岩 - 堆晶闪长岩。它们的围岩既有连续单元浊积岩，也有含枕状熔岩 - 硅质岩 - 灰岩岩块的混杂单元［图 4.11（b）］。大量的闪长质岩墙同样被识别为增生弧岩浆作用的一部分。这些闪长岩岩墙多呈顺层侵入连续单元浊积岩之中［图 4.11（c）］，但也有少量岩墙沿着构造薄弱带侵入，如褶皱的轴面劈理带［图 4.11（d）］。由于增生弧岩浆作用往往发生在长期的俯冲 - 增生过程之中，因此增生弧岩浆可以为多期次活动。露头尺度上，可见闪长岩顺层穿切了早期连续单元浊积岩，又被晚期的不规则花岗质岩墙再度穿切［图 4.11（e）］。需要强调的是，多期次岩浆活动的穿切关系表明区域岩浆活动随时间发生了演化，但未必代表了增生弧岩浆作用的终结。增生弧岩浆作用在露头尺度上还可以表现为不整合覆盖在早期增生杂岩之上的火山岩盖层，如出露于塔尔巴哈台山南坡的库吉拜蛇绿岩就被晚期的增生弧岩浆穿切、不整合覆盖，形成了一套火山角砾岩［图 4.11（f）］；这套火山角砾岩中大量包括来自下伏蛇绿混杂岩的组分，包括硅质岩、玄武岩、辉长岩、超基性岩等。同期火山熔岩也被发现以不整合接触关系喷发在连续单元的砂岩之［图 4.11（g）］。

综上所述，增生弧岩浆作用强烈地改造了早期的增生杂岩，二者之间呈现典型的岩浆穿切 - 不整合接触关系，而非混杂带中的构造接触关系。增生弧岩浆表现为典型的中性岛弧岩浆岩石组合和地球化学特征，同增生杂岩中早期增生的 MORB 型 -OIB 型基性枕状熔岩 - 辉长岩组合不同。这些特征使其在野外很容易识别，特别是在连续单元之中。李继亮（2004）认为增生弧岩浆作用表现为花岗岩岩基中的蛇绿岩顶垂体，但增生弧岩浆不仅仅表现为岩基，也可以是岩墙甚至喷出的火山熔岩。

值得强调的是，增生弧可能会对蛇绿岩性质的判别产生影响。经典的 SSZ 型蛇绿岩如阿曼蛇绿岩（参阅第一卷第 4 章图 4.12），同样表现为晚期带有岛弧地球化学特征的火山熔岩 - 岩墙改造早期的 MORB 型洋壳。但这些弧岩浆不会改造混杂带的碎屑岩如浊积岩，也不会影响混杂带，因为它们是在（洋内）岩浆弧和所谓“SSZ 蛇绿岩”形成并就位后，才与混杂带及其碎屑沉积岩在空间上伴生在一起的。相对地，不整合于早期就位的蛇绿混杂岩之上的增生弧岩浆，则会对寄主的混杂带中已就位的蛇绿岩和碎屑岩同时进行改造，使其下伏蛇绿岩具有岛弧地球化学特征，因此可能会造成对蛇绿岩性质的误判。这其中的关键就在于识别出弧岩浆的空间展布范围，特别是其是否改造了同蛇绿岩构造接触的碎屑岩。因此，要区别增生弧岩浆作用和“SSZ 型蛇绿岩”，需要在区域尺度上，对整个混杂带中带有岛弧印记岩浆的空间展布进行解析和必要的地球化学分析，方能得出可靠的结论。另外，这里不妨做一大胆的猜测，以往的研究中为什么 90% 以上的造山带蛇绿岩都是 SSZ 型的呢（参阅附录 1 问题 6）？其中可能相当一部分是因为增生弧导致了其寄主的混杂带蛇绿岩具有了弧岩浆岩的地球化学特征。读者在今后的工作中可留意这一问题。

图 4.11　萨吾尔增生弧典型露头照片（据 Chen *et al.*，2017 修改）

（a）大型闪长岩岩基侵入 OPS 混杂带；（b）OPS 混杂带中的枕状熔岩；（c）顺层侵入连续单元浊积岩的闪长岩岩墙；（d）沿褶皱轴面劈理侵入连续单元浊积岩的闪长岩岩墙；（e）多期次侵入连续单元浊积岩的增生弧岩浆，早期侵入的闪长岩又被晚期侵入的花岗岩穿切；（f）不整合覆盖在库吉拜蛇绿混杂岩之上的增生弧火山角砾岩，其角砾均为下伏蛇绿岩中的组分，包括硅质岩、玄武岩、辉长岩、超基性岩等；（g）多期次的增生弧火山熔岩不整合覆盖在早期的增生杂岩基质砂岩之上

4.4.4　增生弧的地球化学特征

限于增生弧概念的普及度，增生弧的地球化学特征目前鲜有专门讨论。现以新疆西准噶尔北缘萨吾尔岛弧的增生弧岩浆地球化学特征为例做简要介绍。

改造了早期增生混杂岩基底的萨吾尔增生弧岩浆呈岩基、岩墙、不整合火山岩盖层。岩基多为钙碱性 I 型花岗岩－花岗闪长岩（袁峰等，2006a，2006b），伴生少量闪长岩－堆晶闪长岩；火山岩则相对偏基性，以钙碱性安山岩－玄武安山岩为主，伴生少量流纹岩和玄武岩（Chen *et al.*，2017）。这些增生弧岩浆都具有类似的微量元素地球化学特征，包括富集的 LILE 和 LREE，以及亏损的 HFSE（图 4.12），暗示其源自亏损地幔楔的水致熔融。这些地球化学特征同板内岩浆作用的碱性岩浆明显不同，也与区域内大量出现的拉斑质 MORB 型枕状熔岩不同，同区域内广泛出露的同时代钙碱性 I 型花岗岩岩基一起指示了岛弧环境。

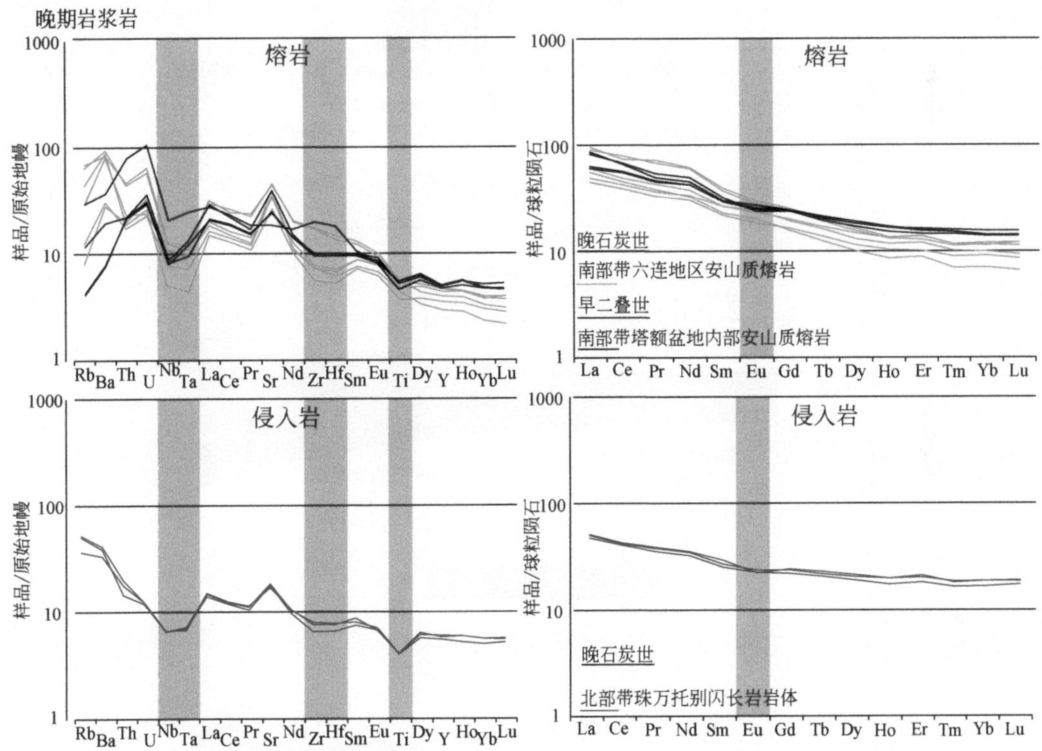

图 4.12　萨吾尔增生弧岩浆微量元素蛛网图和稀土配分模式图（数据据 Chen *et al.*，2017，标准化据 Sun and McDonough，1989）

值得注意的是，该区域内同时代增生弧花岗岩和中基性火山熔岩具有明显不同的 Sr-Nd 同位素组成。该地区出露的石炭纪基性火山熔岩具有高的 $\varepsilon_{Nd}(t)$ 值（5.7 ～ 7.6）和相对较低的 $^{87}Sr/^{86}Sr$ 值（0.7034 ～ 0.7037），位于亏损地幔的同位素组分之内（图 4.13；数据据 Shen *et al.*，2008；Chen *et al.*，2017）。而同时代的花岗岩，则呈现类似的高 $\varepsilon_{Nd}(t)$ 值（5.4 ～ 7.6），和变化较大的 $^{87}Sr/^{86}Sr$ 值（0.7035 ～ 0.7056）。正常的岛弧岩浆作用，由

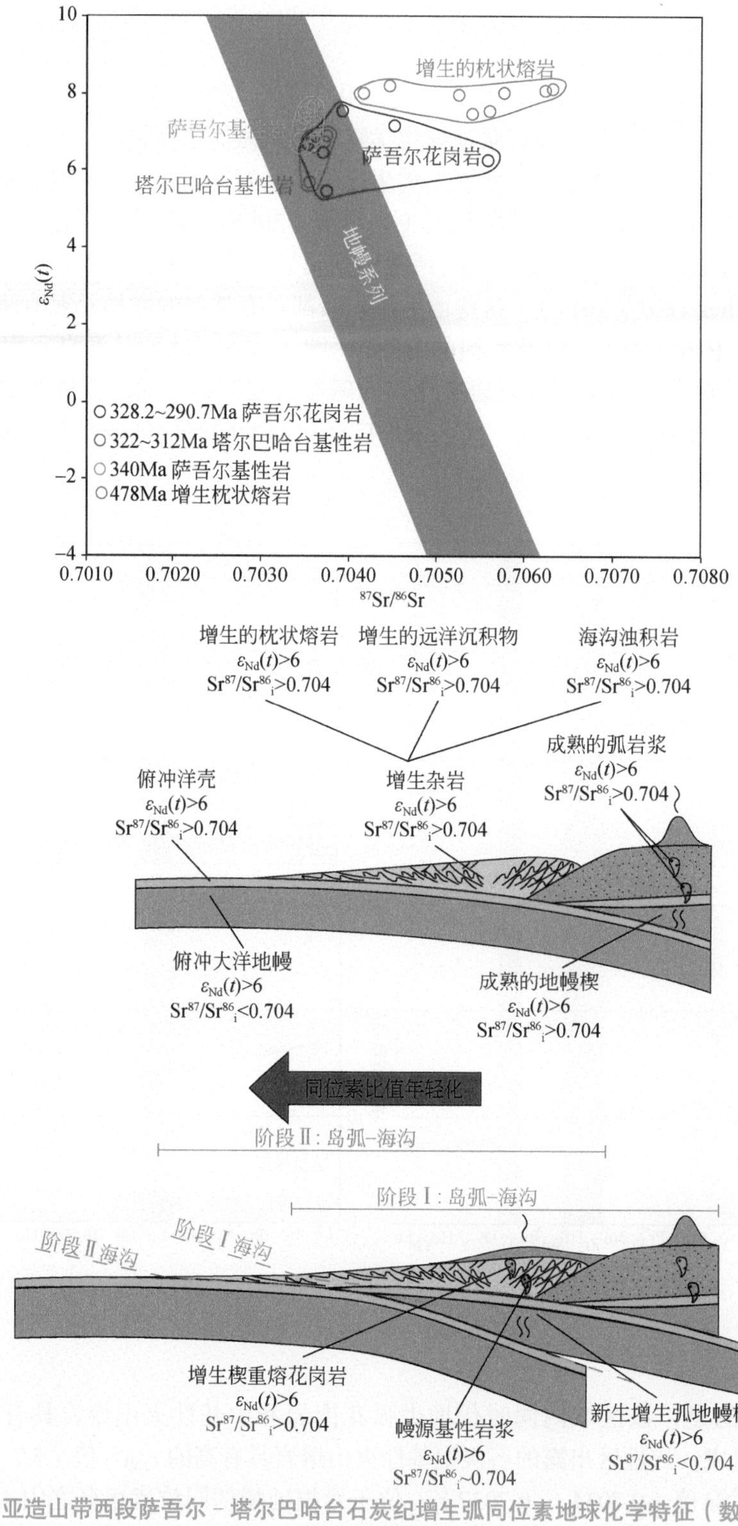

增生的枕状熔岩

萨吾尔基性岩

萨吾尔花岗岩

塔尔巴哈台基性岩

地幔系列

$\varepsilon_{Nd}(t)$

○328.2~290.7Ma 萨吾尔花岗岩
○322~312Ma 塔尔巴哈台基性岩
○340Ma 萨吾尔基性岩
○478Ma 增生枕状熔岩

$^{87}Sr/^{86}Sr$

增生的枕状熔岩 $\varepsilon_{Nd}(t)>6$ $Sr^{87}/Sr^{86}_i>0.704$

增生的远洋沉积物 $\varepsilon_{Nd}(t)>6$ $Sr^{87}/Sr^{86}_i>0.704$

海沟浊积岩 $\varepsilon_{Nd}(t)>6$ $Sr^{87}/Sr^{86}_i>0.704$

成熟的弧岩浆 $\varepsilon_{Nd}(t)>6$ $Sr^{87}/Sr^{86}_i>0.704$

俯冲洋壳 $\varepsilon_{Nd}(t)>6$ $Sr^{87}/Sr^{86}_i>0.704$

增生杂岩 $\varepsilon_{Nd}(t)>6$ $Sr^{87}/Sr^{86}_i>0.704$

俯冲大洋地幔 $\varepsilon_{Nd}(t)>6$ $Sr^{87}/Sr^{86}_i<0.704$

成熟的地幔楔 $\varepsilon_{Nd}(t)>6$ $Sr^{87}/Sr^{86}_i>0.704$

同位素比值年轻化

阶段Ⅱ：岛弧–海沟

阶段Ⅰ：岛弧–海沟

阶段Ⅱ海沟

阶段Ⅰ海沟

增生楔重熔花岗岩 $\varepsilon_{Nd}(t)>6$ $Sr^{87}/Sr^{86}_i>0.704$

幔源基性岩浆 $\varepsilon_{Nd}(t)>6$ $Sr^{87}/Sr^{86}_i\sim0.704$

新生增生弧地幔楔 $\varepsilon_{Nd}(t)>6$ $Sr^{87}/Sr^{86}_i<0.704$

图 4.13　中亚造山带西段萨吾尔－塔尔巴哈台石炭纪增生弧同位素地球化学特征（数据据袁峰等，2006a，2006b；Shen *et al.*，2008；Chen *et al.*，2017）

Sr^{87}/Sr^{86}_i 代表初始 Sr 同位素比值

于俯冲大洋板块上的沉积物被带入俯冲带深处参与脱水，因而常具有高的 $^{87}Sr/^{86}Sr$ 值。但如果类似的机制在这一案例中起效，则偏基性的火山熔岩也应当带有高的 $^{87}Sr/^{86}Sr$ 值。因此，该地区同时代基性火山熔岩和花岗岩不同的 $^{87}Sr/^{86}Sr$ 值，暗示了二者具有不同的源区。

区域上，这套增生弧岩浆同下伏的增生杂岩密切伴生。增生杂岩由连续单元浊积岩、OPS 混杂岩、蛇绿混杂岩三者组成。远洋沉积物和海沟浊积岩常继承了洋壳和洋内岛弧的 Nd 同位素特征，具有高的 $\varepsilon_{Nd}(t)$ 值。同海水的密切物质交换又导致它们具有非常富集的 $^{87}Sr/^{86}Sr$ 值。而蛇绿混杂岩和 OPS 混杂岩中的基性组分，以枕状熔岩为例，常带有高的 $\varepsilon_{Nd}(t)$ 值和海水蚀变造成的高 $^{87}Sr/^{86}Sr$ 值。因而，该区域内由连续单元浊积岩、OPS 混杂岩、蛇绿混杂岩三者构成的增生杂岩，总体上应当具有高的 $\varepsilon_{Nd}(t)$ 值和高的 $^{87}Sr/^{86}Sr$ 值。因此，可以合理推断，作为增生弧基底的增生杂岩，为增生弧岩浆的形成贡献了一定比例的物源。基性火山熔岩直接源自增生弧地幔楔的部分熔融，因而直接继承了亏损地幔的同位素特征；花岗质岩浆则源自增生杂岩部分熔融或基性岩同增生杂岩的混合，因而保留了高的 $\varepsilon_{Nd}(t)$ 值和高的 $^{87}Sr/^{86}Sr$ 值。

此外，相对混染较少的基性火山熔岩直接带有亏损地幔的同位素组成，也为研究增生弧下伏地幔楔的性质提供了线索。若增生弧地幔楔源自上涌的软流圈地幔，则其应当具有更加富集的特征；若增生弧地幔楔并不存在，增生弧基性岩浆源自增生楔中的蛇绿岩组分重熔，则其应具有更加高的 Sr 同位素比值。而根据 Kusky（1993）提出的模型，由俯冲大洋岩石圈补位作为新生地壳的地幔部分，则可以解释增生弧的同位素组成，因为俯冲大洋岩石圈地幔正是最典型的亏损地幔。图 4.13 展示了这一过程，即由于增生楔的生长和海沟的后撤，早期俯冲的大洋岩石圈被保留在原来的位置，作为后期增生弧的岩石圈地幔部分。因此，增生弧基性岩浆并未带有成熟岛弧所具有的高的 Sr 同位素（因其地幔楔尚未被长期俯冲引入的沉积物所改造），反而表现出了亏损地幔的特征。增生弧岩浆中的酸性端元，则源自增生杂岩的重熔和混染，因此继承了增生杂岩中的高 Sr 同位素特征，形成增生弧岩浆中酸性端元和基性端元同位素特征的差异。

综上所述，增生弧岩浆同正常岛弧岩浆具有类似的主微量元素特征，为一套钙碱性的，亏损 HFSE 而富集 LILE 和 LREE 的岩浆组合。其组成既有钙碱性的 I 型花岗岩－花岗闪长岩，也有钙碱性的基性火山熔岩和侵入体。在同位素组成上，在本案例中所讨论的洋内岛弧的案例下，花岗岩－花岗闪长岩源自增生杂岩重熔和混染，具有高的 $\varepsilon_{Nd}(t)$ 值和高的 $^{87}Sr/^{86}Sr$ 值；基性岩源自俯冲大洋岩石圈圈闭形成的新生地幔楔重熔，具有亏损地幔特征的高的 $\varepsilon_{Nd}(t)$ 值和低的 $^{87}Sr/^{86}Sr$ 值。这二者代表了增生弧岩浆的两个主要端元，即增生杂岩自身和新生的增生弧地幔楔（亏损地幔）。这表明，花岗岩 Sr-Nd 同位素解耦脱离亏损地幔线，以及同时代基性、酸性岩浆同位素特征出现差异，也是增生弧的重要特征（图 4.10；参阅附录 1 问题 8）。

在大陆弧体系下，增生弧岩浆作用可能带有更为复杂的同位素组成。但总体上，由于持续性的增生楔生长和地幔楔新生，大陆物质的贡献会被逐渐削弱。特别是增生楔取代陆壳成为新生岛弧岩浆的基底之后，其同位素组成会显著的“年轻化”。类似的案例已经被报道，如中亚造山带内中国阿尔泰地区晚古生代岩浆不断向南迁移，Hf 同位素变年轻（图 4.14；Li *et al.*，2019）；东天山康古尔塔格地区存在岩浆活动向北迁移，Nd、

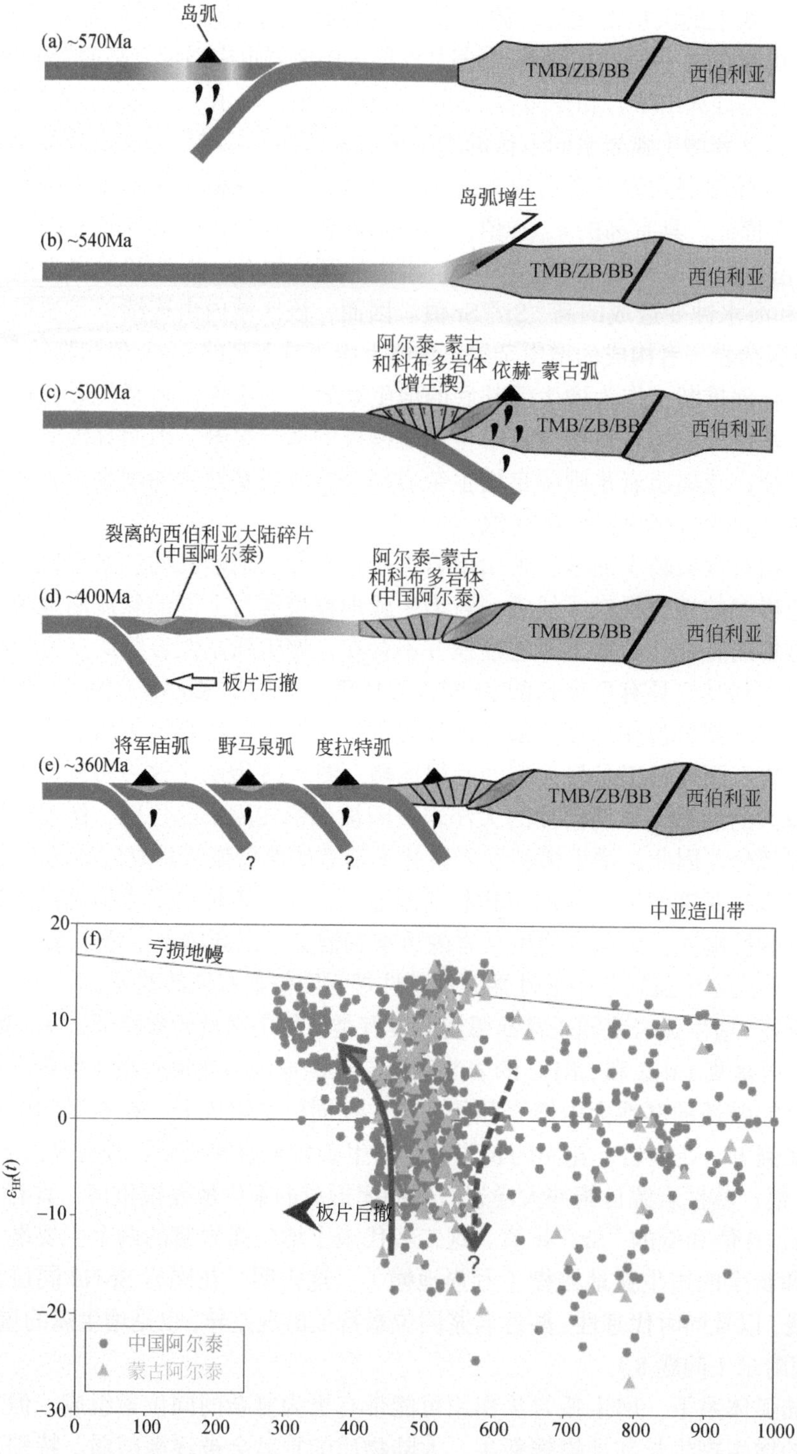

图 4.14　中亚造山带阿尔泰地区古生代以来的碎屑锆石 Hf 同位素组成变化（据 Li *et al.*，2019 修改）

晚古生代以来由于海沟后撤和增生弧岩浆作用造成 Hf 同位素组成显著亏损。BB. 拜德拉格地块；TMB. 图瓦－蒙古地块；ZB. 扎布汗地块

Hf 同位素变年轻，且年轻岩浆直接侵入了早期增生杂岩（Chen *et al.*，2019）。

4.4.5　增生弧的识别

增生弧可以通过野外区域地质、地球化学特征等方面进行识别。特别是野外地质，广泛出露于增生楔中的钙碱性岩浆作用可能暗示了增生弧的发育。例如，李继亮等（1993）在系列文章中将增生弧作为一类特殊的大地构造相提出（见第 5 章；李继亮，2004，2009），认为其代表性特征为弧火山岩、弧花岗岩中的蛇绿岩顶垂体（第一卷图 4.17，图 4.18）、包裹体，表明弧岩浆直接侵入和改造了早期增生楔。这一判别标志还可以进一步扩充为更多的增生楔标志，包括弧岩浆侵入 OPS 混杂带（Wakita，2015）、海沟浊积岩（Isozaki *et al.*，1990）等。

但是，如何判别这些岩浆从属于弧岩浆是一个难点。虽然一般情况下，增生杂岩中鲜有岩浆作用发育，但在一些特殊的构造事件可以在增生杂岩中形成大规模的岩浆作用。有学者认为，尽管正常增生楔靠近海沟，远离下行板片脱水熔融的投影区域，因此很难发生岩浆作用。但是，在碰撞后，由于拆沉作用产生后碰撞岩浆，可以波及碰撞的两个地块及其之间的增生楔，产生面状分布的岩浆事件。因为这些岩体形成于碰撞事件之后，故有人称其为“钉合岩体”［图 4.15（a）；韩宝福等，2006，2010］。因此，在后碰撞的大地构造环境中，可能在增生杂岩中产生大规模的岩浆作用。此外，洋脊俯冲事件（参阅第一卷第 3 章 3.7 节）也会在弧前增生杂岩上产生岩浆活动和变质事件（Kusky *et al.*，2003），产生同增生弧类似的岩浆侵入增生杂岩的现象。这两种可能的大地构造环境给增生弧的判别造成了困难，因为增生弧的野外区域地质特征就是岩浆活动改造和侵入增生杂岩。

对增生弧来说，一个核心的证据就是，在老的增生杂岩作为基底被年轻的弧岩浆改造时，区域上发育与弧岩浆作用同时代的新生增生杂岩［图 4.14（c）］。这就必须同区域地质资料相对比进行判别。如日本增生弧，在前白垩纪增生杂岩上发育了白垩纪的花岗岩带；同时，在花岗岩带向洋一侧又发育了白垩纪自身的增生杂岩带（Kimura，1997；Wakita，2013）。增生杂岩的出现，表明这些白垩纪的岩浆活动一定是俯冲阶段形成的。岩石学、地球化学手段也可以为增生弧的发育提供一定的判别依据，如洋脊俯冲时会产生特殊的岩石组合和特殊的地球化学印记，而增生弧岩浆则在岩石组合和地球化学上同正常岛弧类似。

综上，增生弧作为一种特殊的大地构造相，包含了岩石、地球化学、构造、变质等方面的证据。因此，增生弧的判别必须综合考虑区域构造上多方面的证据组合，而非简单依赖某一种证据来进行判别。增生弧的判别需要综合大量的区域地质资料，从构造（增生楔 - 混杂带生长时代）、岩石（增生弧岩浆地球化学）等方面综合考察。在区域地质上，增生弧表现为岩浆带规律性迁移，且晚期岩浆不断侵入和改造早期增生杂岩，同时发育与弧岩浆作用同时代的新生增生杂岩；在岩石地球化学上，由于岛弧基底由正常陆壳、洋壳转换为增生楔，增生弧岩浆表现出不断年轻化的 Nd、Hf 同位素组成（针对大陆弧转化为增生弧），且同时代花岗岩和基性岩由于具有不同源区，Sr 同位素存在差异性（酸性岩源自增生楔重熔,具有富集的Sr同位素比值;基性岩源自新生增生弧地幔楔部分熔融,具有亏损的Sr同位素比值)。这些增生弧的基本地质特征,造成的构造响应为:①增生弧发育宽阔的增生楔-岛弧体,弧岩浆前缘(arc magmatic front/axis)逐步远离寄主大陆(host continent);②随着时间推移,增生弧地壳生长过程中,亏损地幔的贡献比例越来越高。因此,从增生弧的地质特征、判别标志上来看,增生弧无疑是增生型造山带的核心标志,主导了增生型造山带独特地质特征的形成。

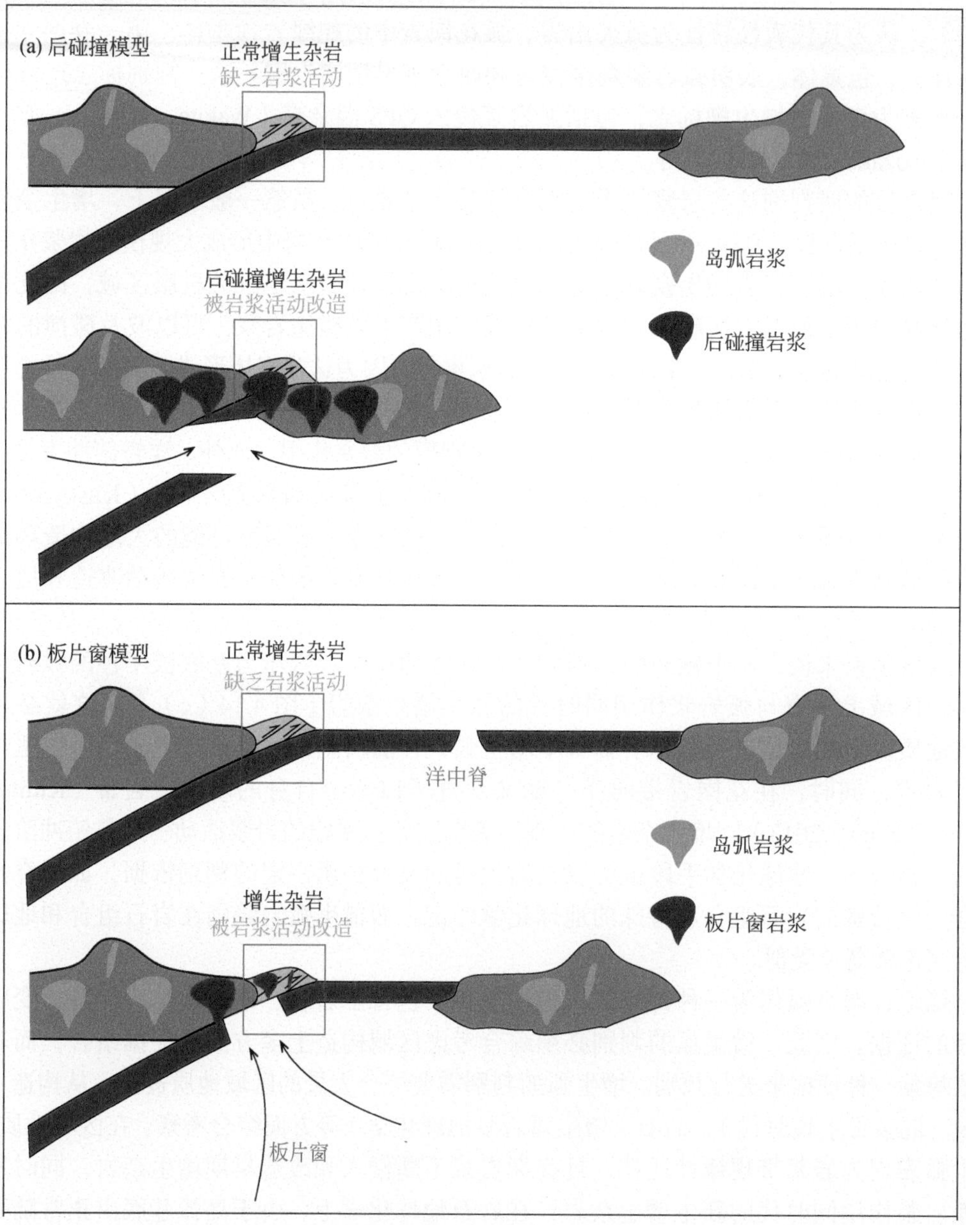

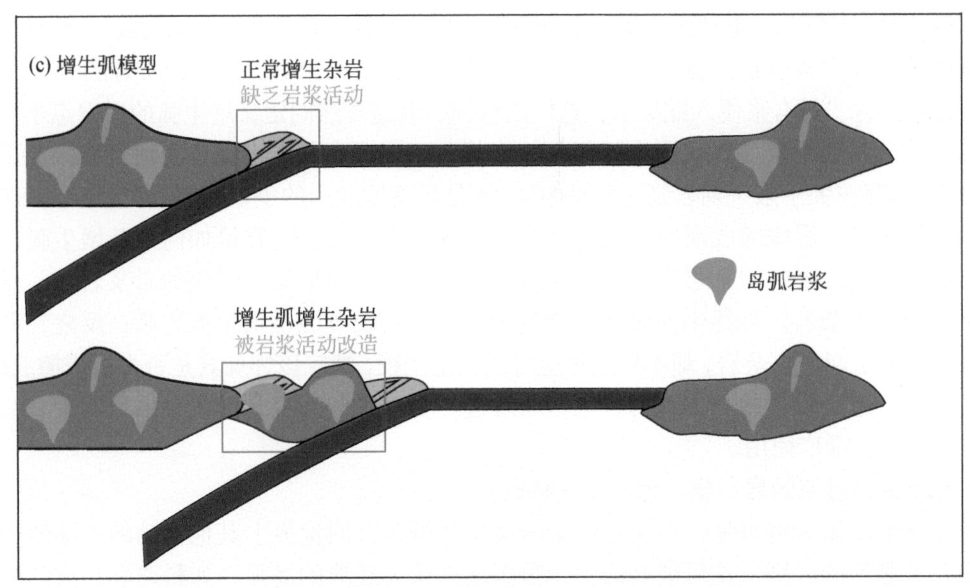

图 4.15　三种增生楔中岩浆作用模式对比（据陈艺超等，2021）

4.4.6　问题讨论

"增生弧"这一概念已经产生很久，同"增生型造山带"是一体两面的概念。但由于"增生型造山带"这一概念自身在后来的演变中逐渐脱离了 Şengör（1992）最初的"土耳其型"的定义，导致增生弧这一概念受到了冷落。但是，从前文的讨论中可以看出，增生弧这一机制有效地解释了许多增生型造山带独一无二的特征，因此有必要对这一概念正本清源，加以推广和讨论。这里列举一些同增生弧相关的问题，以期抛砖引玉，增加对增生弧、增生型造山带动力学机制的讨论。

1. 增生弧的概念

从前文的论述中可以看出，"增生弧"这一概念脱胎于 Şengör（1992）对"土耳其型造山带"机理的解释，是形成增生型造山带的根本原因。Şengör（1992）论述中的增生弧，更类似于一种伴随俯冲的动态"机制"和"过程"（图 4.2）。而在李继亮（2004）的论述中，增生弧是静态的，是同其他岛弧类型并行的大地构造相。因此，对于增生弧这一概念究竟代表一种大地构造相，还是一种大地构造过程，实际上从未形成共识。在这里，推荐用"某时代增生弧"代表某时代发育在更老增生杂岩基底上的岛弧，同"大陆弧"、"洋内弧"并列，作为代表岛弧的大地构造相；可用"某时代增生弧作用"代表海沟后退，某时代弧岩浆迁移至更老增生楔基底之上的地球动力学过程。这一定义还需要更多的研究和讨论。

2. 增生弧的野外判别

李继亮等（1993）提出的增生弧判别标志，即弧火山岩或弧花岗岩中发现蛇绿岩块体，这一标准有时不太适用（李继亮，2004，2009）。其一，蛇绿岩在增生楔中仅仅占到很小的比例，如果增生弧岩浆并未发育在蛇绿岩之上，则不能形成蛇绿岩顶垂体（参阅第一卷第4章4.1节），也即无法用此标准进行判别。此外，以阿曼为例的SSZ型蛇绿岩，就是由于岛弧岩浆改造上盘的洋壳形成的（见第一卷图4.12）。因此，所有的SSZ型蛇绿岩，都具有“弧岩浆侵入蛇绿岩”这样的特征，但这显然同定义增生弧的出发点不符。其二，这一判别要求前置识别出弧相关的岩浆，这一点有时候也很难实现。许多造山带的研究，都存在关于某一期岩浆究竟是俯冲，还是后碰撞成因的争议。根据韩宝福等（2006，2010）的认识，后碰撞成因的岩浆也会侵入和改造增生楔。这就给如何判断增生弧造成了困难。因此，野外判别增生弧需要从区域地质如手，如果某一时代的岩浆岩带，侵入了更老的增生杂岩，且伴生同时代的增生杂岩，则其很可能是增生弧岩浆；反之，如果岩浆侵入了早期增生杂岩，却不伴生对应时代的增生楔，则应该怀疑其是否为后碰撞成因。但是这一论述是模糊的、主观的，应当通过进一步讨论和研究，形成一系列明确、清晰的判别标准，推广使用。

3. 增生弧岩浆的岩石学、地球化学特征

以日本岛弧为例可见，白垩纪以来的增生弧岩浆，同世界上其他活动的大陆弧或洋内弧并无显著的区别。这可能是因为，很多现在认为经典的岛弧，如科迪勒拉大陆弧，实际上可能也存在增生弧作用，一些著名的白垩纪岩基均发育在增生楔之中。增生弧是否具有特殊的岩石学、地球化学特征，是一个值得讨论的问题。因此，对洋内弧体系下发育的增生弧来说，同时代的花岗岩和玄武岩出现不同的同位素特征，可能是一个有效的判别标志，即花岗岩出现Sr-Nd同位素解耦，偏离亏损地幔线，代表富Sr而亏损Nd的洋内弧增生楔部分熔融；而玄武岩直接位于亏损地幔线上，代表新生亏损地幔的部分熔融。这在地球化学上，印证了增生弧是“发育在增生楔上的岛弧”这一定义。然而，这一判别标准在大陆弧体系衍生出的增生弧中并不适用，因此还需进一步研究。

4. 增生弧的地幔来源及性质

作为最早提出“增生弧”这一概念的学者，李继亮（2004）指出了增生弧岩浆来源的问题，即理论上原岛弧的地幔楔不可能随着海沟后退同步移动，来产生增生弧的弧岩浆。然而，日本岛弧的地球物理、地球化学证据等均表明，其弧岩浆具有一个年轻的，亏损的地幔源区。前文中，引用Kusky（1993）的克拉通地幔形成模式，猜测增生弧地幔可能是残留在原俯冲带位置的下行大洋地壳及其洋幔。但这一猜想，需要严肃的科学论证。

5. 增生弧作用与增生型造山带的关系

增生弧作用这一地球动力学机制，是Şengör（1992）用以比较增生型造山带（土耳其型）与碰撞型造山带（阿尔卑斯型）之区别的。然而，目前对于增生型造山带的认识五花八门，有各种各样不同的地球动力学机制，许多并不符合Şengör（1992）的本意。特别是建立在Şengör（1992）原始定义基础之上的中亚造山带单一岛弧模型（Şengör *et al.*，1993；Şengör and Natal'in，1996），一直以来饱受争议（Windley *et al.*，2007；Xiao *et al.*，2013；Şengör *et al.*，2018）。从造山带研究角度看，Şengör（1992）引入增生弧作用机制解释增生型造山带是科学的，其定义凸显了增生型造山带与碰撞型造山带的本质差异，尽管其衍生出的单一岛弧模式可能在细节上存在一定问题。对此，不应该因噎废食。对于究竟什么是增生型造山带，以及增生弧作用和增生型造山带之间的关系，应该回归到Şengör（1992）的原本定义（参阅附录1问题7）。这一问题尚分歧较大，望读者自辨。

4.5　增生型造山带的成矿作用

增生型造山带作为一种重要的造山带类型，在成矿方面也有其特殊性。中亚造山带位于东欧（波罗地）克拉通、西伯利亚克拉通、塔里木克拉通和华北克拉通之间，由大量增生杂岩、增生弧及相关盆地、蛇绿岩、海山及大陆碎片等构成的复杂拼贴体（图 4.16），因而被认为是典型的增生型造山带（Windley *et al.*，1990，2007；Şengör and Natal'in，1996；Şengör *et al.*，2018）。中亚造山带不仅蕴藏着丰富的矿产资源，称为中亚成矿域（涂光炽，1999），与环太平洋成矿域和特提斯成矿域并称全球三大成矿域；而且蕴藏着巨大的能源，早在十多年前，作者就提出中亚造山带有可能构成与北美落基山造山带类似的煤层气高产走廊带。中亚成矿域内产出有世界级的金矿、铜矿，以及煤和煤层气，成为资源勘查和成矿、成藏理论研究的重要基地。本节以中亚造山带为例，讨论增生型造山带的成矿作用。

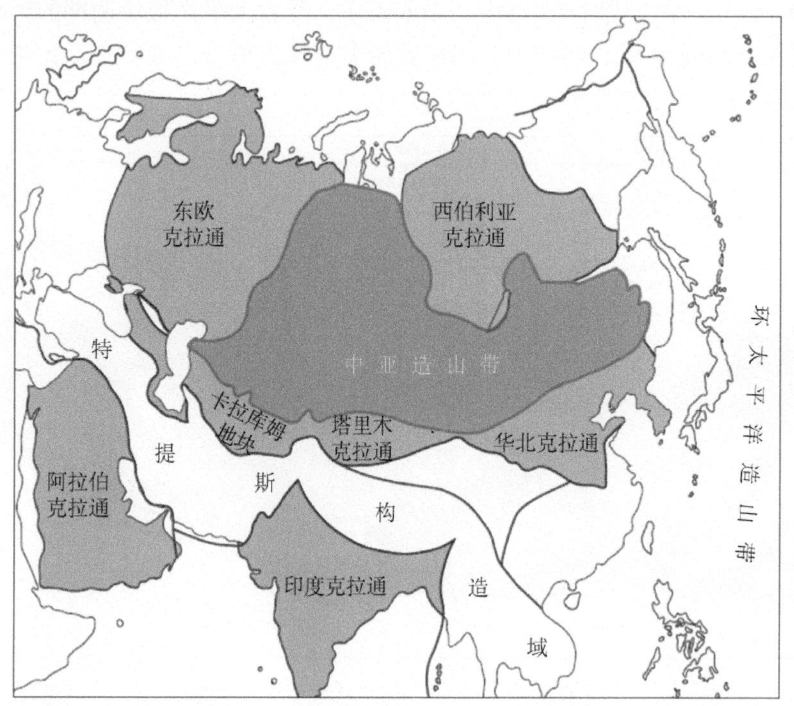

图 4.16　中亚造山带大地构造位置图（据 Şengör and Natal'in，1996；Xiao *et al.*，2009；肖文交等，2019）

中亚造山带作为全球三大成矿域之一，产出有多种类型的重要矿产资源，包括斑岩型矿床、火山块状硫化物（volcanogenic massive sulphides，VMS）矿床、岩浆铜镍硫化物矿床、金矿等。大型或超大型斑岩型铜 -（钼 - 金）矿床主要包括科翁腊德（Kounrad）、Kal'makyr、欧玉陶勒盖（Oyu Tolgoi）和岔路口矿床。根据地质、成矿、年代学及构造环境特征，斑岩成矿系统可划分为三个成矿省：①哈萨克斯坦铜 - 金 - 钼成矿省；②蒙古铜 - 金成矿省；③中国东北钼 - 铜成矿省（图 4.17；高俊等，2019）。哈萨克斯坦成矿省具有新太古代—古元古代陆壳基底，广泛发育与 Rodinia 超大陆聚合 - 裂解相关的岩浆活动记录（Gao *et al.*，2015）。以石炭纪—早二叠世（339 ～ 278Ma）集中爆发成矿为特色，早古生代（489 ～ 440Ma）只发现有四个大型斑岩型矿床，三叠纪（228 ～ 225Ma）斑岩钼矿仅在东天山 - 北山地区产出。矿床形成的大地构造背景绝大多数为古亚洲洋俯冲相关的岩浆弧（申萍等，2016）。成矿斑岩的岩石类型有石英闪长岩、闪长岩、花岗闪长岩、二长岩、斜长花岗岩、二长花岗岩及花岗岩。蒙古成矿省仅在局部地段出露新太古代—古元古代及中—新元古代基底岩石。斑岩成矿集中在泥盆纪（～ 370Ma）和三叠纪（～ 240Ma），被认为分别与古亚洲洋和蒙古 - 鄂霍次克洋的俯冲过程有关（Seltmann *et al.*，2014）。成矿斑岩的岩石类型主要有石英闪长岩、石英二长岩、二长花岗岩、花岗闪长岩及粗面英安斑岩。中国东北成矿省新太古代—古元古代变质岩零星出露，但中—新元古代及泛非事件的岩浆记录较为广泛。古亚洲洋俯冲过程形成了早古生代斑岩型矿床（482 ～ 440Ma），三叠纪受蒙古 - 鄂霍次克洋俯冲影响形成了少数中小型斑岩型矿床（248 ～ 204Ma），中生代时期（240 ～ 106Ma），受古太平洋板块俯冲的影响，斑岩钼成矿集中爆发（Zeng *et al.*，2015）。成矿斑岩类型较为单一，主要有二长花岗岩、花岗闪长岩和花岗岩。

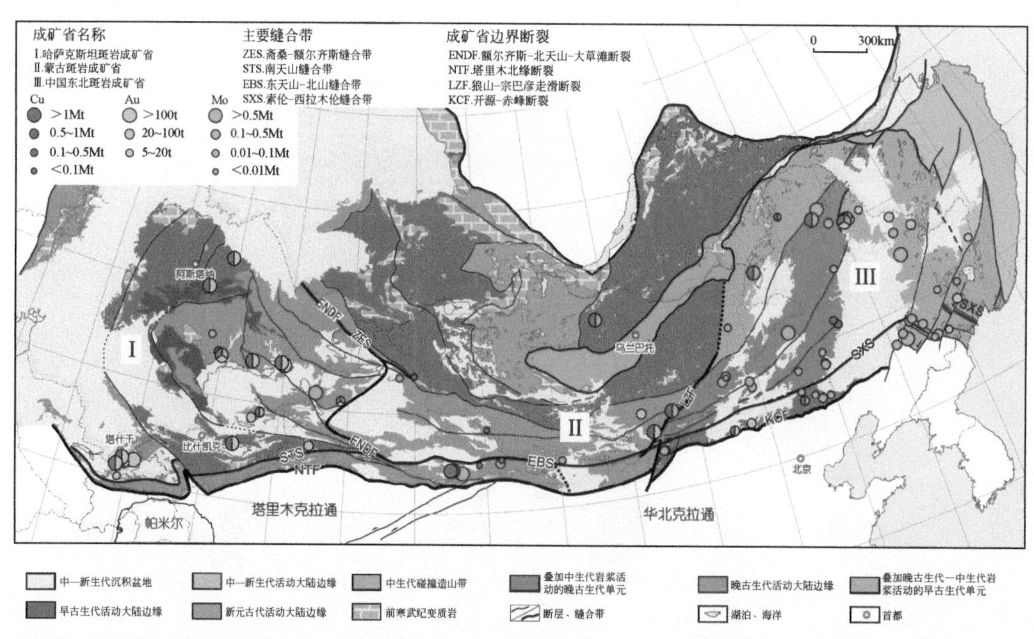

图 4.17 中亚造山带成矿域构造简图和斑岩矿床分布图（据高俊等，2019；肖文交等，2019）

块状硫化物矿床在中国阿尔泰 - 东准噶尔和东天山成矿带有大量分布。阿舍勒铜 - 锌矿床是中国阿尔泰地区最大的 VMS 矿床。矿床发育于岛弧玄武岩、英安岩和流纹岩的接触带，其成矿源区存在海洋沉积物的循环。矿床地球化学和同位素研究表明阿舍勒 VMS 矿床形成于岛弧的裂解环境（Wan *et al.*，2010）。东天山 VMS 矿床包括小热泉子、

红海、宏远、雅满苏等矿床。红海 VMS 矿床位于卡拉塔格矿集区东南部，矿体产于大柳沟组海相中酸性火山－沉积岩地层中。

位于东准噶尔最北部的喀拉通克铜镍矿床、东天山黄山－镜儿泉铜镍矿成矿带（包括黄山、黄山东、香山、图拉尔根、红岭铜镍矿床）是中亚造山带内重要的岩浆铜镍硫化物矿床。喀拉通克铜镍矿形成于晚石炭世至早二叠世，侵入于南明水组板岩和凝灰岩之中。黄山－镜儿泉铜镍矿成矿带是新疆目前最大的成矿带，沿康古尔塔格断裂延伸超过 200km，其中黄山东矿床是该成矿带上最大和最具代表性的矿床。基性－超基性岩体及相关的岩脉呈透镜体状沿着东西向断续排列。围岩为石炭纪浊积岩夹少量灰岩、玄武岩、安山岩、细碧岩、凝灰岩及砂砾岩等。此外，在白石泉地区和坡北地区也存在与基性－超基性岩相关的铜镍硫化物矿床（Mao *et al.*，2008）。地球化学研究表明阿尔泰－东天山含矿基性岩浆类似于俯冲环境形成的阿拉斯加型岩体（Han *et al.*，2007；Ao *et al.*，2010）。

中亚造山带内的造山型金矿床主要沿着大型韧性剪切带分布（Chen *et al.*，2012；Zhang 等，2012），如阿尔泰－东准噶尔之间的额尔齐斯剪切带分布有托库孜巴依、顿巴斯套等金矿，北天山康古尔－黄山剪切带分布有康古尔金矿、红山金矿和金山金矿。在多条韧性剪切带控制下，形成了多条金矿床。这种剪切带型矿床成矿过程可能是应力化学过程（侯泉林和刘庆，2020），值得深入探究（参阅第 6、7 章）。

从上述可以看出，增生型造山带的成矿作用主要与增生弧岩浆作用和韧性高应变剪切带密切相关。但是，增生型造山带的成矿作用机理和规律尚不十分清楚，有待深入研究。

思 考 题

1. 增生型造山带及其意义。
2. 增生型造山带的特征及其存在的问题。
3. 增生弧特征及其识别。
4. 增生弧研究中存在的问题。
5. 增生型造山带的成矿作用。

参考文献

陈艺超，张继恩，侯泉林等 . 2021. 增生弧基本特征与地质意义 . 地质科学，56（2）：615 ～ 634

程南南 . 2020. 剪切带型金矿的成矿特征及其应力化学过程探讨 . 北京：中国科学院大学博士学位论文

高俊，朱明田，王信水等 . 2019. 中亚成矿域斑岩大规模成矿特征：大地构造背景、流体作用与成矿深部动力学机制 . 地质学报，93: 24 ～ 71

韩宝福，郭召杰，何国琦 . 2010. “钉合岩体”与新疆北部主要缝合带的形成时限 . 岩石学报，26（8）：2233 ～ 2246

韩宝福，季建清，宋彪等 . 2006. 新疆准噶尔晚古生代陆壳垂向生长（I）——后碰撞深成岩浆活动的时限 . 岩石学报，22（5）：1077 ～ 1086

侯泉林，刘庆 . 2020. 剪切带型矿床成矿的岩石构造环境及力化学过程 . 北京：科学出版社

李继亮 . 2004. 增生型造山带的基本特征 . 地质通报 , 23(9-10): 947 ～ 952

李继亮 . 2009. 全球大地构造相刍议 . 地质通报 , 28(10): 1375 ～ 1381

李继亮 , 郝杰 , 柴育成等 . 1993. 赣南混杂带与增生弧联合体 : 土耳其型碰撞造山带的缝合带 // 李继亮 . 东南大陆岩石圈结构与地质演化 . 北京 : 冶金工业出版社 : 2 ～ 11

申萍 , 潘鸿迪 , Eleonora S. 2016. 中亚成矿域斑岩铜矿床基本特征 . 北京 : 中国科学院地质与地球物理研究所博士学位论文

石梦岩 . 2019. 敦煌造山带古生代增生弧 – 混杂带研究 . 北京 : 中国科学院大学博士学位论文

肖文交 , 宋东方 , Windley B F 等 . 2019. 中亚增生造山过程与成矿作用研究进展 . 中国科学 : 地球科学 , 49(10): 1512 ～ 1545

袁峰 , 周涛发 , 谭绿贵等 . 2006a. 西准噶尔萨吾尔地区 I 型花岗岩同位素精确定年及其意义 . 岩石学报 , 22(5): 1238 ～ 1248

袁峰 , 周涛发 , 杨文平等 . 2006b. 新疆萨吾尔地区两类花岗岩 Nd、Sr、Pb、O 同位素特征 . 地质学报 , 80(2): 264 ～ 272

《中国地质图集》编委会 . 2002. 中国地质图集 . 北京 : 地质出版社

Ao S J, Xiao W J, Han C M, *et al.* 2010. Geochronology and geochemistry of Early Permian mafic-ultramafic complexes in the Beishan area, Xinjiang, NW China: implications for Late Paleozoic tectonic evolution of the southern Altaids. Gondwana Research, 18: 466 ～ 478

Chen H Y, Chen Y J, Baker M. 2012. Isotopic geochemistry of the Sawayaerdun orogenic-type gold deposit, Tianshan, northwest China: implications for ore genesis and mineral exploration. Chemical Geology, 310-311: 1 ～ 11

Chen Y C, Xiao W J, Windley B F, *et al.* 2017. Late Devonian–Early Permian subduction-accretion of the Zharma-Saur oceanic arc, West Junggar (NW China): insights from field geology, geochemistry and geochronology. Journal of Asian Earth Sciences, 145: 424 ～ 445

Chen Z Y, Xiao W J, Windley B F, *et al.* 2019. Composition, provenance, and tectonic setting of the Southern Kangurtag accretionary complex in the Eastern Tianshan, NW China: implications for the Late Paleozoic evolution of the North Tianshan Ocean. Tectonics, 38(8): 2779 ～ 2802

Gao J, Wang X S, Klemd R, *et al.* 2015. Record of assembly and breakup of Rodinia in the Southwestern Altaids: evidence from Neoproterozoic magmatism in the Chinese Western Tianshan Orogen. Journal of Asian Earth Sciences, 113: 173 ～ 193

Han C, Xiao W, Zhao G, *et al.* 2007. Re-Os dating of the Kalatongke Cu-Ni deposit, Altay Shan, NW China, and resulting geodynamic implications. Ore Geological Reviews, 32: 452 ～ 468

Hanyu T, Tatsumi Y, Nakai S I, *et al.* 2006. Contribution of slab melting and slab dehydration to magmatism in the NE Japan arc for the last 25 Myr: constraints from geochemistry. Geochemistry Geophysics Geosystems, 7: 1 ～ 29

Hollister V F. 1974. Regional characteristics of porphyry copper deposits of South America. Soc Mining Engineers AIME Trans, 255: 45 ～ 53

Isozaki Y, Maruyama S, Furuoka F. 1990. Accreted oceanic materials in Japan. Tectonophysics, 181: 179 ～ 205

Jahn B M. 2004. The Central Asian Orogenic Belt and growth of the continental crust in the Phanerozoic.

Geological Society, London, Special Publications, 226（1）: 73 ～ 100

Juteau T, Maury R. 1999. The Oceanic Crust, from Accretion to Mantle Recycling. Chichester: Springer

Kimura G. 1997. Cretaceous episodic growth of the Japanese Islands. Island Arc, 6（1）: 52 ～ 68

Kusky T M. 1993. Collapse of Archean orogens and the generation of late- to postkinematic granitoids. Geology, 21（10）: 925 ～ 928

Kusky T M, Bradley D C, Donley D T, *et al.* 2003, Controls on intrusion of near-trench magmas of the Sanak-Baranof belt, Alaska, during Paleogene ridge subduction, and consequences for forearc evolution. Geological Society of America Special Paper, 371: 269 ～ 292

Li P F, Sun M, Shu C T, *et al.* 2019. Evolution of the Central Asian orogenic belt along the Siberian margin from Neoproterozoic-Early Paleozoic accretion to Devonian trench retreat and a comparison with Phanerozoic eastern Australia. Earth-Science Reviews, 129（5-6）: 547 ～ 569

Lom N, Şengör A M C, Natal'in B A. 2018. A uniformitarian approach to reconstructing orogenic belts. Geological Society of America Special Paper, 540, DOI: 10.1130/2018.2540（02）

Mao J W, Pirajno F, Zhang Z H, *et al.* 2008. A review of the Cu-Ni sulphide deposits in the Chinese Tianshan and Altay orogens （Xinjiang Autonomous Region, NW China）: principal characteristics and ore-forming processes. Journal of Asian Earth Sciences, 32: 184 ～ 203

Maruyama S. 1997. Pacific-type orogeny revisited: Miyashiro-type orogeny proposed. Island Arc, 6（1）: 91 ～ 120

Nohda S, Wasserburg G J. 1981. Nd and Sr isotopic study of volcanic-rocks from Japan. Earth and Planetary Science Letters, 52（2）: 264 ～ 276

Ringwood A E. 1966. Mineralogy of the mantle. Advances in Earth Science: International Conference on the Earth Sciences, 357 ～ 399

Ringwood A E, Reid A F, Wadsley A D. 1967. High pressure transformation of alkali aluminosilicates and aluminogermanates. Earth & Planetary Science Letters, 3（1）: 38 ～ 40

Seltmann R, Porter T M, Pirajno F. 2014. Geodynamics and metallogeny of the central Eurasian porphyry and related epithermal mineral systems: a review. Journal of Asian Earth Sciences, 79: 810 ～ 841

Şengör A M C. 1992. The Palaeo-Tethyan suture: a line of demarcation between two fundamentally different architectural styles in the structure of Asia. Island Arc, 1（1）: 78 ～ 91

Şengör A M C, Natal'in B A. 1996. Turkic-type orogeny and its role in the making of the continental crust. Annual Review of Earth and Planetary Sciences, 24: 263 ～ 337

Şengör A M C, Natal'in B A, Burtman V S. 1993. Evolution of the Altaid tectonic collage and Palaeozoic crustal growth in Eurasia. Nature, 364（6435）: 299 ～ 307

Şengör A M C, Natal'in B A, Sunal G, *et al.* 2018. The tectonics of the Altaids: crustal growth during the construction of the continental lithosphere of Central Asia between similar to 750 and similar to 130 Ma ago. Annual Review of Earth and Planetary Sciences, 46: 439 ～ 494.

Shen P, Shen Y C, Liu T B, *et al.* 2008. Geology and geochemistry of the Early Carboniferous Eastern Sawur caldera complex and associated gold epithermal mineralization, Sawur Mountains, Xinjiang, China. Journal of Asia Earth Sciences, 32（2-4）: 259 ～ 279

Sun S S, McDonough W F. 1989. Chemical and isotopic systematics of oceanic basalts: implications for mantle composition and processes. Geological Society, London, Special Publications, 42: 313 ～ 345

Taira A. 2001. Tectonic evolution of the Japanese island arc system. Annual Review of Earth and Planetary Sciences, 29: 109 ～ 134

Terakado Y, Fujitani T, Walker R J. 1997. Nd and Sr isotopic constraints on the origin of igneous rocks resulting from the opening of the Japan Sea, southwestern Japan. Contributions to Mineralogy and Petrology, 129（1）: 75 ～ 86

Wan B, Zhang L, Xiang P. 2010. The Ashele VMS-type Cu-Zn deposit in Xinjiang, NW China formed in a rifted arc setting. Resource Geology, 60: 150 ～ 164

Wakita K. 2013. Geology and tectonics of Japanese islands: a review-The key to understanding the geology of Asia. Journal of Asian Earth Sciences, 72: 75 ～ 87

Wakita K. 2015. OPS mélange: a new term for mélanges of convergent margins of the world. International Geology Review, 57（5-8）: 529 ～ 539

Wakita K, Nakagawa T, Sakata M, *et al.* 2018. Phanerozoic accretionary history of Japan and the western Pacific margin. Geological Magazine, DOI: 10.1017/s0016756818000742

Windley B F, Alexeiev D, Xiao W J, *et al.* 2007. Tectonic models for accretion of the Central Asian Orogenic Belt. Journal of the Geological Society, 164: 31 ～ 47

Windley B F, Allen M B, Zhang C, *et al.* 1990. Paleozoic accretion and Cenozoic redeformation of the Chinese Tien Shan range, central Asia. Geology, 18: 128 ～ 131

Xiao W J, Han C M, Yuan C, *et al.* 2010. Transitions among Mariana-, Japan-, Cordillera- and Alaska-type arc systems and their final juxtapositions leading to accretionary and collisional orogenesis. Geological Society, London, Special Publications, 338（1）: 35 ～ 53

Xiao W J, Windley B F, Allen M B, *et al.* 2013. Paleozoic multiple accretionary and collisional tectonics of the Chinese Tianshan orogenic collage. Gondwana Research, 23（4）: 1316 ～ 1341

Xiao W J, Windley B F, Yuan C, *et al.* 2009. Paleozoic multiple subduction-accretion processes of the southern Altaids. American Journal of Science, 309: 221 ～ 270

Zeng Q, Qin K, Liu J, *et al.* 2015. Porphyry molybdenum deposits in the Tianshan-Xingmeng orogenic belt, northern China. International Journal of Earth Sciences, 104: 991 ～ 1023

Zhang L, Chen H, Chen Y, *et al.* 2012. Geology and fluid evolution of the Wangfeng orogenic-type gold deposit, Western Tian Shan, China. Ore Geological Reviews, 49: 85 ～ 95

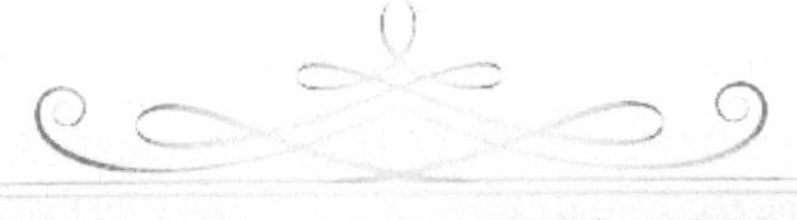

第 5 章　大地构造相

大地构造相（tectonic facies）术语最早由 Sander（1923）提出，以表示构造作用形成的岩石特征；Krumbein 等（1949）使用 tecto-facies 表达沉积作用的大地构造环境，属沉积大地构造学范畴；Harlan（1956）用大地构造相阐述具有特定变形样式和方向的岩石组合。许靖华（Hsü，1991）和李继亮（1992a）提出了碰撞造山带大地构造相（tectonic facies of collisional orogenic belt）的概念，用以造山带分析。英国学者 Roberton（1994）也提出了大地构造相（tectonic facies）概念，并应用于东地中海特提斯造山带的研究。这是一种现存大地构造环境分析方法，从裂谷形成到大洋发育，再到大洋岩石圈的俯冲、大陆碰撞造山过程中几乎所有的地质单元都可作为大地构造相。潘桂棠等（2008）从大陆岩石圈的离散、聚合、碰撞、旋转等动力学过程出发讨论了大地构造相的特征和鉴别标志，并探讨了与成矿作用的关系，即从横向和纵向两个尺度同时讨论，对初学者来说会感到困难。李继亮（2009）又提出了全球大地构造相的思想，试图用大地构造相方法分析全球构造。

5.1　碰撞造山带大地构造相概述

造山带（orogen，orogenic belt）是地球上最为复杂的构造单元，特别是近些年有关造山带研究的新概念层出不穷，初学者愈发感觉难学。实际上，掌握了造山带的分析方法，会觉得造山带研究不仅不难，而且很有意思，也很容易对此产生兴趣。近些年来，越来越多的地质学家意识到，碰撞造山带大地构造相分析是划分造山带大地构造单元的简要，而且有效的方法。

20 世纪 80 年代中期，瑞籍华人地质学家许靖华先生提出运用大地构造相（tectonic facies）概念划分造山带的不同构造单元，以便不同造山带的对比研究（见 Hsü，1991）。“类比分析”是地质学的重要思维方式（见第一卷第 1 章）。20 世纪 80 年代，中瑞执行碰撞造山带合作研究项目，当时我国改革开放不久，对新生的“板块构造学说”并没有普遍接受和理解，对国内造山带的认识仍多停留在槽台观点上。因此，希望能运用板块构造思想将中国的一些造山带与世界著名造山带进行对比研究。对比研究需要一个模型，阿尔卑斯造山带成为首选，同时也考虑过阿巴拉契亚造山带。然而，阿尔卑斯造山带划分出了包含地名的许多地质单元，如赫尔维特带、彭宁带、奥地利阿尔卑斯带、

南阿尔卑斯带、磨拉石盆地、高钙质阿尔卑斯、白云岩阿尔卑斯、复理石阿尔卑斯、比昂桑奈、丙得奈尔希佛等几十个单元名称，使对比无法进行。于是，许靖华先生提出了把阿尔卑斯造山带模式化、功能化为三大功能模块，每一块称为一个“相”的想法。进而用三个古民族的名称命名三个相。①**阿勒曼相**（Alemanide facies）：相当于前陆褶皱冲断带，即下插体；②**凯尔特相**（Celtide facies）：蛇绿混杂岩和活化基底推覆体，即逃逸体，主要相当于腹陆（后陆）；③**雷特相**（Rhaetide facies）：仰冲板块的刚性基底推覆体，即上冲体［图 5.1、图 3.7（c）］。这就大大简化了造山带的构造单元划分，应用起来也很方便。这就是许靖华大地构造相概念的由来和特征。简言之，就是为了找到一个把中国造山带与阿尔卑斯造山带相对比的方法。后来，他们编制了《中国大地构造相图》（许靖华等，1998）。

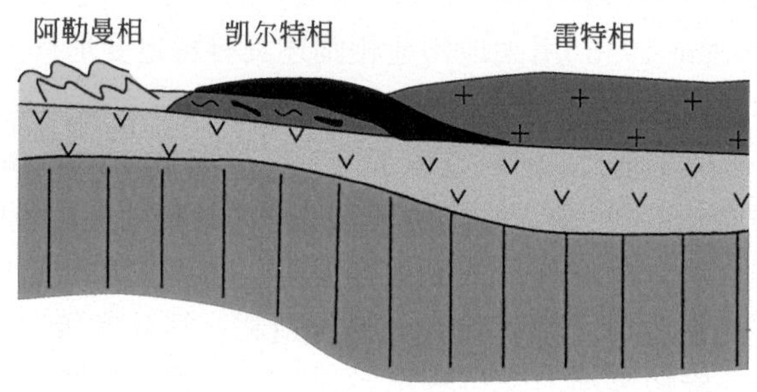

图 5.1 许靖华造山带大地构造相划分（据 Hsü，1991）

许靖华的大地构造相的划分简明扼要，突出了造山作用的特征。但是对阿尔卑斯造山带不熟悉的人，尤其是初学者来说，很难把这些术语转变为自己认识造山带的知识。中国学者李继亮先生在结合中国造山带的研究中，发现了一些阿尔卑斯造山带没有的大地构造相，于是提出了六个相类 15 个相的划分方案（李继亮，1992a），并以此为基础编制了《中国板块构造图》（李继亮等，1999）。这一划分方案比较实用，也更符合中国造山带特点。这也是本章介绍的重点。

5.2 碰撞造山带大地构造相类型

李继亮（1992a）提出碰撞造山带大地构造相概念的目的是为了方便将中国的碰撞造山带与世界经典碰撞造山带——阿尔卑斯造山带进行比较，或者说，以阿尔卑斯造山带为参考系，来划分中国造山带的大地构造单元，以便中国地质学家用板块构造思想去认识自家的造山带。碰撞造山带大地构造相并非新的理论，而是针对造山带的一种分析方法。大地构造相的划分方法需要满足两个条件：①涵盖性，碰撞造山带中可能出现的有足够规模的大地构造相都必须包容；②简约性，所有不属于碰撞造山带必要组成单元者一律排除在外。

碰撞造山带大地构造相指的是在造山带中，形成于相似的构造环境，经历了相似的变形和就位作用，具有类似的岩石－构造组合的构造单元，划归为同一种大地构造相。主要依据地层、沉积特点、岩浆活动、古地理古构造格局、变形样式和变质程度等。其实，大地构造相与变质相、沉积相一样，尽管我们可能背不出其准确定义，但似乎有不言自明之感。

大地构造相分析不仅可以解释碰撞造山带中所展示的地质现象，而且能够为已经失去或未能见到的地质记录提供补充。实践证明，大地构造相分析方法是碰撞造山带研究中行之有效的方法。

李继亮（1992a）结合中国造山带实际情况，将造山带划分出了六个大地构造相类、15 个大地构造相（表 5.1）。为了便于认识和理解，这里以阿尔卑斯造山带为例进行大地构造相划分（图 5.2）。需要说明的是，阿尔卑斯造山带经典，而非典型，因未发育相应的岩浆弧，即缺失一项重要的大地构造相，因此图中有关弧背前陆带的划分是假定了弧的位置（图 5.2）。

表 5.1　碰撞造山带大地构造相分类（据李继亮，1992a，2009 修改）

相类	相	岩石组合	变形特征	就位时代	相模式图
仰冲基底相类	刚性基底推覆体	早期变质的灰片麻岩，以及角闪岩相和麻粒岩相变质岩	内部为基底早期塑性变形，以紧闭褶皱为特征	碰撞过程中仰冲推覆就位	
	活化基底推覆体	同碰撞期退变质或进变质的刚性基底岩石组合	基底早期塑性变形＋同碰撞期的韧－脆性变形	碰撞过程中活化变质，冲断就位	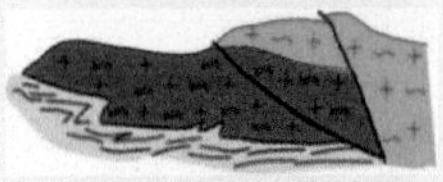
混杂带相类	弧前混杂带	蛇绿岩块、浊积岩和深海沉积岩；高压变质岩（蓝片岩、榴辉岩）；基质＋岩块组合	脆性或韧性冲断席；杂乱构造	碰撞作用过程中仰冲到前陆带上	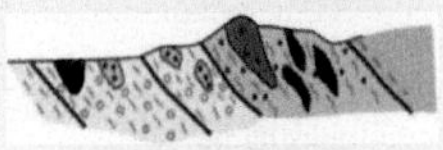
	弧后混杂带	蛇绿岩块、浊积岩、碳酸盐岩块、凝灰岩等弧后张裂岩石组合，可能出现高压变质岩	脆性或韧性冲断席；杂乱构造	弧后盆地闭合后仰冲就位	
前陆褶皱冲断带相类	前陆褶皱冲断带	被动大陆边缘沉积棱柱体组合；特征岩石为碳酸盐岩、浅海碎屑岩、浊积岩及平流岩	薄皮构造，冲断岩席、双重构造（duplex），冲断推覆体和褶皱推覆体	碰撞前位于被动大陆边缘；碰撞作用过程中冲断、褶皱就位	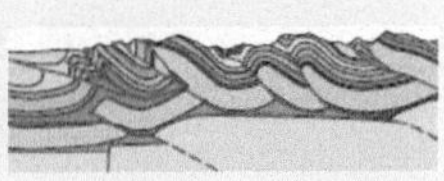
	前陆褶皱带	被动大陆边缘沉积，以浅海陆源碎屑岩和碳酸盐岩为主	近连续的褶皱带，呈箱状或梳状的隔挡式或隔槽式褶皱，即侏罗山式褶皱	碰撞前位于被动大陆边缘；碰撞作用过程中褶皱就位	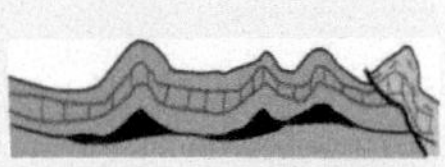
	活化盖层	亮片岩、千枚岩、板岩、变质砂岩、大理岩、片麻岩等副变质岩	脆、韧性剪切带、冲断岩席，以及紧闭褶皱	碰撞作用过程中变质，经冲断作用就位于前陆带或其前缘	

续表

相类	相	岩石组合	变形特征	就位时代	相模式图
主剪切带相类	前陆主剪切带	浅部为各类碎裂岩、深部为各类糜棱岩，条带状片麻岩、混合岩	脆性和韧性剪切带的各种标志：S-C 组构、拉伸线理、A 型褶皱等	碰撞作用过程中剪切就位；一般比碰撞事件晚几十百万年	
	剪切穹窿带	各种糜棱岩、片麻岩，及混合岩大量出现	具 S-C 组构的中尺度环状与放射状构造，大型鞘褶皱；有时表现为变质核杂岩	碰撞作用后期就位于造山带核心部位，机理不详	
岩浆弧相类	前缘弧	钙碱性岩石为主；I-S 型双花岗岩、火山岩	冲断席、弧翼冲断构造、滑脱构造	俯冲阶段后期形成，碰撞后就位	
	残留弧	弧火山岩和侵入岩、陆壳基底或洋壳基底和盖层岩石	各种冲断构造、推覆构造；韧性剪切带；弧与围岩呈构造接触	俯冲阶段早期形成；碰撞过程中冲断就位	
	增生弧	富含蛇绿混杂岩块的弧火山岩和侵入岩（S 型花岗岩占较大比例）；基底和围岩为增生楔和混杂带物质	杂乱构造、顶垂构造、冲断构造	俯冲阶段发育于增生楔之上；碰撞过程中冲断就位	
磨拉石盆地相类	前陆磨拉石盆地	下部为海相沉积，上部为陆相沉积；主要为砾岩、砂岩、泥岩，少量灰岩、泥灰岩和蒸发岩；厚度巨大	冲断或褶皱边缘；挤压性盆地	碰撞造山作用过程中形成于前陆褶冲带之上，贯穿于碰撞造山过程始终	
	后陆磨拉石盆地	海陆－陆相磨拉石沉积：砾岩、砂岩、泥岩，及少量泥灰岩	两翼冲断边界，或一翼冲断边界	造山过程中，形成于后陆（腹陆）和仰冲基底推覆体之上	
	刚性基底磨拉石盆地	陆相碎屑岩：砾岩、砂岩、泥岩	张性构造：地堑、半地堑构造	由于刚性基底快速仰冲，在后缘引起张裂或走滑引张而成	

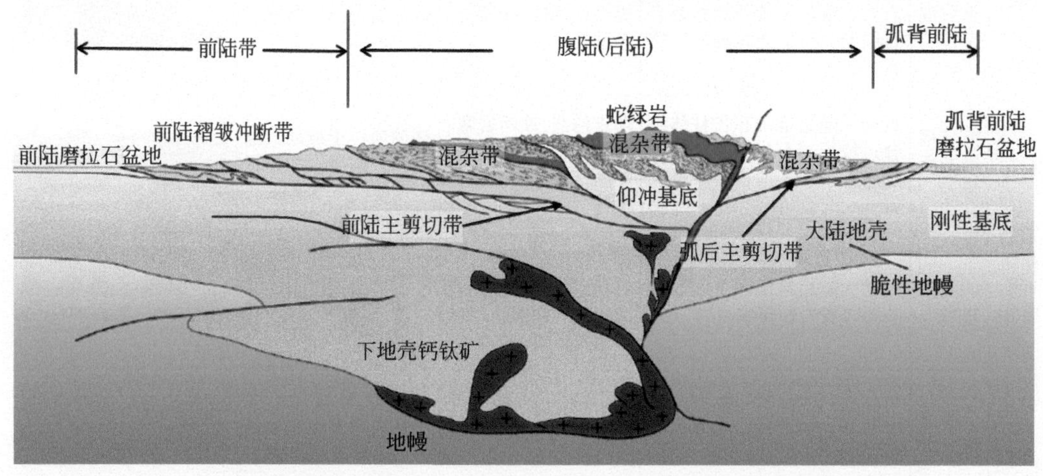

图 5.2 阿尔卑斯造山带构造剖面及大地构造相分析图示（据 Bobrowsky，2013 修改）

5.2.1　仰冲基底相类

碰撞造山带中，仰冲陆块的基底杂岩经仰冲和剥蚀后出露。其中一部分在造山带中未受到新的变质作用的改造，称其为**刚性基底**（rigid basement）；受到新的变质作用改造的称为**活化基底**（active basement）（图 5.3；第三卷图 8.48）。

1. 刚性基底推覆体相

碰撞造山带的刚性基底推覆体是仰冲陆块受到冲断作用直接逆冲于地表，然后受到剥蚀作用，把沉积盖层剥蚀掉之后出露地表的大地构造相（图 5.3）。刚性基底的变质岩大部分是前寒武纪结晶基底，如我国的天山古生代造山带、秦岭 – 大别三叠纪造山带、哀牢山三叠纪造山带等。有的造山带的刚性基底是前一期造山带形成的结晶基底岩石，如瑞士阿尔卑斯的部分刚性基底和我国南祁连晚古生代造山带的刚性基底（李继亮，1992a）。

刚性基底可以由各种变质杂岩组成，但最具有鉴别特点的是**灰片麻岩**（grey gneiss），其次是一些角闪岩相和麻粒岩相的变质岩。灰片麻岩是成分相当于云英闪长岩的条带状片麻岩，暗色与浅色条带以不同比例相间构成。由于全世界前寒武系露头中灰片麻岩露头面积占 80%（李继亮，1992a），因此，灰片麻岩作为多数刚性基底特征岩石。刚性基底的边界是碰撞造山作用过程中形成的逆冲断层（可称为主冲断层）。推覆体内部构造则是基底形成时（早期）保留下来的塑性变形，呈多期褶皱组合在一起，其中以早期的线性紧闭褶皱为特征。刚性基底相实际是刚性基底推覆体，在碰撞作用过程中构造就位于混杂带之上。

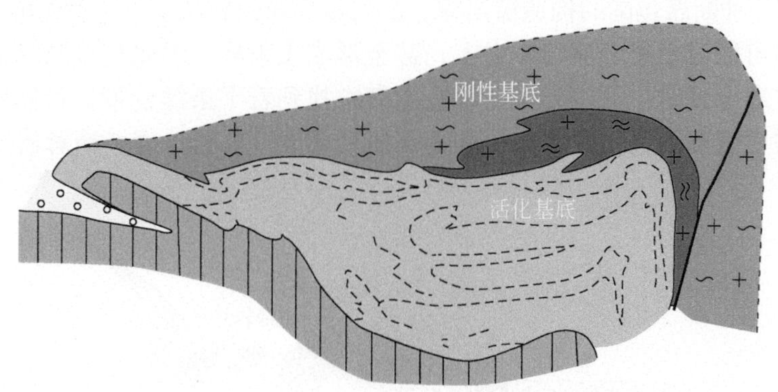

图 5.3　阿尔卑斯造山带逆冲于混杂带之上的刚性基底推覆体和活化基底推覆体（据李继亮，1992a）

2. 活化基底推覆体相

碰撞造山带中的活化基底是仰冲大陆的基底在碰撞作用过程中再次受到变质作用的改造而形成的岩石构造组合，称为活化基底相（图 5.3）。在多数情况下发生退变质作用和相应的新的变形作用。矿物重结晶的 Ar-Ar 年龄与碰撞造山作用相一致。活化基底相主要呈结晶冲断岩席（片）出现，因此，其边界多为这些冲断岩席组合的顶冲断层和底冲断层构成双重构造（参阅第三卷第 8 章）。活化基底结晶冲断席内部构造除了基底形成时期（早期）的塑性变形外，还叠加了碰撞造山作用过程中发育的韧 – 脆性变形。活

化基底相的识别要比刚性基底相困难些，因为它叠加了造山过程的变形作用。因此，需要详细的野外地质观察与岩石矿物分析和同位素地质相互结合，综合研究才能确认。

5.2.2 混杂带相类

含蛇绿岩块的混杂带代表了两个大陆之间的大洋岩石圈，或陆块与弧之间的弧后盆地的大洋型岩石圈在碰撞后的残留体（有关蛇绿岩的讨论参阅第一卷第4章4.1节），它们被看作是缝合带的标志，因而对碰撞造山带的识别具有重要意义。需要强调的是，**只有代表缝合带的构造混杂才能称之为混杂带（mélange）（参阅附录1问题1），而那些由沉积岩块和沉积物基质构成的野复理石等沉积混杂物及滑塌沉积物，如甘肃合作-临潭一带的野复理石，则不能称为混杂带（mélange）**。近些年来，有关概念的运用有些混乱，应予以重视和澄清。这里将混杂带相类分为弧前混杂带相和弧后混杂带相。

1. 弧前混杂带相

弧前混杂带指的是在开阔大洋中脊处形成，在俯冲和碰撞造山作用过程中进入增生楔和造山带的大洋岩石圈残留体构成的构造混杂带。这种岩石构造组合主要由蛇绿岩块体和复理石浊积岩基质组成，常含深海沉积的红色黏土和放射虫硅质岩岩块，以及海山组合或者大洋岛岩石组合，呈基质+岩块组合特征（参阅第3章3.2节；附录1问题1）。这些地质特征与岩石化学、微量元素和同位素资料相结合，可以与弧后混杂带相区分。

弧前混杂带曾经历过增生楔形成时期（俯冲阶段）的冲断变形和碰撞造山作用阶段的冲断变形。因此，在造山带中常以断续的推覆体或孤立的推覆体出露（图5.4），也可以作为仰冲陆块冲断席包围的构造窗出露，如阿尔卑斯的恩加丁窗［参阅图3.7（c）］。混杂带推覆体可能被推覆于前陆带之上，甚至形成飞来峰，因此在按照混杂带与前陆带的接触带确定缝合带时，可能会在一条造山带中找到若干条缝合带，具体研究中应注意这一现象。需要强调的是，许多高压和超高压变质岩，如蓝片岩、榴辉岩等在此大地构造相中出现。

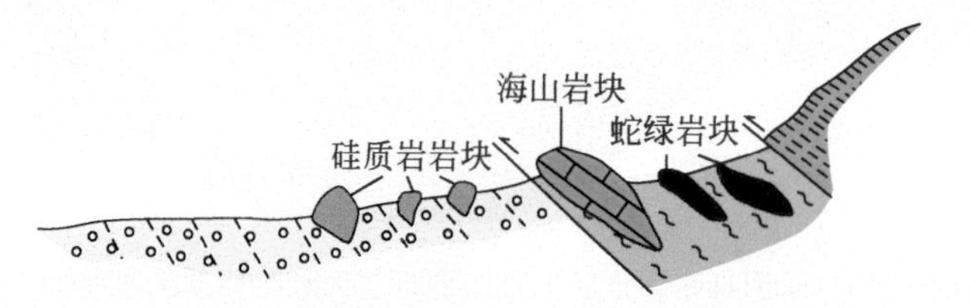

图5.4 弧前混杂带相剖面图（据Nicolas，1989；转引自李继亮，1992a）

2. 弧后混杂带相

我国的许多造山带可能是陆-弧-陆碰撞造山带，如五台、江南元古宙造山带，以及祁连山、秦岭-大别山、云南三江带和喜马拉雅造山带等（李继亮，1992a）。弧后混杂带是弧后与大陆碰撞的缝合带标志。这种混杂带也主要是以复理石浊积岩为基质，含有蛇绿岩构造块体和其他岩性块体。除了基性熔岩的岩石化学和微量元素具有弧环境特征外，以含有火山凝灰岩块体或基质、碳酸盐岩块体为明显特点。此外，可能出现弧后

张裂时的碱性玄武岩或双峰式火山岩套的冲断席。这些地质特点是识别弧后混杂带相的重要标志（图 5.5）。

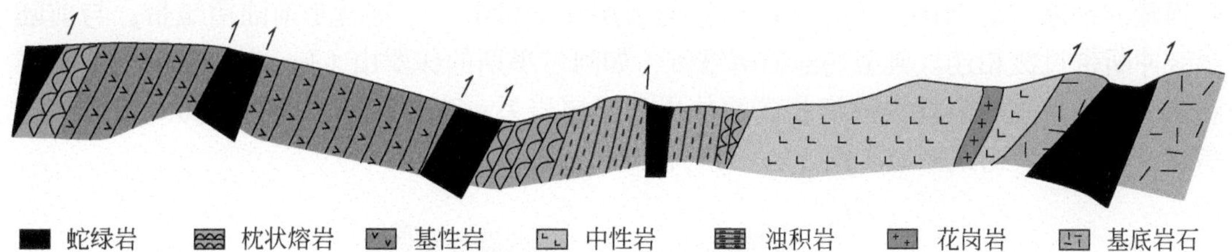

图 5.5　天山巴音沟弧后混杂带相剖面图（据李继亮，1992a）

弧后混杂带也以各种冲断和推覆构造为特征（图 5.5）。这里将具有洋壳的弧间盆地的碰撞后残留体包括在此相中。

5.2.3　前陆褶皱冲断带相类

在碰撞造山带中，俯冲的陆块或弧地质体的前缘，原来处于被动大陆边缘的沉积棱柱体（参阅第一卷第 3 章 3.6 节）受到冲断和褶皱变形而形成的大地构造相（图 5.2）。

1. 前陆褶皱冲断带相

俯冲陆块最前缘没有变质的褶皱冲断的变形带。由于主要是盖层变形带，岩石以沉积岩占主导地位，主要由碳酸盐岩、浅海碎屑岩和浊积岩组成，有时含有少量深海碳酸盐岩（参阅附录 1 问题 3）和硅质岩。

前陆褶皱冲断带主要为薄皮构造（参阅第三卷第 8 章 8.4 节），其内部构造以叠瓦式冲断席（逆冲构造）、双重构造（duplex）和各种尺度的推覆体为特征［图 5.6；第三卷图 8.23、图 8.49（b）］。

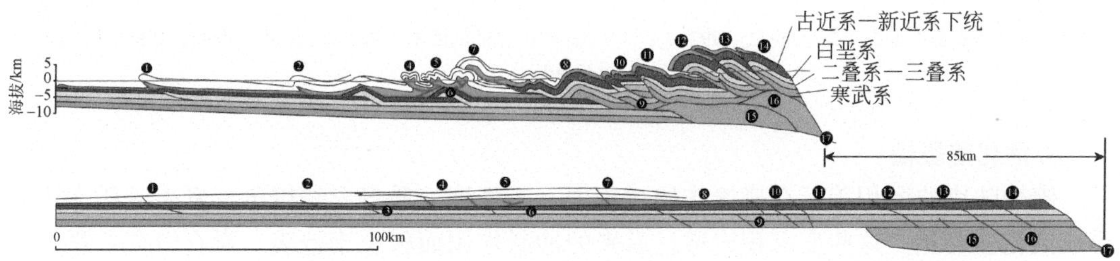

图 5.6　伊朗西南部札格罗斯前陆褶皱冲断带（据 Fossen，2016）

下图为按照面积恒定原则作的平衡剖面；数字代表不同时代的地层，便于上下剖面对比

典型实例如阿尔卑斯的赫尔维特带（Helvetic）（图 3.5）、阿巴拉契亚的谷岭带［valley and ridge；图 2.12（e）］、闽西南前陆褶皱冲断带（第三卷图 8.23），以及西秦岭的合作－岷县带等。前已述及，前陆褶皱冲断带具有指时和指向意义，其中最晚的复理石浊积岩地层指示碰撞事件的时间下限；它的前缘（前陆）是俯冲盘（见第 3 章 3.3、3.4 节）。

2. 前陆褶皱带相

俯冲陆块或弧地体中，距缝合带向稍远的前陆方向，冲断作用强度逐渐减弱，由仅有稀疏的冲断层分布的近于连续的褶皱的盖层变形带取代，这就是前陆褶皱带，与前陆褶皱冲断带过渡相连。典型的前陆褶皱带，如阿尔卑斯的侏罗山（Jura mountain）（第三卷图 4.48），主要岩性为浅海相碳酸盐岩和碎屑岩系。变形构造主要为隔挡式或隔槽式褶皱，称为侏罗山式褶皱（图 5.7；第三卷图 8.45）。

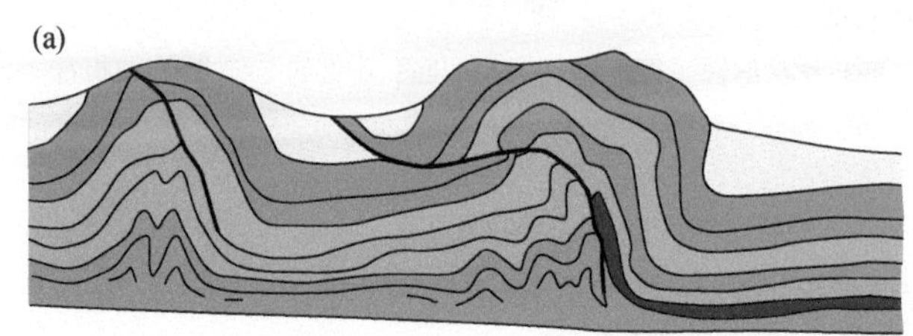

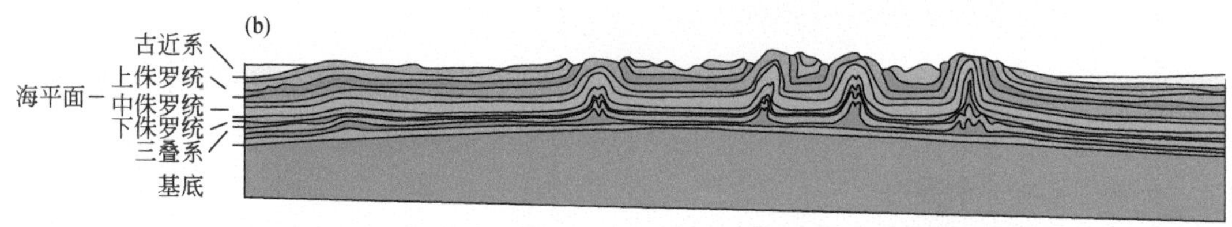

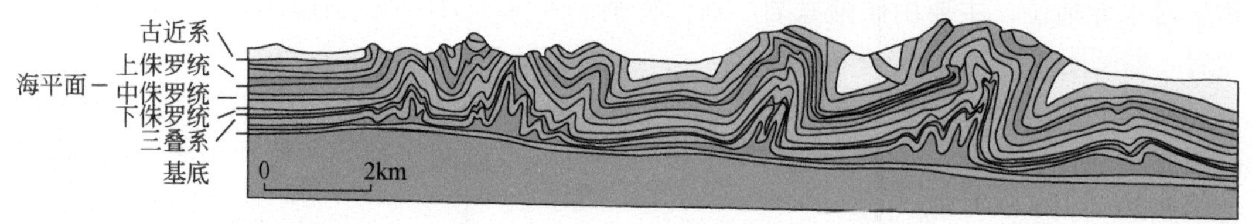

图 5.7 前陆褶皱带相剖面图

（a）侏罗山东部剖面图（据李继亮，1992a）；（b）侏罗山北部剖面图（据 Ramsay and Huber，1987；转引自 Johnson and Harley，2012）

3. 活化盖层相

俯冲陆块的沉积盖层在碰撞作用过程中，下降到变质等温线以下，发生变质作用，形成活化盖层相。这些变沉积岩通过后来的冲断作用而就位于地表。岩石组合主要为千枚岩、板岩、大理岩、片岩，特别是亮片岩等。其主要变形构造为冲断构造，形成各种冲断席（图 5.8），也出现韧性变形，在剪切带出露千糜岩，或形成小型揉皱及膝褶构造（参阅第三卷第 2 章 2.1 节）。活化盖层也有指时意义，即最早矿物变形年龄晚于碰撞事件，可作为碰撞事件时代的上限。

5.2.4 主剪切带相类

碰撞造山带中，脆性、韧－脆性和韧性剪切带非常常见。一般每条造山带总会发育

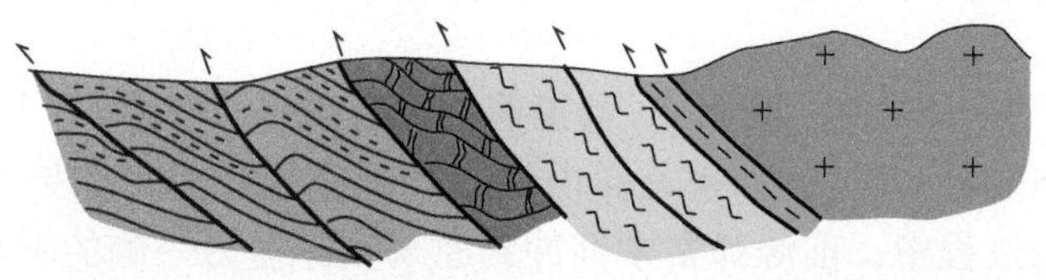

图 5.8　活化盖层相剖面图（滇西澜思公路）（据李继亮，1992a）

一或两条起控制作用的剪切带，造成大规模的薄皮构造（见第三卷第 8 章 8.4 节）和壳内低速带，称之为**主剪切带**（primary shear zone）。

1. 前陆主剪切带相

在俯冲陆块或岛弧的前陆带出露，向后陆方向缓缓延伸到下地壳乃至莫霍面的主剪切带，称为前陆主剪切带相。这种剪切带在地壳浅部由脆性剪切的碎裂岩组成，在10～20km深度形成糜棱岩带，更深部位则出现高级别糜棱岩及眼球状和条带状片麻岩（图 5.9）。剪切带的扩容作用会造成壳内低速带，而剪切热会引起岩石的熔融作用和混合岩化作用。剪切带内部发育剪切带的各种变形标志（参阅第三卷第 7 章）。

前陆主剪切带往往比碰撞事件晚，因而带内由剪切造成的重结晶矿物的变质年龄也可以作为碰撞事件时代的上限。

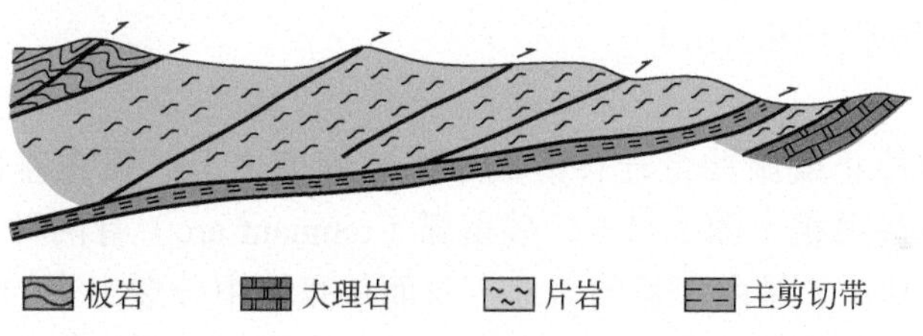

图 5.9　前陆主剪切带相剖面图（据李继亮，1992a）

2. 剪切穹窿带相

在碰撞造山带中常常出现一些伴有混合岩化的变质岩穹窿。以往常把它们作为岩浆底辟作用的产物。但是，这类穹窿为韧性剪切带所围限，发育韧性剪切带的各类标志，形似大型鞘褶皱，有些表现出变质核杂岩（MCC；参阅第三卷第 10 章）的特征。例如，在喜马拉雅造山带北侧、江西潘阳剪切带的星子杂岩（李继亮，1992a），以及大别山造山带均可见到。剪切穹窿往往发育于造山带核心部位。碰撞造山带中的这类剪切穹窿发育是否具有普遍性、其发育机理和规律尚不清楚，有待研究。为了引起重视，这里作为一个构造相划分出来。

5.2.5　岩浆弧相类

在碰撞造山带中，弧占有重要位置。所以，把各类岩浆弧、残留弧等统称为岩浆弧相类。

1. 前缘弧相

无论是洋内俯冲，还是洋－陆俯冲，碰撞前仍在活动的地幔楔之上的火山弧或岩浆弧，统称为**前缘弧**（frontal arc）。如果是洋内弧，其基底是洋壳；如果是陆缘弧，其基底是陆壳。碰撞作用过程中，前缘弧常常仰冲到原来在洋盆另一侧的被动大陆边缘之上，同时会被自身弧后盆地后侧的大陆所仰冲，有的表现为仰冲基底推覆体（图 5.10）。

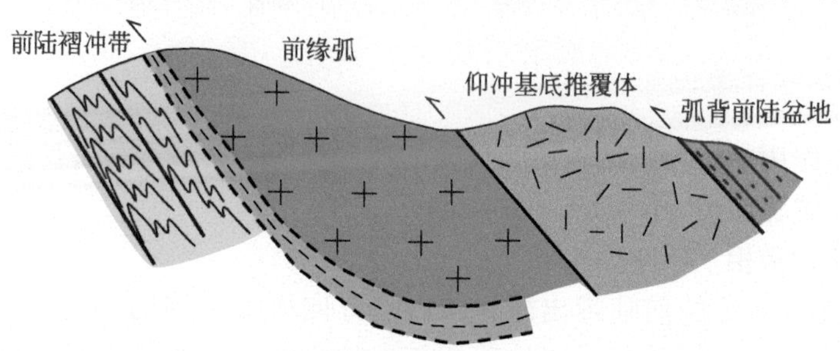

图 5.10 前缘弧相剖面图（据李继亮，1992a）

前缘弧的主要组成岩石是钙碱性火山岩和深成花岗岩类，含少量海相或陆相沉积盖层。需要指出的是，前缘弧主要为 I 型花岗岩，但在靠近海沟一侧也常出现 S 型花岗岩，构成双花岗岩带。

造山带中的弧地体会被各种冲断构造、推覆构造和滑脱构造肢解，花岗岩推覆体底部往往发育韧性剪切带（图 5.10）。

2. 残留弧相

由于俯冲作用停止或俯冲带迁移造成原来地幔楔之上的弧在碰撞之前已经停止活动，这类弧称为**残留弧相**（图 5.11）。残留弧（remnant arc）有两种类型：一是前一期的弧现在停止了活动；二是由于弧间盆地扩张而从弧体中分裂出来的不再活动的那部分弧体。残留弧与大陆之间可以发育弧后盆地，而与前缘弧之间会发育弧间盆地（inter-arc basin）。弧间盆地也可以产生大洋型地壳，因而碰撞后呈构造混杂带出现，其岩石－构造组合类似于弧后混杂带相。

残留弧相由拉出的陆壳基底或洋壳基底和盖层岩石，以及弧火山岩和侵入岩构成，含有少量陆相或海相沉积盖层。残留弧与围岩常呈冲断构造接触，内部常发育各种冲断、推覆构造等，常见韧性剪切变形（图 5.11）。

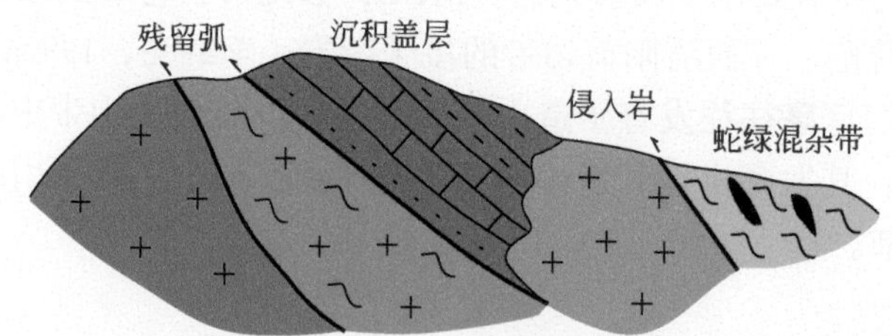

图 5.11 残留弧相剖面图（据李继亮，1992a）

3. 增生弧相

形成于增生楔和蛇绿混杂带上的弧称为**增生弧**（参阅第 2、4 章；附录 1 问题 8），

这是由于随着俯冲带逐渐向大洋方向后退，形成宽阔的增生楔，同时导致弧岩浆作用逐渐向大洋方向跃迁，而在增生楔上形成弧。增生弧捕获了原来弧前盆地和增生楔的许多岩块，成为花岗岩顶垂体（第一卷图 4.17、图 4.18），顶垂体岩性多种多样，有各种镁铁质和超镁铁质岩、深海硅质岩，也有弧前盆地或海沟沉积的复理石等（图 5.12），大的顶垂体中可保留原来的冲断构造和杂乱构造等。增生弧的基底和围岩为增生楔和混杂带物质，造山带中呈侵入接触或构造接触。新疆中部天山冰大坂以南的和硕到库尔勒广泛地出露了这种增生弧构造相。增生弧的形成机理还有许多有待研究空间（参阅第 4 章）。

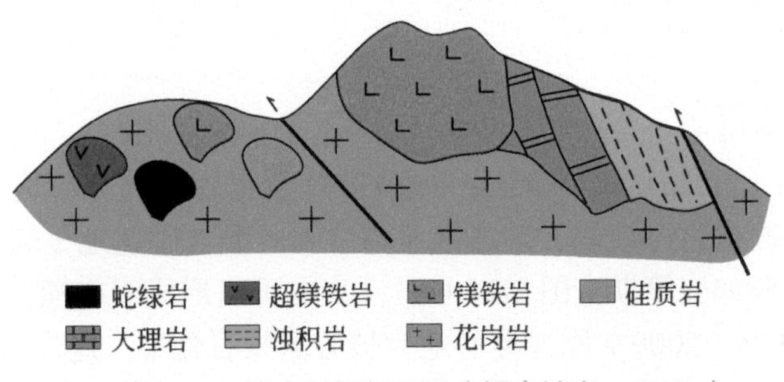

图 5.12　增生弧相剖面图（据李继亮，1992a）

5.2.6　磨拉石盆地相类

磨拉石不仅代表一套岩石组合，更是构造术语，蕴含了丰富的构造内涵，可以提供造山过程的许多信息，特别是前陆盆地的磨拉石（侯泉林等，2018）。碰撞事件发生后，随着洋壳的消亡和冲断作用的持续进行，沉积环境逐渐发生改变，由碰撞前的复理石沉积逐渐过渡为碰撞过程中的磨拉石沉积。在碰撞造山带的不同位置会发育不同类型的接受磨拉石沉积的盆地，称为**磨拉石盆地**（molasse basin），尤其是发育于前陆褶皱冲断带上的原前陆磨拉石盆，具有重要造山时限意义。

1. 前陆磨拉石盆地相

在前陆地区最宜于形成磨拉石盆地，这是由于前陆褶皱冲断带前缘挤压升高，稍后地区弹性下弯（elastic down bending），从而造成盆地，即为前陆磨拉石盆地。按其发育位置，有两种类型：位于下行板块一侧的前陆盆地称为**原前陆盆地**（pro-foreland basin），或周缘前陆盆地，一般不作专门说明的“前陆盆地”通常指该类前陆盆地，贯穿于整个碰撞造山作用过程；位于上行板片弧后位置的前陆盆地称为**弧背前陆盆地**（retro-arc foreland basin），它可以形成于俯冲阶段，也可以形成于碰撞阶段（参阅第一卷图 3.28 ～图 3.30）。瑞士的前陆磨拉石盆地［参阅图 3.7（c），图 5.2、图 5.13］和我国湖北的荆鄂盆地等是典型的原前陆盆地。

前陆磨拉石盆地的主要充填物是磨拉石，下部为海相细碎屑沉积（如台湾海峡），上部为陆相粗碎屑沉积（参阅本章 5.5 节；附录 1 问题 16）。前陆盆地是典型的挤压型盆地，边缘具有冲断和褶皱构造（图 5.13；第一卷图 3.31）。前陆盆地是重要的大地构造相单元，具有指时意义，原前陆磨拉石盆地中最早的磨拉石沉积可指示碰撞事件时代的上限（附

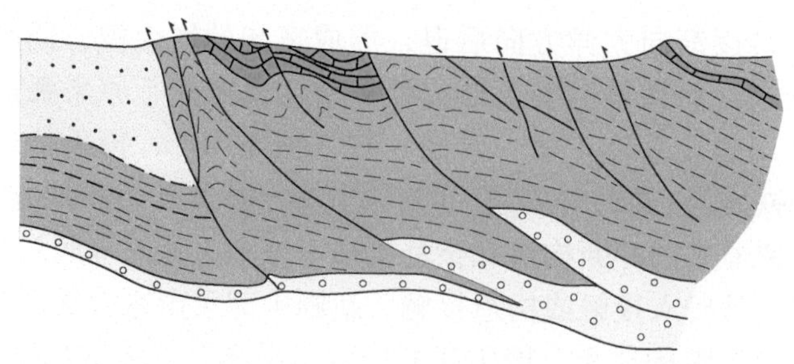

图 5.13 前陆磨拉石盆地相剖面图（瑞士苏黎世—陆岑公路；据李继亮，1992a）

录 1 问题 17）。

2. 后陆磨拉石盆地相

后陆磨拉石盆地（hinterland molasse basin）是指在俯冲和碰撞造山过程中，形成于后陆（腹陆）或仰冲活化（结晶）基底推覆体之上的磨拉石盆地（表 5.1，图 5.14）。它可以形成于俯冲阶段如安第斯［图 5.14（a）］，也可以形成于碰撞作用过程［图 5.14（b）］。李继亮（1992a，2009）称这类盆地为核心磨拉石盆地。这种盆地可以是海相 - 陆相碎屑沉积。盆地边界可以是冲断断层，也可是正断层；盆地基底可为弧体岩石、蛇

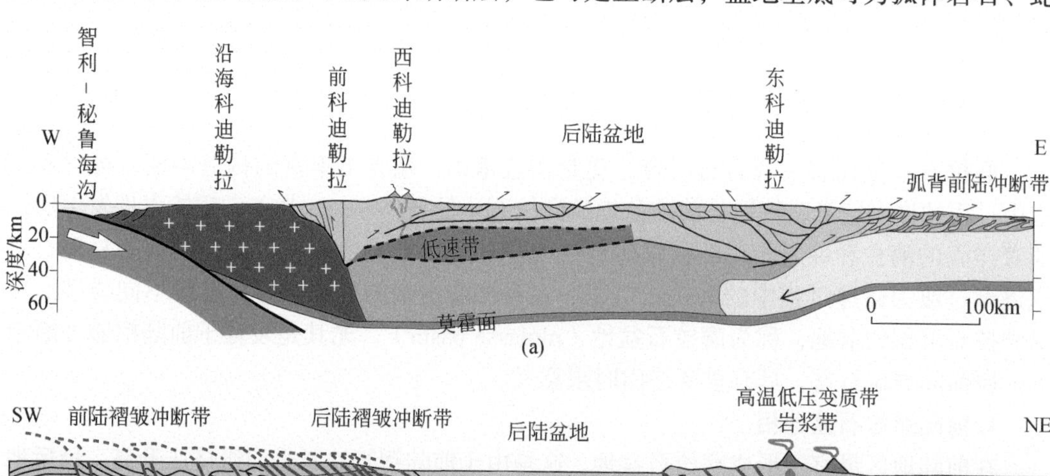

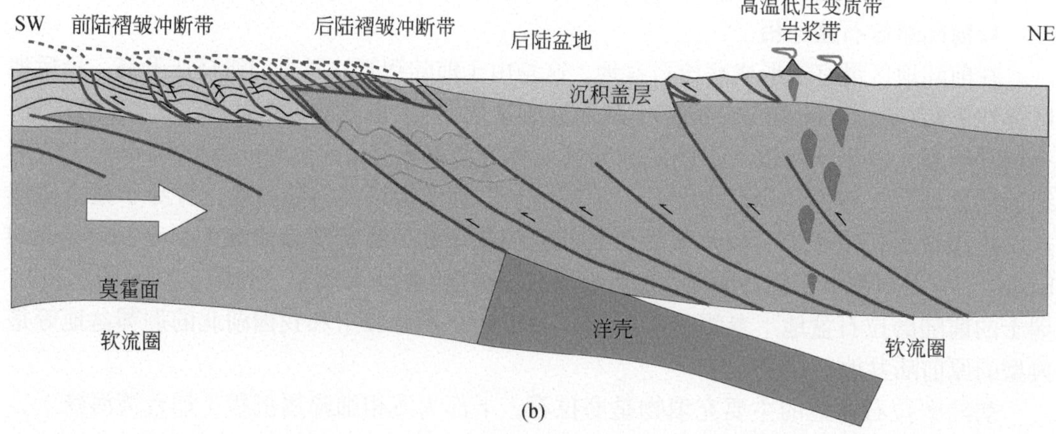

图 5.14 造山带后陆盆地及相邻单元剖面图示

（a）安第斯剖面（垂向比例放大 1.5 倍；据 Lomize，2008；Horton，2012）；（b）扎格罗斯（Zagros）造山带剖面（据 Sarkarinejad and Ghanbarian，2014）

绿混杂岩或结晶冲断席。国内也发育诸多此类盆地，如西藏南部塔库拉盆地（Yin and Harrison，2000）、云南西部的剑川盆地和元江西岸的绿春盆地（李继亮，1992a）。这类盆地的研究程度还不高，多有争议，许多地质特征还有待进一步揭示和总结。

3. 刚性基底磨拉石盆地相

在碰撞造山作用过程中，由于刚性基底快速仰冲，在其后缘引起张裂或走滑引张引发的一种张性磨拉石盆地。李继亮（1992a）称之为后陆磨拉石盆地，但因其并非位于后陆（腹陆）位置，而是位于仰冲陆块后缘的原地刚性基底之上，故这里称其为**刚性基底磨拉石盆地**［表 5.1，图 5.15（a）］。盆地的边界大都为正断层，呈地堑或半地堑构造，沉积物主要是砾岩、砂岩和泥岩，沉积在冲积扇、河流、河湖三角洲和湖泊等环境中。这种盆地作为造山带的大地构造相来研究还不多见，尚无成熟的研究实例。

碰撞造山带大地构造相分析方法对于造山带的识别、极性和碰撞时限具有重要作用，可以作为碰撞造山带研究的基本单位，并用以推断地质记录中缺失了的部分。然而，依据活动论的基本科学思想，全球造山带各种各样，没有决定论的统一格式，不同的碰撞造山带可能增加或减少某些大地构造相。例如，阿尔卑斯造山带并未找到同期岩浆弧相类，尽管该造山带可能是大陆与残留弧的碰撞；再如，有些造山带如大别 - 苏鲁造山带、敦煌造山带等有高压甚至超高压变质杂岩出露，但有些造山带却没有。因此，既要充分认识和正确理解碰撞造山带大地构造相分析方法在造山带研究中的重要作用，又不能绝对化和教条化。

5.3 碰撞造山带大地构造相模式及应用

5.3.1 大地构造相模式

前已述及，建立大地构造相分析方法的目的就是通过与阿尔卑斯等经典造山带的对比，在中国的造山带中划分大地构造单元。为了便于运用，把这些单元放在剖面和平面图上，分别建立碰撞造山带大地构造相的剖面和平面模式图。

1. 剖面模式

李继亮（2009）以五台山造山带的大地构造相组成为原型，建立了碰撞造山带大地构造相剖面模式。以此为基础，结合阿尔卑斯造山带、喜马拉雅造山带等综合成了碰撞造山带大地构造相剖面模式图［图 5.15（a）］，尽可能多地反映碰撞型造山带的大地构造相单元。为了便于理解碰撞过程，大致恢复碰撞前模式［图 5.15（b）］。如果是增生型造山带，只要把弧前增生楔混杂带拓宽，再把增生弧火成岩添加上去，再多画 1 ～ 2 条蛇绿岩带就可以了。模式剖面是比较理想情况下的大地构造相排序剖面。实际上，造山带因复杂的构造几何学、运动学的不同而千变万化，即使在同一造山带走向上的不同部位也会有很大差别，但其大地构造相的基本结构不会改变。

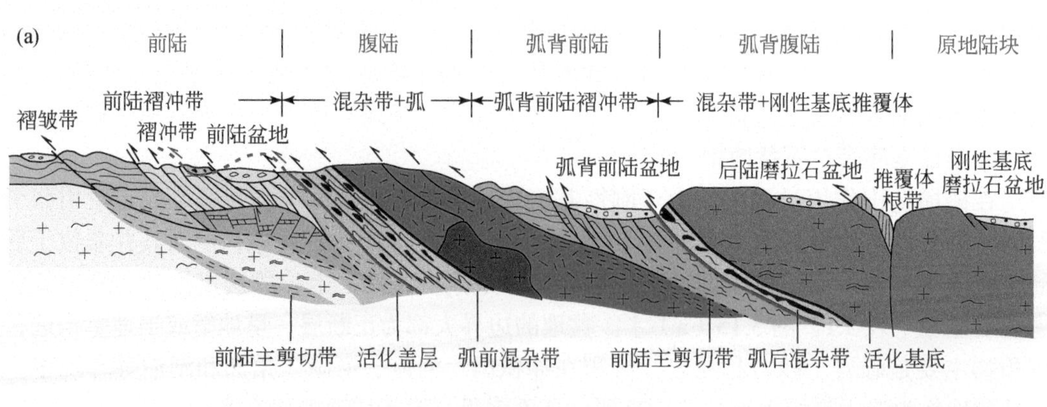

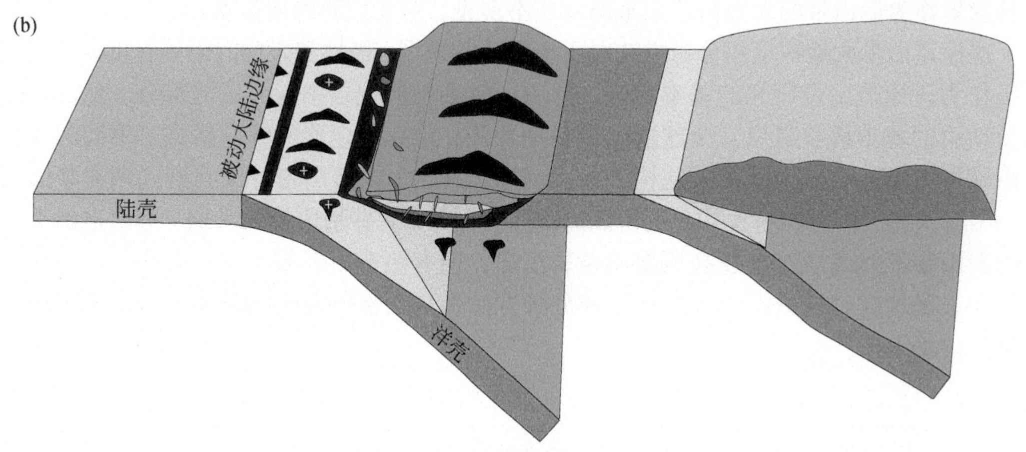

图 5.15 碰撞造山带大地构造相剖面模式图及复原模式图

（a）碰撞造山带大地构造相剖面模式图（据李继亮，2009 修改）。（b）复原模式图。注意：混杂带岩石可能以推覆体方式覆于前陆带之上；“弧背前陆褶冲带”形成于碰撞阶段；未见弧后混杂带对应的弧，阿尔卑斯造山带即如此

值得注意的是，混杂带岩石经常以推覆体飞来峰形式逆冲于前陆冲断带之上［图 5.15（a）］，野外往往会看到多条混杂带岩石与前陆带岩石的接触带，造成有多条缝合带的错觉，如喜马拉雅造山带（图 3.3）；有的造山带，仰冲基底推覆体会逆冲于混杂带之上，有时也表现为飞来峰，如阿尔卑斯造山带［图 3.4（c）、图 3.7］；有的弧后 - 陆碰撞造山带并不发育对应的岩浆弧和火山弧（图 5.13），如阿尔卑斯造山带，其中原因还不十分清楚，也许是弧后盆地太窄，俯冲闭合过程短而未来得及形成弧。另外，在第一卷中有关弧背前陆褶冲带是发育于俯冲阶段（第一卷图 3.28、图 3.29 下）和弧前 - 陆碰撞阶段（第一卷图 3.30），而图 5.15 中的“弧背前陆褶冲带”是在弧后（相当于被动陆缘）与大陆碰撞作用过程中发育起来的。按说，这三种情况在名称上应予以区分，但现在还没有更好的称谓，这里暂先如此处理。还有，图 5.15 中的“原地陆块”应属于弧后前陆，但因图中弧后混杂带对应的弧没有发育，为了避免混乱，暂标为“原地陆块”。

2. 平面模式

按照碰撞造山带大地构造相分析方法可以清楚地表达造山带的结构。李继亮（1992b）绘制了中国东南地区的元古宙、早古生代、三叠纪和白垩纪四个时期的碰撞造山带大地

构造相平面模式图（图 5.16）。每个造山带都剥去了后期的盖层。如果不同时代的大地构造相重叠了，也就是说新时期的构造相覆盖了更老时代的构造相，那么就把新的表示出来，这样并不影响较老时代大地构造相的几何图形（图 5.16）。运用大地构造相分析方法，许靖华等（1998）编绘了《中国大地构造相图》；李继亮（1999）编绘了《中国板块构造图》，均比较清晰地展示了造山带各构造相单元及其相互关系。

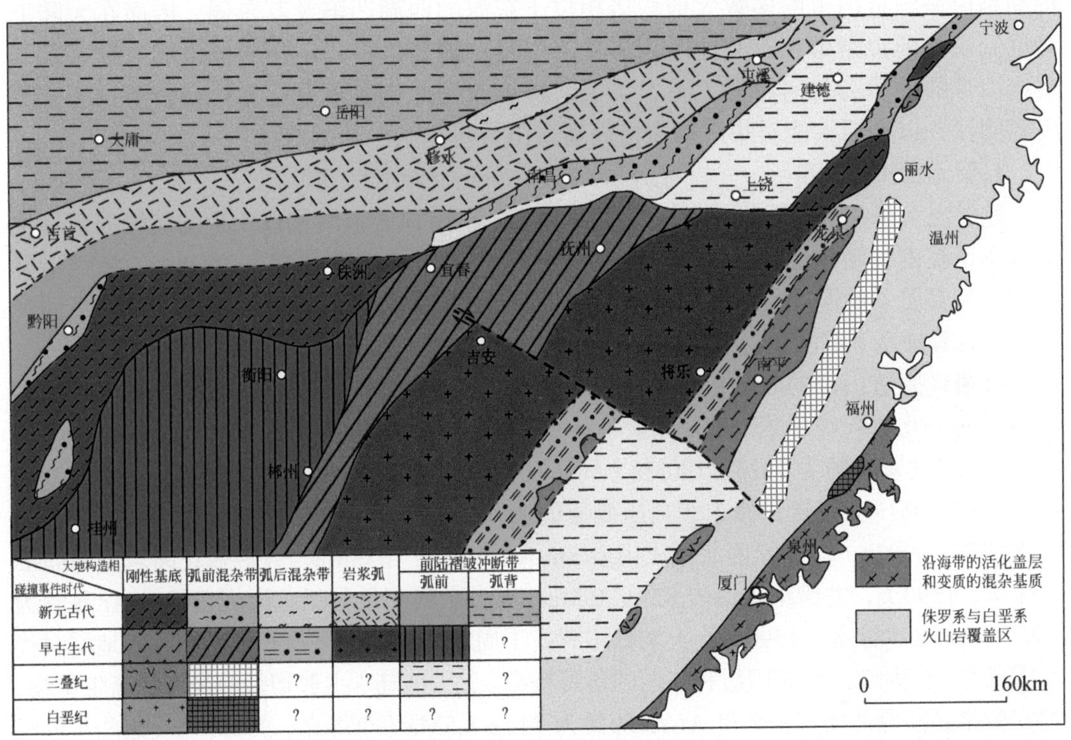

图 5.16　中国东南地区不同时代造山带大地构造相平面模式图（据李继亮，1992b，2009 修改）

5.3.2　大地构造相在我国东南地区的应用

我国东南地区以其丰富的矿产资源而驰名，是我国地质学研究开展较早、研究程度较高的地区。然而，有关我国东南地区大地构造方面长期以来存在争议。例如，20 世纪 70 年代以来，对扬子地区属于地台、准地台或稳定陆块，分歧不大；对扬子陆块以南地区，则有江南复背斜、加里东褶皱带（黄汲清等，1980；任继舜等，1990），江南陆地造山带（任继舜等，1990），浙闽沿海造山带（张文佑等，1974），弧沟体系（郭令智等，1980，1986），不同时代的碰撞造山带（许靖华，1980；许靖华等，1987；李继亮，1992a；李继亮等，1993），近些年来又有拗拉槽及板内造山带等观点出现。

20 世纪 80 年代，针对我国东南地区是否存在阿尔卑斯型碰撞造山带问题开展了一系列研究工作，取得了一系列研究成果（许靖华，1980；许靖华等，1987；Hsü *et al.*，1988，1989；李继亮等，1989，1993；李继亮，1992a，1992b），特别是许靖华

等（1987）明确提出“是华南造山带而不是华南地台”。李继亮等（1993）运用碰撞造山带大地构造相分析方法，在东南地区划分出了四条不同时代的碰撞造山带（李继亮，1992b；图 5.16）。从图 5.16 中可以看出，根据现有资料水平，新元古代和早古生代的造山带大地构造相可以识别出 5 ～ 6 个相，比较清楚地表达了陆 - 弧 - 陆碰撞造山带的概况；但是三叠纪和白垩纪的两个时期的碰撞造山带只能识别出 2 ～ 3 个大地构造相，特别是白垩纪造山带的多数大地构造相位于东海的西湖凹陷及其东侧，因而在大陆上只见到了弧前混杂带相，其他的相还缺乏资料，需要进一步工作，但也能大致展示这些造山带的性质和几何轮廓（图 5.16）。这里仅据此作简单介绍，可结合附录 2 有关内容阅读，以期后人能对华南构造格局和造山带研究做出新的成就。

1. 新元古代造山带

蛇绿混杂带相类是造山带识别的重要标志。东南地区该时代造山带的蛇绿混杂带主要分布于皖南和赣东地区，混杂带时代为 1050 ～ 959Ma（李继亮，1992b），浙江诸暨该时代为变质了的混杂带。前陆褶皱冲断带遭受了变质作用，尚缺乏详细研究。浙西和皖南可见震旦系下部沉积物充填的前陆盆地。

根据碰撞造山带的时限标志（见第 3 章 3.3 节），下限标志有：①混杂带中蛇绿岩年龄，赣东北弧前蛇绿岩 Nd 同位素年龄为 929 ± 33Ma（徐备，1990）；弧后的伏川蛇绿岩 Nd 同位素年龄为 1024 ± 190Ma（周新民与李继亮个人通信，1989 年）。②与俯冲作用有关的高压变质岩，赣东北高压变质的蓝片岩的蓝闪石 Ar-Ar 年龄为 799.3 ± 9.2Ma（李继亮，1992b）。③赣西北弧火山岩 Sm-Nd 年龄为 1038Ma，九岭弧花岗岩为 900Ma（徐备，1990），井潭组火山岩 829 ± 36Ma，安徽东南部歙县弧花岗岩云母 K-Ar 年龄为 769 ～ 768Ma（徐备，1990）。上限标志有：①周缘前陆盆地磨拉石最早的沉积地层时代为震旦纪，如浙江的骆家门组和江西的落可栋组。②（前陆）主剪切带中最早的新生矿物，如安徽歙县韧性剪切带白云母 Ar-Ar 年龄为 747 ± 8.5Ma（李继亮，1992b）。这些年龄数据可大致把造山带碰撞事件大致限定在 760Ma 左右。具体造山带时代确定还需要其他方面的证据。

2. 早古生代造山带

浙江建瓯一带发育含 423Ma 蛇绿岩块的混杂带（李继亮，1992b），其前陆褶皱冲断带相出露于湘东地区，震旦系—志留系的海相地层呈线性褶皱和逆冲双重构造展现。赣西井冈山地区和赣南可见泥盆纪的前陆盆地。

造山带时代下限标志有：①变质为阳起石片岩的玄武岩年龄为 650.9Ma，绿片岩 U-Pb 年龄为 423 ± 8Ma。②前陆带变质的复理石地层，弧后最晚的是奥陶纪—志留纪的变质碎屑岩，弧前的前陆带中最晚的复理石地层为 S_1 的周家溪群碎屑岩，部分轻微变质（李继亮，1992b）。③弧火山岩年龄为 553 ～ 407Ma；弧花岗岩年龄为 558 ～ 426Ma（李根坤和林亨才，1990）。上限的时代标志有：①周缘前陆盆地最早的磨拉石沉积为中泥盆统跳马涧组和云山组。②前陆主剪切带剪切热熔融成因的混合岩年龄为 418 ～ 355Ma（孙明志和徐克勤，1990）。③活化盖层相的变质年龄为 407 ～ 361Ma。这些资料暗示早古生代造山作用的碰撞事件发生于 420Ma 左右（李继亮，1992b）。近年来，发现钦杭结合带中 421.9 ± 7.8Ma 的变辉长辉绿岩，认为可能代表了从新元古代至早古生代的混杂带（朱安汉等，2016）。

3. 三叠纪造山带

浙江青田县二叠系鹤溪群中有构造侵位的超基性岩冲断岩席，建瓯一带也有晚古生代混杂带发现，暗示了晚古生代—早中生代的造山作用。在浙西和闽西南地区，上古生界到下三叠统海相地层褶皱冲断，构成了前陆褶皱冲断带（图 3.16；第三卷图 8.23）（肖文交，1995；侯泉林等，1995）。在闽西南可见中—晚三叠世和侏罗纪的周缘前陆盆地。

东南地区三叠纪造山带碰撞时限的最好标志是闽西南前陆冲断带中最年轻的被动大陆边缘地层，其为早三叠世溪口组的浊积岩和平流岩（contourite），而早三叠世晚期的溪尾组则为前陆盆地的磨拉石沉积，因此其碰撞事件应发生于溪口组与溪尾组形成时代之间，约 240Ma（侯泉林等，1995）。

4. 白垩纪造山带

福建莆田长基、泉州桃花山和平潭岛一带，超基性岩块和基性岩块在沿海变质带中构造侵位，构成弧前混杂带相，年龄为 500 ～ 400Ma 的基底岩石仰冲其上，T_3—J_3 遭受变质（李继亮，1992b）。其前陆褶皱冲断带和前陆盆地缺乏足够证据，可能被火山岩覆盖。总之，白垩纪造山带的证据还需进一步加强。

此外，东南地区发育若干条大型剪切带，如潘阳 - 星子带、九岭带、武功山带、赣东北带、江山 - 绍兴带、八都带、龙泉 - 建瓯带和闽粤沿海带等，构成了各造山带的主剪切带，但如何与相应造山带对应还有不同看法。

需要说明的是，以上主要是根据李继亮（1992a，1992b）资料，介绍如何运用大地构造相分析方法分析造山带，乃至区域构造格局，并非论证东南地区的构造格局和造山带演化，因为尤其近些年有关华南、东南地区的资料非常多，这里并未全部囊括和涵盖。

5.4　全球大地构造相简介

5.4.1　全球大地构造相类型和特征

前面讨论了碰撞造山带大地构造相。碰撞造山带毕竟只是地球表面的一种大地构造单元，尽管它是地球上最复杂构造单元，但是无法代替地球表面的所有大地构造环境。Hsü（1995）在《瑞士地质学》的第 14 章中讨论了全球大地构造相（globe tectonic facies），所涉及的仍然只是世界各地的造山带。Robertson（1994）发表了有关东地中海地区特提斯构造域大地构造相的论文，把该地区具有大地构造规模的相都包括了进来。这是一种现存大地构造环境分析，具有全球大地构造相的思路，但在一些大地构造相归属上有些混乱。李继亮（2009）明确提出了全球大地构造相思路，试图用大地构造相方法分析全球构造，但未见后来更深入的讨论。本节以此为基础，结合作者多年来的教学实践，以列表方式简要归纳全球范围内各类构造环境下大地构造相的类型和特征，并尽可能提供些简单实例，同时探讨其可能成矿类型（表 5.2 ～表 5.6）。该归纳尚欠全面和深入，仅为读者提供一种思路和方法。

表 5.2 离散板块边缘有关的大地构造相

大地构造相	特征	实例	成矿作用类型（金属组合）	备注
超慢速扩张洋脊（14 ～ 16mm/a；现占约 27%）	岩浆供给极为有限，多缺失岩浆房，洋壳薄，以发育大洋核杂岩（oceanic core complex，OCC）和大洋拆离断层为特征，岩墙群不发育，大洋岩石圈地幔可直接出露于洋底，并发生韧性变形；洋脊由岩浆段与无岩浆段共同组成，常见辉长 - 辉绿岩侵入地幔岩现象；地幔熔融程度低，大洋橄榄岩亏损程度低，主要为二辉橄榄岩	北冰洋加克利脊；西南印度洋	塞浦路斯型（Cyprus-type）火山块状硫化物（VMS）矿床（Cu、Zn、Pb、Fe、Mn）；含金属沉积物（Cu、Zn、Au、Ag、Ba、Fe、Pb ± Co）	从超慢速扩张到快速扩张是个渐变关系，在此过程中大洋核杂岩与岩浆房呈消长关系；整体发育 MOR 型蛇绿岩、含金属的洋底沉积物、蛇纹大理岩，上覆深海碳酸盐岩及硅质岩；发育张性构造；参阅第一卷图 3.12
慢速扩张洋脊（16 ～ 55mm/a；现占约 26%）	岩浆供给有限，岩浆房存在时间短而不稳定，规模小，岩墙不甚发育，洋壳薄，大洋岩石圈地幔可直接出露于洋底，并发生韧性变形；洋脊轴部为巨大的中央裂谷系，断层与裂隙系统发育完整，经常发育大洋核杂岩和拆离断层；地幔熔融程度低，地幔岩主要为二辉橄榄岩和方辉橄榄岩，大洋橄榄岩中发育辉长岩侵入体	大西洋中脊		
中速扩张洋脊（55 ～ 80mm/a）	介于快速扩张与慢速扩张之间，有一定的岩浆供给，发育岩浆房和岩墙群；地幔亏损程度中等，地幔岩主要为方辉橄榄岩	太平洋脊（N21°）；印度洋中脊		
快速扩张洋脊（80 ～ 180mm/a）	岩浆供给充分，发育长期稳定的岩浆房及岩浆供给系统（岩墙群），洋壳较厚，发育完整的洋壳结构；洋脊轴部为中央隆起；地幔熔融程度高，地幔岩亏损程度高，主要为纯橄岩和方辉橄榄岩	东太平洋隆 S25° ～ 35° 段		

表 5.3 转换板块边缘有关大地构造相

大地构造相	特征	实例	成矿作用类型（金属组合）	备注
转换断层（transform faul；洋壳破裂带，fracture zone）	因走滑作用（包括走滑挤压或走滑引张）使洋壳岩石表现为碎裂岩或糜棱岩，局部发生旋转；可形成走滑拉分盆地，发育喷发岩和粗的塌积岩夹层；水下出露的超镁铁岩发生蛇纹大理岩化；洋壳破裂带是远离扩张脊的残余转换断层	塞浦路斯的南特鲁多斯转换断层；土耳其西南部特吉罗瓦带；布兰可断裂［胡安 • 德富卡（Juan de Fuca）板块与太平洋板块的边界］；纳斯卡洋壳破裂带	与转换断层和洋壳破裂带低温热液活动有关的沉积块状硫化物矿床（Cu-Zn、Au、Ba-Fe-Mn），如布兰可转换断层；与转换断层有关的硬岩表面的 Fe-Mn 氧化物沉淀，如沿中大西洋转换断层和破裂带分布的 Fe-Mn 氧化物	没有新的物质生成；大洋岩石圈物质被走滑作用改造，形成各类构造岩（脆性和韧性）；参阅第一卷图 3.17、图 3.18、图 3.21

表 5.4　汇聚板块边缘有关的大地构造相

大地构造相	特征	实例	成矿作用类型（金属组合）	备注
海沟盆地（trench basin）	主要为伸展性盆地，盆内主要由增生楔物质循环再沉积形成的浊积岩系构成的复理石；可以有远距离搬运的浊流沉积物、半深海泥质沉积和远洋沉积物，也可见远源漂移的火山灰沉积；沉积物不断被俯冲和构造搬运	秘鲁海沟；千岛-堪察加海沟；阿留申海沟；日本海沟；俄勒冈海沟		参阅第一卷第 3 章 86 页，图 3.36、图 3.52、图 3.53
增生楔（accretionary wedge）	以大洋板块地层（OPS）为主要的岩石组成，同时发育连续单元和混杂单元包括洋壳残片和各类增生地体，典型特征是基质夹岩块（block-in-matrix）；以叠瓦状逆冲推覆系为基本的构造格架；碰撞后进入造山带腹陆	美国西海岸加利福尼亚州弗朗西斯科杂岩带；日本四十万增生楔；伊朗-巴基斯坦南部的马卡兰增生杂岩带	造山型脉状金矿（Au、W、Sb、As、Bi）；其他网脉或单脉状矿（Au、Ag、Cu、Pb、Cr、Ni、Zn、Mo、Sn、W、P、U）	参阅附录 1 问题 1；第一卷图 3.38、图 3.39、图 3.44，73、81 页
弧前盆地（fore-arc basin）	发育在海沟坡折到岛弧岩浆轴之间、基底可能为洋壳、增生杂岩或陆壳；沉积环境多种多样，从深水相到陆相均可发育，包括碳酸盐岩、硅质碎屑岩和（或）火山碎屑岩；弧和（或）增生楔为其主要物源区	马里亚纳弧前盆地；巽他弧前盆地；美国西海岸大峡谷盆地	砂矿（磁铁矿、钛磁铁矿）	参阅第一卷图 3.24、图 3.26、图 3.28、图 3.51、3.62、图 3.63，92 页
大陆弧后盆地（continental back-arc basin）	由于俯冲作用导致弧后陆壳基底发生伸展作用，可能造成基底结晶岩系的抬升和剥蚀，一般为陆相沉积	晚三叠世—早侏罗世时期的美国科迪勒拉；冲绳海槽	Kuroko 型 VMS 矿床（Zn、Pb、Ag、Au）；MVT 型矿床（Pb、Zn ± Ba ± F）；SEDEX 型矿床（Pb、Zn ± Cu ± Ag ± As ± Bi）；卡林型金矿（Au、As ± Sb ± Hg）；浅成热液矿床（Au、Ag）；造山型金矿（Au、As、Sb）；铁氧化物 Cu-Au（iron oxide copper-gold，IOCG）矿床（Fe、Cu、Au、U ± REE）；铁建造（banded iron formation，BIF）（Fe ± P）	参阅第一卷 101 页，图 3.26
大洋弧后盆地（oceanic back-arc basin）	一般为伸展性盆地；分为两种情况：洋内弧后盆地主要以远洋硅质岩沉积为主，在靠近岛弧的位置可出现浊积岩、凝灰岩、碳酸盐岩、滑塌堆积等沉积；俯冲消减作用造成弧后拉张生成洋壳、洋内弧构造圈闭	俯冲消减弧后拉张：缅甸南部阿曼达海、日本海；洋内弧构造圈闭：白令海	Besshi 型 VMS 矿床（Cu、Zn、Pb、Ag、Au）	参阅第一卷 101 页，图 3.28、图 3.25、图 3.36
弧间（内）盆地［inter（intra）-arc basin］	在近地壳表层拉张的情况下，火山弧本身会发生裂离，形成弧间盆地或弧内盆地，可以是陆相，也可以是海相；两侧的弧为其主要物源区	菲律宾海的帕里西维拉盆地和马里亚纳海盆	VMS 矿床（Cu、Zn、Pb、Ag、Au）	参阅第一卷图 3.28

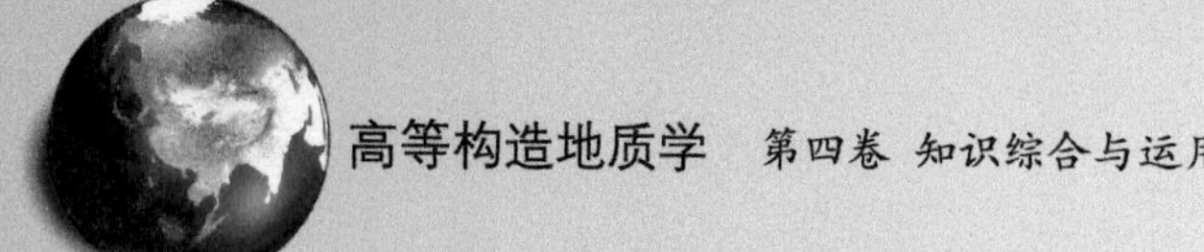

续表

<table>
<tr><th>大地构造相</th><th>特征</th><th>实例</th><th>成矿作用类型（金属组合）</th><th>备注</th></tr>
<tr><td>前缘弧
（frontal arc）</td><td>无论是洋内俯冲，还是洋－陆俯冲，碰撞前仍在活动的地幔楔之上的火山弧或岩浆弧；如果是洋内弧，其基底是洋壳；如果是陆缘弧，其基底是陆壳；主要为岛弧拉斑系列和钙碱系列玄武岩和玄武安山岩，其次为分离程度更高的喷出岩和火山碎屑岩，少量浅水或陆相凝灰质沉积</td><td>马里亚纳弧、阿留申弧中部；日本岛弧</td><td rowspan="2">斑岩矿床（Cu、Au ± Mo）；
与斑岩有关的浅成热液矿床（Au、Ag、As、Hg ± Pb-Zn）；
夕卡岩型矿床（Fe、Cu、Au、Zn、Pb、Ag）；
造山型金矿（Au、As、Sb）</td><td>参阅第一卷图 3.34（a）、（b）、图 3.36</td></tr>
<tr><td>残留弧
（remnant arc）</td><td>由于俯冲作用停止或俯冲带迁移造成原来地幔楔之上的弧在碰撞之前已经停止活动的弧，有两种类型：一是前一期的弧现在停止了活动；二是由于弧间盆地扩张而从弧体中分裂出来的不再活动的那部分弧体；残留弧与大陆之间可以发育弧后盆地，而与前缘弧之间会发育弧间盆地；由拉出的陆壳基底或洋壳基底和盖层岩石以及弧火山岩和侵入岩构成，含有少量陆相或海相沉积盖层</td><td>九州－帕劳</td><td>见第 5 章第 2 节，图 5.11</td></tr>
<tr><td>增生弧
（accretionary arc）</td><td>形成于增生楔和蛇绿混杂带上的弧；它往往捕获原来弧前盆地和增生楔的许多岩块，成为弧花岗岩顶垂体，如各种镁铁质和超镁铁质岩、深海硅质岩，也有弧前盆地或海沟沉积的复理石等，增生弧的基底和围岩为增生楔和混杂带物质</td><td>智利增生弧</td><td>侵入岩有关的多金属矿床（Cu、Au、Ag、Sn、W、Bi、As、Sb、Te、Mo）；
斑岩型矿床（Cu、Mo、Au、Ag、Pb、Zn）；
斑岩有关的浅成热液矿床（Cu、Mo ± W）；
电气石角砾岩（Fe、Sn、W、Cu、Pb、Zn、Au）；
夕卡岩型矿床（Au、Ag、Hg、Sb、W、S、Pb、Zn、Tl、Ba、Te、As）；
热泉型矿床（Au、W、Sb、Hg）；
VMS 矿床（Pb、Zn ± Cu）；
IOCG 矿床（Fe、Cu、Au、U ± REE）；
Manto 型铜矿（Zn、Pb、Ag ± Au ± Cu）；
造山型金矿（Au、As、Sb）；
红层型铜矿（Cu）</td><td>详见第 4 章；参阅第一卷图 4.17、图 4.18</td></tr>
<tr><td>板片窗
（slab window）</td><td>洋中脊甚至转换断层俯冲或俯冲板片断离，形成窗体，使俯冲板片软流圈物质与上行地幔楔直接沟通，从而造成正常的钙碱性弧岩浆消失，取而代之为高镁安山岩、高温钙质埃达克岩，以及介于洋中脊玄武岩（MORB）与洋岛玄武岩（OIB）之间的岩石等类型；弧前区域出现异常高温，从而产生高温变质相（低 P/T）；有利于大型、超大型斑岩铜、金矿等矿床形成</td><td>北美彭蒂克顿；加利福尼亚；墨西哥；哥斯达黎加</td><td>斑岩铜矿、金矿床（Cu、Au）</td><td>参阅第一卷第 3 章 3.7 节</td></tr>
</table>

续表

大地构造相	特征	实例	成矿作用类型（金属组合）	备注
弧背前陆盆地（retro-arc foreland basin）	位于上行板片弧后位置的挤压性盆地，分为两种情况：一种形成于俯冲阶段，因下行板片与上行板片之间耦合比较紧密，在弧后位置形成的挤压性盆地；另一种形成于碰撞阶段，在碰撞作用过程中在弧后位置形成的挤压性盆地；盆地一侧边界或两侧边界为逆冲断层，盆内主要充填磨拉石，成分复杂，岩浆弧为其主要物源区	美国塞维尔盆地；智利－阿根廷边界的麦哲伦（Magallance）盆地；南美安第斯弧后位置	MVT 型矿床（Pb、Zn ± Ba ± F）	第一卷图 3.28、图 3.29
增生楔顶盆地（accretionary wedge-top basin）	增生楔顶部冲断席之间的盆地，即具有冲断边界的海沟斜坡盆地，主要表现为挤压性的增生楔顶盆地，但有时因增生楔的强烈构造底垫作用等，在海沟斜坡上也会出现地堑或半地堑式的伸展性盆地；增生楔顶盆地的发育及其充填主要受由逆冲构造脊所控制，并以此为盆地边界，物源仍为增生楔本身；持续的逆冲作用会将楔顶盆地逐渐掩埋，并卷入增生楔中	意大利卡拉布里亚（Calabrian）的罗萨那盆地和克罗通盆地；日本南海（Nankai）海槽		参阅第一卷88页，图 3.37、图 3.44、图 3.51、图 3.56
残留洋盆（remnant ocean basin）	残存下来的洋壳被深海沉积物覆盖，然后是更年轻的重力沉积物（浊积岩），就位的蛇绿岩和沿走向已拼合的碰撞造山带是其主要物源区；很少或没有弧火山活动	希腊西部新特提斯品多斯“复理石”；土耳其西南部吉兰单元；现代东地中海和爱奥尼亚海		
原前陆盆地（pro-foreland basin）	碰撞造山作用过程中，前陆褶皱冲断带前缘挤压升高，稍后地区弹性下弯形成的盆地，又称周缘前陆盆地；其发育贯穿于整个碰撞造山作用过程；盆内主要充填物是磨拉石，下部为海相细碎屑沉积，上部为陆相粗碎屑沉积；盆内最早的磨拉石沉积可指示碰撞事件时代的上限；前陆盆地是典型的挤压型盆地，边缘具有冲断和（或）褶皱构造	台湾海峡；阿尔卑斯造山带前陆盆地；阿巴拉契亚造山带前陆盆地；喜马拉雅造山带南侧的恒河平原	MVT 型矿床（Pb、Zn ± Ba ± F）	附录 1 问题 16、17，图 2.8、图 2.12、图 3.1、图 3.7、图 5.13；第一卷图 3.31
碰撞造山带（collisional orogen）	碰撞造山带是在随着洋壳消亡，两侧大陆直接或间接发生碰撞而形成的强烈变形的带状地质体，是地球上最为复杂的构造单元，由前陆和腹陆（后陆）两部分构成	喜马拉雅造山带；阿尔卑斯造山带；阿巴拉契亚造山带	长英质侵入岩相关的： 铀－锡－钨斑岩矿床（Sn、W、U）； 夕卡岩型矿床（Cu、Au、Zn、Pb、Ag）； 脉状金矿（Au、As、Sb）； 与伟晶岩有关的矿床（REE、P、Nb、Li、Be）	图 5.16
碰撞裂谷（impactogen）	碰撞造山阶段，在造山带内、邻近的原前陆环境和远离造山带的弧背前陆环境，因强烈挤压形成与造山带高角度相交的新生裂谷；相较于拗拉槽，未经历前造山阶段的伸展裂解过程（见后文详细注解）	青藏高原内的南北向裂谷；莱茵地堑；贝加尔裂谷		

表 5.5 与裂谷有关的大地构造相

大地构造相	特征	实例	成矿作用类型（金属组合）	备注
被动裂谷（passive rift）	盆地表现出张裂、断裂和沉降证据，先期发育挠曲控制的隆起，然后发育岩浆活动，以旋转断块为典型的几何形态	晚二叠世—中三叠世与冈瓦纳北部边缘裂解有关的新特提斯张裂作用，早于中三叠世开始的扩张作用	层状基性-超基性侵入岩有关的矿床（Cu、Ni、Co、PGE）； 碱性-过碱性侵入岩有关的矿床（REE、Y、Zr、U、Nb、Ta）； 沉积型层状铜矿（Cu±Co±Ag）； 不整合面铀矿（U±Au±Co±Mo±Se±Ni）； 砂岩铀矿（U±V±Mo）； SEDEX 型矿床（Pb-Zn±Cu±Ag±As±Bi）； 铁建造（Fe±P）； 富锰沉积（Mn±Fe）	
主动裂谷（active rift）	盆地表现为热控制的隆起[由地幔柱和（或）更短期的地幔上涌引起]，以发育区域不整合为典型标志，然后发育碱性岩浆活动、双峰式火山作用，并伴有与裂谷有关的断裂作用	希腊的爱奥尼亚带和派拉戈尼亚带；土耳其西南部的安塔利亚和阿拉尼亚单元		
夭亡裂谷（failed rift）	没有发展到大洋扩张阶段就夭折了的裂谷盆地，其中充填向上变浅的沉积序列，底部以碱性玄武岩起始；这种地壳软弱带在后期构造活动中很易变形和再活化（见后文详细注解）	希腊西部瑟尔比亚的布德瓦带和波斯尼亚；克里特-西西里的晚二叠世盆地；希腊和阿尔巴尼亚的爱奥尼亚带	SEDEX 型矿床（Cu、Pb、Zn、Ag、Ba）； VMS/SMS 矿床（F、P、Mn、Fe、Pb、Zn）； 浅成热液矿床（Au、Ag）； 表生矿床（Pb-Ag、Cu-Ag、Cu-Ni-Fe、Pt）； 伟晶岩矿床（Sn-Ta、U、Nb、Be、Sn）	
拗拉槽（aulacogen）	碰撞造山前的夭亡裂谷，在碰撞造山过程中卷入造山作用，发生强烈变形，并接受来自造山带的沉积物，形成与造山带高角度相交的构造带；它具有两套沉积岩系，下部为碱性玄武岩起始的夭亡裂谷的沉积岩系；上部为来自造山带的粗碎屑沉积岩系（见后文详细注解）	俄克拉荷马州阿纳达科拗拉槽	MVT 矿床（Pb、Zn±Ba±F）； SEDEX 型矿床（Cu、Pb、Zn、Ag、Ba）； VMS/SMS 矿床（F、P、Mn、Fe、Pb、Zn）； 浅成热液矿床（Au、Ag）； 表生矿床（Pb-Ag、Cu-Ag、Cu-Ni-Fe、Pt）； 伟晶岩矿床（Sn-Ta、U、Nb、Be、Sn）	拗拉槽是复合构造环境（miscellaneous and hybrid settings），既与裂谷有关，又与造山作用有关
台地内部盆地（intra-platform basin）	以伸展出露的大陆基底火山岩或沉积岩为基底，其中沉积深海和再沉积碳酸盐岩；长期沉积序列通常发育于碳酸钙补偿深度（calcite compensation depth，CCD）之上，并发育来自邻近碳酸盐岩台地的重力输入（即块体搬运沉积）；可能包括局部火山高地上的凝缩沉积（泥质岩类）	爱奥尼亚带；派拉戈尼亚带；罗德斯的阿昌戈洛斯单元；土耳其西南部吉兹尔卡单元；土耳其西南部恰莫瓦单元	磷块岩［P-（U、REE、Se、Mo、Zn、Cr）］	

表 5.6　板块内部有关大地构造相

大地构造相	特征	实例	成矿作用类型（成矿金属组合）	备注
克拉通（craton）	大陆地壳上最古老最稳定的构造单元，与造山带概念相对应，是地盾和地台的统称；地盾（shield）由克拉通中前寒武纪结晶基底构成，没有或很少有沉积盖层；地台（platform）则是在前寒武纪结晶基底上发育未变质的沉积盖层，环绕于地盾周围；克拉通随着演化程度增加而更加稳定，越古老的克拉通越稳定	加拿大地盾；北美地台；华北克拉通	层状侵入岩有关的矿床（PGE-Ni ± Cu、Cr）； 金伯利岩筒(金刚石)	克拉通不会因演化而自行破坏；如果被破坏必有外因，如华北克拉通破坏则是由于（古）太平洋板块向西俯冲，使之置于弧岩浆区和弧后扩张区所致；中国东部大量燕山期弧花岗岩和火山岩（钙碱性）便是佐证
被动大陆边缘（passive continental margin）	远离扩张脊、基于陆壳和过渡壳的成熟的张裂大陆边缘，发育完整的大陆架、大陆坡、大陆隆、深海平原和峡谷组合。主要岩石组合为由浊积岩构成的复理石和平流岩、台地碳酸盐岩或其滑塌岩块。有或无火山作用	环大西洋沿岸	磷块岩［P-（U、REE、Se、Mo、Zn、Cr）］	参阅第一卷第 3 章 3.6 节
洋岛、海山、洋底高原（oceanic island、seamount、oceanic plateau）	主要形成于热点（地幔柱）及洋脊。巨厚堆积的 WPB 型 -MORB 型玄武岩，局部上覆快速沉降的碳酸盐台地单元；常发育深海碳酸盐 - 非钙质沉积物盖帽；侧缘发育塌积物，部分塌积物充填于弯曲壕沟内。部分最终进入增生楔成为地体	土耳其古特提斯卡腊喀亚杂岩；土耳其中部新特提斯安卡拉混杂带；希腊西北部阿乌德拉混杂带；土耳其西南部拜斯尼单元；塞浦路斯西南部代阿利佐斯群	Ni-Cu(-PGE)矿（Ni、Cu、PGE）（兰格利亚大火成岩省）； 红土型 Ni 矿（Ni）(加勒比大火成岩省)； Au 矿（Au）（翁通爪哇大火成岩省）； Fe-Mn 氧化物； 低温热液（Cu-Zn、Au、AS、Sb、Hg、Ba、W、Ba-Fe-Mn 氧化物和氢氧化物）	参阅第 3 章 3.2 节，图 3.15；参阅第一卷第 4 章 4.6 节
大陆碎片（continental fragment）	游弋于洋内的上覆有硅质碎屑和台地相碳酸盐岩单元的大陆壳碎片，沉降量有限；四周边界为侧向过渡到大洋地壳的小型被动边缘。最终进入增生楔成为地体	土耳其庞提德斯的古特提斯卡尔吉单元；土耳其南部安塔利亚杂岩的新特提斯克迈尔单元；希腊中北部奥林颇斯台地；希腊西南部帕纳苏斯台地		参阅第一卷图 3.48
深海平原（abyssal plain）	侧向连续较好的、沉积于 CCD 之下的大面积深海和半深海沉积物；不活动脊、活动脊和（或）大洋板内火山等隆起区的硅质沉积	希腊西部品多斯 - 奥洛诺斯上部冲断席；古特提斯和新特提斯增生杂岩内的各种冲断片	多金属结核（Mn-Fe 氢氧化物、Ni、Cu、Ti、Co、TREE、V、Zr、Tl、Li、Y）	参阅第一卷 111 页

续表

大地构造相	特征	实例	成矿作用类型（成矿金属组合）	备注
走滑有关盆地	主要包括走滑拉分盆地和走滑挤压盆地，均发育于走滑断层侧接部位（stepover）；走滑拉分盆地位于释放性侧接部位，盆地两侧被正断层围限，似“掉了底”的深坑，可接受巨量沉积物，堆积巨厚沉积层，其规模与走滑位移有关，大者可发展为裂谷；相比之下，走滑挤压盆地发育于走滑断层的阻滞性侧接部位，主要表现为挤压挠曲（flexing depression）盆地，形成机制类似于前陆盆地	走滑拉分盆地：美国加利福尼亚州死亡谷、死海； 走滑挤压挠曲盆地：加利福尼亚州中部圣华金盆地	热液矿床（Fe、Zn、Cu、Pb、Ba）（瓜伊马斯、东穆努斯等大洋拉分盆地）	该类盆地既可发育于板块内部，也可发育于板块边缘，但均可能与板块边界的相互作用有关；参阅第三卷图9.14、图9.17、图9.18
变质核杂岩（metamorphic core complex，MCC）	伸展构造背景下，由强烈变形变质的古老岩石及侵入其中的同构造岩体组成的椭圆形穹窿，上覆以大规模拆离断层分割并远距离滑移的轻或未变形变质的盖层岩石	北美科迪勒拉变质核杂岩；北京云蒙山变质核杂岩；医巫闾山变质核杂岩	剪切带型金矿、铜矿、钨硒矿床等，如胶东金矿、湘东钨锡矿床	变质核杂岩既可以形成于板块内部，也可以形成于板块边缘，以及造山带；参阅第三卷第10章；本卷第7章
造山作用远程效应挤压带	板块内部不会自行产生强的挤压作用，但造山作用的远程效应往往在板块内部局部形成强烈挤压，形成大规模冲断构造和韧性剪切带，如龙门山逆冲构造系喜马拉雅造山作用的远程效应所致	龙门山脉；昆仑山脉；天山山脉		参阅第三卷第8章

5.4.2 几个关键概念

有关夭亡裂谷、拗拉槽、碰撞裂谷几个概念在使用中往往界线不太清晰，有必要澄清。

“夭亡裂谷”一词的英文表达有“failed rift、fossil rift、aborted rift”，因此又有“石化或死亡裂谷、夭折裂谷”等中译名；“拗拉槽”一词英文表达为“aulacogen”。它们均源自“三叉裂谷”模式或概念，即在威尔旋回的大陆裂解阶段，一般发育夹角约120°的三支裂谷（Burke and Dewey，1973）。两支大陆裂谷进一步发展为新生洋壳，第三支则停止发育，形成了一个“石化的或死亡的裂谷”（fossil rift）（Dickinson，1974）。无论初始裂谷过程是主动的（active）还是被动的（passive），绝大多数情况下，三叉裂谷都是以这样的构造过程发展的（Logatchev *et al.*，1978；Şengör and Burke，1978；Morgan and Baker，1983）。aborted rift一词最为生动形象，意为向大洋演化过程中“胎死腹中”的裂谷（Logatchev *et al.*，1978）。Robertson（1994）给出了另一同义异名的术语——夭折裂谷（failed rift），被广泛援引，可能failed（半途而废）一词较为中性，而aborted暗示了强烈的生命感。

演化为洋盆的两支裂谷普遍被新生洋盆和由大陆架、大陆坡和大陆隆所组成的大陆边缘所覆盖，而邻近大陆边缘的夭亡裂谷会演化为一个凹角（reentrant）。由于区域沉降作用，凹角捕获的主要内陆河流形成主三角洲以及由主三角洲构筑的大陆堤（continental embankment，如尼日尔三角洲）（Dewey and Burke，1974；Dickinson，1974；Ingersoll，1988；Ingersoll and Busby，1995）。随着洋盆闭合，当夭亡裂谷及发育其中的大陆堤卷入造山带并经历了造山过程，夭亡裂谷就演化为拗拉槽（Ingersoll，1988；Ingersoll and Busby，1995；Sengör，1995；Busby and Azor，2012）。夭亡裂谷是拗拉槽的先驱（precursors to aulacogens）（Sengör，1995）。

“碰撞裂谷”（impactogen）和拗拉槽都与造山带呈高角度相交。但是，碰撞裂谷没有经历前造山过程，即大陆裂解过程，只是在碰撞造山过程中，因强烈挤压作用而在造山带内部、靠近造山带的原前陆环境（Sengör，1976，1995；Ingersoll and Busby，1995；Busby and Azor，2012）和远离造山带的弧背前陆环境（Ingersoll and Busby，1995；Busby and Azor，2012）中形成与造山带高角度相交的新生裂谷，如中新世以来（＜14Ma）喜马拉雅造山带内（青藏高原）众多的南北向裂谷、原前陆环境中的中生代—新生代莱茵地堑和弧背前陆环境中的晚新生代贝加尔湖裂谷。

由此可见，夭亡裂谷（failed rift）、拗拉槽（aulacogen）和碰撞裂谷（impactogen）是不同板块构造阶段的产物。夭亡裂谷是大陆裂解的产物、没有经历造山过程；拗拉槽是卷入造山带的夭亡裂谷，既经历了造山前的伸展裂解作用，又经受了造山作用过程；碰撞裂谷是碰撞造山阶段的产物，没有经历前造山过程。大地构造相指的是在相似的构造环境中形成、经历了相似的变形变质和就位作用、并具有类似的内部构造的岩石构造组合（李继亮，1992a）。显然，夭亡裂谷、拗拉槽和碰撞裂谷是不同构造环境和阶段的产物、经历了不同的变形变质和就位作用、具有不同的内部构造的岩石构造组合，属于三个不同的大地构造相。使用中应注意区分。

5.5　造山带中的复理石与磨拉石

前面多次提到造山带中的复理石和磨拉石。复理石与磨拉石尽管不构成独立的大地构造相，但具有丰富的构造内涵，在造山带分析中具有重要作用（侯泉林等，2018）。然而，近些年来有关复理石和磨拉石的概念使用有些混乱，甚至是误解，故专门用一节来讨论造山带中的复理石和磨拉石，以正视听。

5.5.1　复理石和磨拉石的研究历史

1. 复理石

复理石（flysch）最早由 Studer（1827）提出，指的是瑞士 Siemmenthal 地区互层的砂岩、泥岩和页岩。最初的描述是基于其岩石学特征，即代表一套简单重复的、无化石的暗色页岩和粉砂岩的韵律沉积，夹角砾岩、砾岩和灰岩，时代为早白垩世—渐新世。

在 Studer 随后的研究中，对复理石的含义进行了扩展，如包含了没有碎屑灰岩的碎屑层序。尽管部分学者认为复理石仅指代阿尔卑斯造山带中的特定地层，然而随后的研究表明，相似特征的韵律沉积地层在东阿尔卑斯、阿巴拉契亚、亚平宁山以及其他更老的造山带中都有发育（Studer，1847；Bertrand，1897）。于是，复理石开始被赋予地层和构造含义，并被应用在研究阿尔卑斯造山带以外的地方（如 van der Gracht，1931；Pettijohn，1957；Cline，1960；McBride，1962）。

槽台理论首先对复理石赋予了构造含义，即指一种典型的地槽型沉积建造。Bertrand（1897）识别出一套从造山作用前的沉积相到前复理石相、复理石、磨拉石的沉积层序，并将其和地槽的发展联系起来。这是最早的把沉积作用和槽台理论联系在一起的研究，给复理石和磨拉石赋予了构造含义，并在许多造山带的研究中得以应用。20 世纪 50 ～ 60 年代，沉积学发生了一次革命，对复理石的浊流沉积成因进行了系统的研究。Kuenen 和 Migliorini（1950）的实验研究对复理石的浊流沉积成因解释提供了重要依据。大量的水槽实验证明浊积岩是一种高密度的浊流搬运、沉积的沉积物，而浊流的触发可能和孔隙流体压力的变化直接相关（Kuenenand Migliorini，1950；Middleton and Hampton，1973）。Bouma（1962）对阿尔卑斯的复理石特征进行了综合分析，提出鲍马序列（Bouma sequence）是浊流沉积的重要沉积特征。至此，复理石和海相浊积岩画上了等号。对海相浊积岩的研究主要集中在水动力条件、扇体特征上。地球化学家也对不同构造环境下海相浊积岩的成分特征进行了详细的研究，将其分为大洋岛弧、大陆边缘弧、活动陆缘和被动陆缘相关的沉积盆地。《地球科学大辞典》（2006 版）对复理石的定义：浊流沉积的海相地层。厚度大，通常少含化石，具有薄层的递变层理。主要由泥岩、砂岩构成的具有明显韵律层的岩石组合，形成于海洋浊流环境，为一广泛发育的前造山阶段的沉积组合”。该定义表明了两层含义：**一是复理石为巨厚的海相浊积岩；二是碰撞造山前的产物。**

2. 磨拉石

Bouma（1962）对磨拉石（molasse）的特征进行过总结：“形成于复理石之后的造山作用过程中和结束后，堆积在山脉边缘。可以是陆相、海相，淡水的、淡盐水的和咸水的。组成成分复杂，有砾岩、砂岩、页岩、灰岩。砂岩主要为次杂砂岩和长石砂岩。层理不规则，可能有斜层理。存在磨拉石到复理石的转变，但是少见”。Reading（1978）对磨拉石有一个简短的描述，认为其是厚层陆相沉积，由山脉隆升形成的砂岩和砾岩组成。*Oxford Dictionary of Earth Sciences* 对磨拉石的解释是“曾经被认为是造山作用后山脉隆升剥蚀形成的浅海或非海相沉积物。但目前的研究表明其并非是构造作用之后的，而是同构造作用，在推覆体形成和发展过程中被剥蚀形成的，由此被部分学者建议摒弃”。

在国内，不同学者对磨拉石的概念、地质含义也展开过详细的讨论（夏邦栋等，1988，1989；周鼎武等，1996）。夏邦栋等详细概括了著名磨拉石的共同特征，“几千米厚度并富含砾岩的碎屑沉积，是陆相、滨海、浅海环境的产物，碎屑成分多变，一般较为复杂”，同时强调沉积韵律是磨拉石的常见特征（夏邦栋和汪秋兰，1983）。这与 Bouma（1962）概括的特征基本一致。对磨拉石构造环境的认识，从槽台说认为的“地槽或地向斜由褶皱回返而发展成为造山的构造旋回发展晚期”，在 20 世纪 80 年代开始

转变为板块构造理论的“陆内裂谷、弧后、前陆盆地等构造环境”（夏邦栋和汪秋兰，1983；夏邦栋等，1989）。《地质大辞典》对磨拉石的定义为：一种边缘拗陷和山间凹陷的典型沉积地层，以陆相为主，砾岩和砂岩占优势，分选差，层理不规则，常见交错层和波痕，相变急剧，是地槽发展后期阶段的产物，由于地槽的褶皱隆起，使山脉受到剧烈剥蚀，因而在山前和山间的拗陷中形成了快速堆积（地质矿产部地质辞典办公室，2005）。《地质大辞典》对磨拉石的定义更加接近 Reading（1978）的描述，且仍然采纳了槽台说对磨拉石赋予的构造含义，同时也将磨拉石形成的构造环境单一化。因此，有学者认为磨拉石就是砾岩，是山间盆地沉积。其实，这是非常大的误解，因为磨拉石与山间盆地沉积并不相同。夏邦栋等（1988）曾明确指出存在将一般性碎屑沉积当成磨拉石或将磨拉石当成非磨拉石的错误认识。《地球科学大辞典》（2006 版）对磨拉石的定义是“同造山作用形成的分选性差、磨圆度低的快速粗大碎屑沉积，形成于近海（部分为海相，部分为陆相或三角洲相）的陆相环境中。在地层剖面上往往是下部颗粒细，一般为海相，向上颗粒粗，由陆相构成。根据这些特征可以与山间盆地沉积相区分。这一组合形成起因于造山作用主幕期间或紧接其后的山脉抬升剥蚀时期，堆积在较早形成的复理石的前锋部位”。

在现代板块构造理论中，磨拉石被认为是造山带中的一个构造相，主要特指发育在造山带前陆盆地（实际指“周缘前陆盆地”）的沉积（许靖华等，1994；李继亮，1992a，2009）。随后的研究发现，造山带中至少可以有三种磨拉石盆地[图 5.15（a）]：（周缘）前陆盆地中的磨拉石可以是陆相、海相碎屑沉积，少量碳酸盐岩和蒸发盐，有时含有煤系；后陆磨拉石盆地中主要是陆相粗碎屑沉积，砾岩、含砾砂岩和砂岩，含少量泥岩和粉砂岩；刚性基底磨拉石盆地的沉积物主要是砾岩、砂岩和泥岩，形成于冲积扇、河流、河湖三角洲和湖泊等环境（李继亮等，1992a）。因此，探讨磨拉石对造山带研究的意义，首先要明确其究竟是哪种磨拉石盆地。

5.5.2　沉积学特征

1. 复理石

复理石是一套巨厚的层状海相浊积岩（图 5.17），Dżułyński 和 Smith（1964）对复理石的特征进行了详细的总结：

（1）页岩、灰岩、泥岩和沙泥岩等细粒沉积物和砂岩或碎屑灰岩等粗粒沉积物互层，为了描述方便，粗粒沉积物统称砂岩，细粒统称页岩。

（2）砂岩多为杂砂岩，通常中等或较差分选，含大量黏土级物质（图 5.18）。

（3）根据内部砂岩和页岩的含量可分为三个亚相。正常复理石由等量的中厚层砂岩和页岩组成；砂质复理石主要由厚层砂岩组成；泥质复理石主要由页岩组成。不同相在时空上呈渐变特征，整合接触。

（4）砂岩底部和下伏岩层呈突变关系，常有生物的和非生物的底模。顶部通常渐变成页岩。偶尔顶部也会出现突变，通常发生在砂质复理石。此时顶部会发育舌状波痕，但缺乏线性波痕（linear wave ripples）。

（5）砂岩发育正粒序层理。细粒砂岩通常呈纹层（lamination）状，发育小尺度流痕（current ripples）；包卷层理，主要见于鲍马序列的 T_c 段。

（6）缺乏沉积物成分在横向和纵向的快速变化。偶见横向在厚度上的变化，可指示垂直水流方向。

（7）沉积构造对水流方向的指示在很大区域范围和厚度上都不会改变。偶受平流岩（contourite）影响会出现垂直的水流方向。

（8）常含滑塌堆积，泥岩和砂岩的砾石。部分层序中，泥质成分中含大粒度的外来块体。

（9）化石较少。页岩顶部可能会有微化石，通常是远洋或者海底的生物。砂岩可能会有浅海的生物或其遗体被浊流带到深海发生沉积而形成的化石。没有原地的浅水底栖动物群，尤其是生物礁。

（10）除细粒凝灰岩层外，几乎没有火山岩。

（11）缺少近地表的沉积特征，如泥裂、盐晶体假象、陆生动物或者鸟的足迹。

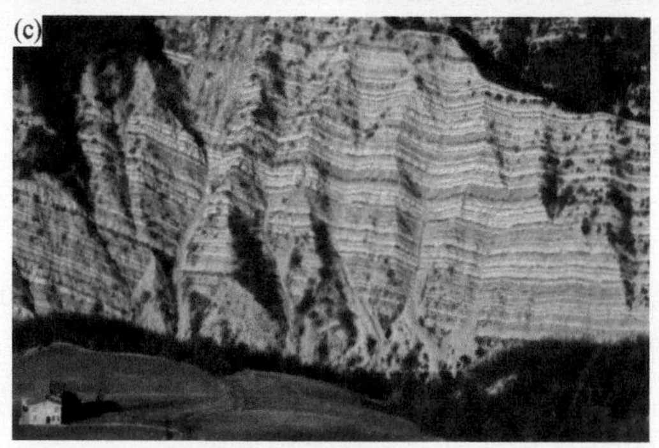

图 5.17 浊积岩沉积特征

（a）阿尔卑斯 Rhenodanubian 复理石（据 Frisch *et al.*，2011）；（b）、（c）阿尔卑斯 Schlieren 复理石和亚平宁钙质复理石（据 Mutti *et al.*，2009）

复理石可以从横向或者纵向过渡到非复理石相，过渡区一般厚度较大，逐渐出现非复理石特征（Dżułyński and Walton，1965）。大型交错层理一般是河流沉积的特征，但是也可能出现在浊积岩中（Walker，1978；Lowe，1982；Middleton and Hampton，1973）。

图 5.18　杂砂岩的岩石学特征

甘肃北山，正交偏光

尽管鲍马序列（Bouma sequence）是浊积岩的重要特征，然而仅有很少一部分（＜15%）浊积岩会发育完整的鲍马序列（见第一卷图 4.6）。Shannmugam（1997）从流变学、沉淀方式的角度对比了高密度浊流和砂质碎屑流，认为砂质碎屑流是深海砂岩的另一重要成因，大部分的浊积岩可能是碎屑流沉积，而浊流和碎屑流可以在流动过程中共存和互相转换。砂质碎屑流和浊流沉积的主要区别在于粒序层理。浊流沉积发育粒序层理，砂质碎屑流则不发育，或者发育分层粒序层理。Dżułyński 和 Smith（1964）关于复理石的沉积特征是从大量复理石的研究中总结出来的，其核心内容为深海、半深海相沉积和砂泥岩互层。因此，可将具深海、半深海相沉积特征的泥岩或页岩和砂岩互层韵律作为复理石的识别依据，具体需进行沉积相和沉积环境分析。

2. 磨拉石

磨拉石是在新生山体快速隆升和剥蚀的条件下形成的一套海相和（或）陆相的砾岩、砂岩和泥岩的岩石组合，其沉积特征因构造环境不同而略有差异。

（1）砂砾岩或砾岩和泥岩的互层，可以是规则的，如西藏秋乌磨拉石、赫尔维特磨拉石，也可以是不规则的，如安第斯卡契塔（Cacheuta）盆地（图 5.19）。

（2）陆相的可以是冲积扇相、扇三角洲相。海相的多半是随着碰撞作用的进行从复理石渐变过来的。

（3）砾石成分复杂，分选差，磨圆度低至好。

（4）沉积物堆积速率大于沉降速率。从沉积相序的角度看，可以是向上变细，也可以变粗，没有固定的粒度变化规律。

（5）复合型水动力机制，碎屑流、牵引流为主，可以出现浊流沉积特征。

（6）磨拉石盆地边缘可以是挤压的也可以是伸展的。前陆磨拉石盆地边界是挤压的，弧背前陆磨拉石盆地的边界可以是挤压的也可以是一边挤压、一边伸展；后陆磨拉石盆地和刚性基底磨拉石盆地边界是伸展的。

（7）发育时间长，厚度巨大。

（8）古水流可能是变化的，可以从垂直造山带方向转为平行造山带方向。

（9）（周缘）前陆盆地是典型的挤压型盆地，边缘具有冲断和褶皱构造，填充的磨拉石既可以是陆相碎屑沉积，也可以是海相磨拉石碎屑沉积和少量碳酸盐岩与蒸发岩。瑞士前陆磨拉石盆地是最具代表性的前陆盆地，地层充填时代经过精确的古地磁地质年代表矫正。弧背前陆磨拉石盆地主要是陆相粗碎屑沉积，如砾岩、含砾砂岩和砂岩等，含少量泥岩和粉砂岩。盆地的边界可以是两翼冲断层，或一翼冲断层、一翼引张断层，基底大多为冲断席。

图 5.19 磨拉石野外特征

（a）西藏秋乌磨拉石（据 Frisch *et al.*，2011）；（b）、（c）安第斯弧背前陆盆地的重力流沉积（据 Buelow *et al.*，2018）

沉积盆地的大地构造类型划分是一个有着长期争议的研究内容，其中，Ingersoll（1988）对沉积盆地的板块构造环境分类方案得到了地质界的广泛认同。其后很长时间内，研究者们依据这个分类框架，对盆地进行了深入详细研究。尽管这个分类在中国的应用稍晚，李继亮（1992a）依据碰撞造山带中构造位置提出的三种磨拉石沉积盆地类型［图 5.15（a）］与 Ingersoll（1988）的板块构造环境是协调的。增生楔楔顶盆地位于或邻近俯冲带（见第一卷第 3 章 3.4 节，88 页），认识时间更晚，研究实例有限（李继亮等，2013），有可能形成和磨拉石相似的沉积相序，但其沉积物物源独特，主要为增生楔物质，易于识别。

5.5.3 大地构造意义

复理石和磨拉石是造山带内最常见且广泛发育的岩石组合，形成于板块作用的不同过程和位置，最终就位于造山带，因此正确进行其物源区特征识别、年代学分析和形成构造环境判别对造山带结构的研究具有重要意义。

1. 复理石

复理石系巨厚的海相浊积岩，形成于碰撞前的大洋环境，包括被动陆缘、活动陆缘、大洋岛弧、大陆岛弧附近的海底峡谷、残留洋盆等各种沉积盆地，因此**造山带中最晚的复理石地层时代是限定碰撞事件发生下限的重要标志**。深水浊流碎屑沉积是复理石的主要组成部分。碎屑岩的成分主要受控于物源区特征（包括地形和气候），同时还受到风化作用、搬运作用、成岩作用和变质作用的影响。构造背景是其中最重要的控制因素，不同的构造环境控制了不同碎屑岩的分布。碎屑岩的矿物和碎屑组成、化学成分分析可以为物源区的物质组成、风化作用程度和搬运过程中的物质循环提供信息，在一定程度上可以反演其形成的构造环境。

被动陆缘复理石中的碎屑岩多半为比较纯净的石英砂岩，分选、磨圆都比较好，成分成熟度、结构成熟度都比较高（参阅第一卷第 3 章 3.6 节）。洋底等深流（平流）造成的垂直于浊流方向的古水流方向也容易保存，其中浊流流向与大陆坡的倾向一致，等深流流向与大陆坡走向平行。碎屑颗粒可能来源于结晶基底，碎屑锆石年龄和同位素特征更多地反映物源区基底的物质组成及其亲缘性、早期地壳的生长期次和物质来源，厘定沉积时代需要更多地依靠生物化石。换言之，如果最年轻的碎屑锆石的时代比生物化石厘定的沉积时代老，那么多半应该优先考虑生物化石厘定的沉积时代。值得一提的是，**被动陆缘的复理石在碰撞造山作用过程中进入造山带前陆褶皱冲断带，该带中浊积岩沉积水体由深变浅的方向，以及浊流流向的反方向可以指示造山带的极性。**

汇聚板块边缘的复理石多为近源沉积，其碎屑岩多为杂砂岩（图 5.18）、岩屑砂岩，更多地反映了物源区的物质组成。因此，在充分的野外调查之后，包括沉积岩结构、构造、沉积相序，以及和相关岩石的关系，详细的物源区分析，确定其形成于板块俯冲汇聚某一阶段或过程，是直接判别和认识造山作用方式、俯冲极性与时限的重要依据之一。例如，北山柳园地区复理石物源区特征分析表明原本认为是褶皱两翼的地层则分别形成于大陆岛弧和大洋岛弧（Guo *et al.*，2012），西昆仑库地复理石的物源区特征分析表明其形成于大洋岛弧（方爱民等，2003）。这些分析对造山带结构的认识提供了有效依据，复理石的沉积时代也相应地限定了碰撞时间的下限。另外，大洋岛弧和大陆岛弧附近的沉积盆地碎屑来源主要为岩浆弧，最年轻的碎屑锆石年龄一般可以提供比生物化石更为精确的沉积时代。

利用化学成分分析物源区特征的方法在“沉积岩石学”有关教材中有详细的讲解，这里不再赘述。但是，碎屑岩的成分均一性远不如岩浆岩，用化学成分反演物源区和构造环境需要特别详细的对比、类比。另外，需特别注意这些化学成分分析的适用范围。河沙、复理石泥岩组分的成分分析都表明化学成分反演构造环境是失效的。只有在复理石的碎屑岩中，由于是近源沉积，使得化学成分反演构造环境成为可能。如果经历了变质作用，

那么变质作用对成分的改造在分析讨论的时候也要特别注意，应尽可能避免使用受变质作用影响的元素讨论构造环境，或把特殊的元素含量简单地归咎于变质作用。

2. 磨拉石

关于磨拉石，最为大家熟知的是前陆磨拉石盆地或者说周缘前陆磨拉石盆地的磨拉石。然而，前陆盆地充填的是浅海、斜坡和盆地的重力流，这些沉积环境并不局限在前陆盆地。相似的沉积相序在增生楔楔顶盆地、裂谷，以及弧背前陆盆地等环境也可以见到，应注意区分。从造山带研究的角度，我们最为关注的是周缘前陆盆地的磨拉石。

周缘前陆盆地形成于造山带的前陆褶皱冲断带之上，和残留洋盆在空间分布上具有过渡性，靠近造山带方向的磨拉石沉积覆盖于碰撞前的复理石之上，呈不整合或整合接触。随着碰撞作用持续进行，盆地沉积中心向克拉通内部迁移，并发育薄皮逆冲构造（参阅第三卷第 8 章 8.4 节），同时在盆地基底发生强烈变形和差异性隆升。前陆盆地和前陆褶皱冲断带展布范围发育时间大致相当，总体呈现为非对称的棱柱体。周缘前陆盆地的磨拉石由海相和陆相沉积物组成，垂向上具有水体逐渐变浅且碎屑粒度变粗的沉积组合序列。沉积物类型和沉积物供给量直接受前陆褶皱冲断带控制，一般以陆源碎屑沉积物为主，缺乏碳酸盐岩沉积，早期以灰、灰绿色等为主，晚期以红色、杂色为主。**作为碰撞造山带的一个大地构造相，周缘前陆盆地（或称原前陆盆地）的发育贯穿于整个碰撞造山作用过程，其沉积时代是造山带碰撞时限的重要上限标志。**值得注意的是，在限定碰撞时间的时候，不可以用最大沉积时限，即底部磨拉石地层中最年轻碎屑锆石年龄来限定碰撞事件上限，因为它可能早于磨拉石的沉积时代；应该用最早磨拉石地层的沉积时代来限定碰撞事件的上限。造山作用结束后同样位置的盆地已不再是前陆盆地，因为随着造山作用的结束，区域挤压应力场转变为拉张应力场，前陆盆地也随之转变为伸展性盆地。例如，西班牙埃布罗（Ebro）盆地是中新生代的盆地，而不是古生代的比利牛斯造山带的前陆盆地。更多周缘前陆盆地的资料可以参考所罗门海、安达曼海等，这些地方发育了从俯冲到碰撞阶段的连续沉积物。

弧背前陆盆地（retro-arc foreland basin），或称弧背盆地（retro-arc basin；参阅第一卷第 3 章第 5 节）中磨拉石充填物主要是来自弧、弧背前陆褶皱冲断带，砂岩以富含石英、岩屑，贫长石为特征，厚度在靠近岩浆弧一侧远大于其在前隆一侧，呈现出明显的非对称性结构特征；垂向上，下部为海相沉积，上部为冲积扇相。随着挤压抬升的持续，平行于弧背前陆褶皱冲断带方向、弧后的物质也有可能充填到弧背前陆盆地。这些特征与周缘前陆盆地明显不同。准确识别充填物结构、组成和物源区特征，可正确识别弧背前陆盆地，及其与周缘前陆盆地的区别。需要强调的是，弧背前陆盆地既可以形成于俯冲阶段的弧背位置（第一卷图 3.28 上、图 3.29 下），也可以形成于碰撞造山阶段的弧背位置（图 5.15），所以弧背前陆盆地的磨拉石时代不能作为限定碰撞事件时代的上限标志。

增生楔顶盆地、裂谷盆地等也可以形成和磨拉石相似沉积相序的地层。但是裂谷盆地多半是引张的边界，增生楔顶盆地虽然可以是冲断边界，但其物源主要来自蛇绿混杂带的碎屑。有人认为，增生楔顶盆地中与磨拉石相似的沉积相序地层不应归于磨拉石。增生楔顶盆地的物源区变化有时可以限定碰撞时间。例如，伊朗卢尔斯坦（Lurestan）盆地新生代地层的物源区在中新世从欧亚板块亲缘性特征，转变为同时具有欧亚和阿拉伯板块亲缘性，因此很好地限定了两个板块的碰撞时间（Zhang *et al.*，2017）。

复理石和磨拉石作为板块作用过程中不同类型沉积盆地最基本的沉积组合，常常被同期、后期的构造、岩浆和变质作用改造、破坏，准确的识别需要开展详细地沉积岩结构、构造、沉积相序和沉积环境等分析。因此，详细地岩石类型、碎屑组成、物源区特征的时空变化分析才能为造山带俯冲极性、碰撞方式和时限的研究提供有效依据。

周缘前陆盆地在时空上和残留洋盆的继承性和前陆褶皱冲断带的相关性也表明，在造山带研究中，地层的连续沉积并不意味着没有重大构造事件的发生；相反，俯冲和碰撞造山作用是连续均变过程，在该过程中会发育不同尺度、规模的不整合，但并不代表有重大构造事件发生（参阅附录 1 问题 18）。

思　考　题

1. 大地构造相的概念。
2. 碰撞造山带大地构造相的类型和特征。
3. 你对华南造山带大地构造相划分的看法。
4. 你对全球大地构造相的类型、特征及成矿意义的理解。
5. 复理石及其大地构造意义。
6. 磨拉石及其大地构造意义。

参 考 文 献

《地球科学大辞典》编委会 . 2006. 地球科学大辞典（基础学科卷）. 北京 : 地质出版社

地质矿产部地质辞典办公室 . 2005. 地质大辞典 . 北京 : 地质出版社

方爱民 , 李继亮 , 侯泉林等 . 2003. 新疆西昆仑库地复理石源区性质及构造背景分析 . 岩石学报 ,（1）: 635 ～ 648

郭令智 , 施央申 , 马瑞士 . 1980. 华南大地构造格架及其演化 // 地质部书刊编辑室 . 国际交流地质学术论文集（一）. 北京 : 地质出版社

郭令智 , 施央申 , 马瑞士 . 1986. 板块构造基本问题 . 北京 : 地质出版社

侯泉林 , 李培军 , 李继亮 . 1995. 闽西南前陆褶皱冲断带 . 北京 : 地质出版社

侯泉林 , 郭谦谦 , 方爱民 . 2018. 造山带研究中有关复理石和磨拉石的几个问题 . 岩石学报 . 34（7）: 1885 ～ 1896

黄汲清 , 任纪舜 , 姜春发等 . 1980. 中国大地构造及其演化 . 北京 : 科学出版社

李根坤 , 林亨才 . 1990. 福建省同位素年龄及其区域地质构造意义 . 福建地质 , 7: 80 ～ 118

李继亮 . 1992a. 碰撞造山带大地构造相 // 李清波 , 戴金星 , 刘如琦等 . 现代地质学研究文集（上）. 南京 : 南京大学出版社 : 9 ～ 21

李继亮 . 1992b. 中国东南地区大地构造基本问题 // 李继亮 . 中国东南海陆岩石圈结构与演化研究 . 北京 : 中国科学技术出版社 : 3 ～ 16

李继亮 . 1999. 中华人民共和国国家自然地图集 . 北京 : 中国地图出版社 : 1 ～ 15

李继亮 . 2009. 全球大地构造相刍议 . 地质通报 , 28（10）: 1375 ～ 1381

李继亮，陈昌明，高文学等 . 1978. 我国几个地区浊积岩系的特征 . 地质科学，（1）: 26 ～ 44, 93 ～ 94

李继亮，陈隽璐，白建科等 . 2013. 造山带沉积学系列之一——弧造山带的弧前沉积 . 西北地质 , 46（1）: 11 ～ 21

李继亮，郝杰，柴育成等 . 1993. 赣南混杂带与增生弧联合体 : 土耳其型碰撞造山带的缝合带 // 李继亮 . 东南大陆岩石圈结构与地质演化 . 北京 : 冶金工业出版社 : 2 ～ 11

李继亮，许靖华，孙枢 . 1989. 南华夏造山带的新证据 . 地质科学 , 3: 217 ～ 225

李继亮，孙枢，郝杰等 . 1999. 论碰撞造山带的分类 . 地质科学 , 34（2）: 129 ～ 138

潘桂棠，郝国杰，冯艳芳等 . 2008. 大地构造相的定义、划分及其鉴别标志 . 地质通报 , 27（10）: 1613 ～ 1637

任纪舜，陈廷愚，牛宝贵等 . 1990. 中国东部及邻区大陆岩石圈的构造演化与成矿 . 北京 : 科学出版社

孙明志，徐克勤 . 1990. 华南加里东花岗岩及其形成地质环境试析 . 南京大学学报（地球科学）, 4: 10 ～ 22

夏邦栋，汪秋兰 . 1983. 海南岛中晚奥陶世磨拉石建造的确定及其地质意义 . 石油实验地质 , 5（2）: 100 ～ 107, 2

夏邦栋，方中，于津海 . 1988. 近源及远源磨拉石与造山带 . 科学通报 , 33（9）: 687 ～ 689

夏邦栋，方中，吕洪波等 . 1989. 磨拉石与全球构造 . 石油实验地质 , 11（4）: 314 ～ 319

肖文交，1995. 浙西北前陆褶皱冲断带的构造样式及其演化 . 中国科学院地质研究所博士学位论文

徐备 . 1990. 赣北 – 皖南晚元古代造山带 . 南京 : 南京大学博士学位论文

许靖华 . 1980. 薄壳板块构造模式与冲撞造山运动 . 中国科学 , 11: 1081 ～ 1089

许靖华，崔可锐，施央申 . 1994. 一种新型的大地构造相模式和弧后碰撞造山 . 南京大学学报（自然科学版）, 30（3）: 381 ～ 389

许靖华，孙枢，李继亮 . 1987. 是华南造山带而不是华南地台 . 中国科学（B 辑）, 10: 1107 ～ 1115

许靖华，孙枢，王清晨等 . 1998. 中国大地构造相图 . 北京 : 科学出版社

张文佑，张步春，李荫槐等 . 1974. 中国大地构造基本特征及其发展的初步探讨 . 地质科学 , 1: 1 ～ 15

周鼎武，董云鹏，华洪等 . 1996. "磨拉石建造"和"不整合"在地层对比中的意义——以扬子地块及其北缘晚前寒武纪地层为例 . 地质论评 , 42（5）: 416 ～ 423

朱安汉，覃小锋，王宗起等 . 2016. 湘西南 – 桂北交界地区加里东期基性岩的发现及其地质意义 . 科学技术与工程 , 16（5）: 19 ～ 25

Bertrand M. 1897. Structure des Alpes françaises et récurrences de certains faciès sédimentaires. CR Congr Int Géol, 6e Sess, 1894: 163 ～ 177

Bobrowsky P T. 2013. Tectonics. Dordrecht: Springer Science Business Media

Bouma A H. 1962. Sedimentology of Some Flysch Deposits: A Graphic Approach to Facies Interpretation. Amsterdam: Elsevier

Buelow E K, Suriano J, Mahoney J B, *et al*. 2018. Sedimentologic and stratigraphic evolution of the Cacheuta basin: constraints on the development of the Miocene retroarc foreland basin, south-central Andes. Lithosphere, 10（3）: 366 ～ 391

Burke K, Dewey J F. 1973. Plume-generated triple junctions: key indicators in applying plate tectonics to old rocks. Journal of Geology, 81: 406 ～ 433

Busby C, Azor A. 2012. Tectonics of Sedimentary Basins: Recent Advances. Oxford: Blackwell Science: 26 ～ 28

Cline L M. 1960. Late Paleozoic rocks of the Ouachita Mountains. Bulletin of Geological Survey, 85: 1 ～ 113

Dewey J F, Burke K. 1974. Hot spots and continental break-up: implications for collisional orogeny. Geology, 2: 57 ～ 60

Dickinson W R. 1974. Plate tectonics and sedimentation. Society of Economic Paleontologists and Mineralogists Special Publication, 22: 1 ～ 27

Dżułyński S, Smith A J. 1964. Flysch facies. Ann Soc Geol Pologne, 34: 245 ～ 266

Dżułyński S, Walton E K. 1965. Sedimentary features of flysch and greywackes. In: Bathurst R G C（ed）. Developments in Sedimentology, 7. Amsterdam: Elsevier: 1 ～ 12

Ingersoll R V. 1988. Tectonics of sedimentary basins. Geological Society of America Bulletin, 100: 1704 ～ 1719

Frisch W, Meschede M, Blakey R. 2011. Plate Tectonics-Continental Drift and Mountain Building. London, New York, Berlin, Heidelberg: Springer-Verlag

Fossen H. 2016. Structural Geology（Second Edition）. New York: Cambridge University

Guo Q, Xiao W, Windley B F, *et al.* 2012. Provenance and tectonic settings of Permian turbidites from the Beishan Mountains, NW China: implications for the Late Paleozoic accretionary tectonics of the southern Altaids. Journal of Asian Earth Sciences, 49: 54 ～ 68

Harland W B. 1956. Tectonic facies, orientation, sequence, style and date. Geological Magazine, 93: 111 ～ 120

Horton B K. 2012. Cenozoic evolution of hinterland basins in the Andes and Tibet. In: Busby C, Azor A（eds）. Tectonics of Sedimentary Basins: Recent Advances, First Edition. Oxford: Blackwell Publishing Ltd: 427 ～ 444

Hsü K J. 1991. The concept of tectonic facies. Bulletin of Technique University Istanbul, 44: 25 ～ 42

Hsü K J. 1995. The Geology of Switzerland—An Introduction to Tectonic Facies. Princeton: Princeton University Press

Hsü K J, Sun S, Li J L, *et al.* 1988. Mesozoic overthrust tectonics in South China. Geology, 16: 418 ～ 421

Hsü K J, Sun S, Li J L. 1989. Mesozoic suturing in the Huanan Alps and the tectonic assembly of South China. In: Şengör A M C（ed）. Tectonic Evolution of the Tethys Region. Dordrecht: Kluwer Academic Publishers: 551 ～ 565

Ingersoll R V. 1988. Tectonics of sedimentary basins. Geological Society of America Bulletin, 100: 1704 ～ 1719

Ingersoll R V, Busby C J. 1995. Tectonics of Sedimentary Basins. Oxford: Blackwell Science

Johnson M R W, Harley S L. 2012. Orogenesis: The Making of Mountains. Cambridge: Cambridge University Press

Krumbein W C, Sloss L L, Dapples E C. 1949. Sedimentary tectonics and sedimentary environments. American Association of Petroleum Geologists Bulletin, 33（11）: 1859 ～ 1891

Kuenen P H, Migliorini C I. 1950. Turbidity currents as a cause of graded bedding. Journal of Geology, 58（2）: 91 ～ 127

Logatchev N A, Rogozhina V A, Solonenko V P, *et al.* 1978. Deep structure and evolution of the Baikal rift zone.

In: Ramberg I B, Neumann E R （eds）. Tectonics and Geophysics of Continental Rifts. Boston: Kluwer Academic Publishers: 49 ～ 61

Lomize. 2008. The Andes as a peripheral orogen of the breaking-up Pangea. Geotectonics, 42（3）: 206 ～ 224

Lowe D R. 1982. Sediment gravity flows: Ⅱ. depositional model with special reference to the deposits of high-density turbidity currents. Journal of Sedimentary Research, 52（1）: 279 ～ 297

McBride E F. 1962. Flysch and associated beds of the Martinsburg Formation （Ordovician）, Central Appalachians. Journal of Sedimentary Research, 32: 39 ～ 91

Middleton G V, Hampton M A. 1973. Sediment gravity flow: mechanics of flow and deposition. In: Middleton G V, Bouma A H （eds）. Turbidites and Deep Water Sedimentation. Anaheim: SEPM Pacific Sec Short Course Notes: 1 ～ 38

Morgan P, Baker B H. 1983. Introduction: processes of continental rifting. Tectonophysics, 94: 1 ～ 10

Mutti E, Bernoulli D, Lucchi F R, *et al.* 2009. Turbidites and turbidity currents from Alpine 'flysch' to the exploration of continental margins. Sedimentology, 56（1）: 267 ～ 318

Nicolas N. 1989. Structures of Ophiolites and Dynamics of Oceanic Lithosphere. Dordrecht: Kluwer Academic Publishers

Pettijohn F J. 1957. Sedimentary Rocks. New York: Harper

Ramsay J G, Huber M. 1987. The Techniques of Modern Structural Geology Volume 1: Strain Analysis; Volume 2: Folds and Fractures. London, New York: Academic Press

Reading H G. 1978. Sedimentary Environments and Facies. Oxford: Blackwell

Robertson A H F.1994. Role of the tectonic facies concept in orogenic analysis and its application to Tethys in the Eastern Mediterranean region. Earth-Science Reviews, 37: 139 ～ 213

Sander B. 1923. Zur petrograpgisch-tektonischen analyse. Jhrbuch der Geologischen Bundensenstalt, A23: 215

Sarkarinejad K, Ghanbarian M A. 2014. The Zagros hinterland fold-and-thrust belt in-sequence thrusting, Iran. Journal of Asian Earth Sciences, 85: 66 ～ 79

Şengör A M C. 1976. Collision of irregular continental margins: implications for foreland deformation of Alpine-type orogens. Geology, 4: 779 ～ 782

Şengör A M C. 1982. Edward Suess' relations to the Pre-1950 school of thought in global tectonics. Geologische Rundschau, 71: 381 ～ 420

Şengör A M C. 1995. Sedimentation and tectonics of fossil rifts. In: Ingersoll R V, Busby C J （eds）. Tectonics of Sedimentary Basins. Oxford: Blackwell Science: 53 ～ 117

Şengör A M C, Burke K. 1978. Relative timing of rifting and volcanism on Earth and its tectonic implications. Geophysical Research Letters, 5: 419 ～ 421

Shannmugam G. 1997. The Bouma sequence and the turbidite mind set. Earth-Science Reviews, 42（4）: 201 ～ 229

Studer B. 1827. Remarques géognostiques sur quelques parties de la chaîne septentrionale des Alpes. Ann Sci Nat Paris, 11: 1 ～ 47

Studer B. 1847. Lehrbuch der Physikalischen Geographie und Geologie, 2. Ausgabe, v1, Dalp, Bern, Chur, Leipzig

van der Gracht W A J M. 1931. Permo-Carboniferous orogeny in south-central United States. Bulletin-American Association of Petroleum Geologists, 15: 901 ～ 1057

Walker R G. 1978. Deep water sandstones facies and ancient submarine fans: models for exploration for stratigraphic traps. American Association of Petroleum Geologists, 62（6）: 932 ～ 966

Yin A, Harrison M T. 2000. Geologic evolution of the Himalayan-Tibetan orogen. Annual Review of Earth and Planetary Sciences, 28: 211 ～ 280

Zhang Z, Xiao W, Majidifard M R, *et al*. 2017. Detrital zircon provenance analysis in the Zagros Orogen, SW Iran: implications for the amalgamation history of the Neo-Tethys. International Journal of Earth Sciences, 106（4）: 1223 ～ 1238

第 6 章　造山作用与成矿

运用板块构造理论，探讨造山作用与成矿关系是备受关注的学科方向。威尔逊大洋开合旋回（cycle of ocean opening and closing；Wilson，1966），从本质上揭示了两个截然不同的板块构造过程：板块分离过程与板块汇聚过程。Bird 和 Dewey（1970）在研究阿巴拉契亚造山带演化时，将威尔逊旋回的“开与合”过程进一步细划为八个不同发展阶段（详见 Bird and Dewey，1970，Fig. 9），各阶段具有不同的地质作用，如岩浆作用（参阅第一卷第 4 章 4.3 节）、沉积作用（Dewey and Bird，1970；参阅第一卷第 3 章）、变质作用（参阅第一卷第 4 章 4.4 节）、构造变形（参阅第三卷）。本章以板块汇聚过程的造山作用为主线，简要介绍造山前、造山过程和造山后等不同板块构造阶段金属成矿作用和主要矿床类型，对诸如垂向动力学范畴（李继亮，2009）的地幔柱或大火成岩省等非造山环境的成矿作用也予以简单介绍。

6.1　造山前成矿作用

造山前即威尔逊旋回的大洋张开过程或板块分离过程，包括大陆初始破裂（incipient rapture of a continent）、大陆裂谷（rift valley）、小洋盆（small ocean）和成熟大洋（fully developed ocean）四个不同发展阶段（Bird and Dewey，1970；Dewey and Bird，1970）。

6.1.1　大陆裂谷成矿作用

1. 大陆裂谷沉积成矿作用

大陆初始破裂阶段，沉积盖层薄、热源浅［图 6.1（a）］。在铁镁质岩浆房提供的热驱动下，沿断裂渗透的高温地表水或海水在基底不同岩石中快速对流，形成含矿热液。当含矿热液（＞ 300℃）释放到盆底时，经还原反应形成 Besshi 型火山成因的块状硫化物矿床，如加拿大 Belt-Purcell 盆地层状铜－钴矿床就属于这种类型（Lydon，2007）。

大陆裂谷阶段，随着裂谷不断发展，常发育由蒸发形成的高盐度卤水池。由于沉积盖层厚、热源深［图 6.1（b）］，含矿热液（300 ～ 250℃）很难直接释放到盆底，而是沿正断层上升并释放于卤水池中，经还原反应形成沉积喷流（sedimentary exhalative,

SEDEX）型铅－锌硫化物矿床，如澳大利亚 Sullivan 和加拿大 Selwyn 等裂谷盆地中的 SEDEX 型矿床。

并非所有大陆裂谷都能发展为小洋盆，有的半途夭折成为夭亡裂谷（参阅第 5 章 5.4 节），由原来的裂谷作用转变为沉降和裂谷覆盖（rift-cover；Lydon，2007），以大规模的快速陆相沉积为主［图 6.1（c）］，如西非 Benue 槽和东非埃塞俄比亚 Afar 坳陷就是夭亡裂谷。这一阶段主要形成红层型铜矿，如美国蒙大拿 Revette 组中的红层型铜矿（Burtis *et al.*，2003）。在裂谷覆盖阶段早期，高盐度盆地流迁移还可形成脉状铅－锌－银矿床，如 Purcell 盆地中的含铅矿脉。

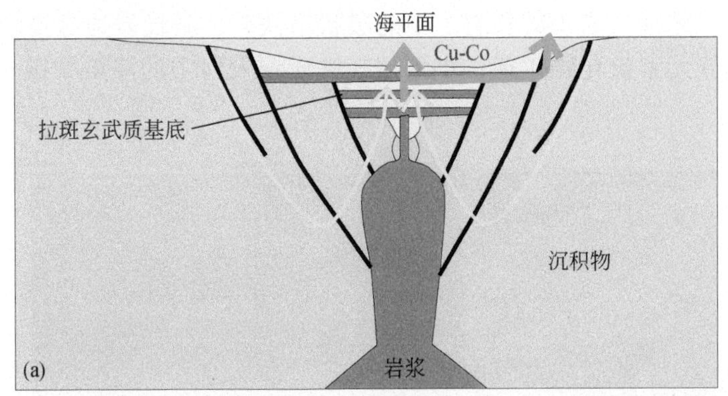

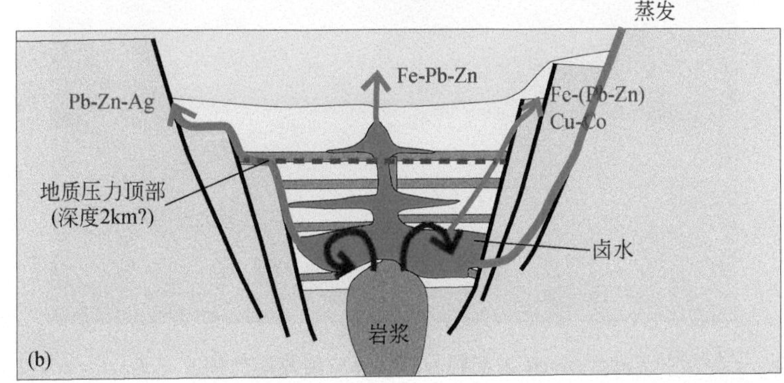

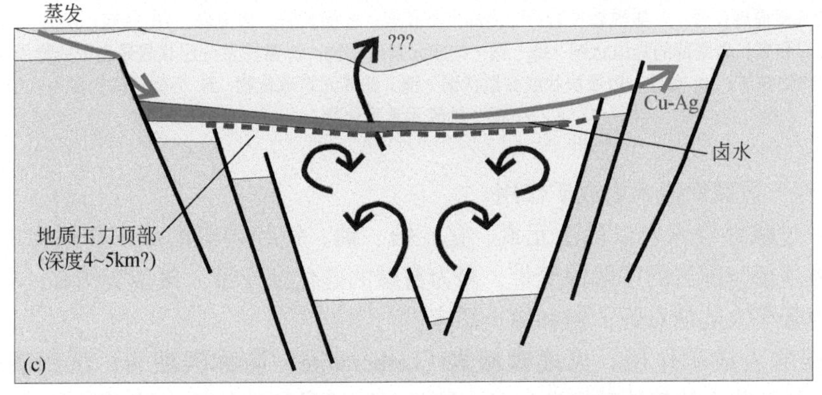

图 6.1　大陆裂谷演化过程与成矿模式——以 Belt-Purcell 盆地为例（据 Lydon，2007）

（a）初始破裂谷；（b）裂谷充填；（c）裂谷覆盖

2. 大陆裂谷岩浆成矿作用

大陆裂谷阶段有着特殊的岩浆作用，如基性－超基性岩浆和碱性－过碱性岩浆侵入活动，常形成特殊类型的岩浆矿床。

1）深成岩成矿作用

与层状基性－超基性侵入岩有关的铜－镍－钴－铂族元素（platium group element，PGE）硫化物，是大陆裂谷深成岩的主要成矿作用（图 6.2），包括产于铁辉长岩、苏长岩和斜长岩顶部的层状钛磁铁矿和钛铁矿矿床；苦橄岩和橄榄辉长岩底部的弥散状（浸染状）铜－镍－钴－铂族元素硫化物矿床；富挥发分的层状岩浆岩（紫苏橄榄辉长岩）中的浸染状金矿；超镁铁岩（辉长岩）中的层状铬铁矿；橄长岩边缘接触带的块状或浸染状铜－镍－铂族元素硫化物矿床；小型超镁铁质侵入岩中的浸染状镍－铜－钴－铂族元素硫化物矿床。

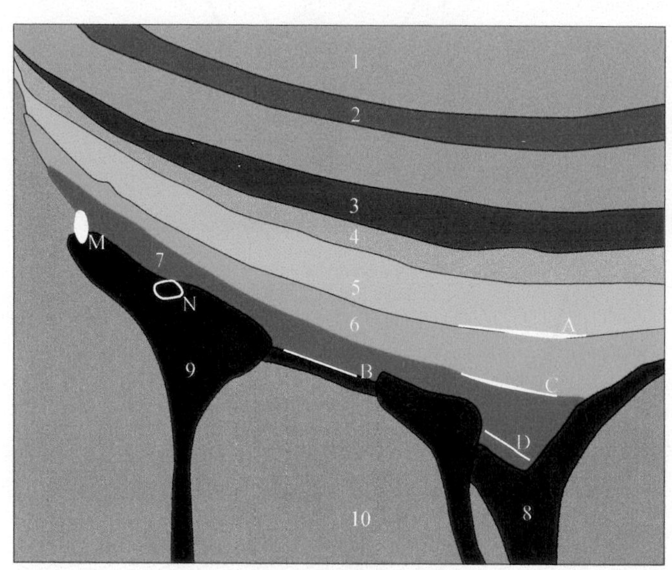

图 6.2 东格陵兰 Skaergaard 大陆裂谷层状深成岩成矿作用（据 Laznicka，2010）

1. 玄武岩熔岩；2. 辉绿岩席；3. 层状侵入体（花岗斑岩 - 长英质层状侵入岩）；4. 石英辉长岩；5. 铁辉长岩、苏长岩、斜长岩；6. 紫苏橄榄辉长岩；7. 橄榄辉长岩；8. 冷却带辉长岩；9. 橄长岩、橄榄岩；10. 基底；A. 层状钛磁铁矿－钛铁矿；B. 苦橄岩和辉长岩底部的弥散状铜－镍－钴－铂族元素硫化物；C. 富挥发分层状岩浆岩中的弥散状金矿；D. 超镁铁岩中的层状铬铁矿；M. 橄长岩边缘块状或弥散状铜－镍－铂族元素硫化物；N. 小型超镁铁侵入岩中的弥散状镍－铜－铂族元素硫化物

2）碱性－过碱性侵入岩成矿作用

碱性－过碱性侵入岩以稀土元素、钇、锆、铀、铌和钽等的成矿作用为主。矿床一般产于岩体顶部与围岩的接触蚀变带，多为富碱的硅化蚀变带。典型实例有：尼日利亚、苏丹和喀麦隆等大陆裂谷铌－钽和稀土矿床。

火成碳酸岩成矿作用。**火成碳酸岩**（carbonatite，简称碳酸岩；沉积碳酸盐岩为 carbonate）及其共生的其他碱性杂岩是大陆裂谷阶段最特殊的标志性岩浆作用。多为环状杂岩，呈圆形或椭圆形岩颈、锥形岩席、外倾的环状岩墙状产出，有的为喷出的碳酸岩

质熔岩。例如，肯尼亚裂谷南段环状火山杂岩，强碱性霞石岩 - 富钙响岩 - 碳酸岩分布于裂谷边部台地，形成于大陆初始破裂阶段。中等碱性的拉斑系列橄榄玄武岩 - 橄榄粗安岩 - 粗面岩 - 碱流岩 - 贫钙响岩分布于裂谷底部或低矮的盾形火山中，是大陆裂谷阶段的主要岩浆类型。也有相反的，如德国鲁昂地区的莱茵地堑，拉斑系列发育在先，碱性系列发育在后，中新世为拉斑系列玄武岩，上新世为碱性角闪石玄武岩 - 霞石岩，更年轻的为响岩。与火成碳酸岩有关的矿床类型包括铌 - 钽、稀土、铀 - 钍、磁铁矿 - 磷灰石矿、铜矿、重晶石、蛭石和萤石等矿床。矿化呈带环状分布，大体与碱性杂岩的分布对应（图 6.3），铜矿化遍布整个杂岩体。

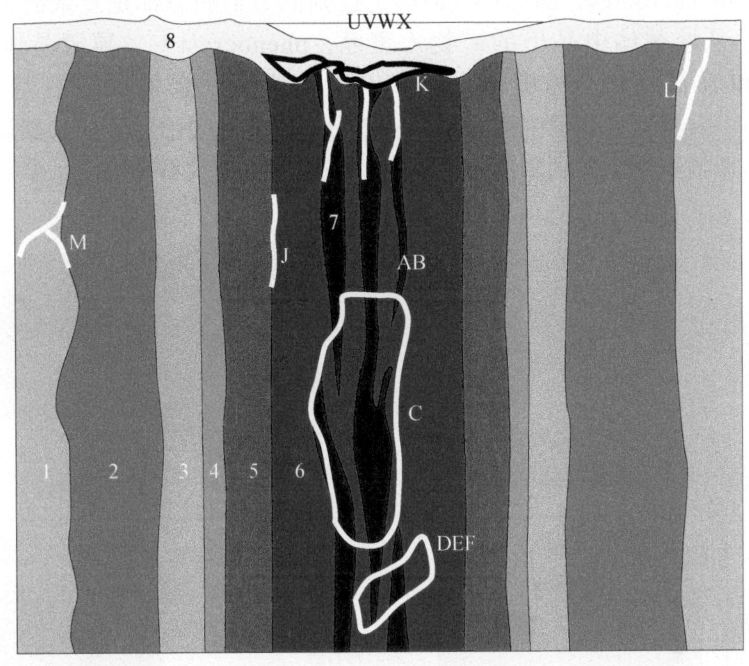

图 6.3　碱性岩 – 碳酸岩环状杂岩及成矿（据 Laznicka，2006）

1. 未蚀变围岩；2. 霓长岩化围岩；3. 霞霓钠辉岩（又称暗色霓霞岩、暗霓霞岩或霓霞钛辉岩）、霓霞岩和磷霞岩；4. 富黑云母和金云母的辉石岩，类似伟晶岩；5. 碱性辉石岩；6. 早期碳酸岩；7. 晚期脉状、网脉状碳酸岩；8. 碳酸岩之上的表土和由不溶残余物充填的喀斯特；A. 高锰的铁碳酸岩；B. 含稀土的磷灰石碳酸岩；C. 弥散状烧绿石中的铌＞稀土 – 钍 – 铀矿；D. 晚期氟碳铈矿和重晶石碳酸岩中的稀土矿；E. 锶铁矿 – 独居石交代岩中的稀土 – 钍 – 锶矿；F. 热液交代的萤石；J. 铁氧化物和菱铁矿交代；K. 晚期热液充填的网脉状铜 – 铁＞锆 – 钍 – 铀矿；L. 外接触脉和交代的铀 – 钍矿；M. 热液交代的萤石脉；U. 残余的锰氧化物；V. 残积和改造的磷灰石＞稀土矿；W. 残积和改造的稀土 – 铌 – 钇 – 钪矿；X. 细晶磷灰石中残余的钛 – 铌 – 铀 – 钍 – 稀土矿

金伯利岩成矿作用。**金伯利岩**（kimberlite）是一种偏碱性的贫硅富镁的喷出岩，其化学组成为 SiO_2=20% ～ 38%，$MgO/SiO_2 \approx 1$，K_2O/Na_2O=2 ～ 5，K_2O=20% ～ 70%。以具斑状结构和（或）角砾状构造的云母橄榄岩为主，呈黑、暗绿、灰等色。原生组成矿物为橄榄石、金云母、镁铝榴石、钛铁矿、磷灰石、金红石、金刚石，其他岩石或捕虏体的矿物有石榴二辉橄榄岩、榴辉岩的橄榄石、斜方辉石、铬尖晶石、磁铁矿等，围岩包裹体中见白云石、方解石、榍石、电气石等。多产于大陆裂谷带，呈岩筒状（图 6.4）

或岩墙群产出。金伯利岩是原生金刚石矿床唯一产出的岩石，全球著名的金刚石矿床有南非德兰瓦士、安哥拉卢卡帕、坦桑尼亚、扎伊尔、加拿大 Coronation 克拉通和中国瓦房店等，均产于金伯利岩筒中。据 Tappe 等（2018）统计，全球共发现 5652 个金伯利岩筒，有确切年代数据的金伯利岩筒 1133 个，其中形成于 1200 ～ 1075Ma 的占 9.4%、600 ～ 500Ma 的占 7.4%、400 ～ 350Ma 的占 5%、250 ～ 0Ma 的占 62.5%。

有两类岩浆，即金伯利岩（kimberlite）和煌斑岩（lamproite），可将金刚石携带到地表（Mitchell，1995），但金伯利岩是天然金刚石的主要输送系统，在近地表下结晶就位的称深成（hypabyssal）金伯利岩，以火山形式喷出地表的称火山碎屑型（volcaniclastic）金伯利岩（Smit and Shirey，2019）。地球上已知的金伯利岩都是复杂的物理混合体，即由熔融体、从熔融体中晶出的矿物（斑晶，phenocryst）、异源晶体（捕虏晶，xenocryst）和岩石碎片（捕虏体，xenolith）等组成。金伯利岩岩浆从地幔深部（＞ 150km）上升至地表过程中捕获了很多成分，因此对金伯利岩的初始熔融体成分仍然知之甚少。橄榄石是金伯利岩的主要矿物，普遍发生蛇纹石化蚀变。金伯利岩中的橄

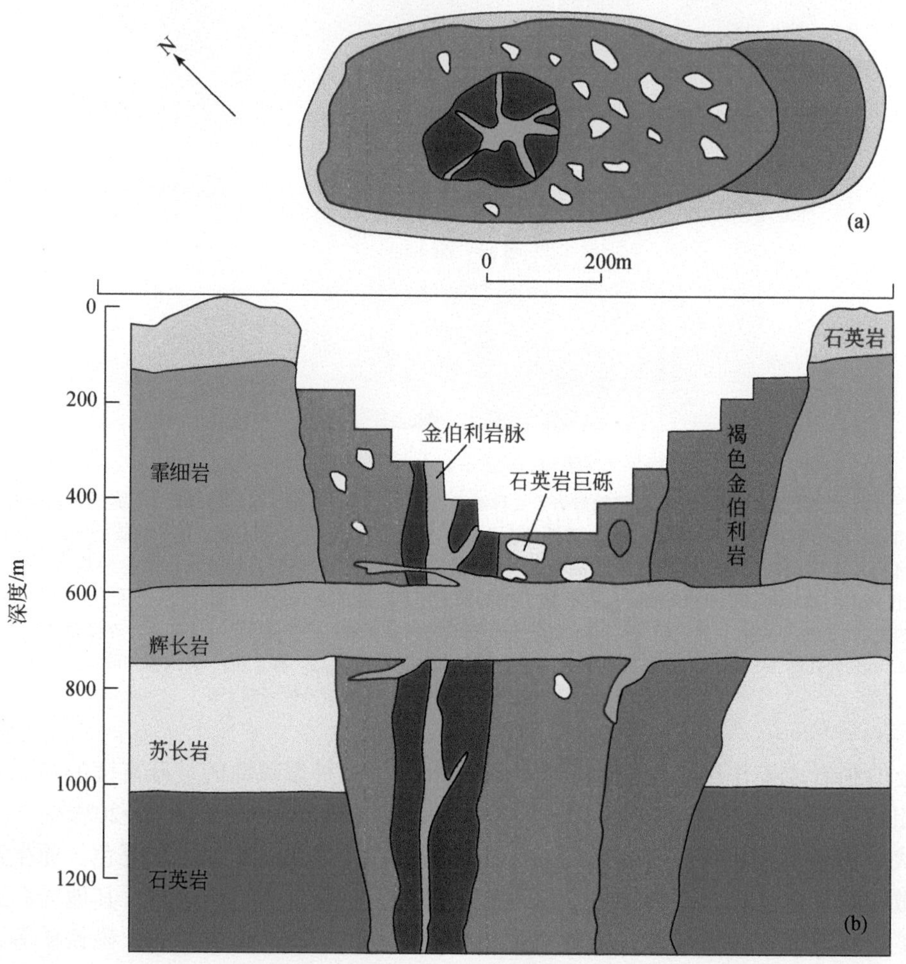

图 6.4 南非 Premier 金伯利岩筒平面图（a）和剖面图（b）（据 Field *et al.*，2008）

榄石可以是金伯利岩岩浆本身结晶的斑晶，也可以是来自地幔的、被金伯利岩喷发作用破碎并俘获的捕虏晶，金刚石就是捕虏晶。近几年研究显示，金伯利岩岩浆可能是由富碳酸岩的软流圈地幔熔融形成，即在200～300km深度，少量橄榄岩熔融，但含有大量二氧化碳（Stone and Luth，2016；Bussweiler *et al.*，2016；Stamm and Schmidt，2017；Soltys *et al.*，2018；Howarth and Buttner，2019）。三种大规模的地质过程可能是触发地幔深部熔融并引起金伯利岩喷发的主要成因（Stone and Luth，2016）：从地幔深部上升的地幔柱及其与克拉通岩石圈的反应、超大陆形成过程中的洋壳俯冲及有关的碰撞作用、与超大陆裂解有关的构造热事件。

6.1.2 海湾半地堑成矿作用

大陆裂谷持续扩张，产生新生洋壳、形成狭窄的小洋盆，如红海。小洋盆进一步发展为成熟大洋。在新生小洋盆和成熟大洋两侧的大陆边缘，发育受同沉积正断层控制的海湾半地堑盆地。受岩浆热驱动的含矿热液沿断层向上运移并向侧向释放至半地堑盆地底部，经还原反应形成沉积喷流（SEDEX）型金属硫化物矿床（图6.5）。若大陆边缘发育台地碳酸盐岩或生物礁，则含矿热液沿断层向上运移充填于破碎的碳酸盐岩中形成密西西比河谷（Mississippi valley-type，MVT）型铅－锌硫化物矿床。

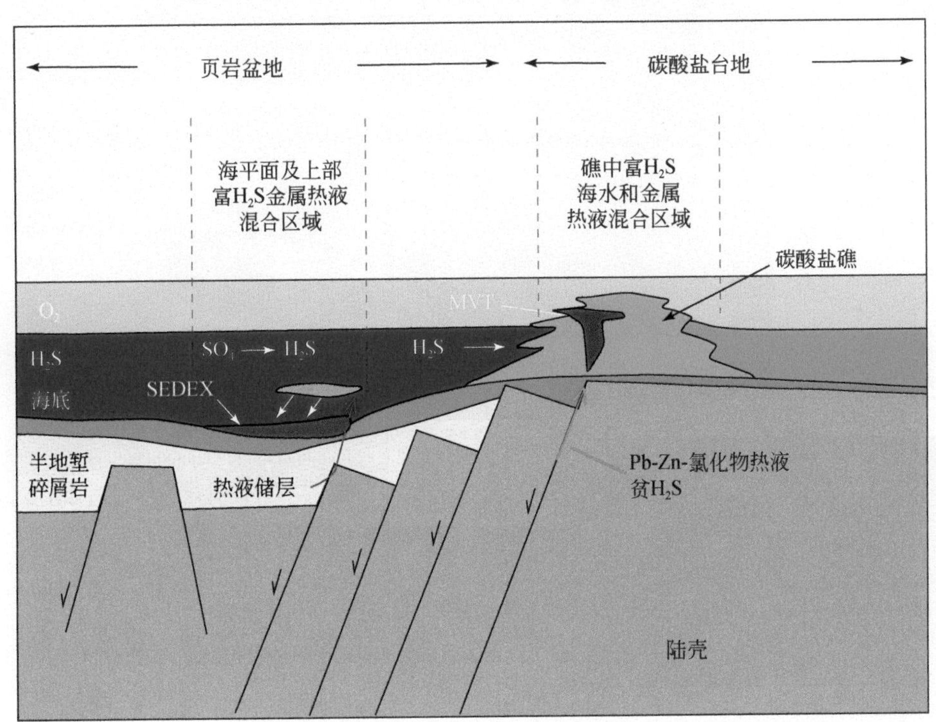

图6.5 新生洋盆侧翼大陆边缘海湾半地堑构造与成矿模式图（据Goodfellow and Lydon，2007）

海湾半地SEDEX型硫化物矿化受同沉积－生长断层控制，具水平和垂直分带特点（图6.6）。垂向上，下部为热液蚀变带（hydrothermal alteration zone），上部为硫化物

矿化带（sulphide zone）。热液蚀变带中，紧邻控矿正断层为通道相（feeder facies）热液角砾岩（hydrothermal breccia），金属硫化物有 PbS（方铅矿）、$CuFeS_2$（黄铜矿）、FeS_2（黄铁矿）、FeS（磁黄铁矿）和 ZnS（闪锌矿），具碳酸盐岩化［Ca（MgFeMn）（CO_3）$_2$］蚀变。通道相向盆地方向热液蚀变带逐渐变窄，靠近通道相发育蚀变的沉积角砾相（sedimentary breccia），金属硫化物有 $CuFeS_2$、FeS_2 和 ZnS，富 SiO_2，碳酸盐岩化［Ca（MgFeMn）（CO_3）$_2$］蚀变。上部硫化物矿化带中，紧邻控矿正断层为喷口杂岩相（vent complex facies），金属硫化物有 PbS、ZnS、$CuFeS_2$、FeAsS（砷黄铁矿、毒砂）和 Cu_3（SbAs）S_3，具碳酸盐岩化［Ca（MgFeMn）（CO_3）$_2$、$FeCO_3$］蚀变，矸石矿物有重晶石和石英。喷口杂岩相以发育块状或网脉硫化物为特点，也称块状或网脉状硫化物带（massive stockwork zone）。从喷口相向盆地方向，依次为由泥质岩和硅质岩等细碎屑组成的粉红相（pink facies）、灰相（grey facies）和黑相（black facies）。粉红相为富有机质的硅质岩，硫化物有 PbS 和 Zn（Hg）S。灰相是指夹白色重晶石层的深灰色泥岩，硫化物以 ZnS 为主，少量 PbS。黑相为夹白色重晶石层的黑碳质硅质岩，硫化物为 ZnS 及星点状 PbS 和 FeS_2。

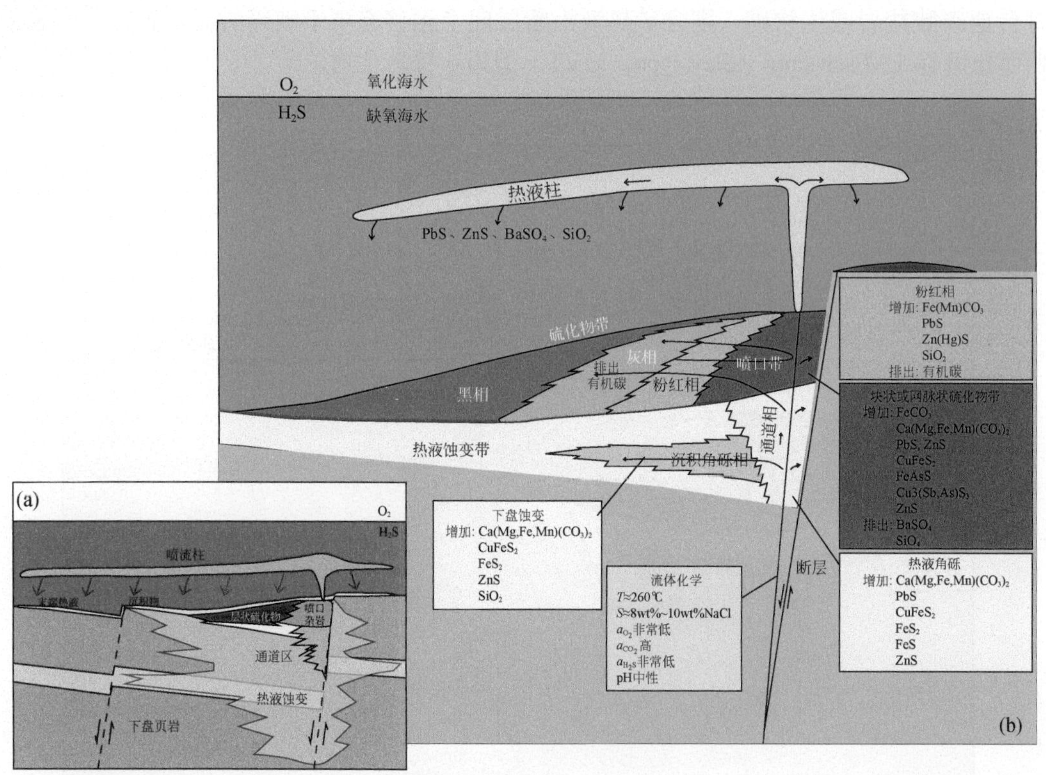

图 6.6　加拿大育空（Yukon）地区沉积喷流矿床形成模式（a）及矿化相带（b）
（据 Goodfellow and Lydon，2007）

6.1.3　成熟大洋成矿作用

成熟大洋（fully developed ocean）包括扩张洋中脊、大洋盆地和转换断层三个不同的大地构造相单元（参见第一卷图 3.7）。大洋盆地内发育的海山、洋岛和洋底高原普遍被认为与地幔柱有关，其成矿作用见本章 6.4 节。

1. 大洋盆地（或大洋板内）成矿作用——深海多金属结核

大洋盆地（ocean floor）是指位于被动大陆边缘和洋中脊之间的广阔区域，由大洋岩石圈及其上非常薄的沉积物构成。大洋沉积物的底层为富铁锰沉积物，形成于洋中脊，随大洋扩张而不断侧向延伸。富铁锰沉积物之上为深海碳酸盐岩，形成于洋中脊边缘的碳酸钙补偿深度（CCD）以上，随大洋扩张而侧向延伸（见第一卷图 3.81）。最上部为含放射虫化石的红色深海软泥和硅质软泥。大洋沉积物中还有一种非常特殊的沉积物——多金属结核（polymetallic nodule），散布于 4000 ～ 5000m 深水洋盆、最厚不超过 20cm 的细粒沉积层（即红色深海软泥和硅质软泥）中。一般发育于沉积速率相当低、但底流强烈的区域，高沉积速率区域的沉积物覆盖于锰结核之上。多金属结核富集区域主要分布于赤道南北两侧的东太平洋（图 6.7）。

多金属结核外形似土豆或呈不规则状［图 6.8（a）］，由包裹于岩石碎片外围的铁－锰氢氧化物壳构成［图 6.8（b）］。除铁锰外，还含有铜、镍、钴及其他金属（表 6.1）。金属锰含量可达 30wt% 以上，铜和镍的含量可分别达 1wt% 以上。据估计，全球大洋多金属结核型锰矿资源量约 100 亿吨，铜镍钴也具很高经济价值。

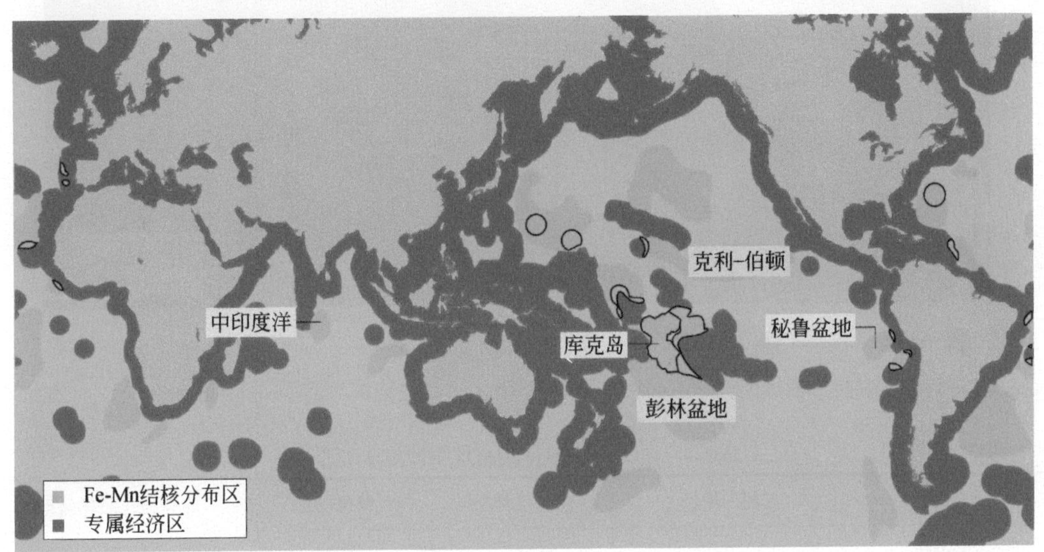

图 6.7　全球大洋多金属结核分布图（据 Hein *et al.*，2020）

2. 洋中脊成矿作用

随着洋中脊分离扩张，来自软流圈的幔源岩浆不断上涌和形成新生洋壳。与此同时，冷海水沿火山管和破裂向下渗透，与新生洋壳不同层位的岩浆岩发生水岩反应，引起新

生洋壳岩石发生变质。在水岩作用下，堆晶辉长岩或均质辉长岩发生角闪岩相变质、岩墙状辉绿岩发生绿片岩相变质、部分辉绿岩和枕状玄武岩发生细碧岩岩化变质，最上部的枕状熔岩与海水直接反应，发生泡沸石相变质。这种新生洋壳与海水发生水岩反应而引起的变质作用即**洋底变质作用**（详见第一卷图 4.54、图 4.55，188 页）。

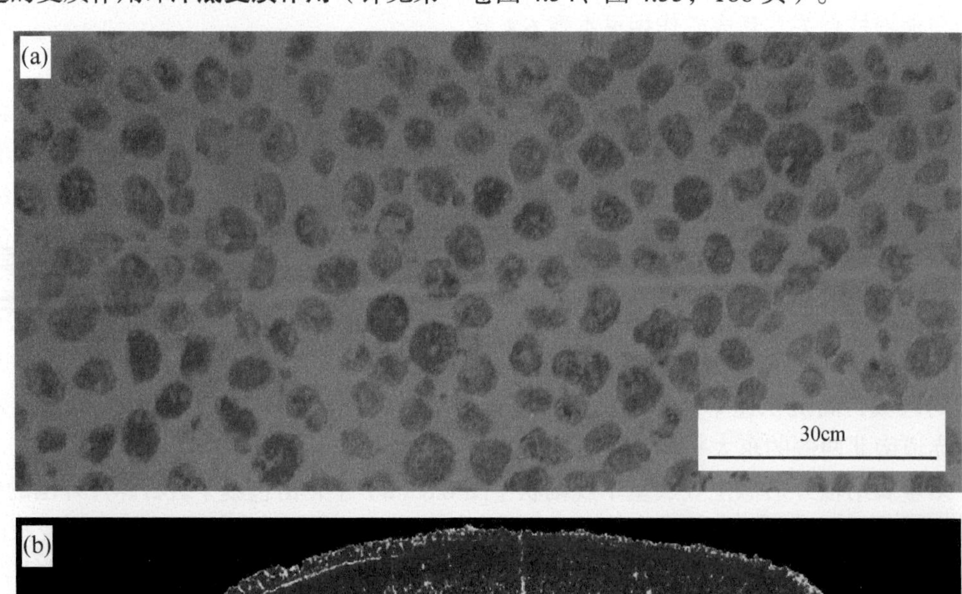

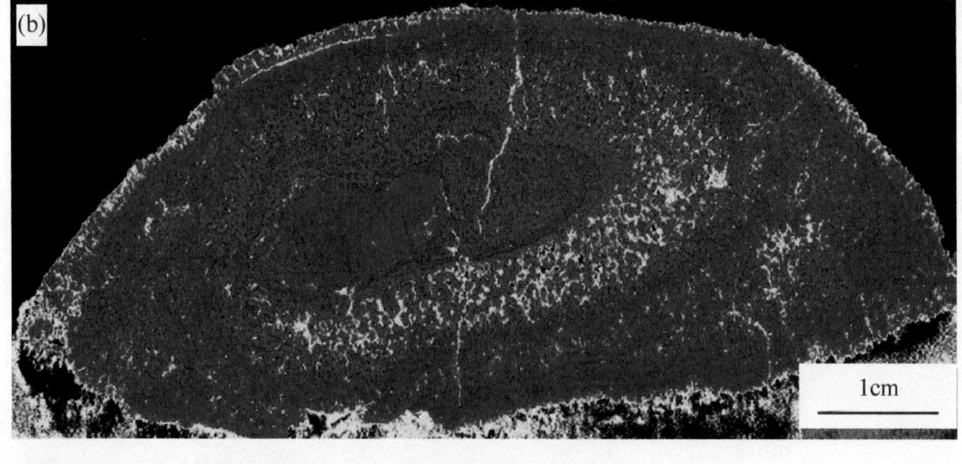

图 6.8 东太平洋克利－伯顿区大洋多金属结核（a）和 X 光扫描组构特征（b）（据 Hein *et al.*，2020）

表 6.1 全球大洋多金属结核平均成分含量

元素	克利－伯顿	中印度洋	秘鲁盆地	库克岛－彭林盆地
Fe/Mn	0.22	0.21	0.25	0.96
Mn/wt%	28.4	24.4	34.2	16.9
Fe/wt%	6.16	7.14	6.12	16.2
Ni/wt%	1.30	1.10	1.30	0.377
Cu/wt%	1.07	1.04	0.599	0.231

续表

元素	克利 - 伯顿	中印度洋	秘鲁盆地	库克岛 - 彭林盆地
Ti/wt%	0.32	0.42	0.16	1.28
Co/wt%	0.21	0.111	0.048	0.375
Mo/ppm	590	600	547	295
TREE/ppm	717	931	334	1537
V/ppm	445	497	431	504
Zr/ppm	307	752	325	555
Tl/ppm	199	347	129	146
Li/ppm	131	110	311	51
Y/ppm	96	108	69	141
Ar/ppm	67	150	65	150
W/ppm	62	92	75	59

注：四个多金属结核区位置见图 6.7。ppm.parts per million，10^{-6}。

由于新生洋壳具有很高的温度，冷海水向下渗透过程中会被不断加温，并从新生洋壳岩石中淋滤金属，形成富含金属硫化物的热液。当高温富金属硫化物的热液沿破裂或火山管上升喷出时，形成黑烟囱。温度和含矿性相对低的热液喷出时形成白烟囱（第一卷图 4.55）。喷出的含金属硫化物热液再次与冷海水作用并沉淀于洋中脊附近的洋底，形成火山块状硫化物（VMS）矿床，又称塞浦路斯型（Cyprus-type）VMS 矿床，即与蛇绿岩密切相关的 VMS 矿床。

据深海探测器实测，活动黑烟囱呈尖塔状，可高出海床 4 ～ 5m，顶部发育蜂窝状构造（图 6.9），热液喷口温度达 274 ～ 302℃。常有白色的蠕虫状和甲壳类生物聚集于低温热液喷口附近。喷口边缘以黄铁矿和闪锌矿化为主，喷口内侧为薄层状黄铜矿化。烟囱外被铁氧化物（褐铁矿）和富硅质沉淀物覆盖。

图 6.9　死亡的黑烟囱（a）和活动的黑烟囱（b）（深海探测器 DSV Pisces V. 拍摄，2005）

洋中脊处可形成多种金属的 VMS 矿床，如黄铁矿、黄铜矿、闪锌矿、方铅矿，以及少量金、银、锡和铋等。矿体呈锥形或透镜状，赋矿层位主要发育于下盘。矿化与热液蚀变具分带特征。

垂向分带，从上向下（图 6.10）：a. 含金属沉积层，即大洋盆地底层的富铁锰沉积物。是由构造变形作用将网脉状带中的硫化物置换，或形成一种复合成因的、类似 SEDEX 的远源硫化物池，表现为赋存于硅质岩或硅质泥岩中的黄铁矿和褐铁矿。b. 块状硫化物透镜体（massive sulphide lens），位于下盘火山岩中，不断地受到上升含矿热液的作用，是矿化最集中的部位。块状硫化物透镜体内，由下向上的矿化矿物组合依次为黄铜矿 ± 黄铁矿 ± 磁黄铁矿、黄铁矿 ± 闪锌矿 ± 方铅矿、闪锌矿 ± 方铅矿 ± 黄铁矿 ± 重晶石、靠近喷口的硅化和滑石化蚀变。c. 网脉状硫化带，位于块状硫化物透镜体之下，是最强蚀变带，温度达 250 ～ 350℃。矿化矿物组合为黄铜矿 ± 黄铁矿 ± 磁黄铁矿。d. 绿帘石 - 石英 ± 碳酸盐蚀变带，位于热液通道以下的高温端元，温度达 350 ～ 400℃，主要是热液淋滤金属元素，很少发生矿化。

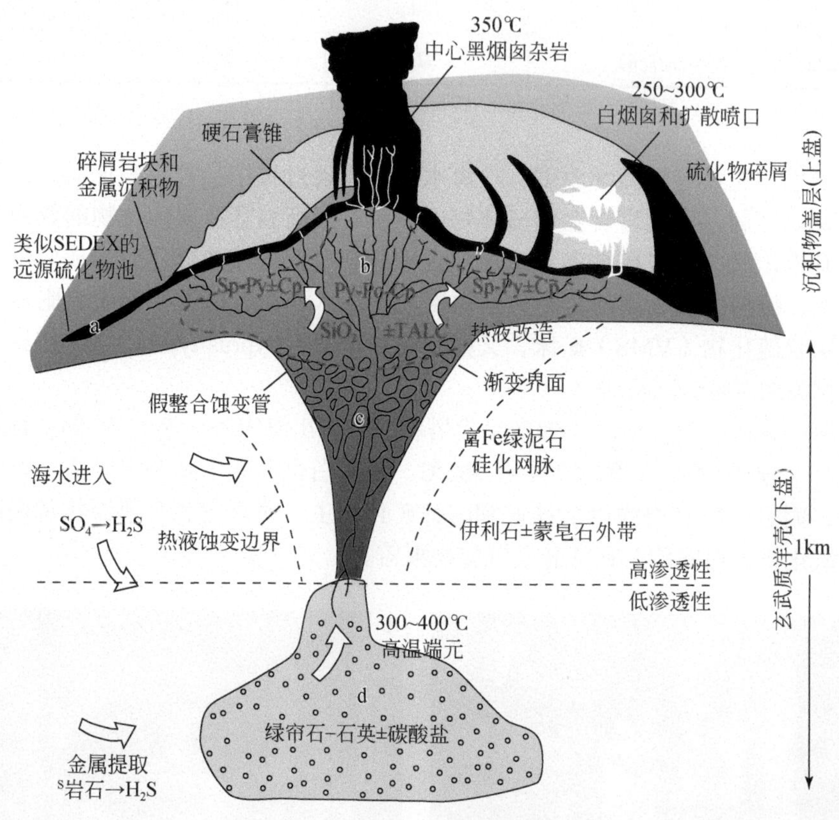

图 6.10 洋中脊 VMS 矿化垂向分带特征（据 Herzig and Hannington，1995；Galley *et al.*，2007）

从中心向外侧的矿化与蚀变的水平分带（图 6.10）依次为：①热液蚀变管（网脉状硫化带），绿泥石化蚀变内带或最强蚀变带，蚀变矿物为绿泥石 ± 绢云母 ± 石英，金

属矿物为黄铜矿 ± 黄铁矿 ± 磁黄铁矿。②绢云母－绿泥化蚀变外带，蚀变矿物为绢云母 ± 绿泥石 ± 石英，金属矿物为黄铁矿 ± 闪锌矿 ± 方铅矿。③伊利石－蒙皂石化围岩蚀变带，交代围岩形成，蚀变矿物为伊利石 ± 蒙皂石，无或极少金属矿化。

VMS 矿床是一种重要的矿床类型。全球已知的地质储量达 20 万吨的 VMS 矿床有 850 个（Sinclair *et al.*，1999；Franklin *et al.*，2005），地质储量超 2000 万吨以上的有 46 个，绝大多数于古老造山带中（图 6.11）。在形成地质时代上，从太古宙（如澳大利亚 Pilbara 地块，～3.4Ga）到现代扩张洋中脊及洋内弧系统均有 VMS 矿床形成（图 6.12）。

3. 转换断层与洋壳破裂带成矿作用

对转换断层（transform faults）和洋壳破裂带（fracture zones）的成矿作用目前仍然知之甚少，部分原因是沿二者并无岩浆作用发生。但是，最近调查发现转换断层之下存在地幔上隆及有关的升温（Eakin *et al.*，2018），可能为沿转换断层的热液循环提供了热源。另外，转换断层作为一级不连续界面（板块边界）穿切洋中脊并将洋中脊轴部岩浆

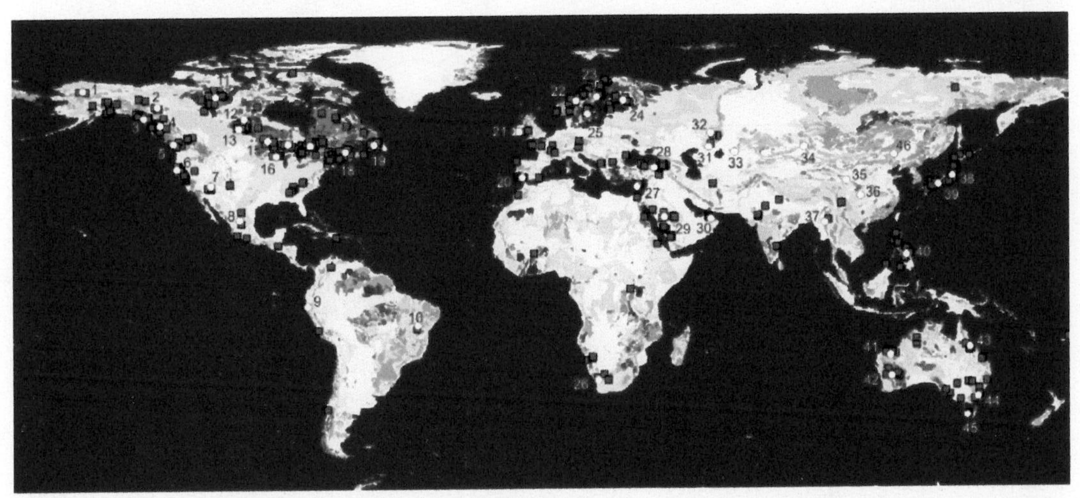

图 6.11　全球古代超大型 VMS 矿床分布（据 Galley *et al.*，2007）

白色圆点及编号表示大于 2000 万吨的 VMS 矿床、位置和地质储量，说明如下：1. 布鲁克斯山脉，阿拉斯加，3500 万吨；2. 芬莱森湖，育空，2000 万吨；3. 温迪克拉基、不列颠哥伦比亚省 + 格林溪、阿拉斯加，30000 万吨；4. 北科迪勒拉，不列颠哥伦比亚省，10000 万吨；5. 迈拉瀑布，不列颠哥伦比亚省，3500 万吨；6. 沙斯塔，加利福尼亚州，3500 万吨；7. 杰罗姆，亚利桑那州，4000 万吨；8. 中墨西哥，12000 万吨；9. 坦博格兰德，秘鲁，20000 万吨；10. 亚马孙克拉通，巴西，3500 万吨；11. Slave 省，西北地区努勒维特，3000 万吨；12. 罗庭，马尼托巴（Manitoba）省，8500 万吨；13. 弗林弗隆雪湖，马尼托巴（Manitoba）省，15000 万吨；14. 格口，安大略省马尼图瓦奇，6000 万吨；15. 鲟鱼湖，安大略省，3500 万吨；16. 莱茵兰德，威斯康星州－密歇根州，8000 万吨；17. 阿比蒂比，安大略省－魁北克省，60000 万吨；18. 巴瑟斯特，新不伦瑞克，49500 万吨；19. 衬垫区，纽芬兰，7500 万吨；20. 伊比利亚黄铁矿带，西班牙－葡萄牙，157500 万吨；21. 阿沃卡，爱尔兰，3700 万吨；22. 特隆赫姆，挪威，10000 万吨；23. 谢莱夫特，瑞典，7000 万吨；24. 奥托昆普－皮哈萨尔米，芬兰，9000 万吨；25. 奥里亚尔维山脉，瑞典－芬兰，11000 万吨；26. 普里斯卡，南非，4500 万吨；27. 特鲁多斯，塞浦路斯，3500 万吨；28. 黑海，土耳其，20000 万吨；29. 沙特阿拉伯，7000 万吨；30. 塞迈尔，阿曼，3000 万吨；31. 乌拉尔南部，俄罗斯－哈萨克斯坦，40000 万吨；32. 乌拉尔中部，俄罗斯，10000 万吨；33. 鲁德尼阿尔泰，哈萨克斯坦－俄罗斯，40000 万吨；34. 阿勒泰山，蒙古，4000 万吨；35. 北祁连，中国，10000 万吨；36. 三江，中国，5000 万吨；37. 绿松石，缅甸，4000 万吨；38. 北库，日本，8000 万吨；39. 百世，日本，23000 万吨；40. 菲律宾弧，6500 万吨；41、42. 皮尔巴拉，西澳大利亚州，7500 万吨；43. 昆士兰中部，澳大利亚，8000 万吨；44. 拉克兰褶皱带，澳大利亚，10000 万吨；45. 里德山，塔斯马尼亚州，20000 万吨；46. 中韩平台，4000 万吨

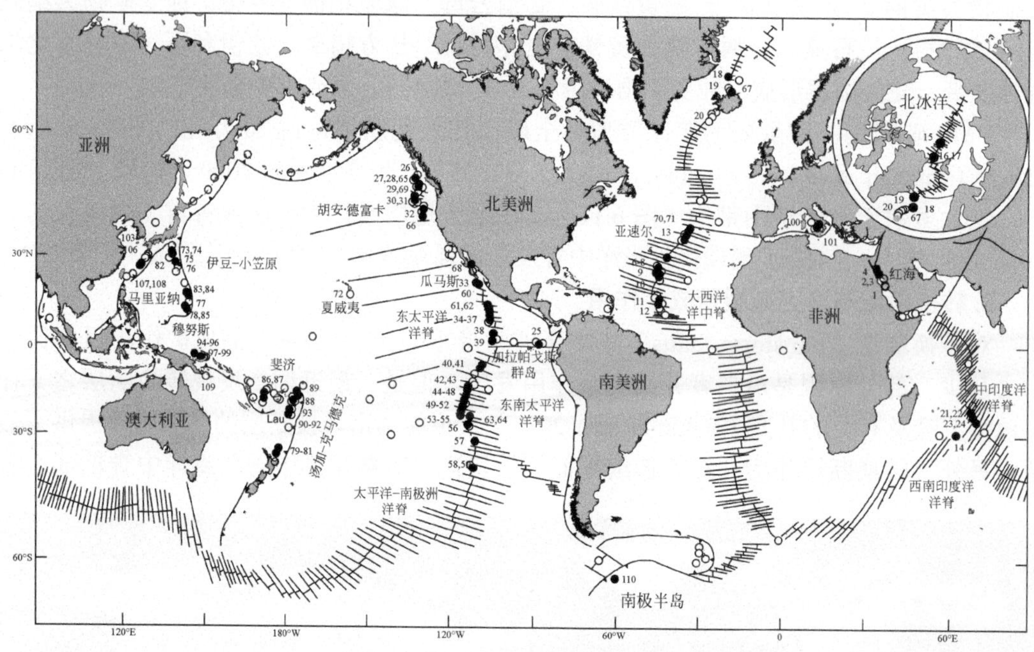

图 6.12 现代海底热液喷口和有关矿床全球分布状态（据 Hannington *et al.*，2005）

数字和黑点（●）代表高温热液喷口及相关多金属硫化物矿；圆圈（○）代表其他热液矿床和低温热液喷口（包括铁锰壳和含金属沉积物）。**陆内裂谷**：1. 亚特兰蒂斯号海渊，红海；2. 特提斯，纳鲁斯，石膏深渊；3. 凯布里特深渊，红海；4. 沙班深渊，红海。**慢速扩张洋中脊**：5. 破碎悬崖，大西洋洋中脊；6. 塔格山，大西洋洋中脊；7. 和平区，大西洋洋中脊；8. 阿尔文区，大西洋洋中脊；9. 24°30'N，大西洋洋中脊；10. 蛇窝地，大西洋洋中脊；11. 15°N，大西洋洋中脊；12. 日志区，大西洋洋中脊；13. 彩虹区，大西洋洋中脊；14. 乔丹山，西南印度洋洋脊；15. 加克利海岭，北冰洋；16. 极光区，北冰洋；17. 勒拿海槽，大西洋洋中脊北部；18. 北科尔拜席海岭；19. 科尔宾西脊；20. 雷克雅内斯海岭。**中速扩张洋中脊**：21. JX/MESO 带，中印度洋洋脊；22. EX/FX 带，中印度洋洋脊；23. 凯雷区，中印度洋洋脊；24. 埃德蒙区，中印度洋洋脊；25. 加拉帕戈斯裂谷；26. 南探险家岭；27. 高层，奋进岭；28. 主区，奋进岭；29. 共轴点，胡安 • 德富卡脊；30. 北部裂缝，胡安 • 德富卡脊；31. 南部裂缝，胡安 • 德富卡脊；32. 北法特岭。**快速扩张洋中脊**：33. 21°N，东太平洋洋脊北部；34. 12°50'N，东太平洋洋脊北部；35. 11°32'N，东太平洋洋脊海山；36. 11°N，东太平洋洋脊北部；37. 9° ～ 10°N，东太平洋洋脊北部；38. 3°55'N，东太平洋洋脊北部；39. 1°44'N，东太平洋洋隆 AHA 热液区；40. 7°00'S，东太平洋洋脊南部；41. 7°30'S，东太平洋洋脊南部；42. 14°00'S，东太平洋洋脊南部；43. 15°00'S，东太平洋洋脊南部；44. 16°40'S，东太平洋洋脊南部；45. 17°27'S，东太平洋洋脊南部；46 17°30'S，东太平洋洋脊南部；47. 18°10'S，东太平洋洋脊南部；48. 18°26'S，东太平洋洋脊南部；49. 20°00'S，东太平洋洋脊南部；50. 20°50'S，东太平洋洋脊南部；51. 21°30'S，东太平洋洋脊南部；52. 21°50'S，东太平洋洋脊南部；53. 22°30'S，东太平洋洋脊南部；54. 22°58'S，东太平洋洋脊南部；55. 23°30'S，东太平洋洋脊南部；56. 26°10'S，东太平洋洋脊南部；57. 31°51'S，东太平洋洋脊南部；58. 37°40'S，太平洋 – 南极洲脊；59. 37°48'S，太平洋 – 南极洲脊。**轴外火山**：60. 格陵海山；61. 14°N，东太平洋洋脊北部；62. 13°N，东太平洋洋脊北部；63. 23°19'S，东太平洋洋脊南部；64. 迪克海山。**沉积脊和相关裂谷**：65. 中部峡谷；66. 埃斯卡纳巴海槽；67. 格里姆西区；68. 瓜伊马斯盆地。**洋脊 – 热点交汇处**：69. 轴海山，胡安 • 德富卡脊；70. 好彩，亚速尔群岛；71. 白空间，亚速尔群岛。**板内火山**：72. 洛希海山，夏威夷。**洋内弧**：73. 凯塔巴彦淖尔，伊豆博宁弧；74. 明金绍，伊豆博宁弧；75. 绥洋海山，伊豆博宁弧；76. 凯卡塔海山，伊豆博宁弧；77. 东迪亚曼特，马里亚纳弧；78. 预测区，马里亚纳弧；79. 克拉克海山，马里亚纳弧；80. 西隆，马里亚纳弧；81. 兄弟，克尔马德克弧。洋内弧后盆地：82. 苏米苏裂谷，伊豆博宁弧；83. 爱丽丝泉，马里亚纳海槽；84. 中马里亚纳海槽；85. 南中马里亚纳海槽；86. 白夫人，北斐济盆地；87. 拉雪兹公墓，北斐济盆地；88. 帕帕拓区，北劳（Lau）盆地；89. 国王三联点，北劳盆地；90. 白教堂，南劳盆地；91. 百合地，南劳盆地；92. 埃希纳，南劳盆地；93. 中劳盆地；94. 中穆努斯盆地；95. 维也纳森林，穆努斯盆地；96. 西岭，穆努斯盆地。**转换岛弧和弧后裂谷**：97. 帕马努斯，东穆努斯盆地；98. 苏苏诺尔斯，东穆努斯盆地；99. 戴斯莫斯克顿，东穆努斯盆地；100. 帕利努罗海山，提勒尼安海；101. 泛亚海山，提勒尼安海；102. 卡利普索通道，陶波带。**陆内弧后裂谷**：103. 南恩森，冲绳海槽；104. 北伊赫亚，冲绳海槽；105. 蛤蜊地，冲绳海槽；106. 大克尔顿，冲绳海槽；107. 圆丘，南冲绳海槽；108. 与那国，南冲绳海槽。**火山裂谷边缘**：109. 富兰克林海山 – 伍德拉克盆地；110. 布兰斯菲尔德海峡，南极洲

房分割为不连续片段及高温喷口（Macdonald，1998）。洋壳破裂带是远离扩张脊的残余转换断层，比这些一级不连续界面的寿命更长。在中大西洋脊，转换断层与洋壳减薄密切相关（Detrick *et al.*，1993；Tolstoy *et al.*，1993），而在快速扩张的东太平洋脊并非如此（Macdonald，1998）。

尽管传统上认为转换断层无岩浆活动，但现代大洋考察却识别出了具有火山活动的转换断层（Allan *et al.*，1993；Wendt *et al.*，1999）。特别是在转换断层内部伸展性侧接带（stepovers）形成的拉分盆地，洋壳减薄并形成新的扩张，导致了活动的热液矿化系统（Richards，2014）。在转换断层与中大西洋扩张脊的交汇部位也观察到了热液矿化（Gartman and Hein，2019）。更有可能的与转换断层有关的矿化是硬岩表面的 Fe-Mn 氧化物沉淀，如沿中大西洋转换断层和破裂带分布的 Fe-Mn 氧化物（Bury，1989；Gartman and Hein，2019）。

转换断层和洋壳破裂带成矿作用大致有三种方式：①经热液沉淀而成的硫化物、硫酸盐或氧化物矿床，主要是沉积块状硫化物（sediment-hosted massive sulphides，SMS）矿床，构造作用与成矿作用同时进行。② Fe-Mn 氧化物在硬岩表面沉淀，但若就流体来源而言，这并非是转换断层专属的成矿作用，或者含有与转换断层有关的热液成分，如中大西洋脊（Bury，1989）。③沿破裂带产生的成矿作用可起源于洋壳内流体循环，这些流体沿大洋地形高点的玄武岩露头（如海山、断层和其他基底露头等）排放并沉淀成矿（Fisher and Becker，2000；Kuhn *et al.*，2017）。这些低温热液矿床也并非转换断层和破裂带所特有，但它们代表洋壳流体重要的上涌管道系统（Gartman and Hein，2019）。

对破裂带的流体循环与成矿所知更少，且难以与转换断层相区别。推测破裂带可能的低温热液成矿作用以碳酸盐岩、蒙脱石、Fe-Mn 氧化物和可能的重晶石为主（Beiersdorf *et al.*，1982）。现代大洋中与转换断层和破裂带有关的（可能的）矿床分布见表 6.2。

表 6.2　与转换断层和破裂带有关的成矿作用（据 Gartman and Hein，2019）

	位置	名称	环境	矿化矿物	来源
1	大西洋洋中脊	罗曼彻	横向裂谷	浸染状或网脉状黄铜矿、黄铁矿、磁黄铁矿和厘米级黄铁矿集合体	热液在破裂带活动，但在洋脊轴部就位
2	大西洋洋中脊	维马	横向裂谷	浸染状或网脉状黄铜矿、黄铁矿和磁黄铁矿	就位于洋脊轴部
3	大西洋洋中脊	佛得角	洋脊与转换断层交汇处	黄铜矿、闪锌矿和白铁矿	洋脊与转换断层交汇处的热液活动
4	大西洋洋中脊	36°N（菲莫斯）	转换裂谷壁	Fe-Mn 氧化物、蒙脱石，两个 600m^2 的区域	热液蚀变和裂隙
5	大西洋洋中脊	海洋学家 35°N	洋脊与转换断层交汇处	蛇纹岩、Fe-Mn 氧化物	被动传运、沉淀
6	大西洋洋中脊	塞拉利昂大洋破裂带	裂谷的分支	黄铜矿、磁黄铁矿、最大 4mm 方黄铜矿集合体、阳起石和绿泥石	热液和岩浆

续表

	位置	名称	环境	矿化矿物	来源
7	大西洋洋中脊	圣保罗	洋脊与转换断层交汇处	覆盖于富滑石岩石之上的Fe-Mn氧化物	热液
8	大西洋洋中脊	康拉德	洋脊与转换断层交汇处	覆盖于与蛇纹石化橄榄岩、辉长岩和玄武岩有关的富滑石岩石之上的Fe-Mn氧化物	热液
9	大西洋洋中脊	亚特兰蒂斯地块	洋脊与转换断层交汇处	文石、氢氧镁石和方解石	蛇纹石化
10	大西洋洋中脊	卡德诺大洋破裂带	洋脊与转换断层交汇处	黄铁矿和白铁矿角砾，Fe-Mn壳	热液
11	大西洋洋中脊	布韦三联点	裂谷西南	黄铁矿、黄铜矿	热液
12	大西洋洋中脊	1520	洋脊与转换断层交汇处	2cm厚的Fe-Mn氧化物壳	热液
13	东太平洋洋脊	威尔克斯大洋破裂带	洋脊与转换断层交汇处	Mn-Fe-Ni-Zn-Cu等多属沉积物	热液
14	东太平洋洋脊	加雷特	距洋脊100km的转换断层壁	蛇纹石化橄榄岩，少量填隙的磁黄铁矿、硫镍铁矿、黄铜矿和黄铁矿	蛇纹石化、玄武质熔融
15	胡安·德富卡	戈尔达沉降	拉分盆地	热液蚀变的绿片岩、黄铁矿、黄铜矿、闪锌矿	热液
16	胡安·德富卡	东白沉降	拉分盆地	70m × 1000m区域内的褐铁矿、蛋白石 - 方石英 - 鳞石英、黄铁矿、黄铜矿和闪锌矿	活动的热液
17	探索者三联点	图佐威尔逊火山区	三联点、扩张脊、俯冲、转换断层	碱性火山岩	转换渗漏
18	中加利福尼亚边缘	莫罗大洋破裂带	大洋破裂带与大陆边缘交汇处	Fe-Mn氧化物壳和结核、坡缕石和泥岩	热液、氢化的火成岩
19	加利福尼亚	沙顿海	拉分盆地	黄铁矿、褐铁矿、闪锌矿、黄铜矿、磁黄铁矿、白铁矿、方铅矿、方解石、石英、绿帘石、硬石膏、冰长石、绿泥石	热液流体和变质
20	加利福尼亚湾	康赛格盆地	拉分盆地	重晶石、碳酸盐岩	天然气渗漏
21	加利福尼亚湾	瓦格纳盆地	拉分盆地	重晶石、碳酸盐岩	天然气渗漏
22	加利福尼亚湾	瓜伊马斯盆地	拉分盆地	碳水物、磁黄铁矿、黄铁矿、重晶石、方解石、滑石、蛋白石质硅、针铁矿、纤铁矿，＞100个喷口丘，直径10～100m	活动的热液系统
23	劳盆地	佩吉脊	可能的破裂渗漏	重晶石 - 蛋白石	热液流体（推测）
24	劳盆地	国王三联点	有转换断层的脊 - 脊 - 脊三联点	200m × 2000m区域内高度变化的黄铜矿、黄铁矿、氧化物	不活动的热液流体

续表

	位置	名称	环境	矿化矿物	来源
25	澳大利亚-太平洋板块交汇处	芬奇-兰登	洋脊-转换断层内角	绿帘石、葡萄石、绿泥石、黄铁矿，胶结或充填破裂	与扩张有关的热液流体
26	穆努斯盆地	东穆努斯盆地、帕马努斯、戴斯莫斯、苏苏、圆丘	拉分盆地	4000km^2 内的闪锌矿、重晶石、方铅矿、黄铜矿、氧化物、硫砷铜矿、铜蓝和黄铜矿	热液流体

6.2　俯冲造山成矿作用

6.2.1　岛弧系统成矿作用

岛弧或洋内弧（intraoceanic arc）**系统**是指一个大洋板块向另一大洋板块之下俯冲形成的火山岛弧及相关盆地组合，包括海沟、增生楔及发育其上的海沟斜坡盆地（简称斜坡盆地）、弧前盆地、活动弧（包括弧内或弧上盆地）、弧后盆地和残余弧（又称死弧），如西太平洋的马里亚纳和汤加岛弧系统。海沟、增生楔和弧前盆地并称为弧前域(forearc)。根据“俯冲隧道”（subduction channel）（von Huene and Scholl，1991）的构造侵入状态，弧前域被分为增生型弧前域（accretionary forearc）和非增生型弧前域（non-accretionary forearc）（Clift and Vannucchi，2004；von Huene *et al.*，2004；Scholl and von Huene，2009）。

1. 弧前域增生楔成矿作用

海沟、增生楔斜坡盆地和弧前盆地以沉积作用为主，鲜有成矿报道。增生楔（accretionary wedge）又称增生棱柱体（accretionary prism）、增生杂岩带（accretionary complex）、增生混杂带（accretionary mélange）、俯冲混杂带（subduction mélange），以发育强烈挤压变形和高压变质作用为特色，极少岩浆活动，有的增生楔发育增生弧（accretionary arc）。

增生楔是弧前域的主要成矿构造部位，成矿作用主要与流体活动和构造变形有关。以南阿拉斯加增生楔为例，增生楔具有复杂的流体系统（图 6.13），包括①沿增生楔逆冲断层及反向冲断层（①a）逃逸的流体；②海底沉积物扩散释放的流体；③增生序列高渗透层中的侧向流体；④流体从弱渗透层进入高渗透层；⑤沿横切增生楔的垂向走滑断层溢出的流体；⑥流体沿增生楔下部滑脱面水平运移；⑦增生楔下地层因增生楔加载产生流体；⑧洋壳上部渗透层中的流体运移；⑨双重逆冲构造使沉积物中的水释放扩散于增生楔中；⑩流体沿向陆倾斜无序逆冲断层活动；⑪流体沿背冲断层进入弧前盆地；⑫俯冲带深部脱水反应形成的上升流体；⑬更深部流体经蛇纹岩底辟作用进入上覆岩石放射状裂隙中；⑭来自岛弧或大陆边缘的地下水向弧前盆地水平渗漏；⑮流体由增生楔前端海底泥火山向外流动。

海水是增生楔浅部的主要流体来源，洋壳和沉积物孔隙流体、成岩和变形变质过程中的脱水和含水矿物分解等作用形成的流体是增生楔的重要内部流体源，可生成于增生楔的不同部位。流体组成为 Li、B、H_2O、CO_2、Cl^- 和 CH_4。流体运移方式有：扩散式，岩石孔隙渗透及变质反应引起的流体运移；通道式，流体沿构造不连续面运移。

增生楔中流体活动的标志有：①流体脉群，增生楔中的碳酸盐岩（方解石）和石英网状脉群和泥岩脉（图 6.14），为超静水压力流体活动产物。②由泥浆和高压孔隙流体（H_2O+CH_4）快速对流使沉积物发生液化形成的泥火山－泥底辟构造；蛇纹岩底辟是一种广泛发育于马里亚纳、伊豆－小笠原弧前的特殊沉积岩类，如蛇纹质角砾岩和蛇纹质滑积岩等，均系蛇纹石底辟作用产物。③与流体活动有关的深海生物群。增生楔内的泄水通道（断裂）周围分布着深海底栖生物群和大量细菌，底栖生物群的数量、活动范围与流体化学成分、流量和流速有关。细菌通过流体中的 H_2S 和 CH_4 的氧化作用及化学合成来获得能量。流体为深海底栖生物群提供营养，生物活动又通过碳酸盐沉淀形成深海大化石及碳酸盐聚集物（礁形构造、烃化合物层），如俄勒冈增生楔和 Nankai 海槽中发现蛤类（Calyptogena）和管状蠕虫生物群化石。这些事实为深水沉积岩中出现生物大化石的异常现象提供了合理的解释。

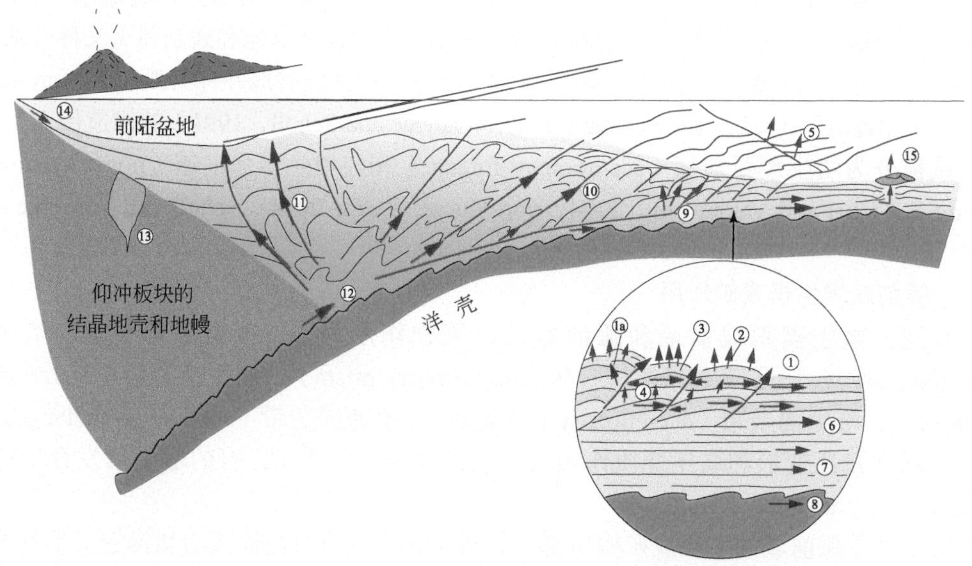

图 6.13　南阿拉斯加增生楔流体运移模式（据 Westbrook，1991）

增生楔中的流体在渗移过程中发生水岩反应、萃取成矿组分，形成低盐度、低氯化物和富 CO_2 的超高压含矿流体。据流体包裹体分析，增生楔中的成矿流体为稀而含碳的水溶液，盐度普遍较低（$NaCl \leqslant 3\%$），并含有 $CO_2 \pm CH_4 \pm N_2 \pm H_2S$。矿化种类有 Au、Ag、Cu、Pb、Cr、Ni、Zn、Mo、Sn、W、P、U 和油气等。含金石英脉是增生楔中流体成矿的有力证据。南阿拉斯加 Valdor 地区的金－石英－电气石－碳酸盐－黄铁矿脉中出

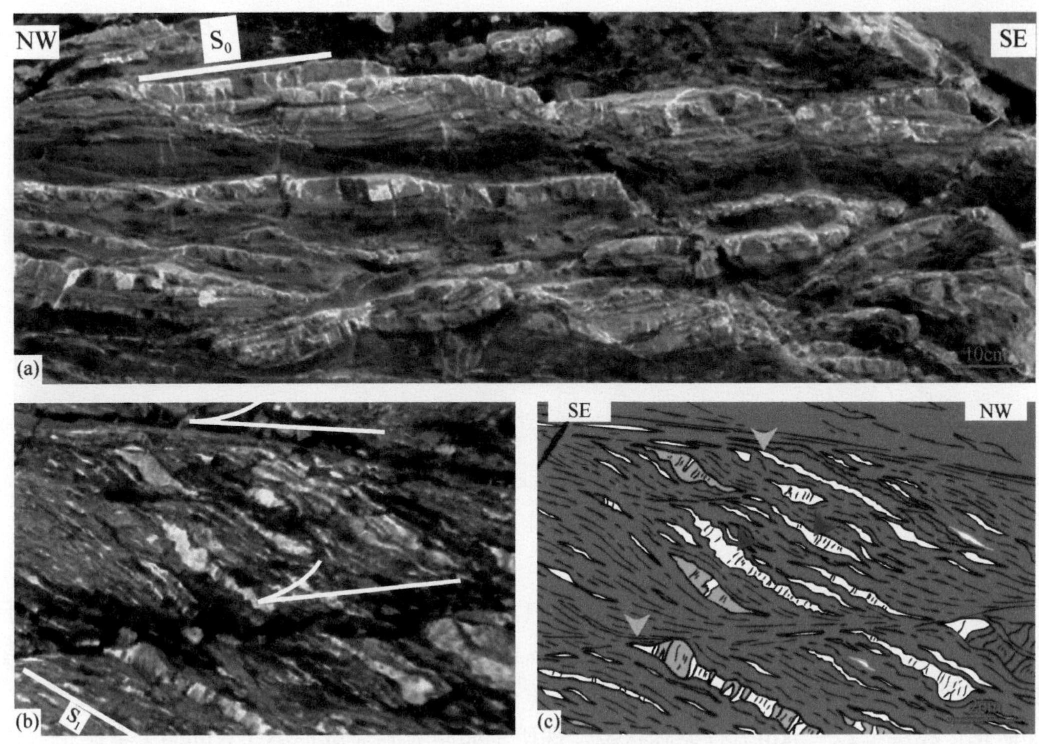

图 6.14　日本四十万带日向增生楔中与流体活动有关的石英脉（据 Raimbourg *et al.*，2015）

（a）垂直砂岩层理（S_0）的裂隙和斜切砂岩层理的伸展破裂面中的石英脉；（b）、（c）砂岩中早于韧性剪切变形的石英脉在剪切过程渐变为平行于面理（蓝色箭头），剪切方向为顶部向 SE 方向运动（绿色箭头）。S_0. 层理；S_1. 面理

现大量电气石，表明流体富含硼（B）。岛弧火山岩硼含量很低，硼最可能来自增生楔杂砂岩和泥岩基质，如日本岩手岛弧玄武岩的硼含量仅为 7.23 ～ 24.2ppm，而邻近的日本海沟沉积物硼含量高达 89 ～ 129ppm（Sano *et al.*，2001）。对加拿大阿比蒂比（Abitibi）绿岩带含金石英脉流体包裹体研究揭示，造山型金矿床的流体化学特征和俯冲带弧前增生楔的流体具有相似特点，说明俯冲大洋岩石圈脱水产生的变质流体是形成金矿脉的主要流体（Boullier *et al.*，1998）。这表明含矿流体与增生楔基质反应（萃取成矿组分）早于其在围岩中次级构造（如断裂）内扩散或沉淀成矿。

热源是驱动增生楔中流体运移、从增生楔物质中萃取金并在合适温压条件下沉淀形成石英脉状金矿的基本条件。对南阿拉斯加增生楔的研究揭示，洋脊俯冲在增生楔脉型金矿形成过程中具有重要作用（Haeussler *et al.*，1995）。洋脊俯冲过程中，板片窗（slab window；参阅第一卷第 3 章 3.7 节）张开会使热的软流圈地幔上涌、与冷和湿的增生楔底部接触（图 6.15），引起增生楔发生高温低压变质作用、增生楔沉积岩基质部分熔融形成 S 型花岗质侵入岩。沉积岩角闪岩相变质作用会引起脱硫反应（desulfidization），从而使金硫络合物（gold-complexing sulfur）进入含 H_2O-CO_2 的流体，形成含金流体。孔隙流体热膨胀作用和构造应力驱动含金流体向上运移，流体压力波动导致脆 - 韧性过渡带之上发生水压破裂和偶发的流体流（fluid flow）。当水压破裂进一步发展为断裂时，引

起流体压力降低并造成含金石英脉沉淀（参阅第7章），即形成增生楔石英脉状金矿（Au lode），即造山型金矿（orogenic Au）。

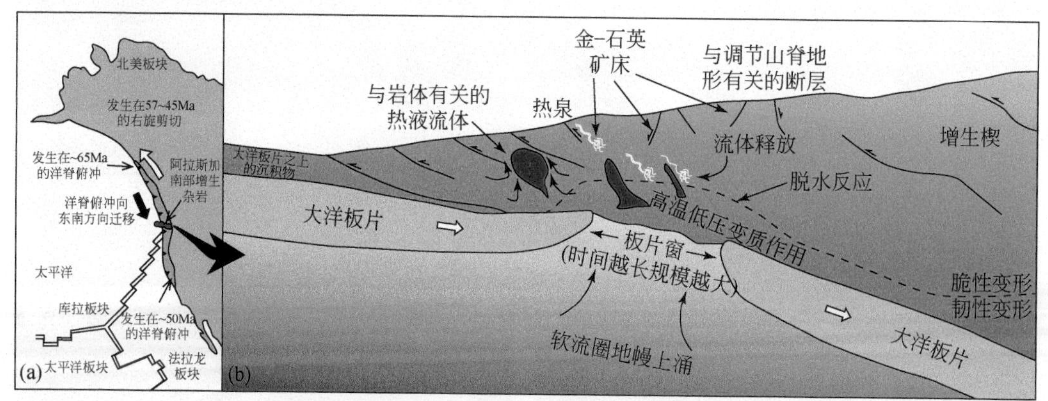

图6.15 洋脊俯冲与增生楔金矿化关系（据 Haeussler *et al.*，1995）

造山型金矿主要发育于弧前域增生楔中，赋矿围岩以海相浊积岩为主，也有发育于变形的陆缘弧后盆地沉积岩中的情况（图6.16）。造山型金矿一般沿断裂带产出，具有明显的深度分层特征（图6.17）。浅表层（＜2km）无金矿化，主要是低温热液型汞-锑矿化；浅层（2～5km）石英脉状金-锑矿［如澳大利亚威卢纳（Wiluna）金矿］，也有赋存于侵入岩中的造山型金矿（如山东玲珑金矿）；中层（5～10km）石英脉状金-砷-碲矿（主矿化脉）；深层（10～20km）韧性剪切带型金-砷矿化［如印度戈拉尔（Kolar）金矿］。

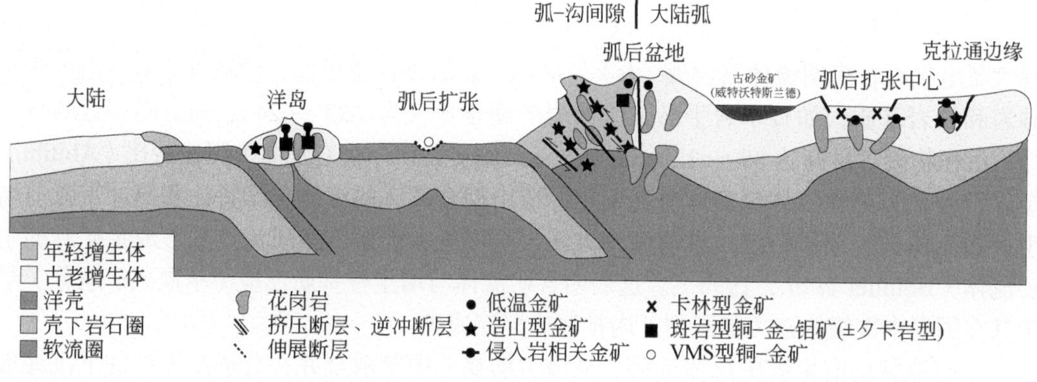

图6.16 金矿成矿作用与构造环境（据 Groves *et al.*，2005）

增生楔中的其他成矿作用，包括①与大洋沉积物有关的多金属结核；②与残余的蛇绿岩块中的塞浦路斯型VMS矿床、豆荚状铬铁矿；③与海山蛇纹岩有关的硅锰碳酸盐岩和锰（钴）氧化壳；④与海山玄武岩中的铁铜（锌）VMS矿床及海山橄榄岩中的浸染状或豆荚状铬铁矿。

弧前盆地很少成矿，有报道弧前盆地靠近岛弧或陆缘弧的边缘发育有如磁铁矿、钛磁铁矿砂滩。

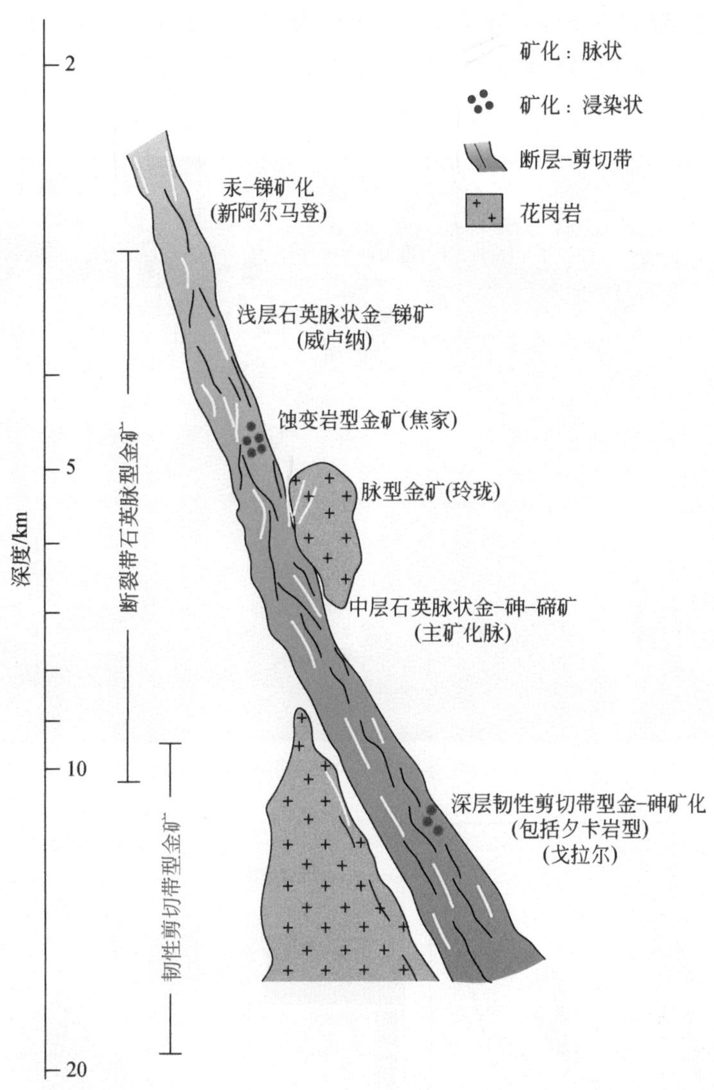

图 6.17　造山型金矿垂向矿化分层特征（据 Groves *et al.*，1998 修改）

结合第 7 章内容阅读

2. 岛弧成矿作用

岛弧成矿作用主要与其岩浆活动有关，成矿作用或矿床类型包括斑岩矿床、浅成热液矿床 ± 夕卡岩型矿床。虽然岩浆作用是岛弧成矿作用的核心，但在年轻岛弧中岩浆矿床却很少见，部分原因可能是由于埋藏深度巨大，最显著的是斑岩成矿作用。与岩浆热液密切相关的斑岩铜（金 - 钼）矿床及浅成热液矿床在年轻岛弧中则是非常普遍的，但前提条件是需有快速的构造剥蚀作用使其出露。全球岛弧斑岩矿床主要分布于西南太平洋地区（图 6.18）。

岛弧斑岩矿床的蚀变与矿化具有明显的横纵向分带性。以吕宋岛弧 Lepanto 矿床［图 6.19（a）］为例，下部为与石英闪长斑岩有关的斑岩铜 - 金矿［porphyry Cu-Au；图

6.19（b）]，上部为赋存于英安岩和英安质火山碎屑岩中的浅成热液铜－金矿（epithermal Cu-Au）。从下向上，矿化蚀变依次为①钾化蚀变（黑云母、钾长石、硬石膏）、②绿泥石－绢云母化蚀变、③叶蜡石－水铝石－高岭石化蚀变、④石英－明矾石化蚀变、⑤块

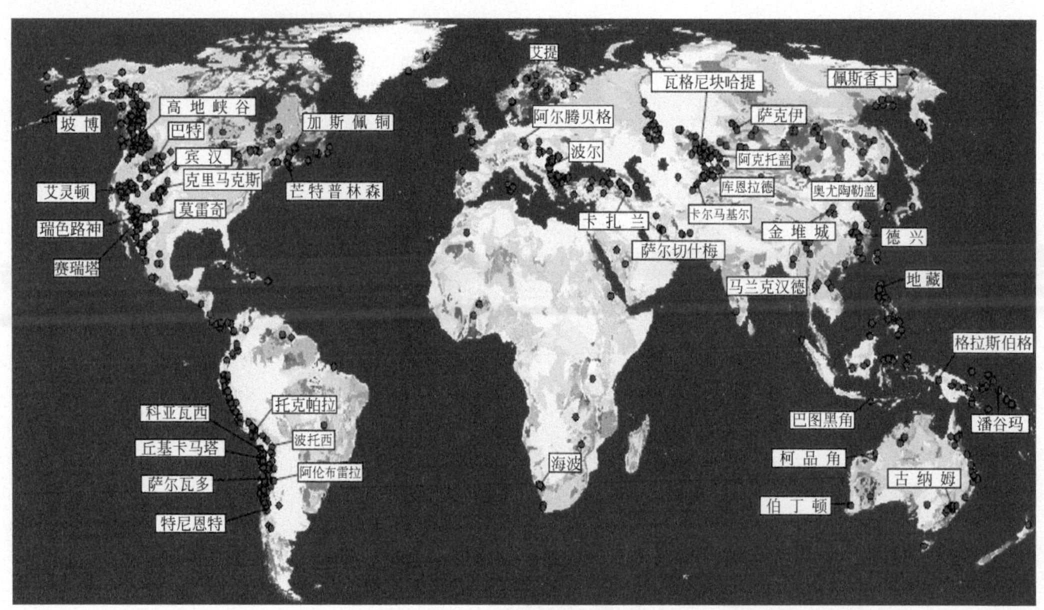

图 6.18　全球主要斑岩型铜钼矿床分布图（据 Kirkham and Dunne，2000）

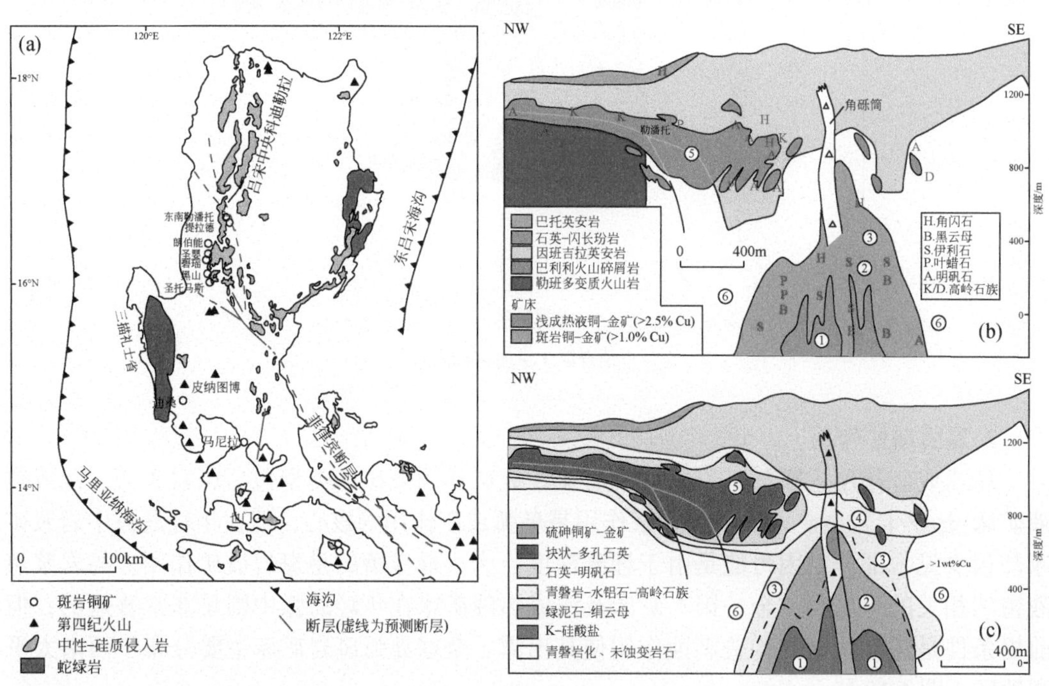

图 6.19　吕宋岛弧斑岩型矿床分布（a）（据 Imai，2000）及 Lepanto 矿床矿化与蚀变分带特征［（b）、（c）］（据 Hedenquist *et al.*，1998）

数字含义见正文

状或晶洞石英蚀变。斑岩铜－金矿化主要发生于钾化蚀变带和绿泥石－绢云母化蚀变带内，少量发育于叶蜡石－水铝石－高岭石化蚀变带。浅成热液型铜－金矿化发生于石英－明矾石化蚀变带和块状或晶洞石英蚀变带内带，少量发生于叶蜡石－水铝石－高岭石化蚀变带。

下部斑岩铜－金矿化带，从中心向两侧，依次为①钾化蚀变、②绿泥石－绢云母化蚀变、③叶蜡石－水铝石 ± 高岭石化蚀变；最外侧为⑥青磐岩化蚀变，是无矿化的蚀变晕外套［图 6.19（c）］，是斑岩矿的典型找矿标志。

岛弧斑岩矿床具如下基本特征：

（1）高的金含量、高的 Au/Cu 值和异常高的 Au/Mo 值（几乎没有钼矿化），因此又称为菲律宾型斑岩铜－金矿床（Philippine-type porphyry Cu-Au deposit）。

（2）岛弧斑岩矿床的闪长岩和安山岩的界线通常是不清晰的，多数矿床的矿体趋向于赋存于火山岩中，因此也将岛弧斑岩矿床称为火山斑岩矿床（volcanic porphyry deposit）。

（3）岛弧斑岩矿床的母岩体（枝）呈圆筒状、管状或不规则状，与安第斯斑岩体的形状相同。

（4）相比于安第斯斑岩矿床，岛弧斑岩矿床的矿化蚀变分带规律性差，常常因相互叠加而变得模糊。

（5）岛弧斑岩矿床类型包括斑岩铜－金矿或浅成高硫热液铜－金矿两类，二者要么并列（如 Lepanto 矿床），要么浅成高硫热液矿化叠加早期的斑岩矿化（如 Tampakan 矿床）。

（6）岛弧斑岩矿床的氧化矿和次生硫化物带不发育，可能主要是由于岛弧斑岩矿床较年轻，尚未经过广泛的风化与淋滤作用改造。

（7）岛弧环境广泛发育浅成热液金－银（铜）矿床，以透入性蚀变为特点。伴随斑岩前锋的脉动性不断作用，早期钾化蚀变（黑云母、钾长石、硬石膏）逐渐演化为叶腊石化蚀变，最后被冰长石 + 伊利石、高岭石 + 硬石膏 + 黄铁矿 + 白铁矿组合为特征的浅成热液蚀变所叠加（Müller *et al.*，2002）。

3. 弧后盆地成矿作用

按基底性质，可将弧后盆地分为大洋（或洋内）弧后盆地和大陆弧后盆地两类（Laznicka，2006）。前者盆地基底为洋壳，如马里亚纳和劳（Lau）弧后盆地［图 6.20（a）］；后者基底为陆壳，如冲绳弧后盆地［图 6.20（b）］。

现代海底 VMS 矿床主要发育于洋中脊和岛弧环境（参见图 6.12），但是保存于地质记录（即古老造山带）中的 VMS 矿床则主要形成于大洋和大陆初生弧（oceanic and continental nascent-arc）、初始张裂的岛弧（nascent rifted arc）和弧后盆地环境（Franklin *et al.*，1998；Allen *et al.*，2002）。这是因为只有极少量的蛇绿岩（洋壳残片）在俯冲过程中以仰冲岩片或增生楔外来岩块形式被保留下来，换言之洋中脊的 VMS 矿床很少能就位而被保留下来。另一方面，由较老的厚的洋壳沿转换断层下沉引起的初始岛弧张裂作用（Bloomer *et al.*，1995），形成俯冲早期的、以大洋岛弧为基底的超级俯冲地体［图 6.20（a）］。超级俯冲地体在古老造山带中很普遍的，其中的 VMS 矿床空间上与孤立的流纹岩杂岩密切相关。这些孤立的流纹岩杂岩是初生岛弧张裂的产物，覆盖于厚的初生岛

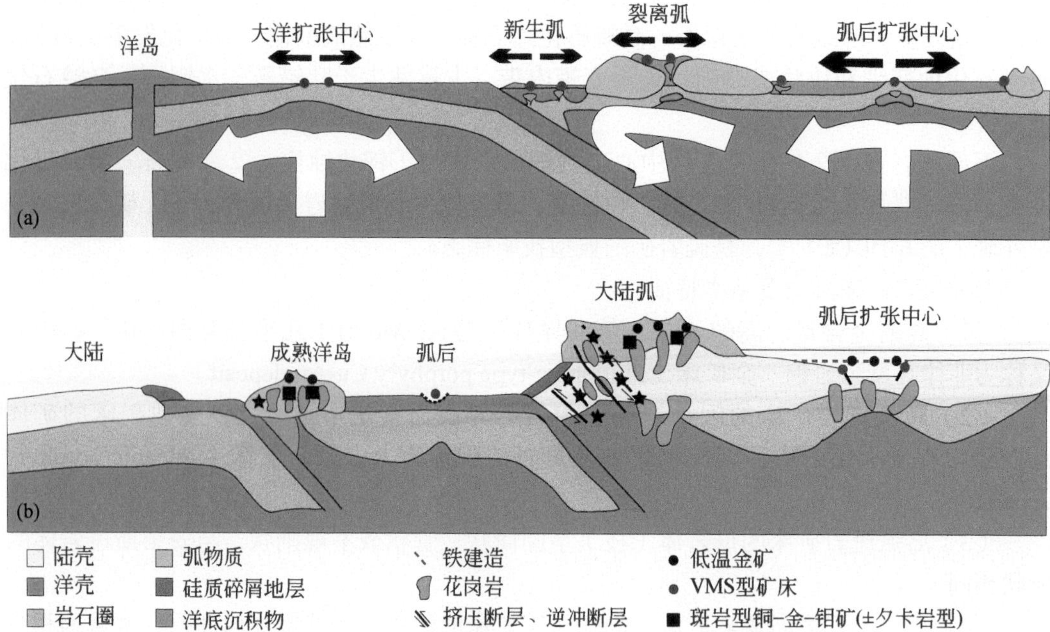

图 6.20 VMS 矿床与构造环境（据 Galley *et al.*，2007）

弧早期拉斑玄武岩和玄武安山岩序列之上，并与之组合而成所谓的双峰式火山岩。最好的以铁镁质岩为主的双峰式火山实例是加拿大马尼托巴（Manitoba）地区 Anderson、Stall 和 Rod 古元古代 VMS 矿床（Bailes and Galley，1999）。大陆弧后盆地环境可以形成世界级的重要 VMS 矿床，其赋矿岩石主要是双峰式的长英质岩石和硅质碎屑岩 ± 铁建造（van Staal *et al.*，2003），如西澳大利亚的太古宙 Golden Grove 矿山（Sharpe and Gemmell，2002）、瑞典古元古代 Bergslagen 矿区（Allen *et al.*，1996）、俄罗斯和哈萨克斯坦的南乌拉尔泥盆世 VMS 矿区（Herrington *et al.*，2002；Franklin *et al.*，2005）。另外，陆缘弧后盆地还可发育浅成热液金矿、卡林型金矿、造山型金矿、侵入岩有关的金矿[图 6.20(b)]和铁建造等（Groves *et al.*，1998，2005；Galley *et al.*，2007；Huston *et al.*，2010）。

VMS 矿床可以形成多种构造环境（表 6.3），不同 VMS 矿床具有不同的岩石地层关系与岩石化学组合（图 6.21，表 6.4）。产于大洋弧后盆地镁铁质火山岩中的 VMS 矿床又称别司型（Besshi-type）VMS 矿床，产于大陆弧后盆地长英质火山岩中的 VMS 矿床又称黑矿型（Kuroko-type）VMS 矿床。

表 6.3 VMS 矿床与构造环境

大地构造环境	赋矿岩石组合
1 板块离散环境	
1.1 大陆裂谷	碎屑沉积岩中的块状硫化物矿床

续表

大地构造环境	赋矿岩石组合
1.2 洋中脊（塞浦路斯型）	
慢速扩张脊 中速扩张脊 快速扩张脊 沉积型洋脊 脊轴外火山	铁镁质岩、泥质岩 - 铁镁质岩 铁镁质岩 铁镁质岩 泥质岩 - 铁镁质岩 铁镁质岩
2 板块汇聚环境	
2.1 板块俯冲	
张裂的大洋弧 大洋弧后 张裂的大陆弧 大陆弧后	双峰式铁镁质岩 铁镁质岩（别司型）、泥质岩 - 铁镁质岩 双峰式长英质岩 双峰式长英质岩（黑矿型）、硅质碎屑岩 - 长英质岩
2.2 碰撞及其他汇聚环境	
与斜向碰撞有关的伸展 碰撞后伸展	硅质碎屑岩 - 长英质岩 双峰式长英质岩
3 板内环境 地幔柱或热点	
板内火山 大洋高原	铁镁质岩 双峰式铁镁质岩

注：据 Huston 等（2010）、Crawford 和 Berry（1992）、Franklin 等（2005）、Hannington 等（2005）、Tornos 等（2005）和 van Kranendonk 等（2007）的资料总结。

表 6.4　不同 VMS 矿床赋存岩石及其岩石化学组合（据 Piercey，2011）

VMS 矿床族	铁镁质岩石	长英质岩石	实例	其他关系
铁镁质岩 Cu-Zn	BON、LOTI、IAT、MORB、BABB	—	BON-LOTI：特鲁多斯，塞迈尔，特纳奥尔布赖特，贝茨湾，基德克里克，雪湖和明漫步者； MORB（东太平洋洋隆）：塔格； BABB：劳和穆努斯盆地，塞迈尔	弧前蛇绿岩：MORB 位于 BON-LOTI-IAT 之下； 弧后蛇绿岩：BON-LOTI-IAT 被 MORB 和 BABB 覆盖
铁镁质 - 长英质岩 Cu-Zn-Co	碱性 MORB，BON（极少）	—	MORB- 中谷：瓜伊马斯、埃斯卡纳巴海槽； BON：火湖； Alkalic-OIB：温迪克拉基	碱性 MORB 和 BON：常为席状沉积杂岩，地球化学多样性非常少
双峰式 - 铁镁质岩 Zn-Cu	MORB、BON、LOTI（CA 和 IAT 极少）	太古宙：FIII 流纹岩； 元古宙—显生宙：拉斑质和玻安质流纹岩	MORB、FIII 流纹岩：诺兰达； BON-LOTI 和 FIII 流纹岩：基德克里克； BON-LOTI、岛弧拉斑和拉斑质流纹岩：雪湖； BON-LOTI 和玻安质流纹岩：明漫步者	铁镁质岩是地层岩石的主体，但 VMS 矿床靠近流纹岩

续表

VMS 矿床族	铁镁质岩石	长英质岩石	实例	其他关系
双峰式-长英质岩 Zn-Pb-Cu	碱性 MORB	富集 HFSE 的 A 型流纹岩，过碱性流纹岩和 CA 性流纹岩（极少）	富集 HFSE 的流纹岩、MORB-碱性玄武岩：埃斯凯克里克； CA 性流纹岩、MORB-碱性玄武岩：伊比利亚黄铁矿带，里德山	流纹岩石是地层的主体岩性，被碱性或 MORB 型玄武岩覆盖
长英质岩-硅质碎屑岩 Zn-Pb-Cu	碱性 MORB	富集 HFSE 的流纹岩，过碱性流纹岩和 CA 性流纹岩（极少）	富集 HFSE 的流纹岩、MORB-碱性玄武岩：巴瑟斯特，芬莱森湖； 过碱性流纹岩、MORB-碱性玄武岩：阿沃卡，博尼菲尔德三角洲	长英质岩为岩石地层的主要部分，多为含大量沉积岩的火山碎屑岩； 铁镁质岩穿切或覆盖长英质岩石或沉积岩层

注：BABB. 弧后盆地玄武岩，back-arc basin basalt；BON. 玻安岩；CA. 钙碱性火山岩；FIII. 长英质火山岩套；HFSE. 高场强元素；IAT. 岛弧拉斑玄武岩，island arc tholeiite；LOTI. 低钛的岛弧拉斑玄武岩；MORB. 洋中脊玄武岩。

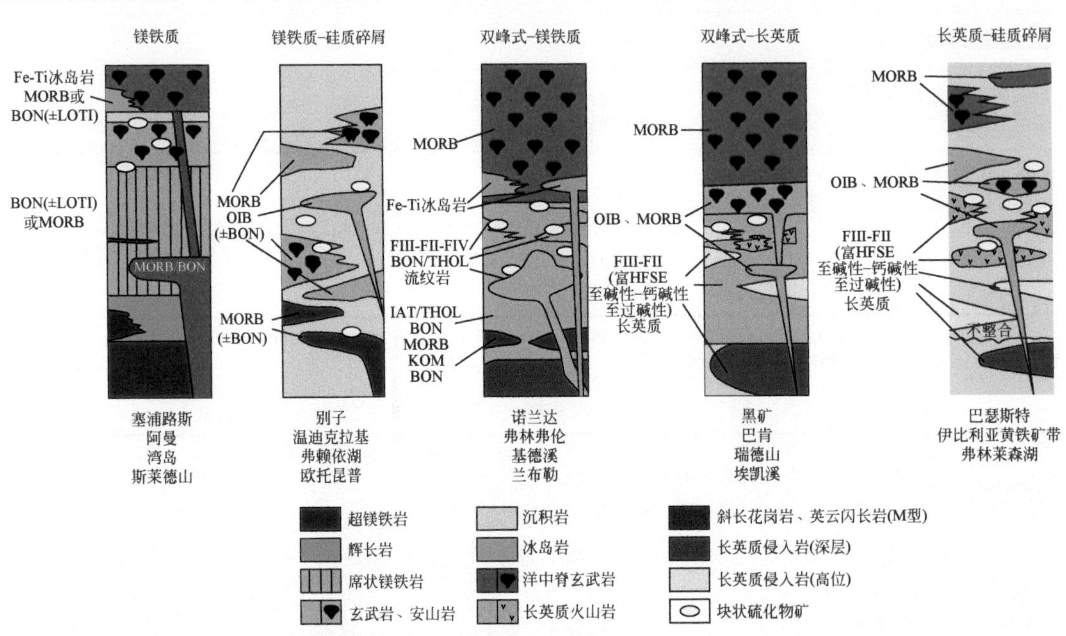

图 6.21 不同 VMS 矿床岩石地层关系与岩石化学组合（据 Piercey，2011）

BON. 玻安岩；FI～FIV. 富或贫 VMS 的长英质火山岩套（太古宙 VMS 优先产于 FIII 和 FII，极少产于 FI）；HFSE. 高场强元素；IAT. 岛弧拉斑玄武岩；KOM. 科马提岩；LOTI. 低钛的岛弧拉斑玄武岩；MORB. 洋中脊玄武岩；OIB. 洋岛玄武岩；THOL. 拉斑系列岩

6.2.2 活动大陆边缘（陆缘弧）成矿作用

如图 6.18 所示，活动大陆边缘（陆缘弧，continental arc）发育于美洲大陆板块西缘，包括三个明显不同的片段。北美段，胡安·德富卡（Juan de Fuca）板块向北美板块之下俯冲，形成沿美国西北部和加拿大西部的喀斯喀特（Cascade）陆缘弧系统。中美

段（加勒比和墨西哥南部），科克斯（Cocos）板块向北美板块南部和加勒比板块之下俯冲，形成沿中美洲西侧的陆缘弧系统。南美段，纳斯卡（Nazca）板块和南美洲（South America）板块（主要是 Nazca 板块）向南美板块之下俯冲，形成巨型安第斯陆缘弧系统。

北美陆缘弧可能始于法拉龙（Farallon）板块于晚古生代末（～260Ma）向北美板块之下俯冲，中生代到新生代岩浆弧向西迁移，火山链宽度也变窄（Wyld *et al.*，2006）。新生代喀斯喀特弧盆体系是由胡安·德富卡板块自 35Ma 以来的俯冲形成的，弧岩浆活动大体向陆或向东迁移，分为五个活动期：35～17Ma、14～8.8Ma、7.4～4Ma、3.9～0.73Ma 和＜0.73Ma。

加勒比板块于晚白垩世（～65Ma）楔入北美和南美板块之间。中美洲陆缘系统系由科克斯板块俯冲形成的，包括两条火山带（Ferrari *et al.*，2012）。墨西哥（危地马拉－萨尔瓦多）火山带的基底是前寒武纪至早古生代火成岩和变质岩（北美板块的组成部分），中美洲火山带的基底是白垩纪超镁铁质杂岩（加勒比板块的组成部分）。

南美安第斯巨型陆缘系统是由太平洋板块于 150Ma（或更早）向东俯冲消减形成的（Mpodozis and Kay，1992）。现代南美活动陆缘由 Nazca 板块俯冲形成，在深度大约 120km 变为向东的近水平俯冲（Lallemand and Heuret，2005）。纬向上，安第斯陆缘弧新生代火山活动可分为几个不连续的带：北火山带（5°N～2°S）、中火山带（16°～26°S）、南火山带（34°～46.5°S）和南方火山带（＞46.5°S）。南美活动陆缘经向构造分带也非常显著（图 6.22），由西向东依次为：弧前域（包括秘鲁－智利海沟、海岸科迪勒拉、中央裂谷和前科迪勒拉）、西科迪勒拉岩浆弧、阿尔蒂普拉诺－普马（Altiplano-Puna）腹陆（后陆）盆地、东科迪勒拉（双向仰冲的南美克拉通结晶基底）、亚安第斯褶皱冲断带和弧背前陆盆地。

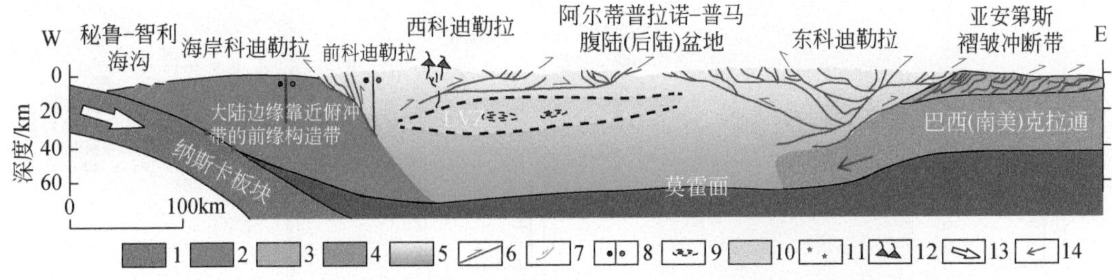

图 6.22　南纬 21° 的安第斯陆缘弧及邻区构造剖面（据 Lomize，2008 修改）

垂向比例放大 1.5 倍；1. 大洋岩石圈；2. 前缘带的陆壳；3. 安第斯的残余陆壳；4. 南美克拉通的陆壳；5. 阿尔蒂普拉诺之下低速的陆壳岩石；6. 冲断层和逆断层；7. 正断层；8. 走滑断层；9. 地震反射面；10. 高电导的低速带（low velocity zone，LVZ）；11. 岩石圈板块边界地震带；12. 与俯冲相关的活火山；13. 纳斯卡板块俯冲方向；14. 下插的南美克拉通

美洲陆缘弧系统，特别是南美洲安第斯弧，是全球最重要的成矿带。与大洋岛弧相比，陆缘弧的岩浆活动或成矿作用时间长，从中侏罗世一直持续至今，最早的成矿作用可能始于早二叠世，如 La Voluntad 斑岩矿床（287Ma）、Cerro Samenta 斑岩矿床（256Ma）、Cobriza 夕卡岩矿床（263Ma）、San Jorge 夕卡岩矿床（263～257Ma），绝大多数为侏罗纪以来形成的矿床（Sillitoe，1992；Seedorff *et al.*，2005）。矿床类型多样，以斑岩矿

床及与斑岩密切相关的夕卡岩和浅成热液矿床为主，其他矿床类型还包括：VMS矿床、IOCG（铁氧化物Cu-Au）矿床、Manto型铜矿、电气石角砾岩、硫砷铜矿脉和红层型铜矿等。南美安第斯陆缘弧的成矿作用具有南北向分段特点。北安第斯（约10°N～5°S）以中—新生代斑岩铜（钼-金）矿为主，少量VMS矿床。中安第斯北段（约10°～15°S）以中新世斑岩及相关的夕卡岩和浅成热液矿床为主。中安第斯南段（约15°～35°S）以晚古生代至新生代斑岩及相关的夕卡岩矿床为主，白垩世发育IOCG矿床。南安第斯（约35°～55°S）以晚白垩世斑岩矿床为主。

如图6.23所示，陆缘弧具有与大洋岛弧截然不同的成矿地质特征。由于陆缘弧发育在大陆地壳之上，具有上下两个矿化-蚀变层位。下部为侵入岩层位（plutonic level），即陆壳层位，上部为火山沉积层位（volcanic-sedimentary level）。

（1）矿化分带特征：

上部火山沉积岩层位成矿作用是指发生于热液蚀岩帽（lithocap）内高硫（high sulfur，HS）型浅成热液金±铜±银矿化和中硫型浅成热液金-银矿化。

下部侵入岩层位成矿作用多样，包括中心部位的斑岩铜±金±钼矿化及斑岩顶部的高硫型脉状铜-金±银矿化、次浅成热液型锌-铜-铅±银±金矿化脉、近源（斑岩）夕卡岩型铜-金矿化、远源夕卡岩型金-铅锌矿化、位于大理岩前锋以外的交代碳酸盐岩型铅-锌-银±金（铜）矿化（又称Manto型矿床）、远端赋存于碳酸盐岩中的浸染状金-砷±锑±汞矿化（相当于卡林型金矿）。

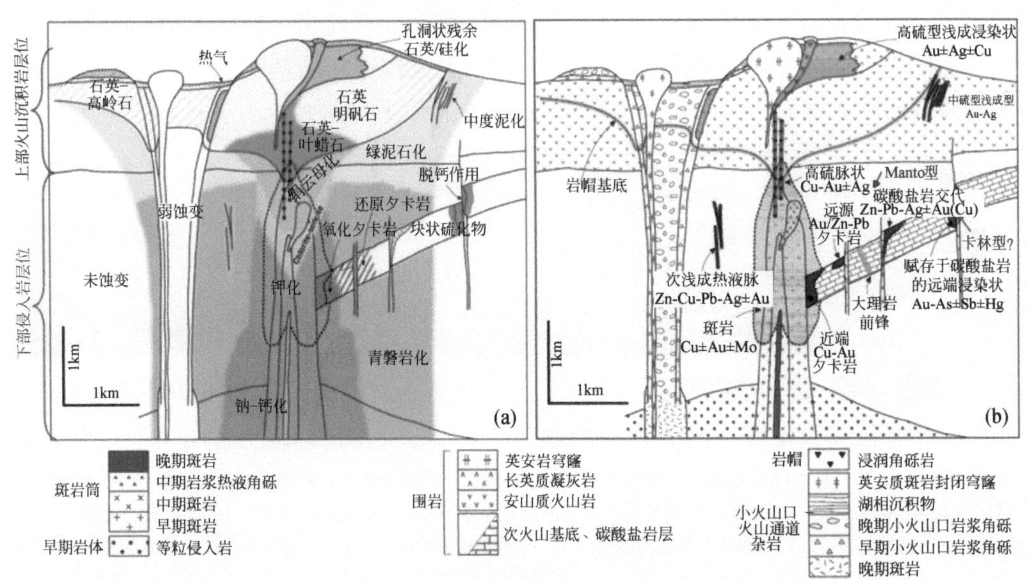

图6.23 陆缘弧斑岩型矿床及相关矿床的蚀变（a）与矿化（b）空间展布图（据Seedorff *et al.*，2005修改）

（2）蚀变分带特征：

与上部为火山沉积层位高硫型浅成热液金±铜±银矿化对应的是晶洞状石英或硅化蚀变，中硫型浅成热液金-银矿化发生于绿泥石化或高级泥化蚀变带中。

下部侵入岩层位的斑岩铜±金±钼矿化发育于钾化和绿泥石-绢云母化蚀变带中，

次浅成热液低硫（low sulfur，LS）型锌－铜－铅 ± 银 ± 金矿化发育于青磐岩蚀变带内，近源（斑岩）夕卡岩型铜－金矿化发育于碳酸盐岩与斑岩接触带（钾化带内），远源夕卡岩型金－铅锌矿化发育于青磐岩蚀变带内小型岩枝与碳酸盐岩接触带，位于大理岩前锋以外的交代碳酸盐岩型铅－锌－银 ± 金（铜）矿化（Manto 型矿床）发育于青磐岩化带内，远端赋存于碳酸盐岩中的浸染状金－砷 ± 锑 ± 汞矿化（相当于卡林型金矿）发育于未蚀变的陆壳地层中，受断裂控制。陆缘弧斑岩成矿作用的矿化与蚀变关系详见表 6.5。

陆缘弧斑岩矿床主要以铜－钼（金）矿床为主（表 6.6），而大洋岛弧斑岩矿床以铜－金矿床为主、具有高的 Au/Cu 值和异常高的 Au/Mo 值（几乎没有钼矿化）。相比于陆缘弧，大洋岛弧少有夕卡岩型矿床发育，与斑岩有关的浅成热液矿床发育规模也较少较小。

表 6.5　陆缘弧斑岩成矿作用的矿化与蚀变关系

<table>
<tr><th>矿化与蚀变垂向变化</th><th colspan="3">矿化和蚀变组合及横向变化</th></tr>
<tr><td rowspan="3">上部火山沉积层位</td><td>晶洞石英－硅化蚀变：HS 型 Au±Ag±Cu</td><td>石英－明矾石蚀变</td><td rowspan="2">石英－高岭石化蚀变</td></tr>
<tr><td>石英－叶蜡石化蚀变</td><td>石英－明矾石蚀变</td></tr>
<tr><td>上层位底部的绢云母化蚀变：斑岩 Cu-Mo、HS 型脉状 Cu-Au±Ag</td><td colspan="2">绿泥化蚀变</td></tr>
<tr><td rowspan="4">下部侵入岩层位，即陆壳层位</td><td>下层位顶部的绢云母化蚀变：斑岩 Cu-Mo、HS 型脉状 Cu-Au±Ag</td><td colspan="2">绿泥石化蚀变</td></tr>
<tr><td>绿泥石－绢云母化蚀变：斑岩 Cu-Mo</td><td>钾化蚀变?</td><td>青磐岩化蚀变</td></tr>
<tr><td>钾化蚀变：斑岩 Cu±Au±Mo、近源氧化夕卡岩型 Cu-Au</td><td colspan="2">青磐岩化蚀变：远端还原夕卡岩型 Au/Zn-Pb、Manto 型 Zn-Pb-Ag±Au（Cu）、脉状 LS 型 Zn-Cu-Pb-Ag±Au</td></tr>
<tr><td>钠－钙 ± 钾化蚀变：近斑岩前锋、无矿化</td><td colspan="2">青磐岩化蚀变</td></tr>
</table>

表 6.6　陆缘弧与大洋岛弧斑岩矿床比较（据 Misra，2000）

矿床，地区	储量 / 百万吨	品位				年龄 /Ma
		Cu/%	Mo/%	Au/（g/t）	Ag/（g/t）	
西加拿大						
卡西诺，育空	162	0.37	0.023	—	—	72
贝格，大不列颠哥伦比亚	308	0.63	0.023	—	—	48 ~ 51
洛奈克斯，大不列颠哥伦比亚	455	0.41	0.015	—	—	—
铜谷，大不列颠哥伦比亚	855	0.48	—	—	—	—
布兰达，大不列颠哥伦比亚	227	0.16	0.039	—	—	150
沙夫特克里克，大不列颠哥伦比亚	907	0.30	0.020	—	—	186
墨西哥						
阿尔科，下加利福尼亚	550	0.60	—	—	—	—
拉卡里达，索诺拉	680	0.67	0.020	—	—	54
中美						
科罗拉多山，巴拿马	1800±	0.60	0.015	0.06	4.60	—
佩塔基拉，巴拿马	450	0.40	—	—	—	—

续表

矿床，地区	储量/百万吨	品位				年龄/Ma
		Cu/%	Mo/%	Au/（g/t）	Ag/（g/t）	
南美						
圣罗莎，秘鲁	1060	0.55	—	—	—	59
米奇奎莱，秘鲁	575	0.72	0.022	—	—	21～29
夸霍内，秘鲁	426	0.70	0.025	—	—	52
莫霍查，秘鲁	325	0.76	0.020	—	—	7
托克帕拉，秘鲁	430	0.99	0.020	—	—	59
阿布拉，智利	1200+	0.60	—	—	—	33
安达科约，智利	320	0.69	0.015	—	—	?
丘基卡马塔，智利	9450	0.56	0.024	—	—	29
萨尔瓦多，智利	535	1.10	0.025	—	—	42
安迪纳（白河），智利	3000	1.24	0025	—	—	5～8
特恩尼特（布拉登），智利	8350	0.68	—	—	—	4.3
帕肯，阿根廷	770	0.59	0.016	—	—	E—N
西南太平洋						
玛穆迪科，沙巴	69	0.61	—	0.65	3.98	5～9
西帕莱，阿提利平	805	0.50	0.015	0.35	1.55	K_2—N_2
阿特拉斯，菲律宾	1000+	0.46	0.010	0.25	?	K_2—N_2
弗里达河，巴布亚新几内亚	800	0.46	0.005	0.20	—	—
奥克特迪，巴布亚新几内亚	300	0.75	0.010	0.62	—	1.2
潘古纳，巴布亚新几内亚	900±	0.47	0.005	0.5-0.62	—	3.4

与大洋岛弧斑岩矿床相比，安第斯陆缘弧的斑岩矿床经受了多期斑岩作用，即岩浆前锋是多期的，但母岩浆是单一的，由母岩浆上涌的前锋不断向内结晶冷凝。在不断结晶的母岩浆房中，侵入体前锋（即岩浆前锋）和斑岩铜矿床形成的深度也不断加深［图 6.24（a）］。另一方面，由于多期岩浆前锋作用［图 6.24（b）］，深成钾化斑岩也被后期泥化蚀变不断叠加改造，即钾化及其外围的青磐岩化蚀变逐渐向绿泥岩－绢云母化、绢

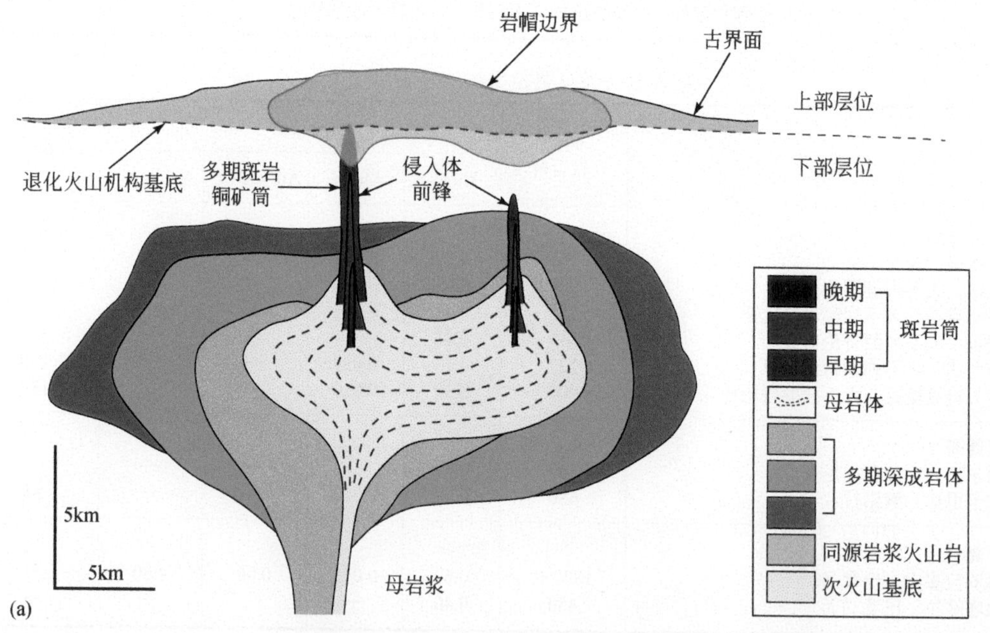

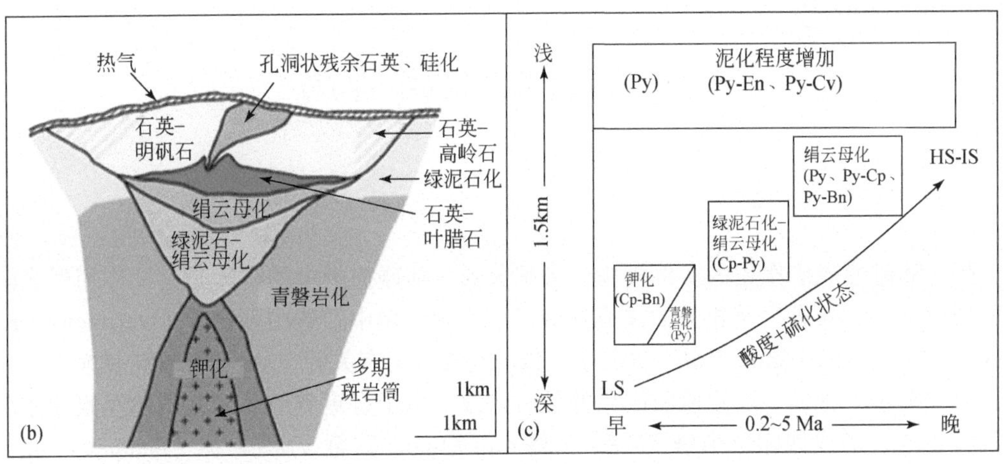

图 6.24　多期斑岩空间关系（a）、蚀变矿化分带（b）和蚀变矿化序列（c）（据 Sillitoe，2000，2010 修改）

Bn. 斑铜矿；Cp. 黄铜矿；Cv. 铜蓝；En. 硫砷铜矿；Py. 黄铁矿

云母化乃至高级泥化蚀变发展。不断增加的泥化蚀变导致热液流体的酸度增加、温度降低，而流体硫态增加又导致硫化物由黄铜矿 - 斑铜矿组合向黄铜矿 - 黄铁矿、黄铁矿 - 斑铜矿、黄铁矿 - 硫砷铜矿或黄铁矿 - 铜蓝组合发展演化［图 6.24（c）］。被多期蚀变叠加的深成钾化斑岩是高品质深成斑岩铜矿床的富集部位，如智利 Chuquicamata 铜矿（图 6.25；Ossandón *et al.*，2001）。

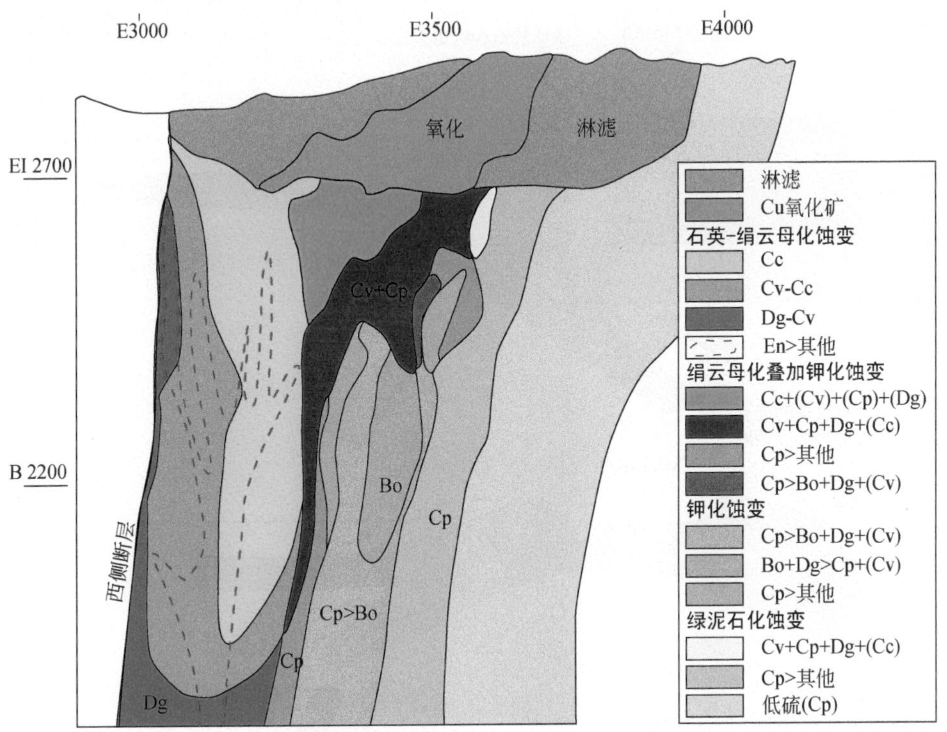

图 6.25　智利 Chuquicamata 铜矿 3600N 剖面铜硫化物与蚀变组合（据 Ossandón *et al.*，2001 修改）

Bo. 斑铜矿；Cc. 辉铜矿；Cp. 黄铜矿；Cv. 铜蓝；Dg. 蓝辉铜矿；En. 硫砷铜矿

6.3 碰撞造山成矿作用

6.3.1 弧－陆碰撞成矿作用

弧－陆碰撞成矿作用的实例极少。大部分弧－陆碰撞带中的矿床是俯冲作用形成矿床的残留，如岛弧斑岩及相关的浅成热液矿床、增生楔中的造山型金矿（Herrington and Brown，2011；Herrington *et al.*，2011），以及与蛇绿岩有关的 VMS 矿床和铬铁矿等。另外有研究揭示，在弧－陆碰撞前的俯冲最后阶段，由于有更多的大陆沉积物经俯冲作用混染弧岩浆，形成如印尼韦塔（Wetar）岛 Kali Kuning 富金 VMS 矿床（Scotney *et al.*，2005；Herrington *et al.*，2011）、乌拉尔的与钾质岩浆有关的斑岩铜－金矿床（Gusev *et al.*，2000；Shatov *et al.*，2003）。

另一方面，在弧－陆碰撞后，会有三种新的构造过程产生：俯冲极性反转（Clift *et al.*，2003）、俯冲向前跃迁（Brown *et al.*，2011）和弧－陆碰撞带伸展垮塌（Crawford *et al.*，2003）。俯冲极性反转，即洋壳向弧－陆碰撞带之下开始新的俯冲［图 6.26（a）］，形成陆缘弧及铜－金矿床，如菲律宾 Kamchatka 弧。特别是，弧－陆碰撞带的原洋内弧一侧，已被俯冲作用改造的先存地幔（弧－陆碰撞后成为新的次大陆岩圈地幔）部分熔融形成非常富集的岩浆及与之密切相关的大型斑岩铜－钼－金矿床和浅成热液金－银矿床（Solomon，

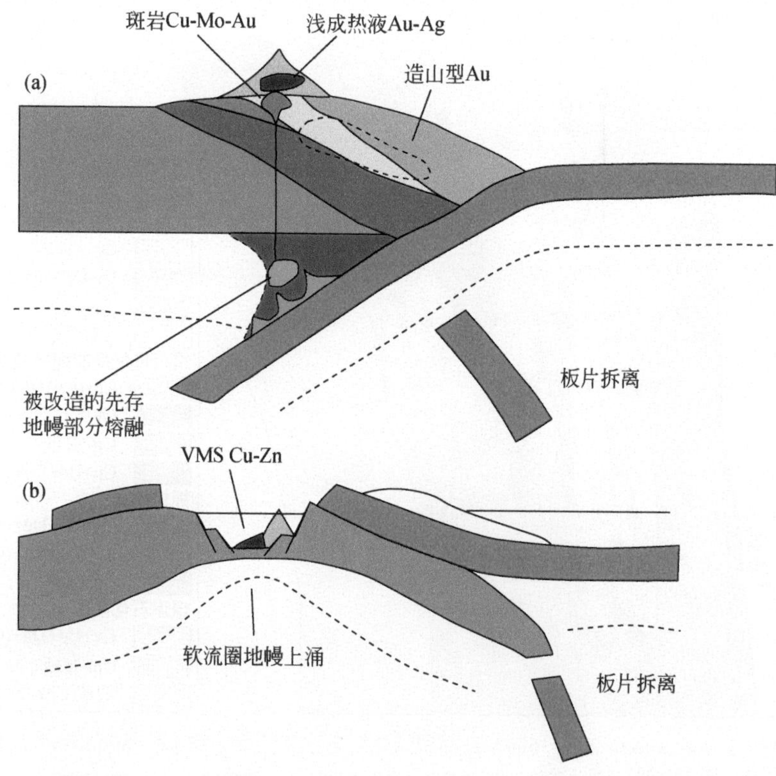

图 6.26 弧－陆碰撞与成矿作用（据 Herrington and Brown，2011）

1990；McInnes *et al.*，2001），如西南太平洋（Herrington and Brown，2011）。

弧 - 陆碰撞带伸展垮塌仅见澳大利亚的塔斯曼褶皱系（Tasman fold system）一例报道，即板片拆离导致弧 - 陆碰撞带伸展形成裂谷［图 6.26（a）］和 VMS 铜 - 锌矿床（Crawford *et al.*，2003），以及板片拆离过程中与岩浆作用有关的斑岩铜矿床，如印度尼西亚 Grasberg 斑岩铜矿床（Cloos *et al.*，2005）。

另外，在弧 - 陆碰撞过程中还可形成一些中小型造山型金矿。如前文所述，总体上弧 - 陆碰撞以斑岩铜 - 金 - 钼矿床和热液金 - 银矿床为主，偶见弧 - 陆碰撞后的 VMS 铜 - 锌矿床和斑岩铜 - 金矿床。总之，弧 - 陆碰撞过程难以形成大规模内生矿床。

6.3.2　陆 - 陆碰撞成矿作用

与汇聚板块边缘的俯冲造山作用相比，陆 - 陆碰撞造山作用很少有铜 - 钼 - 银的成矿，铅 - 锌 - 锂 - 锡大致相当，钨成矿略强一些，但更多的是与长英质侵入岩相关的铀 - 锡矿床和夕卡岩型铜矿床、脉状金矿以及与伟晶岩有关的稀土 - 磷 - 铌 - 锂 - 铍等矿床（Laznicka，2010；Arndt and Ganino，2012）。

由于陆 - 陆碰撞导致造山带快速抬升遭受剥蚀，很多地壳浅部的矿床难以保留，除表层的砂金矿床外。随着对中—新生代特提斯碰撞造山带研究广泛开展和深入，发现了大量形成于碰撞过程不同阶段的矿床，如先于碰撞的弧后伸展、同碰撞地壳加厚和后碰撞地壳伸展等不同阶段或构造环境下的斑岩铜 ± 钼 ± 金矿床、与碱性岩有关的浅成热液金矿（Richards，2009）。另一方面，同样的构造特征不仅控制了弧岩浆的就位，也控制着碰撞型岩浆作用，这就导致在碰撞 - 后碰撞构造过程中形成的斑岩和浅成热液矿床可能很像正常的与弧有关的矿床，也很难区分（Hou *et al.*，2009；Richards，2009；Shafiei *et al.*，2009）。但是，由加厚陆壳部分熔融形成的过铝质长英质岩常伴有锡 - 钨斑岩矿床，以及发育富集亲石元素的伟晶岩（Hedenquist and Lowenstern，1994；Sinclair，1995），是陆 - 陆碰撞造山带鲜明的成矿特点。

在更古老的碰撞造山带中，近地表的斑岩和浅成热液矿床已几乎被抬升剥蚀殆尽，原中地壳层位的中成热液（mesothermal）金矿脉可被剥蚀出露（图 6.27），如加拿大科迪勒拉。另外，经典的加拿大 Abitibi 太古宙绿岩带的金矿可能形成于这种构造环境，即被强烈剥蚀的碰撞造山带（Kerrich and Cassidy，1994；Goldfarb *et al.*，2005；Hronsky *et al.*，2012）。

侯增谦（2010）和 Qin（2012）将印度板块与欧亚板块碰撞划分为主碰撞（66 ～ 52Ma）、晚碰撞构造转换（30 ～ 12Ma）和后碰撞地壳伸展（＜ 12Ma）三个阶段，并建立了相应的成矿作用模式。但是，肖文交等（2017）通过对喜马拉雅造山带内不同单元的结构 - 属性解剖，特别是结合俯冲上盘高压变质岩石时代及俯冲拼贴相关的构造变形年龄，提出印度大陆与欧亚大陆最终的碰撞拼贴发生在 14Ma 之后。通过地壳体积平衡计算，Zhou 和 Su（2019）算得在 55±5Ma 时印度大陆与拉萨地块间还有 2100±840km 的大洋岩石圈，印度大陆与拉萨地块的碰撞是穿时的：在西构造结印度大陆与拉萨地块于 32±2Ma 碰撞、东构造结于 23±2Ma 碰撞、中部则于 18±2Ma 才最终碰撞，大致与肖文交等（2017）的

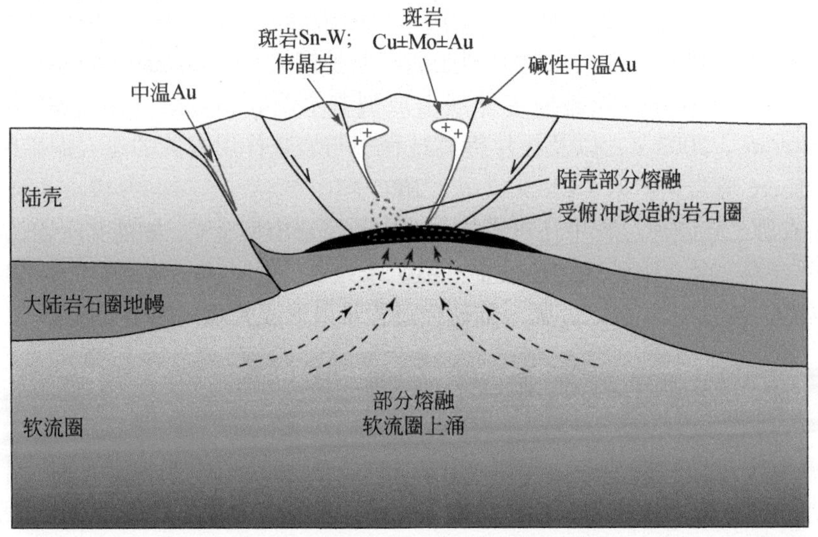

图 6.27 碰撞 - 后碰撞构造过程成矿作用（据 Richards，2014）

结论比较接近。若如此，侯增谦（2010）和 Qin（2012）提出的有关青藏高原大陆碰撞成矿理论或模式有可能是俯冲造山过程的成矿。这一问题仍有待进一步研究，这也是目前有关青藏高原研究的热点和难点问题之一。

总之，碰撞造山作用使得地壳加厚，岩浆活动变弱，深部地幔物质和流体难以到达浅部，成矿物质匮乏，难以大规模成矿（参阅附录 1 问题 19）；但是碰撞造山作用可以使俯冲阶段形成于中深部的矿床因构造作用而就位于地表。

6.4 造山后成矿作用

首先澄清两个概念。**后造山**（post-orogen）是指碰撞造山作用的后期，而非之后，标志着威尔逊旋回趋于结束。**造山后**（after orogen）是指碰撞造山作用结束之后，造山带开始进入深部去根和拆沉作用，相应浅部开始大规模拆离作用，区域应力场从挤压进入伸展状态，标志着威尔逊旋回的结束和下一个威尔逊旋回将要开始。

在 6.3 节弧 - 陆碰撞和陆 - 陆碰撞部分（图 6.26、图 6.27）提及了造山后成矿作用。特别是，有关印度大陆与欧亚大陆究竟何时发生碰撞？喜马拉雅造山带现在是处于主碰撞期、后碰撞，还是碰撞后阶段？仍是一个极具争议，且有待深入研究和探索的问题。准确确定造山作用阶段，如俯冲造山、碰撞造山，还是后造山或造山后是确定造山作用与成矿关系的关键之一。有关造山后成矿作用只做简要介绍。

据目前研究成果，地质学家们一般是通过花岗质岩浆的时代和成因来理解、认识造山后构造演化（如 Pearce *et al.*，1984；Harris *et al.*，1986；Förster *et al.*，1997；Köksal *et al.*，2004），尤其是 A 型花岗岩被普遍认为是碰撞后或造山后岩浆活动的标志性产物

（Sylvester，1989；Jung *et al.*，1998；Bonin *et al.*，1998）。但更多的研究结果显示，A 型花岗岩可能形成于多种构造环境，而且造山后环境下也可发育钙碱性的 I 型花岗质岩石，即造山后岩浆作用要么以少量的高钾钙碱性花岗质侵入结束，要么这种高钾钙碱性花岗质岩浆活动被碱性岩浆作用取代（Liégeois *et al.*，1998；Wu *et al.*，2002）。另一个被广泛援引的标志是，造山后由板片拆离、造山带次大陆岩圈拆沉或地幔上涌等深部地质作用导致的地壳伸展作用，形成变质核杂岩和新的裂谷等。

与造山后少量岩浆活动有关的 Cu-Au-Ag-Pb-Zn 多金属浅成热液矿床是造山后的重要成矿作用，与大陆裂谷等伸展环境下的浅成热液矿床成因机制类同（Marchev *et al.*，2005；Rohrmeier *et al.*，2013）。如图 6.26 和图 6.27 所示，VMS、斑岩和 MVT 等矿床也可形成于造山后，如秦岭造山带中生代斑岩铜 - 钼矿床被认为形成于造山后伸展环境（Pirajno，2009）。

有学者认为中国东部燕山期（侏罗纪至早白垩世）成矿带是造山后伸展阶段的成矿系统。其中的华北部分，有研究者提出了“克拉通破坏型成矿作用”的认识（朱日祥等，2015）。但值得注意的是，该成矿带大多与燕山期钙碱性弧岩浆岩有关，是（古）太平洋板块向西俯冲的弧岩浆活动及相关成矿作用（详细参见 *Island Arc*（1997 年）第 6 卷第 1 期的 7 篇文献）。所以，中国东部燕山期成矿带实际上可能是板块俯冲阶段的陆缘弧成矿系统。学术争鸣，不同学者观点不尽相同，读者可自行理解和分析判断。

6.5　非造山成矿作用

非造山环境包括板块内部（大陆和大洋板内）、大洋与大陆岩石圈过渡部位的被动大陆边缘以及垂向动力学范畴（李继亮，2009）的地幔柱（或大火成岩省）。大洋板内环境又包括大洋盆地、无震脊、海山、洋岛和大洋高原等。海山是宽阔成熟的大洋板块在热点（或地幔柱轴）上方移动时形成的（Safonova *et al.*，2009），大洋溢流玄武岩构成的大洋高原是大洋地幔柱头的产物（Coffin and Eldholm，2005）。越来越多的学者将大陆板块内部和被动大陆边缘，特别是火山裂谷型被动陆缘（volcanic rifted margins；Menzies *et al.*，2002），等与深成岩浆有关的成矿作用均视作大火成岩省（或地幔柱）的产物。尽管还存在较多争议，本节将大火成岩省（或地幔柱），以及板内和被动陆缘成矿作用一并予以简要介绍。

大火成岩省或地幔柱在地球上分布非广泛（Coffin and Eldholm，2005；Ernst and Bell，2010；Svensen *et al.*，2019），不同地质时代均有活动（图 6.28）。大火成岩省是非常重要的能量与金属储库，它们驱动或者直接为不同成矿系统贡献成矿物质。大火成岩省与不同成矿系统表现出四种成因关系。

（1）大火成岩省是金属矿床主要的物质源区，如 Ni-Cu-PGE 硫化物、Nb-Ta-REE 和金刚石分别来源于与大火成岩省有关的深成岩浆、火成碳酸岩及金伯利岩。

（2）大火成岩省或者提供能量驱动热液系统，或者作为热液矿床的源岩，如 VMS

矿床。在某些情况下，大火成岩省还扮演了流体流屏障的角色或者造成矿化的反应区，如造山型金矿。

（3）由大火成岩省形成的铁镁质和超镁铁质岩石经风化淋滤作用，可在浅表富集形成红土型铝土矿和 Ni-Co 矿；火成碳酸岩经风化淋滤作用可形成红土型 Nb-Ta-REE 矿。

（4）大火成岩省往往与前寒武纪超大陆裂解密切相关，一方面，由此可对比和追踪原来连续的前寒武纪成矿带；另一方面，也可以推测分析板块构造旋回中与大陆裂解或大火成岩省有关的远端挤压或压挤及其成矿作用，如造山型金矿（Ernst and Jowitt, 2013）。

大火成岩省的成矿作用类型见表 6.7、表 6.8。

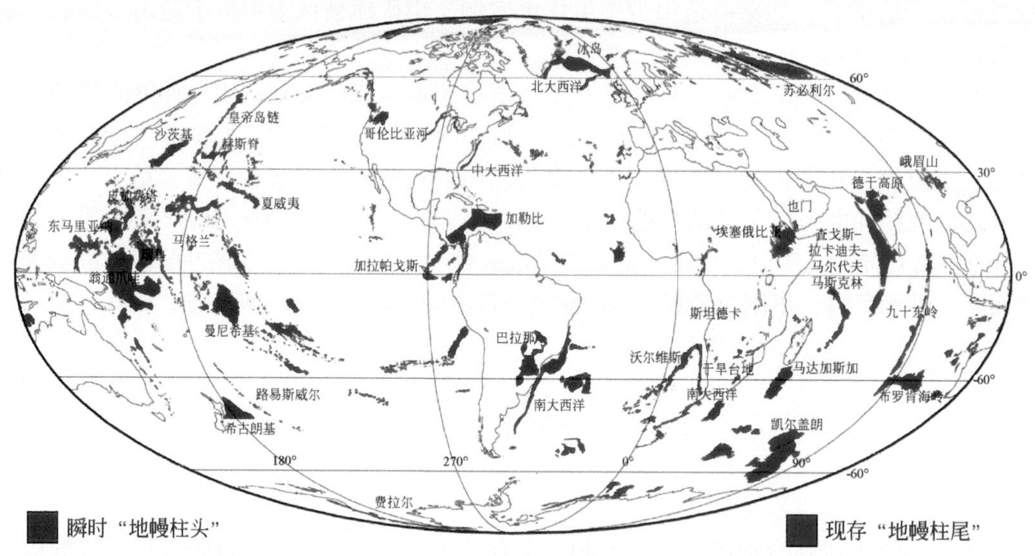

图 6.28 全球大火成岩省分布图（据 Svensen *et al.*, 2019）

说明：厄加勒斯海岭 SR；阿尔法门捷列夫脊 SR/OP；阿尔戈盆地 VM；阿斯特丽德脊 VM；南极海山 SMT；亚速尔 SMT；巴勒尼群岛 SMT；百慕大洋隆 OP；布罗肯海岭 OP；加那利群岛 SMT；佛得角洋隆 OP；加勒比溢流玄武岩 OBFB（部分增长）；卡罗琳海山 SMT；塞阿拉洋隆 OP；中大西洋岩浆省（Central Atlantic magmatic province, CAMP）CFB、VM；查戈斯拉卡迪夫 SR；楚克奇高原 VM；克利伯顿海山 SMT；科克斯洋脊 SR；哥伦比亚河玄武岩 CFB；科摩罗群岛 SMT；康拉德洋隆 OP；克罗泽高原 OP；居维叶高原 VM；德干高原 CFB/VM；戴卡诺洋隆 OP；发现号海山 SMT；东马里亚纳海盆 OBFB；欧里皮克洋隆 OP；峨眉山玄武岩 CFB；斯坦德卡 CFB；埃塞俄比亚溢流玄武岩 CFB；福克兰高原 VM；费拉尔玄武岩 CFB；范德申海山 SMT；加拉帕戈斯－卡内基洋隆 SMT、SR；加斯科因边缘 VM；大流星亚特兰蒂斯海山 SMT；瓜德罗普海山链 SMT；几内亚湾 VM；冈内鲁斯洋脊 VM；夏威夷－皇帝海山 SMT；赫斯脊 OP；希古朗基高原 OP；冰岛－格陵兰岛－苏格兰岛脊 OP、SR；奥卡达群洋隆 SR；扬马延洋脊 VM；胡安费尔南德斯群岛 SMT；干旱台地 CFB；凯尔盖朗高原 OP、VM；拉克斯米洋脊 VM；莱恩群岛 MT；豪斯勋爵洋隆海山 SMT；路易斯威尔洋脊 SMT；马达加斯加溢流玄武岩 CFB；马达加斯加洋脊 SR、VM；马德拉洋隆 OP；马格兰洋隆 OP；马格兰海山 SMT；曼尼希基高原 OP；马克萨斯群岛 SMT；马歇尔吉尔伯特海山 SMT；马斯卡林高原 OP；数学家海山 SMT；毛德洋隆 OP；流星号洋隆 SR；中太平洋山脉 SMT；莫里斯杰苏普洋隆 VM；莫桑比克盆地 VM；穆斯肯海山 SMT；自然高原 VM；瑙鲁盆地 OBFB；纳斯卡洋脊 SR；新英格兰海山 SMT；纽芬兰洋脊 VM；九十东岭 SR；北大西洋火山省 CFB；东北格鲁吉亚洋隆 OP；西北格鲁吉亚洋隆 OP；西北夏威夷洋脊 SR、SMT；北风号洋脊 SR；翁通爪哇高原 OP（部分增长）；奥斯本丘 OP；巴拉那 CFB；菲尼克斯海山 SMT；皮加菲塔盆地 OBFB；齿轮组（厄瓜多尔）OP。大火成岩省类型：CFB. 大陆溢流玄武岩；OBFB. 洋盆溢流玄武岩；OP. 洋底高原；SMT. 海山；SR. 海岭；VM. 火山（裂离）边缘

表 6.7　大火成岩省及相关矿床类型

地幔柱或大火成岩省家族		成矿作用，实例
大陆大火成岩省	大陆溢流玄武岩省	玄武岩中 Cu 矿，基维诺期大火成岩省； 哈莫斯利铁建造，旺加拉大火成岩省； VMS 型矿床，环太平洋大火成岩省； 铝土矿，德干大火成岩省
	火山裂谷边缘	
	抽送系统：区域岩墙群、席状省、铁镁－超镁铁侵入岩和岩浆底垫	小型铁镁－超镁铁侵入体中 Ni-Cu（PGE），西伯利亚大火省诺利尔斯克； 铁辉长岩中的 Fe-Ti-V 矿，峨眉山大火成岩省攀枝花钒钛磁铁矿； 层状侵入岩中的 PGE、Cr 和 Fe-Ti 矿，布什维尔德大火成岩省布什维尔德矿
	硅质大火成岩省（由底垫作用引起下地壳部分熔融形成）和 A 型花岗岩	富氟硅质侵入岩中的铁氧化物 Cu-Au（IOCG）矿，高勒－兰格尔大火成岩省奥林匹克坝矿； 与 A 型花岗岩相关的云英岩 W-Sn 矿，西马德雷山脉大火成岩省
	火成碳酸岩、金伯利岩、煌斑岩和钾镁煌斑岩	碳酸岩中的 Nb-Ta 和 REE 矿，布什维尔德大火成岩省帕拉博鲁瓦矿； 金伯利岩中的金刚石，雅库茨克大火成岩省
	太古宙绿岩带、伸展型拉斑岩和科马提岩 ± 流纹岩火山序列和席状杂岩	科马提岩中的 Ni 矿，东金矿区大火成岩省； 粗玄岩中的 Au 矿，金域粗玄岩，大火成岩省同上； 红土型 Ni 矿，大火成岩省同上
大洋大火成岩省	洋底高原	增生的洋底高原中的 Ni-Cu（-PGE）矿，兰格利亚大火成岩省； 红土型 Ni 矿，加勒比大火成岩省； 增生的洋底高原相关的 Au 矿，早白垩世亚洲金矿间接地与翁通爪哇大火成岩省相关
	大洋盆地溢流玄武岩	

注：大火成岩省划分据 Bryan and Ernst，2008；Ernst and Bell，2010。成矿作用据 Ernst and Jowitt，2013。PGE. 铂族元素；REE. 稀土元素。

表 6.8　全球大火成岩省及主要矿床（据 Ernst and Jowitt，2013）

大火成岩省	矿产	区域或赋存构造地体	年龄 /Ma	类型、位置、实例
加勒比－哥伦比亚	Ni	加勒比	93	加勒比；南美北部
中大西洋岩浆省	Al	非洲和南美	200	西非几内亚
西伯利亚	Ni-Cu-PGE Mo-W、Sn-W、Hg、Au-Hg	西伯利亚 乌拉尔和中亚造山带	251	诺利尔斯克； 库兹涅茨克盆地
峨眉山	Fe-Ti-V Ni-Cu-PGE	中国 越南	258	攀枝花和辉长岩体； 超镁铁质侵入体
雅库次克	金刚石	西伯利亚克拉通东缘	～ 360	金伯利岩筒
桂北	Ni-Cu-PGE	阿拉善地块	825	金川
基维诺期	Cu-Ni-PGE	陆内裂谷	1114 ～ 1085	德卢斯
马更椒	Cu-Ni-PGE	劳伦大陆	1267	穆斯科科斯侵入体

续表

大火成岩省	矿产	区域或赋存构造地体	年龄 /Ma	类型、位置、实例
高勒脊（硅质 LIP）	Cu-Au-Ag-U-REE	高乐地块（澳）	1590	奥林匹克坝
环苏必利尔	Ni-Cu-PGE	环苏必利尔克拉通	1885 ～ 1865	汤普森、拉格伦
布什维尔德莫洛波农场	PGE-Ni-Cu Cu Au	南非卡普瓦尔克拉通	2060	布什维尔德； 帕拉博鲁瓦碳酸岩； 威特沃特斯兰德
斯蒂尔沃特	Cr	比托斯山脉； 怀俄明克拉通	2710	各种各样，如铬山
太平洋活火山带	Ni-Cu-PGE Cr ? V-Ti-Fe VMS	苏必利尔克拉通； 克利伯地块	～ 2730	鹰巢山； 黑鸟； 雷鸟； 麦克福尔兹

思 考 题

1. 造山前主要成矿类型和特征。
2. 俯冲造山作用的成矿类型和构造环境。
3. 碰撞造山成矿的可能性。
4. 造山后成矿作用特征。
5. 地幔柱成矿作用特征和类型。

参考文献

侯增谦 . 2010. 大陆碰撞成矿论. 地质学报 , 84: 30 ～ 58

李继亮 . 2009. 全球大地构造相刍议 . 地质通报 , 28: 1375 ～ 1381

肖文交 , 敖松坚 , 杨磊等 . 2017. 喜马拉雅汇聚带结构 – 属性解剖及印度 – 欧亚大陆最终拼贴格局 . 中国科学 : 地球科学 , 47: 631 ～ 656

朱日祥 , 范宏瑞 , 李建威等 . 2015. 克拉通破坏型金矿床 . 中国科学 : 地球科学 , 45（8）: 1153 ～ 1168

Allan J F, Chase R L, Cousens B, *et al.* 1993. The Tuzo Wilson volcanic field, NE Pacific: alkaline volcanism at a complex, diffuse, Transform-trench-ridge triple junction. Journal of Geophysical Research, 98（B12）: 22367 ～ 22387

Allen R L, Weihed P, Svesen S A. 1996. Setting of Zn-Cu-Au-Ag massive sulfide deposits in the evolution and facies architecture of a 1.9 Ga marine volcanic arc, Skellefte district, Sweden. Economic Geology, 91: 1022 ～ 1053

Allen R L, Weihed P, Global VMS Research Project Team. 2002. Global comparisons of volcanic-associated massive sulphide districts. In: Blundell D J, Neubauer F, von Quadt A（eds）. The Timing and Location of Major Ore Deposits in An Evolving Orogen. Geological Society, London, Special Publications, 204: 13 ～ 37

Arndt N, Ganino C. 2012. Metals and Society: An Introduction to Economic Geology. Berlin, Heidelberg:

Springer-Verlag

Bailes A H, Galley A G. 1999. Evolution of the Paleoproterozoic Snow Lake arc assemblage and geodynamic setting for associated volcanic-hosted massive sulfide deposits, Flin Flon Belt, Manitoba, Canada. Canadian Journal of Earth Science, 36: 1789 ～ 1805

Beiersdorf H, Gundlach H, Heye D, *et al.* 1982. "Heated" bottom water and associated Mn-Fe-oxide crusts from the clarion fracture zone Southeast of Hawaii. In: Fanning K A, Manheim F T（eds）. The Dynamic Environment of the Ocean Floor. New York: Lexington Books: 359 ～ 368

Bird J M, Dewey J F. 1970. Lithosphere plate-continental margin tectonics and the evolution of the Appalachian orogeny. Geological Society of America Bulletin, 81（4）: 1031 ～ 1060

Bloomer S H, Taylor B, MacLeod C J, *et al.* 1995. Early arc volcanism and the ophiolite problem: a perspective from drilling in the Western Pacific. Geophysical Monograph, 88: 1 ～ 30

Bonin B, Azzouni-Sekkal A, Bussy F, *et al.* 1998. Alkali-calcic and alkaline post-orogenic（PO）granite magmatism: petrological constraints and geodynamic settings. Lithos, 45: 45 ～ 70

Boullier A M, Firdaous K, Robert F. 1998. On the significance of aqueous fluid inclusions in gold-bearing quartz vein deposits from the southeastern Abitibi subprovince（Quebec, Canada）. Economic Geology, 93: 216 ～ 223

Brown D, Herrington R, Alvarev-Marron J. 2011. Processes of arc-continent collision in the Uralides. In: Brown D, Ryan P（eds）. Arc-continent collision: the making of an orogen, Frontiers in earth sciences. Heidelberg: Springer: 311 ～ 340

Bryan S E, Ernst R E. 2008. Revised definition of large igneous provinces（LIPs）. Earth-Science Reviews, 86: 175 ～ 202

Burtis E W, Sears J W, Chamberlain K R. 2003. Windermere sill and dike complex in northwestern Montana: implications for the Belt-Purcell Basin. Northwestern Geology, 32: 180 ～ 185

Bury S J. 1989. The geochemistry of North Atlantic ferromanganese encrustations. PhD Dissertation, University of Cambridge, Darwin College, UK

Bussweiler Y, Stone R S, Pearson D G, *et al.* 2016. The evolution of calcite-bearing kimberlites by melt-rock reaction: evidence from polymineralic inclusions within clinopyroxene and garnet megacrysts from Lac de Gras kimberlites, Canada. Contributions to Mineralogy and Petrology, 171: 65

Clift P D, Vannucchi P. 2004. Controls on tectonic accretion versus erosion in subduction zones: implications for the origin and recycling of the continental crust. Reviews of Geophysics, 42: RG2001

Clift P D, Schouten H, Draut A E. 2003. A general model of arc-continent collision and subduction polarity reversal from Taiwan and the Irish Caledonides. Geological Society, London, Special Publications, 219: 81 ～ 98

Cloos M, Sapiie B, van Ufford A Q, *et al.* 2005. Collisional delamination in New Guinea: the geotectonics of subducting slab breakoff. GSA Special Paper 400: 1 ～ 51

Coffin M F, Eldholm O. 2005. Large igneous provinces. In: Selley R C, Cocks L R M, Plimer I R（eds）. Encyclopedia of Geology. Amsterdam: Elsevier: 315 ～ 323

Crawford A J, Berry R F. 1992. Tectonic implications of Late Proterozoic–Early Palaeozoic igneous rock associations in Western Tasmania. Tectonophysics, 214: 37 ～ 56

Crawford A J, Meffre S, Symonds P A. 2003. 120 to 0 Ma tectonic evolution of the southwest Pacific and analogous geological evolution of the 600 to 220 Ma Tasman Fold Belt System. In: Hillis R R, Muller R D （eds）. Evolution and Dynamics of the Australian Plate. Geological Society of Australia Special Publication, Australia: 377 ～ 397

Detrick R S, White R S, Purdy G M. 1993. Crustal structure of North Atlantic fracture zones. Reviews of Geophysics. 31: 439 ～ 458

Dewey J F, Bird J M. 1970. Mountain belts and the new global tectonics. Journal of Geophysical Research, 75（14）: 2625 ～ 2647

Eakin C M, Rychert C A, Harmon N. 2018. The role of oceanic transform faults in seafloor spreading: a global perspective from seismic anisotropy. Journal of Geophysical Research: Solid Earth, 123: 1736

Ernst R E, Bell K. 2010. Large igneous provinces （LIPs） and carbonatites. Mineralogy and Petrology, 98: 55 ～ 76

Ernst R E, Jowitt S M. 2013. Large Igneous Provinces （LIPs） and Metallogeny. Special Publications of the Society of Economic Geologists, 17: 17 ～ 51

Ferrari L, Orozco-Esquivel T, Manea V, *et al.* 2012. The dynamic history of the Trans-Mexican volcanic belt and the Mexico subduction zone. Tectonophysics, 522: 122 ～ 149

Field M, Stiefenhofer J, Robey J, *et al.* 2008. Kimberlite-hosted diamond deposits of southern Africa: a review. Ore Geology Reviews, 34: 33 ～ 75

Fisher A T, Becker K. 2000. Channelized fluid flow in oceanic crust reconciles heat-flow and permeability data. Nature, 403: 71 ～ 74

Förster H J, Tischendorf G, Trumbull R B. 1997. An evaluation of the Rb vs. （Y+Nb） discrimination diagram to infer tectonic setting of silicic igneous rocks. Lithos, 40: 261 ～ 293

Franklin J M, Gibson H L, Jonasson I R, *et al.* 2005. Volcanogenic massive sulfide deposits. In: Hedenquist J W, Thompson J F H, Goldfarb R J, Richards J P （eds）. Economic Geology 100th Anniversary Volume. Littleton: Economic Geology Publishing Company: 523 ～ 560

Franklin J M, Hannington M D, Jonasson I R, *et al.* 1998. Arc-related volcanogenic massive sulphide deposits. Proceedings of Short Course on Metallogeny of Volcanic Arcs, January 24 ～ 25, Vancouver: British Columbia Geological Survey Open-File 1998-8: N1 ～ N32

Galley A G, Hannington M D, Jonasson I R. 2007. Volcanogenic massive sulphide deposits. In: Goodfellow W D （ed）. Mineral Deposits of Canada: A Synthesis of Major Deposit-Types, District Metallogeny, the Evolution of Geological Provinces, and Exploration Methods. Geological Association of Canada, Mineral Deposits Division, Special Publication 5: 141 ～ 161

Gartman A, Hein J R. 2019. Mineralization at oceanic transform faults and fracture zones. In: Duarte J C （ed）. Transform Plate Boundaries and Fracture Zones. Amsterdam: Elsevier: 105 ～ 108

Goldfarb R J, Bake T, Dubé B, *et al.* 2005. Distribution, character, and genesis of gold deposits in metamorphic terranes. In: Hedenquist J W, Thompson J F H, Goldfarb R J, Richards J P （eds）. Economic Geology 100th Anniversary Volume. Littleton: Economic Geology Publishing Company: 407 ～ 450

Goodfellow W D, Lydon J W. 2007. Sedimentary exhalative（SEDEX）deposits. In: Goodfellow W D（ed）. Mineral Deposits of Canada: A Synthesis of Major Deposit Types, District Metallogeny, the Evolution of Geological Provinces, and Exploration Methods. Geological Association of Canada, Mineral Deposits Division, Special Publication 5: 163 ～ 183

Groves D I, Condie K C, Goldfarb R J, *et al.* 2005. 100th Anniversary special paper: secular changes in global tectonic processes and their influence on the temporal distribution of gold-bearing mineral deposits. Economic Geology, 100: 203 ～ 224

Groves D I, Goldfarb R J, Gebre-Mariam M, *et al.* 1998. Orogenic gold deposits: a proposed classification in the context of their crustal distribution and relationship to other gold deposit types. Ore Geology Reviews, 13: 7 ～ 27

Gusev G S, Gushchin A V, Zaykov V V, *et al.* 2000. Geology and metallogeny of island arcs. In: Mezhelovsky N V, *et al*（eds）. Geodynamics and Metallogeny: Theory and Implications for Applied Geology. Moscow: Ministry of Natural Resources of the RF and GEOKART: 213 ～ 295

Haeussler P J, Bradley D, Goldfarb R, *et al.* 1995. Link between ridge subduction and gold mineralization in southern Alaska. Geology, 23: 995 ～ 998

Hannington M D, de Ronde C E J, Petersen S. 2005. Seafloor tectonics and submarine hydrothermal systems. In: Hedenquist J W, Thompson J F H, Goldfarb R J, Richards J P（eds）. Economic Geology 100th Anniversary Volume. Littleton: Economic Geology Publishing Company: 111 ～ 141

Harris N B W, Pearce J A, Tindle A G. 1986. Geochemical characteristics of collision-zone magmatism. Geological Society, London, Special Publications, 19: 67 ～ 81

Hedenquis J W, Lowenstern J B. 1994. The role of magmas in the formation of hydrothermal ore deposits. Nature, 370: 519 ～ 527

Hedenquist J W, Arribas A J, Reynolds T J. 1998. Evolution of an intrusion-centered hydrothermal system: far Southeast Lepanto porphyry and epithermal Cu-Au deposits, Philippines. Economic Geology, 93（4）: 373 ～ 404

Hein J R, Koschinsky A, Kuhn T. 2020. Deep-ocean polymetallic nodules as a resource for critical materials. Nature Reviews Earth and Environment, 1: 158 ～ 169

Herrington R J, Brown D. 2011. The generation and preservation of mineral deposits in arc-continent collision environments. In: Brown D, Ryan P D（eds）. Arc Continent Collision. Berlin, Heidelberg: Springer-Verlag: 145 ～ 159

Herrington R J, Armstrong R N, Zaykov V V, *et al.* 2002. Massive sulfide deposits in the South Urals; geological setting within the framework of the Uralide orogen. In: Brown D, Juhlin C, Puchkov V（eds）. Mountain Building in the Uralides: Pangea to the Present. Geophysical Monograph, American Geophysical Union, 132: 155 ～ 182

Herrington R J, Scotney P M, Roberts S, *et al.* 2011. Temporal association of arc-continent collision, progressive magma contamination in arc volcanism and formation of goldrich massive sulphide deposits on Wetar Island（Banda Arc）. Gondwana Research, 19: 583 ～ 593

Herzig P M, Hannington M D. 1995. Polymetallic massive sulfides at the modern seafloor: a review. Ore

Geology Reviews, 10: 95 ～ 115

Hou Z, Yang Z, Qu X, *et al.* 2009. The Miocene Gangdese porphyry copper belt generated during post-collisional extension in the Tibetan Orogen. Ore Geology Reviews, 36: 25 ～ 51

Howarth G H, Buttner SH. 2019. New constraints on archetypal South African kimberlite petrogenesis from quenched glass-rich melt inclusions in olivine megacrysts. Gondwana Research, 68: 116 ～ 126

Hronsky J M A, Groves D I, Loucks R R, *et al.* 2012. A unified model for gold mineralisation in accretionary orogens and implications for regional-scale exploration targeting methods. Mineralium Deposita, 47: 339 ～ 358

Huston D L, Pehrsson S, Eglington B M, *et al.* 2010. The geology and metallogeny of volcanic-hosted massive sulfide deposits: variations through geologic time and with tectonic setting. Economic Geology, 105: 571 ～ 591

Imai A. 2000. Mineral Paragenesis, Fluid inclusions and sulfur isotope systematics of the Lepanto Far Southeast Porphyry Cu-Au deposit, Mankayan, Philippines. Resource Geology, 50: 151 ～ 168

Jung S, Mezger K, Hoernes S. 1998. Petrology and geochemistry of syn- to post-collisional metaluminous A-type granites: a major and trace element and Nd-Sr-Pb-O-isotope study from the Proterozoic Damara Belt, Namibia. Lithos, 45: 147 ～ 175

Kerrich R, Cassidy K F. 1994. Temporal relationships of lode gold mineralization to accretion, magmatism, metamorphism and deformation: archean to present. Ore Geology Reviews, 9: 263 ～ 310

Kirkham R V, Dunne K P E. 2000. World distribution of porphyry, porphyry-associated skarn, and bulk-tonnage epithermal deposits and occurrences. Geological Survey of Canada, Open File, 3792a: 26

Köksal S, Romer R L, Göncüoglu M C, *et al.* 2004. Timing of post-collisional H-type to A-type granitic magmatism: U-Pb titanite ages from the Alpine central Anatolian granitoids （Turkey）. International Journal of Earth Sciences, 93: 974 ～ 989

Kuhn T, Versteegh G J M, Villinger H, *et al.* 2017. Widespread seawater circulation in 18–22 Ma oceanic crust: impact on heat flow and sediment geochemistry. Geology, 45: 799 ～ 802

Lallemand S, Heuret A. 2005. On the relationships between slab dip, back-arc stress, upper plate absolute motion, and crustal nature in subduction zones. Geochemistry, Geophysics, Geosystems, 6: Q09006

Laznicka P. 2006. Giant Metallic Deposits: Future Sources of Industrial Metals. Berlin, Heidelberg: Springer

Laznicka P. 2010. Giant Metallic Deposits: Future Sources of Industrial Metals （Second Edition）. Berlin, Heidelberg: Springer

Liégeois J P, Navez J, Hertogen J, *et al.* 1998. Contrasting origin of post-collisional high-K calc-alkaline and shoshonitic versus alkaline and peralkaline granitoids. The use of sliding normalization. Lithos, 45: 1 ～ 28

Lomize M G. 2008. The Andes as a peripheral orogen of the breaking-up Pangea. Geotectonics, 42: 206 ～ 224

Lydon J W. 2007. Geology and metallogeny of the Belt-Purcell Basin. In: Goodfellow W D （ed）. Mineral Deposits of Canada: A Synthesis of Major Deposit-Types, District Metallogeny, the Evolution of Geological Provinces, and Exploration Methods. Geological Association of Canada, Mineral Deposits Division, Special Publication 5: 581 ～ 607

Macdonald K C. 1998. Linkages between faulting, volcanism, hydrothermal activity and segmentation on fast spreading Centers. In: Buck W R, Delaney P T, Karson J A, Lagabrielle Y （eds）. Faulting and Magmatism at Mid-Ocean Ridges. Washington, DC: American Geophysical Union

Marchev P, Kaiser-Rohrmeier M, Heinrich C A, *et al.* 2005. Hydrothermal ore deposits related to post-orogenic extensional magmatism and core complex formation in the Rhodope Massif of Bulgaria and Greece. Ore Geology Reviews, 27: 53 ～ 89

McInnes B I A, Gregoire M, Binns R A, *et al.* 2001. Hydrous metasomatism of oceanic sub-arc mantle, Lihir, Papua New Guinea: petrology and geochemistry of fluid-metasomatised mantle wedge xenoliths. Earth and Planetary Science Letters, 188: 169 ～ 183

Menzies M A, Klemperer S L, Ebinger C J, *et al.* 2002. Volcanic Rifted Margins. Geological Society of America Special Paper, 362

Misra K C. 2000. Understanding Mineral Deposits. Dordrecht: Springer

Mitchell R H. 1995. Kimberlites, Orangeites, and Related Rocks. New York: Plenum Press

Mpodozis C, Kay S M. 1992. Late Paleozoic to Triassic evolution of the Gondwana margin: evidence from Chilean Frontal cordillera batholiths. GSA Bulletin, 104: 999 ～ 1014

Müller D, Kaminski K, Uhlig S, *et al.* 2002. The transition from porphyry- to epithermal-style gold mineralization at Ladolam, Lihir Island, Papua New Guinea: a reconnaissance study. Mineralium Deposita, 37: 61 ～ 74

Ossandón G, Fréraut R, Gustafson L B, *et al.* 2001. Geology of the Chuquicamata mine: a progress report. Economic Geology, 96: 249 ～ 270

Pearce J A, Harris N B W, Tindle A G W. 1984. Trace element discrimination diagrams for the tectonic interpretation of granitic rocks. Journal of Petrology, 25: 956 ～ 983

Piercey S J. 2011. The setting, style, and role of magmatism in the formation of volcanogenic massive sulfide deposits. Mineralium Deposita, 46: 449 ～ 471

Pirajno F. 2009. Hydrothermal Processes and Mineral Systems. Dordrecht: Springer: 165 ～ 203

Qin K Z. 2012. Thematic articles “porphyry Cu-Au deposits in Tibet and Kazakhstan”. Resource Geology, 62: 1 ～ 3

Raimbourg H, Vacelet M, Ramboz C, *et al.* 2015. Fluid circulation in the depths of accretionary prisms: an example of the Shimanto Belt, Kyushu, Japan. Tectonophysics, 655: 161 ～ 176

Richards J P. 2009. Postsubduction porphyry Cu-Au and epithermal Au deposits: products of remelting of subduction-modified lithosphere. Geology, 37: 247 ～ 250

Richards J P. 2014. Making faults run backwards: the Wilson Cycle and ore deposits.Canadian Journal of Earth Sciences, 51: 266 ～ 271

Rohrmeier M K, von Quadt A, Driesner T, *et al.* 2013. Post-orogenic extension and hydrothermal ore formation: high-precision geochronology of the Central Rhodopian Metamorphic Core Complex （Bulgaria-Greece）. Economic Geology, 108: 691 ～ 718

Safonova I Y, Utsunomiya A, Kojima S, *et al.* 2009. Pacific superplume-related oceanic basalts hosted by accretionary complexes of Central Asia, Russian Far East and Japan. Gondwana Research, 16: 587 ～ 608

Sano T, Hasenaka T, Shimaoka A, *et al.* 2001. Boron contents of Japan Trench sediments and Iwate basaltic lavas, Northeast Japan arc: estimation of sediment-derived fluid contribution in mantle wedge. Earth and Planetary Science Letters, 186: 187 ～ 198

Scholl D W, von Huene R. 2009. Implications of estimated magmatic additions and recycling losses at the subduction zones of accretionary （non-collisional） and collisional （suturing） orogens. Geological Society, London, Special Publications, 318（1）: 105 ～ 125

Scotney P M, Roberts S, Herrington R J, *et al.* 2005. The development of volcanic hosted massive sulfide and barite-gold orebodies on Wetar Island, Indonesia. Mineralium Deposita, 40: 76 ～ 99

Seedorff E, Dilles J D, Proffett J M J, *et al.* 2005. Porphyry deposits: characteristics and origin of hypogene features. In: Hedenquist J W, Thompson J F H, Goldfarb R J, Richards J P （eds）. Economic Geology 100th Anniversary Volume. Littleton: Economic Geology Publishing Company: 251 ～ 298

Shafiei B, Haschke M, Shahabpour J. 2009. Recycling of orogenic arc crust triggers porphyry Cu mineralization in Kerman Cenozoic arc rocks, south-eastern Iran. Mineralium Deposita, 44: 265 ～ 283

Sharpe R, Gemmell J B. 2002. The Archean Cu-Zn magnetite-rich Gossan Hill volcanic-hosted massive sulfide deposit, Western Australia; genesis of a multistage hydrothermal system. Economic Geology, 97: 517 ～ 539

Shatov V V, Seltmann R, Moon C J. 2003. The Yubileinoe porphyry Au （-Cu） deposit, the south Urals: geology and alteration controls of mineralization. In: Eliopoulos D G, *et al* （eds）. Mineral Exploration and Sustainable Development. Athens: Proc 7th SGA Meeting: 379 ～ 382

Sinclair W D. 1995. Granitic pegmatites. In: Eckstrand O R, Sinclair W D, Thorpe R I （eds）. Geology of Canadian Mineral Deposit Types. Ottawa: Geological Survey of Canada: 503 ～ 512

Sinclair W D, Chorlton L B, Laramée R M, *et al.* 1999. World minerals geoscience database project-digital databases of generalized world geology and mineral deposits for mineral exploration and research. In: Stanley C L, *et al* （eds）. Mineral Deposits: Processes to Processing. Rotterdam: Balkema: 1435 ～ 1438

Sillitoe R H. 1992. Gold and copper metallogeny of the central Andes-Past, present, and future exploration objectives. Economic Geology, 87: 2205 ～ 2216

Sillitoe R H. 2000. Gold-rich porphyry deposits: descriptive and genetic models and their role in exploration and discovery. Reviews in Economic Geology, 13: 315 ～ 345

Sillitoe R H. 2010. Porphyry copper systems. Economic Geology, 105: 3 ～ 41

Smit K V, Shirey S B. 2019. Kimberlites: Earth's diamond delivery system. Gems and Gemology, 55: 270 ～ 276

Solomon M. 1990. Subduction, arc reversal and the origin of porphyry copper-gold deposits in island arcs. Geology, 18: 630 ～ 633

Soltys A, Giuliani A, Phillips D. 2018. A new approach to reconstructing the composition and evolution of kimberlite melts: a case study of the archetypal Bultfonte in kimberlite （Kimberley, South Africa）. Lithos, 304-307: 1 ～ 15

Stamm N, Schmidt M W. 2017. Asthenospheric kimberlites: volatile contents and bulk compositions at 7 GPa. Earth and Planetary Science Letters, 474: 309 ～ 321

Stone R S, Luth R W. 2016. Orthopyroxene survival in deep carbonatite melts: implications for kimberlites. Contributions to Mineralogy and Petrology, 171: 63

Svensen H H, Jerrama D A, Polozova A G, *et al.* 2019. Thinking about LIPs: a brief history of ideas in large igneous province research. Tectonophysics, 760: 229 ～ 251

Sylvester P J. 1989. Post-collisional alkaline granites. Journal of Geology, 97: 261 ～ 280

Tappe S, Smart K A, Torsvik T, *et al.* 2018. Geodynamics of kimberlites on a cooling earth: clues to plate tectonic evolution and deep volatile cycles. Earth and Planetary Science Letters, 484: 1 ～ 14

Tolstoy M, Harding A J, Orcutt J A. 1993. Crustal thickness on the Mid-Atlantic Ridge: Bull's eye gravity anomalies and focused accretion. Science, 262: 726 ～ 729

Tornos F, Casquet C, Relvas J M R S. 2005. Transpressional tectonics, lower crust decoupling and intrusion of deep mafic sills: a model for the unusual metallogenesis of SW Iberia. Ore Geology Reviews, 27: 133 ～ 163

van Kranendonk M J, Smithies R H, Hickman A H, *et al.* 2007. Secular tectonic evolution of Archean continental crust: interplay between horizontal and vertical processes in the formation of the Pilbara craton, Australia. Terra Nova, 19: 1 ～ 38

van Staal C R, Wilson R A, Rogers N, *et al.* 2003. Geology and tectonic history of the Bathurst Supergroup, Bathurst Mining Camp, and its relationships to coeval rocks in southwestern New Brunswick and adjacent Maine: a synthesis. In: Goodfellow W D, McCutcheon S R, Peter J M （eds）. Massive Sulfide Deposits of the Bathurst Mining Camp, New Brunswick and Northern Maine. Economic Geology Monograph, 11: 37 ～ 60

von Huene R, Scholl D W. 1991. Observations at convergent margins concerning sediment subduction, sediment erosion, and the growth of continental crust. Reviews of Geophysics, 29: 279 ～ 316

von Huene R, Ranero C, Vannucchi P. 2004. Generic model of subduction erosion. Geology, 32: 913 ～ 916

Wendt J I, Regelous M, Niu Y, *et al.* 1999. Geochemistry of lavas from the Garrett transform fault: insights into mantle heterogeneity beneath the eastern Pacific. Earth and Planetary Science Letters, 173: 271 ～ 284

Westbrook G K. 1991. Geophysical evidence for the role of fluids in accretionary wedge tectonics. Philosophical Transactions of the Royal Society of London A, 335: 227 ～ 242

Wilson J T. 1966. Did the Atlantic close and then reopen? Nature, 211: 676 ～ 681

Wu F, Sun D, Huimin L, *et al.* 2002. A-type granites in northeastern China: age and geochemical constraints on their petrogenesis. Chemical Geology, 187: 143 ～ 173

Wyld S J, Umhoefer P J, Wright J E. 2006. Reconstructing northern Cordilleran terranes along known Cretaceous and Cenozoic strike-slip faults: implications for the Baja British Columbia hypothesis and other models. In: Haggart J W, Enkin R J, Monger J W H （eds）. Paleogeography of Western North America: Evidence For and Against Large-Scale Displacements. Geol Assoc Canada Spec Paper 46: 277 ～ 298

Zhou J X, Su H. 2019. Site and timing of substantial India-Asia collision inferred from crustal volume budget. Tectonics, 38: 2275 ～ 2290

第7章 剪切带成矿作用

在金属矿床成矿系统研究中，构造作用一直被认为是重要的控制因素，对构造与成矿关系的理解是揭示矿床形成机制的核心问题之一，也是找矿的关键所在。作为一种重要的构造变形方式，剪切带广泛发育于各类构造环境中。剪切带通常为区域构造薄弱带，其内岩浆活动、变质作用及流体活动相对集中。作为含矿热液运移的主要通道，剪切带不仅能为流体的迁移提供有利的空间和通道，还能驱使成矿物质活化迁移，在有利部位富集成矿，具有非常好的成矿前景。世界上许多金属矿床都与剪切带密切相关，如金、银、铜、铅、锌、钨、锡、钼、铀等。第三卷已详细介绍了剪切带的特征及其动力学（见第三卷第7章），本章主要介绍以金矿为代表的剪切带型矿床的成矿特征及其成矿机理，同时提出应力化学的概念，供读者参考。剪切带型的其他矿床可以此类推。

7.1 概　　述

7.1.1 剪切带型矿床的概念

自 Sibson（1977）和 Ramsay（1980）发表有关剪切带的经典论著以来，有关剪切带的理论和应用取得了极大进展（Lister and Snoke，1984；郑亚东和常志忠，1985）。几乎同时，全球范围内也开始了对金属矿床的寻找（如金矿）。众多研究发现，剪切带对矿床有着重要的控制作用，许多矿床直接产在剪切带中，或明显地受到与剪切带相关的次级构造的控制。这种成因机制与控矿因素均与剪切带有关的矿床，即为**剪切带型矿床**（shear zone type deposits；Sibson *et al.*，1988；Bonnemaison and Marcoux，1990；Boullier and Robert，1992）。这种类型的矿床在世界范围内广泛发育，如中国东部的胶东矿集区、加拿大阿比蒂比（Abitibi）绿岩带中的金矿床、西澳大利亚诺斯曼－威卢纳（Norseman-Wiluna）绿岩带中的金矿床等。

近几十年来，剪切带中矿脉与主剪切带的关系、矿脉与剪切带变形过程中的内在联系得到了深入研究，大大提高了对剪切带控矿机理的认识，剪切带不再被简单地认为是成矿热液运移的通道和成矿物质沉淀的场所，而是成矿动力学过程的重要组成部分。剪

切带的产生、发展和演化与区域岩浆活动、流体作用有密切的关系。尽管这些复杂关系目前还未彻底弄清，但这些因素决定了何种剪切带有矿、何种剪切带无矿以及矿体产出在剪切带的哪些部位。近年来，有关剪切带中成矿元素发生沉淀的控制因素在实验与理论研究方面取得了较大进展（如金元素；见 Benning and Seward，1996；Stefánsson and Seward，2003a，2003b，2004；黄城和张德会，2013；Pokrovski *et al.*，2014），加深了对剪切带型矿床成矿机理的理解。此外，对金的气相迁移开展的相关研究也为揭示剪切带型矿床的成因提供了新的线索（Heinrich *et al.*，1999；Archibald *et al.*，2001；Pokrovski *et al.*，2006；Zezin *et al.*，2007，2011）。

在剪切带型矿床的研究过程中，众多学者提出了一系列剪切带成矿模式。博伊尔（1979）提出了韧性剪切带型金矿的概念。Bonnemaiso 和 Marcoux（1990）提出了剪切带三阶段成矿模式。Sibson 和 Roberts 等（1988）认为在高角度逆冲韧性剪切带中，与地震相关的断层阀活动是控制成矿的重要机制。该模式为许多断层、矿床和地震活动的成因提供了合理解释（如 Boullier and Robert，1992；Cox，1995；Nguyen *et al.*，1998；迟国祥和 Jayanta，2011；Lupi and Miller，2014；Peterson and Mavrogenes，2014；Shelly *et al.*，2015）。Hodgson（1989）认为矿脉集中在高流体压力引起的局部低平均应力的扩容环境中，为金沉淀机制的研究提供了新的启示。陈柏林等（1999）对剪切带型金矿的矿化类型进行了总结。进入 21 世纪后，研究者更多的是关注剪切带型金矿形成的大地构造环境。Groves 和 Goldfard 长期致力于造山型金矿的研究，并建立了相关矿床的成矿模式及演化阶段（Groves，1993；Groves *et al.*，1998；Goldfarb *et al.*，2001，2007；Goldfarb and Groves，2015；Groves and Santosh，2016）。朱日祥等（2015）通过对华北胶东矿集区和小秦岭 - 熊耳山矿集区金矿的研究以及结合相关地质构造背景，提出克拉通破坏型金矿，实际上也是受剪切带控制。在上述这两种成矿类型中，矿床的成因机制与控矿因素都受到剪切带活动的强烈制约，剪切带毫无疑问扮演了重要的角色，因而从成因上来说二者均可归属于剪切带型矿床。

7.1.2　剪切带型矿床的矿化类型

剪切带型矿床的矿化类型主要有脉型矿化（vein type mineralization）和蚀变岩型矿化（altered rock type mineralization）两种（图 7.1）。断层双层结构模式表明剪切带由地表向地下深处延伸时会分别表现出脆性、脆 - 韧性和韧性变形（Sibson，1977），普遍认为剪切带的脆性部位和脆 - 韧性转换部位由于应变速率较快和低的温压条件，易出现脆性破裂导致矿化的形成。例如，在地壳浅部，剪切变形表现为脆性断层或破碎岩带，岩石发生强烈角砾岩化或碎裂岩化，并伴随热液蚀变作用，易形成蚀变岩型矿化；在脆 - 韧性转换区域，破裂发育稀疏，矿体往往分布于定向排列的破裂之中，从而形成脉型矿床；在韧性区域，由于温度和围压较高，主要表现为韧性变形，但新近研究认为，韧性变形过程中发育脆性变形是“常态”现象（参阅 7.3 节及附录 5 问题 17），因此矿化可以发生在糜棱岩的微裂隙中，从而形成脉型矿床。

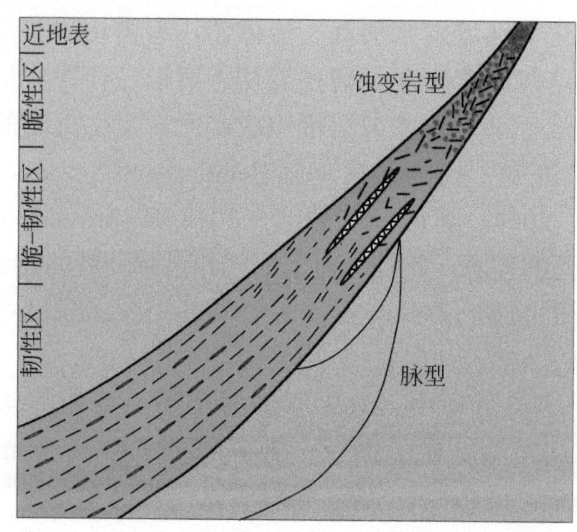

图 7.1 剪切带型矿床的矿化类型示意图

在蚀变岩型矿床中，矿体形态和规模都严格受到剪切带的控制。以胶东地区为例，矿体多赋存于脆 - 韧性和脆性剪切带中，以浸染状或细网脉浸染状矿化为特征。在赋存蚀变岩型矿床的剪切带内，均发育有一条较平直光滑的主剪切面，矿体主要产于主剪切面的下盘，矿化规模大，矿体连续稳定，其长度可达 1000 ～ 1200m，延伸长达 800 ～ 1500m。从主剪切面向下盘外侧，蚀变和变形具有较好的分带现象（图 7.2；李晓春，2012）：①断层泥带：紧临主剪切面产出，宽为 10 ～ 50cm，为黑色、灰白色或黄褐色断层泥，主要成分为黏土矿物，另有围岩花岗岩的角砾。该带一般不具工业矿化，局部可见矿体角砾。②黄铁绢英岩带：一般几米宽，局部可达十几米，主要由石英、绢云母和浸染状黄铁矿及少量方解石组成，为强烈蚀变的产物，大多发生碎裂岩化和角砾岩化。③黄铁绢英岩化花岗岩带：可达 50m 宽，主要由发生了硅化、绢云母化及黄铁矿化的花岗岩组成，黄铁矿化呈浸染状，也有细脉及网脉状。④钾化花岗岩带：可看作外蚀变带，有时可达数百米宽，以钾长石化为特征，花岗岩发生碎裂、裂隙化，裂隙中常有黄铁矿、石英细脉，当细脉密集时可构成工业矿体。蚀变岩型矿床的矿石类型为浸染状黄铁绢英岩、细脉浸染状黄铁绢英岩化花岗质碎裂岩和细脉浸染状黄铁绢英岩化花岗岩，矿石结构主要有晶粒状结构、碎裂结构、填隙结构等，矿石构造以浸染状、细脉浸染状和斑点状为主。

在脉型矿床中，含矿石英脉主要产于脆 - 韧性剪切带的次级破裂中，矿体呈似透镜状、豆荚状成群产出（图 7.3）；矿脉规模大小不等，多呈雁行排列，沿走向、倾向均有膨胀收缩、分支复合现象；矿体形态简单，多数呈单脉状沿主剪切带产出。在胶东矿集区，金矿体延深大于延长，向深部矿化好，侧伏现象比较明显。单条矿脉在走向和倾向上多具舒缓波状、尖灭再现、分支复合等特征，脉体两侧发育强度和宽度不等的硅化、绢云母化、黄铁矿化和钾化等蚀变。该类型矿床的金属矿物主要为黄铁矿，局部有少量的黄铜矿、磁黄铁矿、方铅矿和闪锌矿。矿石结构为晶粒状结构、骸晶结构、填隙结构，矿石构造以致密块状为主，次为条带状构造、浸染状构造。

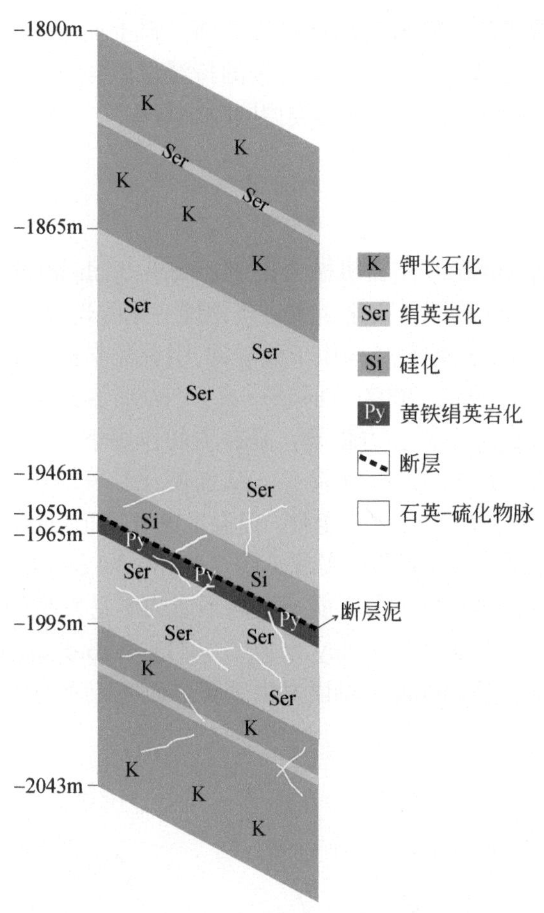

图 7.2　胶东三山岛矿区钻孔揭露的蚀变分带示意图（据李晓春，2012）

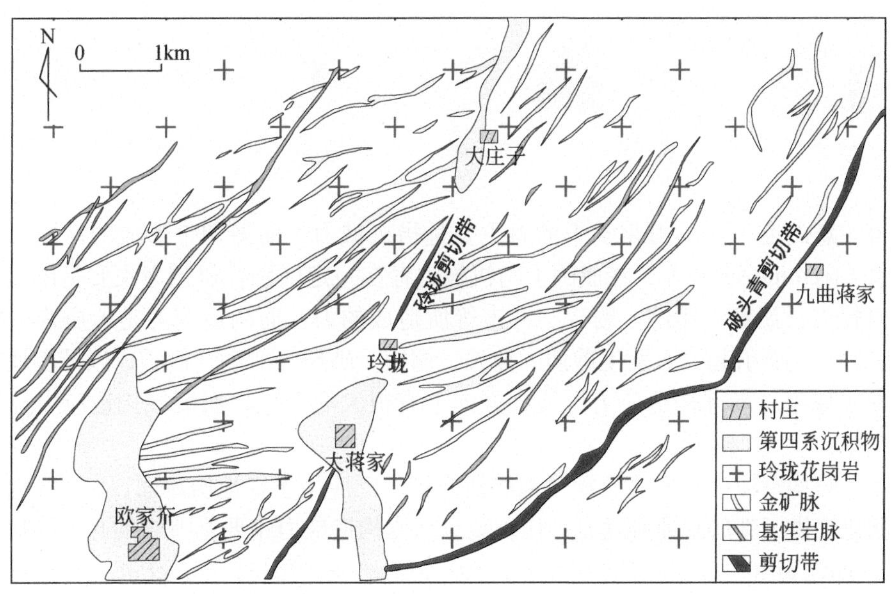

图 7.3　胶东玲珑矿区金矿脉分布（据 Yang *et al.*，2014）

整体上，在一个理想的连续演化的剪切带剖面，自上而下一般出现蚀变岩型、脉型矿化类型。但随着地壳隆升剥蚀和大型剪切带的持续多阶段演化，后期多期次的脆－韧性或脆性构造变形叠加，可导致多种矿化类型同时出现在同一构造部位。

7.1.3 应力化学概念

应力化学（stress chemistry）引自机械力化学（mechanochemistry，一般简称力化学），原意是指物质受机械力的作用而发生化学变化或物理变化的现象。实验与理论研究表明，机械力可以通过对化学键的拉伸直接作用于化学键，引起化学键的断裂和重新生成（Duwez *et al.*，2006；Hickenboth *et al.*，2007；Davis *et al.*，2009；Smalo and Uggerud，2012）。力化学与热化学的反应路径不同。力化学，是在力的作用下，化学键的键长和键角发生一定的改变，导致化学反应的能垒大大降低，从而使化学反应得以实现；热化学主要是温度的作用，温度不能降低化学反应的能垒，但温度的升高可以增加反应物的分子动能，使之跃过能垒，从而使化学反应得以实现（图 7.4；Seidel and Kühnemuth，2014）。力的作用有时甚至使某些在热条件下由于能垒过高不能或不易发生的反应得以进行（Beyer and Clausen-Schaumann，2005；Brantley *et al.*，2011；Akbulatov *et al.*，2012；Craig，2012）。如有机芳环在小于 2500K 下难以发生裂解；而在应力作用下，600K 便可发生裂解（王瑾，2019）。

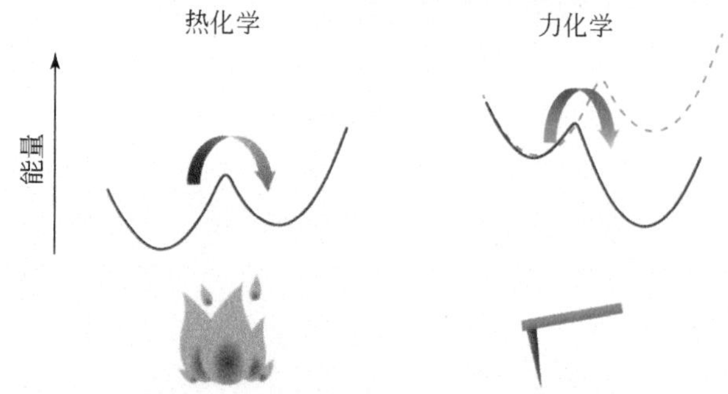

图 7.4 热化学和力化学区别（据 Seidel and Kühnemuth，2014）

值得注意的是，上述力化学中的力主要是指机械力，而剪切带形成的作用力主要是构造应力（tectonic stress），在成因上与机械力存在一定区别：机械力主要是由机械装置对固体材料进行研磨、压缩、粉碎、冲击等所造成的力；而构造应力是地质构造作用所产生的应力，主要引起岩石发生剪切、伸长、缩短、破裂、滑动、褶皱，以及板块俯冲、碰撞等地质现象。局部构造应力可能在方向上有很大的变化，而区域构造应力往往是一致的。

近年来对构造应力与矿产资源关系的研究被广泛应用于煤地质方面，为解释煤的大分子结构演化提供了新的思路和途径。传统观点认为构造应力主要影响煤的孔隙结构等物理性质（Li and Yujiro，2001；Qu *et al.*，2010；Liu *et al.*，2015；Pan *et al.*，2015），而温度和时间被认为是促进煤大分子化学结构演化的主要因素（Stach *et al.*，1982；Levine，

1993），围压则被认为延缓了煤化学结构的改变（Carr and Williamson，1990）。近年来，作者课题组针对不同变质程度煤样进行的次高温高压变形实验及量子化学模拟研究表明，应力不仅能改变煤的物理结构，而且能改变其化学结构，特别是对热很稳定的六元环在应力的作用下很容易破裂（Xu *et al.*，2014；徐容婷等，2015；Han *et al.*，2016，2017；Hou *et al.*，2017；Wang *et al.*，2017；详见第 8 章）。

据此，这里采用应力化学术语来表述构造应力作用下岩石和矿物发生化学变化的过程。对于剪切带型矿床来说，应力化学主要指构造应力对成矿过程的化学效应，即构造活动过程中，特别是剪切带的持续演化过程中，应力作用导致岩石变形以及成矿流体发生物理化学变化进而引起成矿物质的沉淀、富集、聚集从而形成矿体的过程。

7.2　剪切带型（金）矿床成矿特征

7.2.1　伸展构造背景

伸展构造背景下形成的金矿床在世界上广泛发育，如中国东部的金矿。晚中生代以来华北克拉通东部经历了明显的岩石圈减薄，伴随着强烈的岩浆活动及地壳拉张变形，形成了一系列的变质核杂岩、拆离断层等伸展构造和大规模的金矿化（如胶东、辽东金矿区）。胶东地区金矿主要形成于 120±10Ma，对应于中国东部构造体制转折、岩石圈大规模减薄、克拉通破坏的高峰时期，成矿作用处于同一构造 - 岩浆 - 流体 - 成矿系统（范宏瑞等，2005；Wu *et al.*，2005；杨立强等，2014）。下面以胶东金矿为例介绍其成矿特征。

1. 控矿剪切带活动特征

胶东地区是我国著名的大型金矿床集中区，金矿床的分布及发育与构造运动息息相关，主要受 NE-NNE 向剪切带的控制（图 7.5），众多研究认为其为郯庐断裂带的次级断裂，与中生代古太平洋 Izanaji 板块的俯冲、回转和后撤有关（Zhu *et al.*，2010；杨立强等，2014；朱日祥等，2015）。NE-NNE 向剪切带以约 35km 的间隔彼此平行分布于胶东半岛，自西向东分别是三山岛、焦家、招平、栖霞、牟平 - 即墨和牟平 - 乳山剪切带，胶东地区几乎所有的金矿床都集中在这些剪切带上。研究表明，这些剪切带成矿前为左旋走滑挤压剪切，成矿期转换为右旋走滑伸展，与区域分布的岩浆岩一起组成变质核杂岩构造体系，如玲珑、鹊山、昆嵛山等变质核杂岩，金矿床主要沿前寒武纪变质岩与中生代花岗岩体接触带形成 NE-NNE 走向的拆离断层带分布（林少泽等，2013；杨立强等，2014；夏增明等，2016；Cheng *et al.*，2019）。

胶东地区控矿剪切带总体走向 NE-NNE，呈弧形或波状弯曲延伸。倾角一般为 35°～45°，接近地表倾角变陡（近 80°），呈现出“上陡下缓”的铲式特征。剪切带内发育旋转碎斑、S-C 组构、石英变形条带、剪切条带型布丁构造，以及不对称褶皱、擦痕、阶步等剪切指向标志，韧性变形与脆性变形特征共同指示了剪切带经历 NW-SE 向的伸展活动（图 7.6）。同时显微组构、石英 *c* 轴组构及石英分形维数分析表明，糜棱岩中出现高温、中温、低温变形组构的叠加，说明剪切带经历了递进变形过程，初始发育在中地壳层次（15 ～ 20km，500 ～ 600℃），之后逐渐被剪切剥露到达地表浅层次（夏增明等，2016；Cheng *et al.*，2019；程南南，2020）。

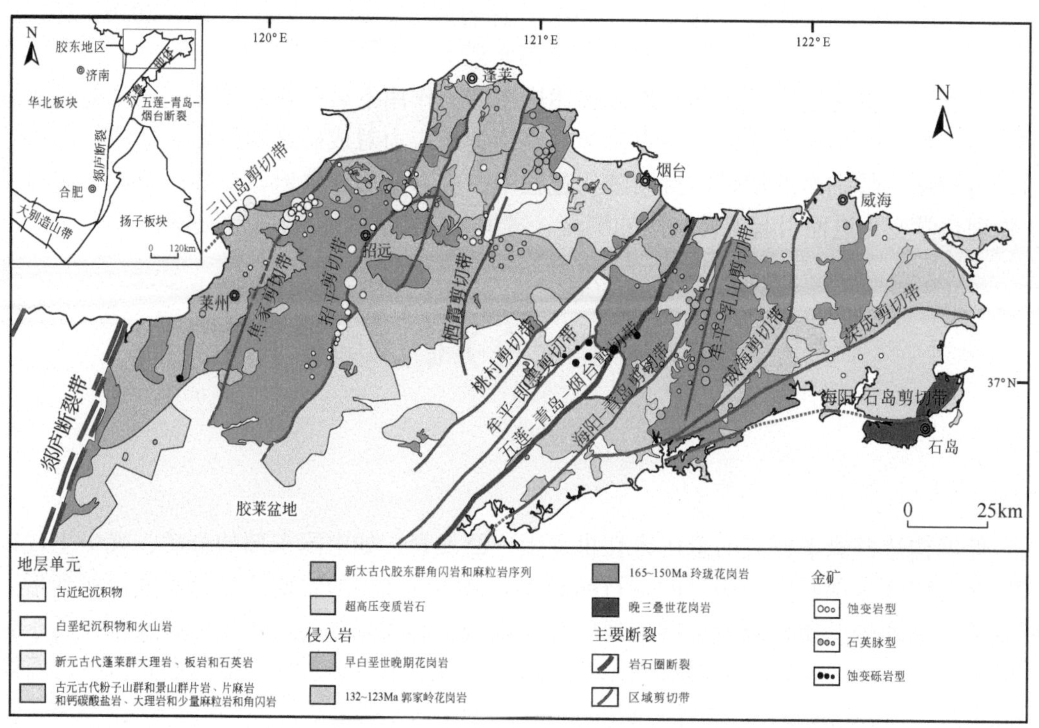

图 7.5　胶东地区大地构造位置及金矿分布地质简图（据杨立强等，2014）

2. 矿体产出特征

从剪切带平面展布来看，剪切带沿走向常有变化，呈舒缓波状展布，矿体主要赋存于剪切带阻制性转弯、侧接部位及断裂交叉部位等［图 7.5、图 7.7（a）、（b）］；从剖面来看，剪切带常表现出上陡下缓的“铲式”特点，沿倾向出现陡缓相间的变化规律，矿体主要赋存于倾角变缓及陡－缓转折等构造应力相对集中的部位［图 7.7（c）］。

胶东地区金矿床矿化类型以脉型和蚀变岩型为主，大部分金矿床均发育由各类剪切破裂经热液充填形成的含金脉体，如焦家金矿是典型的蚀变岩型矿化，主矿体赋存于剪切带中，附近发育一系列密集的脉型矿体。矿脉常成群出现，单个矿体规模较小，走向与主矿体一致或小角度相交［图 7.8（a）］。矿脉与主剪切带的产状关系显示矿脉分别属于 R-、T- 和 R′- 破裂，为张性、张剪性破裂［图 7.8（b）］。对于典型的石英脉型矿床，如玲珑金矿，矿区内共有 200 多条矿脉，均呈脉群出现（图 7.3）。对脉体和主剪切带产状的分析发现，脉体同样属于 R-、T- 和 R′- 破裂［图 7.8（c）；程南南等，2018］。

在胶东地区金矿床中，主矿体及两侧花岗岩普遍发生绢英岩化及钾化蚀变作用；矿体产状严格受剪切带控制，常有强烈错动和研磨，普遍发育角砾岩化或碎裂岩化，

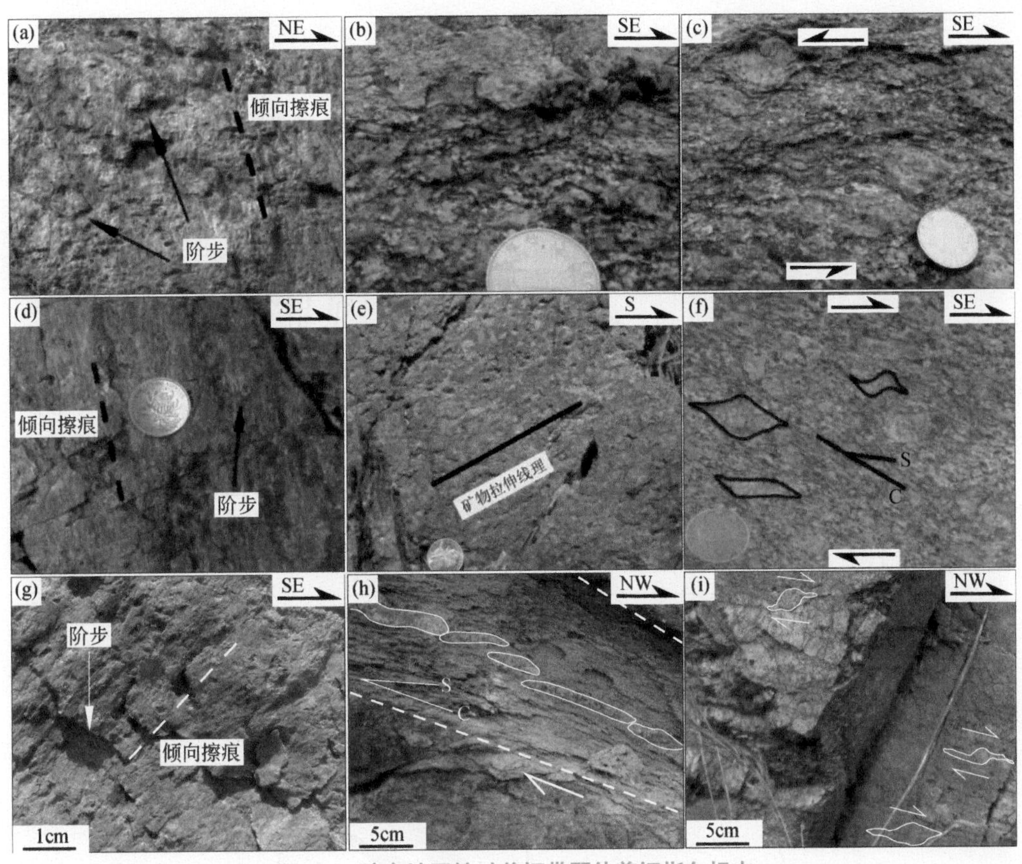

图 7.6　胶东地区控矿剪切带野外剪切指向标志

（a）焦家剪切带内的倾向擦痕和阶步指示上盘向 NW 运动；（b）焦家剪切带下盘玲珑岩体发生韧性变形，石英被拉长，矿物拉伸线理方向为 NW-SE 方向；（c）焦家剪切带下盘韧性变形带内 σ- 型残斑与 S-C 组构指示上盘向 NW 运动；（d）招平剪切带内的倾向擦痕和阶步指示上盘向 SE 运动；（e）招平剪切带内下盘玲珑岩体发生韧性变形，石英被拉长，矿物拉伸线理方向为 NW-SE 方向；（f）招平剪切带内 σ- 型残斑与 S-C 组构指示上盘向 SE 运动；（g）牟平－乳山剪切带内倾向擦痕和阶步指示上盘向 NW 运动；（h）牟平－乳山剪切带内 S-C 组构与剪切条带型布丁构造（低黏性差造成布丁旋转方向与剪切方向相反，断开后发生顺向错动，造成首尾叠置，参阅第三卷第 6 章 6.5 节）指示上盘向 NW 运动；（i）牟平－乳山剪切带内 σ- 型残斑指示上盘向 NW 运动［（a）～（f）据林少泽等，2013；（g）～（i）据 Cheng *et al.*，2019］

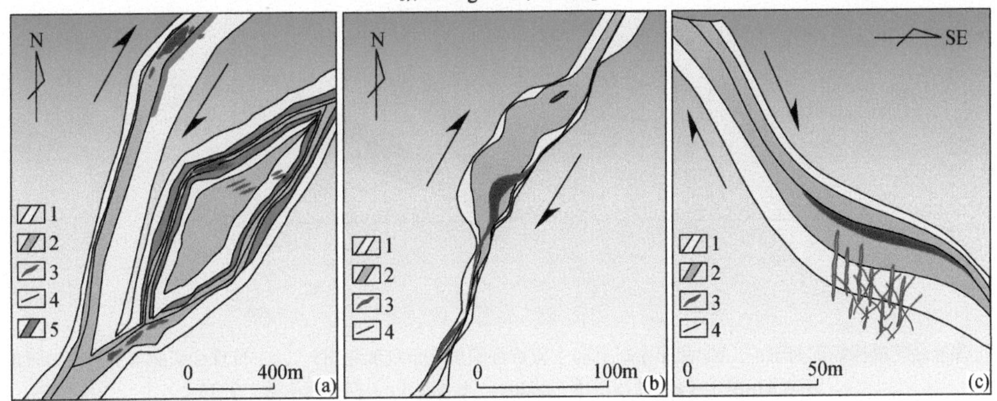

图 7.7　胶东地区矿体平面及剖面分布图（据程南南，2020）

（a）胶东新城金矿平面地质图；（b）胶东三山岛金矿平面地质图；（c）胶东三山岛金矿剖面分布图。1. 钾化蚀变带；2. 绢英岩化蚀变带；3. 矿体；4. 主剪切带；5. 硅化蚀变带

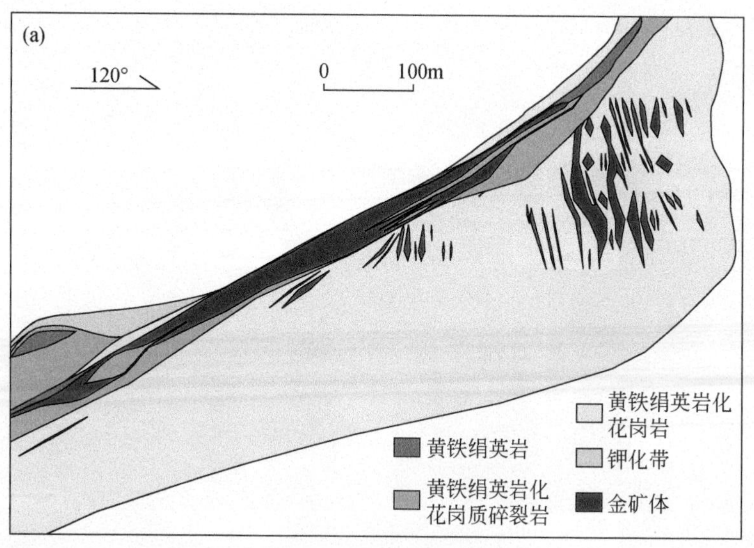

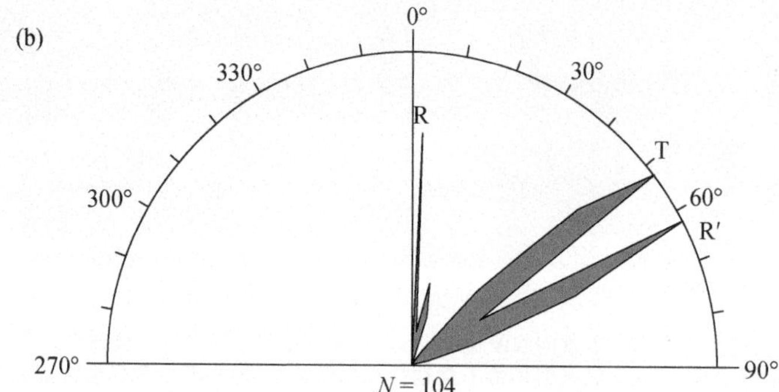

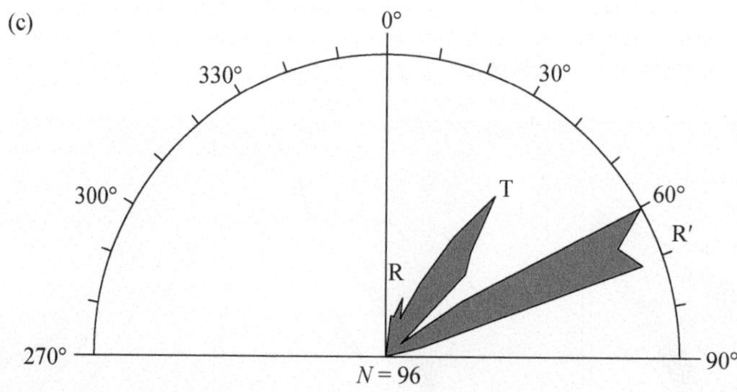

图 7.8 胶东地区金矿脉分布及与主剪切带倾角夹角玫瑰花图

(a) 焦家金矿勘探线剖面图；(b) 焦家金矿脉与主剪切带倾角夹角玫瑰花图；(c) 玲珑金矿脉与主剪切带倾角夹角玫瑰花图 [(a) 据程南南，2020；(b)、(c) 据程南南等，2018]

含矿硫化物主要位于角砾边部呈基质状产出［图 7.9（a）］。矿脉中石英和硫化物呈条带状细脉互层状产出［图 7.9（b）、（c）］，具有典型的破裂－愈合构造（crack-seal structure），表明其形成于多期流体脉动活动过程中。显微镜下表现为金矿脉内部石英纤维普遍与脉壁垂直或呈大角度相交［～70°；图 7.9（d）］，代表脉体形成于张性或张剪性环境，与产状关系反映的脉体破裂性质（R、T 和 R′）一致（图 7.8）。此外，脉体内部角砾岩化强烈，部分角砾内部发生强烈碎裂岩化［图 7.9（e）］，代表脉体形成过程中受到多期流体－构造事件改造，导致角砾不断经历碎裂—胶结—再碎裂的循环过程。同时，脉体内部发育多条细脉并显示弯曲特征［图 7.9（f）中红色虚线所圈出的脉体］，暗示脉体形成时经历了多期破裂－愈合过程，导致脉体从中心向边部不断生长。

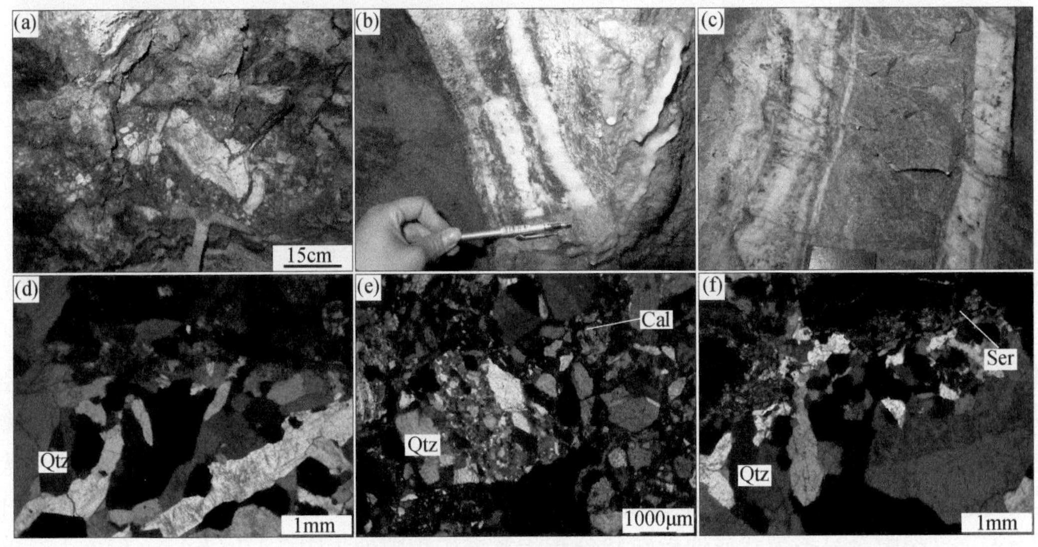

图 7.9　胶东金矿脉内部特征及显微结构（据程南南，2020）

说明见正文；（a）、（b）、（e）邓格庄金矿；（c）、（d）、（f）乳山金矿。（d）～（f）正交偏光照片。Cal. 方解石；Qtz. 石英；Ser. 绢云母

胶东地区成矿期的主要矿石矿物为黄铁矿、黄铜矿、方铅矿、闪锌矿、毒砂等，其中黄铁矿是最主要的载金矿物，次为石英和其他硫化物。在以蚀变岩型矿化为主的矿体中，黄铁矿普遍发生强烈碎裂岩化，以半自形或他形分布于角砾化石英的边部或裂隙处［图 7.10（a）］；部分呈微细粒浸染状，沿裂隙分布［图 7.10（b）］；或与黄铜矿、金矿物零星分布于方铅矿内部［图 7.10（c）］。在以脉型矿化为主的矿体中，黄铁矿通常呈自形或半自形碎裂状沿裂隙分布［图 7.10（d）～（f）］，黄铁矿内部或边部常发育裂隙。

胶东地区典型的蚀变岩型金矿（如三山岛金矿）中，金矿物主要以单颗粒形式赋存于黄铁矿或石英颗粒内部或晶间，具有明显的金黄色反射色、高反射率、均质性和低硬度等特征，与其他金属硫化物截然不同［图 7.11（a）～（c）］。金矿物呈自形、半自形、他形粒状、细脉状和不规则粒状，赋存状态主要有包裹金和裂隙金两种［图 7.11（a）～（f）］。包裹金中金矿物呈椭圆状或不规则粒状被包裹于黄铁矿内部，部分颗粒边界平直，可能为黄铁矿内部早期裂隙愈合位置［图 7.11（a）、（d）］；裂

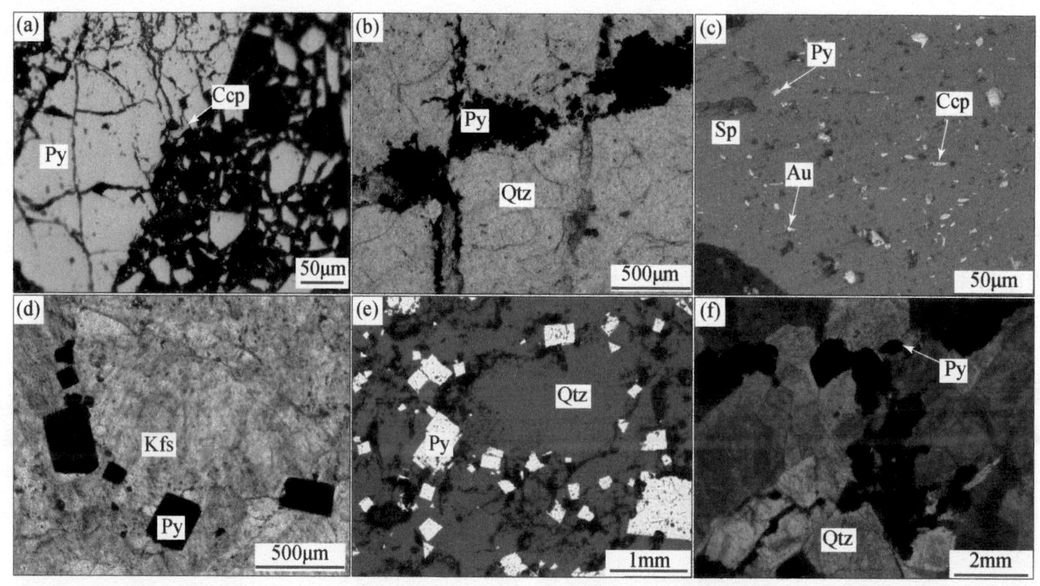

图 7.10　胶东地区载金矿物黄铁矿赋存特征（据程南南，2020）

说明见正文；（a）三山岛金矿；（b）、（c）焦家金矿；（d）、（e）玲珑金矿；（f）乳山金矿。（a）、（c）、（e）反射光照片；（b）、（d）、（f）单偏光照片。Au. 金矿物；Ccp. 黄铜矿；Kfs. 钾长石；Py. 黄铁矿；Qtz. 石英；Sp. 闪锌矿

隙金中金矿物以他形粒状形态赋存于黄铁矿或石英碎裂形成的裂隙处。金矿物最小直径为 5 ～ 10μm，最大可达 350μm。在以石英脉型矿化为主的牟平 - 乳山成矿带，金矿物数量及反射色、反射率明显低于蚀变岩型金矿床［图 7.11（g）～（i）］。金矿物赋存状态以包裹金和裂隙金为主。其中包裹金呈不规则粒状或细脉状分布于黄铁矿内部［图 7.11（g）］，裂隙金呈条带状或他形粒状分布于黄铁矿裂隙处［图 7.2.7（h）、（i）］。单个金矿物颗粒较小，粒径为 5 ～ 10μm。

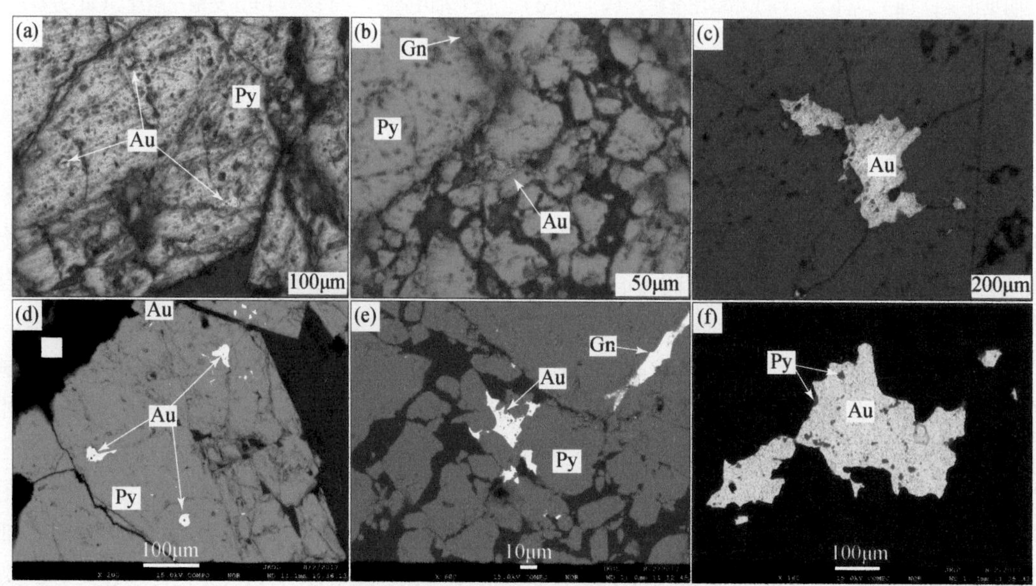

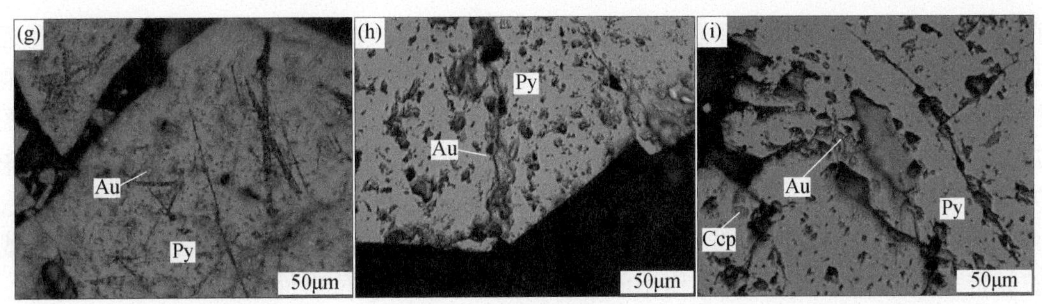

图 7.11　胶东地区金矿物反射光和电子背散射照片（据程南南，2020）

（a）、（d）、（g）包裹金；（b）、（c）、（e）、（f）、（h）、（i）裂隙金。（a）～（c）、（g）～（i）反射光照片；（d）～（f）背散射照片。Au. 金矿物；Ccp. 黄铜矿；Py. 黄铁矿；Gn. 方铅矿

胶东地区金矿床载金矿物 - 黄铁矿、矿石 - 黄铁矿石英脉、控矿围岩 - 花岗岩和变质岩等及伴生脉岩的 Sr-Nd 放射性同位素研究表明，金成矿物质具有多源性，既来自控矿围岩 - 花岗岩和变质岩，又来自幔源的岩浆岩。流体包裹体研究发现，各类金矿床具有一致的成矿流体介质条件，为低盐度 H_2O-CO_2-NaCl±CH_4 流体，金成矿温度、压力条件近似，主成矿温度为 170 ～ 335℃，成矿压力为 70 ～ 250MPa（范宏瑞等，2005）。

7.2.2　挤压构造背景

前文所述胶东地区金矿床主要形成于伸展构造背景下，实际上与挤压构造背景有关的金矿床在世界范围内也广泛分布，如加拿大维尔德（Val-d）矿区、西格玛（Sigma）矿区和澳大利亚瑞文支（Revenge）矿区、达洛（Darlot）矿区等（图 7.12、图 7.13）。

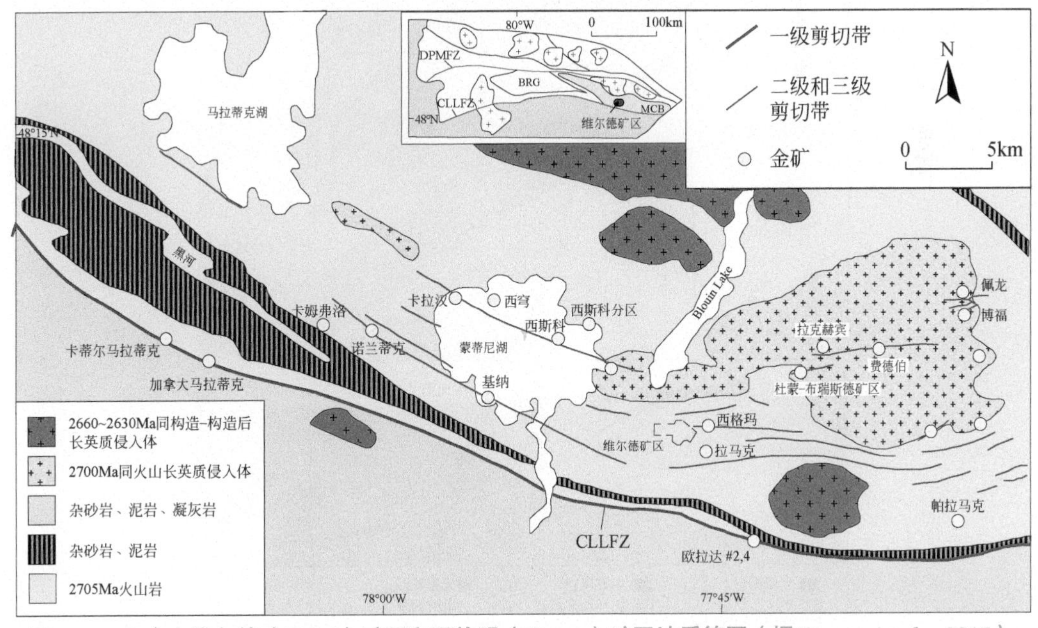

图 7.12　加拿大维尔德（Val-d）矿区和西格玛（Sigma）矿区地质简图（据 Rezeau *et al.*，2017）

BRG. 黑河组；CLLFZ. 卡迪拉克湖断裂带；DPMFZ. 去索普平 - 曼尼维尔断裂带；MCB. 马拉蒂克复合地块

在这些地区，控矿剪切带多位于较强的挤压剪切部位，由于受近水平的缩短作用和近竖直的伸展作用影响，剪切带多以高角度（50° ~ 80°）逆冲断层为主，部分兼有走滑性质；剪切带沿走向常表现为波状弯曲特征，剖面上延伸至深部时产状逐渐变缓（图7.13）。伴随强烈变形作用，这些地区普遍遭受绿片岩相变质作用，一些地区也出现角闪岩相变质作用（Nguyen *et al.*，1998；Rezeau *et al.*，2017）。金矿化与构造密切相关，金矿体往往产于一级剪切带走向转折部位（图7.13），或位于次级或三级缓倾断层或破裂带之中（图7.12）。成矿作用前后常发生多期岩体侵位事件（图7.12、图7.13），成矿流体通常为变质流体或深部岩浆流体。

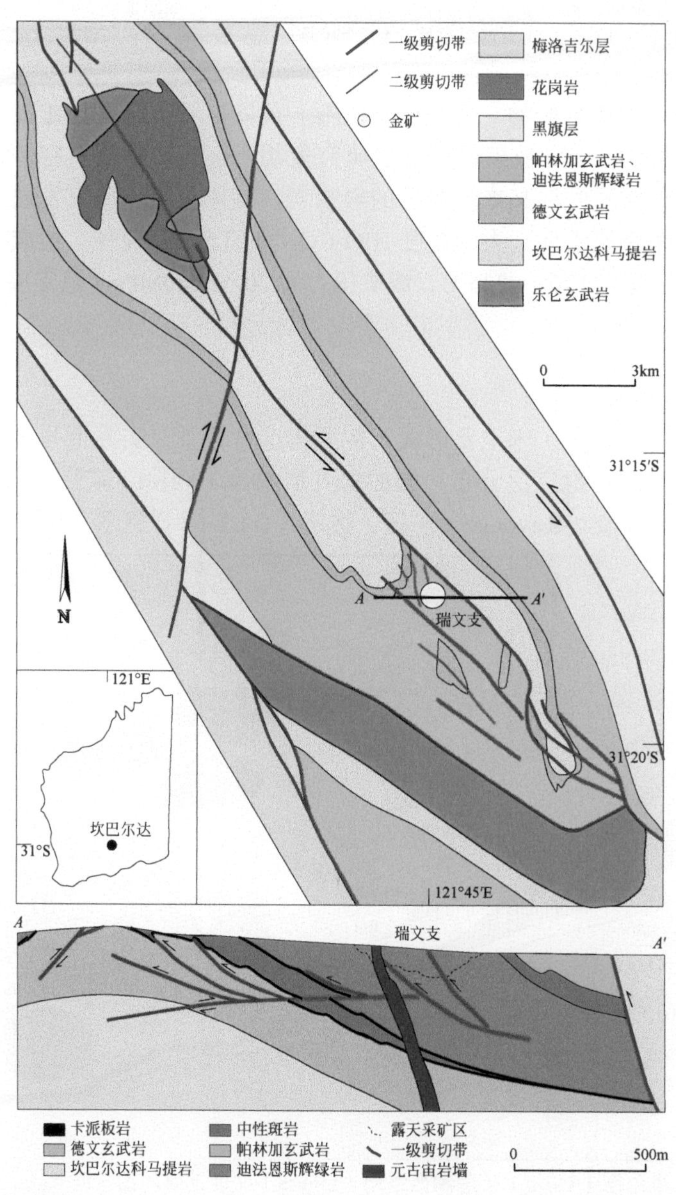

图7.13 澳大利亚瑞文支（Revenge）矿区地质图及剖面图（据Nguyen *et al.*，1998修改）

根据脉体的产出状态，金矿脉可分为伸展脉（extensional veins）和陡倾剪切脉（steeply-dipping shear veins）两大类［图 7.14、图 7.15（a）］。伸展脉通常是由水力压裂所致（Nguyen *et al.*，1998；Kenworthy and Hagemann，2007），与 σ_1 近平行或呈小角度斜交，具有填隙结构（open-space filling texture），又可分为近水平伸展脉［subhorizontal extensional veins；图 7.15（d）］和张剪脉［extensional shear veins；图 7.15（c）］两类。

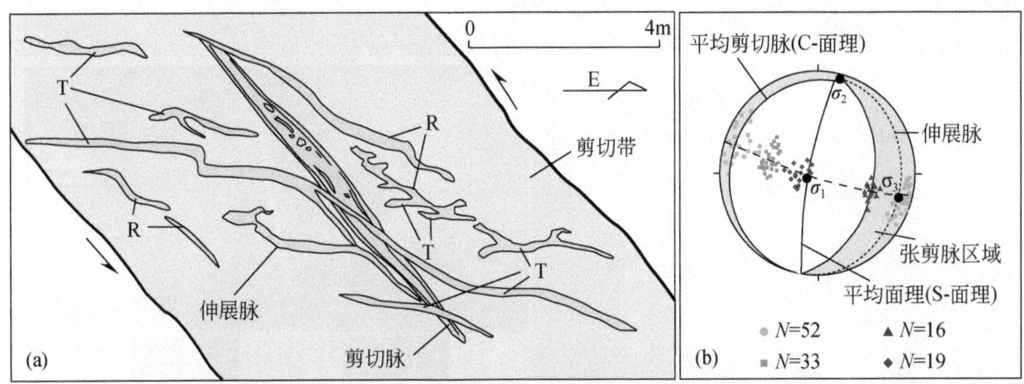

图 7.14　澳大利亚瑞文支（Revenge）矿区金矿脉分布特征（据 Nguyen *et al.*，1998）

（a）伸展脉和剪切脉分布剖面图；（b）矿脉及构造要素产状赤平投影（等面积下半球，圆形代表面理极点，正方形代表剪切脉，三角形代表滑动面上的擦痕，菱形代表伸展脉）

近水平伸展脉中矿物纤维近于垂直脉壁生长［图 7.15（d）］，根据剪切带与脉体的产状数据，脉体与剪切带的夹角主要集中在 35° ～ 55° ，相当于 T- 破裂（图 7.14）。张剪脉又称混合脉（hybrid veins），脉中矿物通常发生剪切变形，拉长的矿物颗粒与脉壁呈大角度相交，约 70° ［图 7.15（c）］，根据脉体与剪切带产状［图 7.14（b）］，脉体与主剪切带夹角在 5° ～ 15° ，相当于 R- 破裂（图 7.14；程南南等，2018）。

陡倾剪切脉又称断层充填脉（fault-fill veins），形成于剪切带滑动过程中，脉体中矿物呈层状或条带状展布［图 7.15（b）］，反映了剪切破裂多次的张开 - 愈合和矿脉的多次充填过程；脉中矿物被拉长至平行脉壁展布并出现波状消光、亚颗粒等动态重结晶现象［图 7.15（e）］，表明剪切脉在形成过程中受到了强烈剪切作用影响。

矿脉中载金矿物主要为黄铁矿和电气石，次为毒砂、黄铜矿等硫化物及锑化物和碲化物，元素共生组合多为 Au-Ag±As±B±Bi±Sb±Te±W。金矿物主要赋存于黄铁矿愈合或开放裂隙处［图 7.15（f）、（g）］。流体包裹体研究发现，成矿主阶段包裹体类型主要为 CO_2-H_2O-NaCl±CH_4，包裹体最低捕获温度为 250 ～ 300℃；在静水压力下包裹体最小捕获压力为 80 ～ 100MPa，而在静岩压力下最小捕获压力为 210 ～ 260MPa（Rezeau *et al.*，2017）。

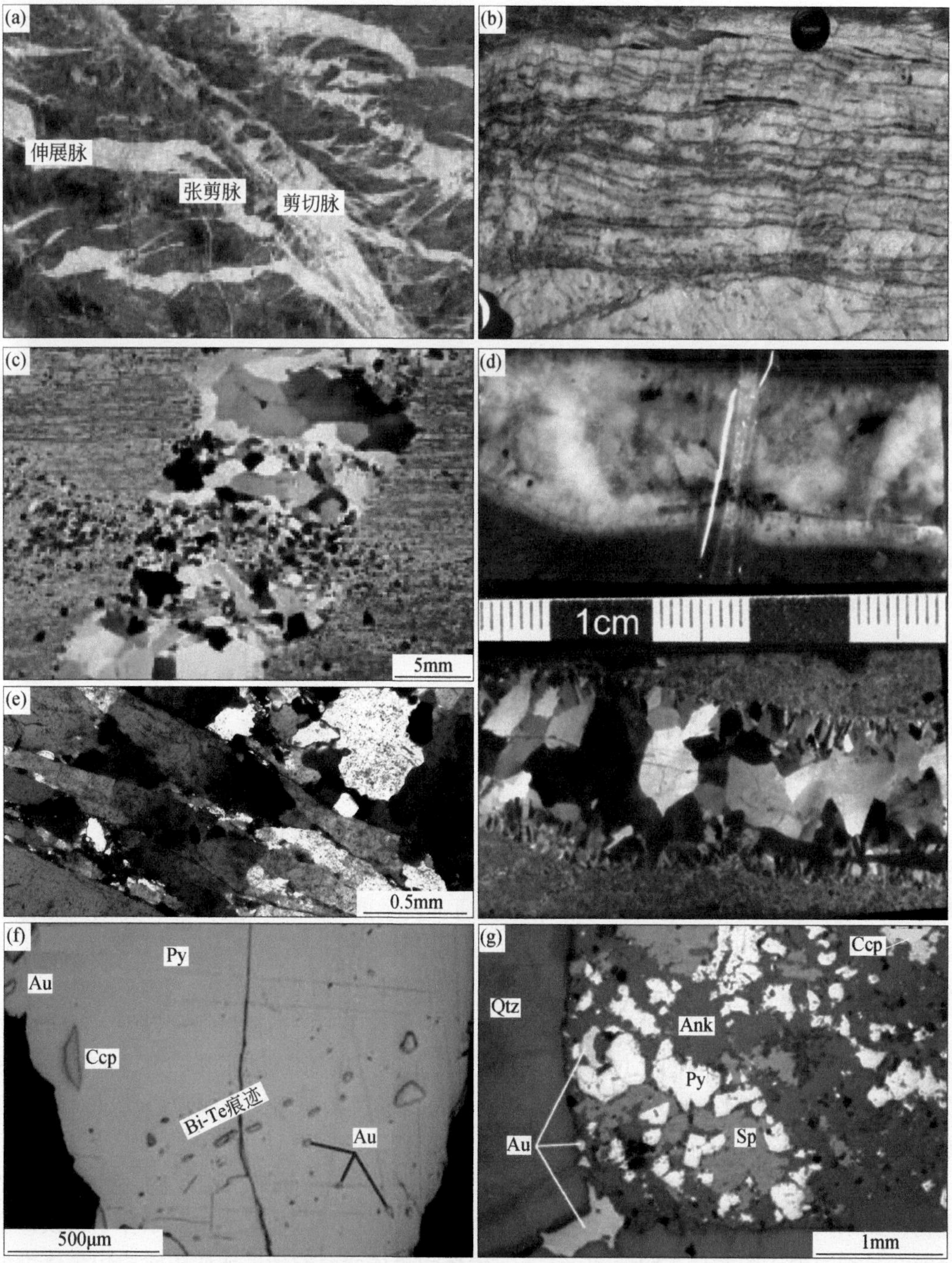

图 7.15　逆冲剪切带中金矿脉产出特征

（a）澳大利亚瑞文支矿区中的剪切脉、伸展脉和混合脉（据 Nguyen *et al.*，1998）；（b）加拿大维尔德矿区中典型的剪切脉及填充其中的石英和电气石条带（据 Rezeau *et al.*，2017）；（c）澳大利亚瑞文支矿区张剪脉中拉长的石英纤维与脉壁呈大角度（～70°）相交（正交偏光，据 Nguyen *et al.*，1998）；（d）澳大利亚达洛矿区伸展脉中石英（脉体中心）和斜长石（脉体边缘，呈对称梳状）近垂直脉壁生长（正交偏光，据 Kenworthy and Hagemann，2007）；（e）平行于剪切脉壁的拉长石英颗粒（据 Olivo and Williams-Jones，2002）；（f）黄铁矿中黄铜矿、碲化物和金矿物的包裹体（反射光，据 Rezeau *et al.*，2017）；（g）分布于晶间裂隙处的金矿物（反射光，据 Rezeau *et al.*，2017）。Ank. 铁白云石；Au. 金矿物；Bi. 铋化物；Ccp. 黄铜矿；Py. 黄铁矿；Qtz. 石英；Sp. 闪锌矿；Te. 碲化物

7.2.3　走滑构造背景

与伸展和挤压构造背景一样，走滑构造背景下形成的金矿床也十分发育。走滑剪切带通常会出现弯曲变形或发育侧接带（参阅第三卷第 9 章 9.1 节），这些部位常构成有利的成矿地带。例如，上述伸展背景下形成的剪切带通常兼有走滑断层性质，沿走向常表现为波状弯曲特征，矿体主要分布于剪切带中阻制性转弯或侧接部位以及分叉和收敛部位，这些部位都处于高应力集中区（参阅图 7.3、图 7.5 和图 7.7）。在这些部位，金矿脉往往呈雁列展布，如胶东玲珑金矿区（图 7.3），对金矿脉和主剪切带走向分析发现，脉体主要属于 T- 破裂（图 7.16）。

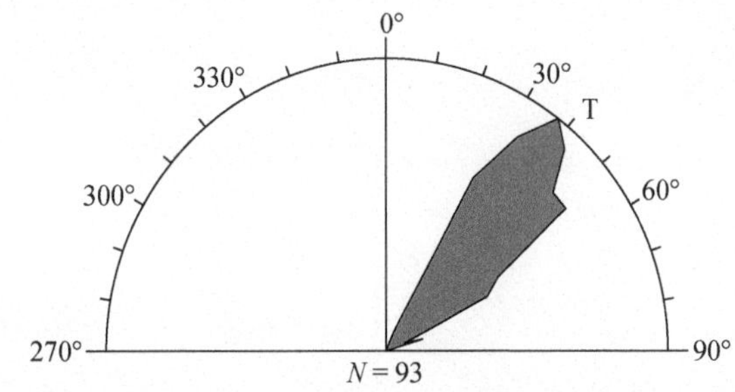

图 7.16　胶东玲珑矿区金矿脉与主剪切带走向夹角玫瑰花图

7.2.4　伸展 – 挤压复杂构造背景

在剪切带发育演化过程中，若受到区域不同构造体制的影响，同一剪切带中可能出现伸展 – 挤压或挤压 – 伸展等复杂变形过程，正确厘定剪切带在不同变形过程中的构造性质（正断层、逆断层，还是走滑断层）及其与成矿的关系（促进作用还是破坏作用），可为矿床成因研究及找矿提供正确的指导方向。例如，中国华南晚中生代形成的湘东钨矿是著名的石英脉型钨锡矿床，区内老山坳剪切带是主要的控矿构造，但其构造属性及与成矿关系一直存在争议（陈国达，1985；马德成和柳智，2010；倪永进等，2015；邓会娟等，2013）。这里主要以此为例介绍如何在复杂构造背景中厘清剪切带活动与成矿的关系。

1. 控矿剪切带活动特征

老山坳剪切带发育于邓阜仙复式岩体的南缘，呈 NE-SW 走向，倾向 SE，倾角约为 45° ～ 65°，上陡下缓呈铲形（图 7.17）。宏观 – 微观及磁组构（anisotropy magnetic susceptibility，AMS）研究发现，老山坳剪切带的活动主要分为两期：早期表现为 SE 方向的伸展拆离作用，形成了透入性的强烈脆、韧性变形，如 σ- 型石英集合体、C′ 剪切条带、T- 和 S- 破裂、向 SE 侧倾伏的磁面理和磁线理等［图 7.18（a）、（d）、（e）；第三卷图 4.19（11）和（12）］，并且韧性变形和脆性变形具有相同的剪切指向，说明二者发育于同一构造事件；晚期表现为 NW 方向的逆冲作用，剪切带表现为非透入性变形，主要以狭窄的韧性剪切带切割并弯折早期的透入性面理，发育 σ- 型石英集合体和 S-C 组构［图 7.18（b）、（c）；第三卷图 7.79（15）］（Wei *et al.*，2017）。

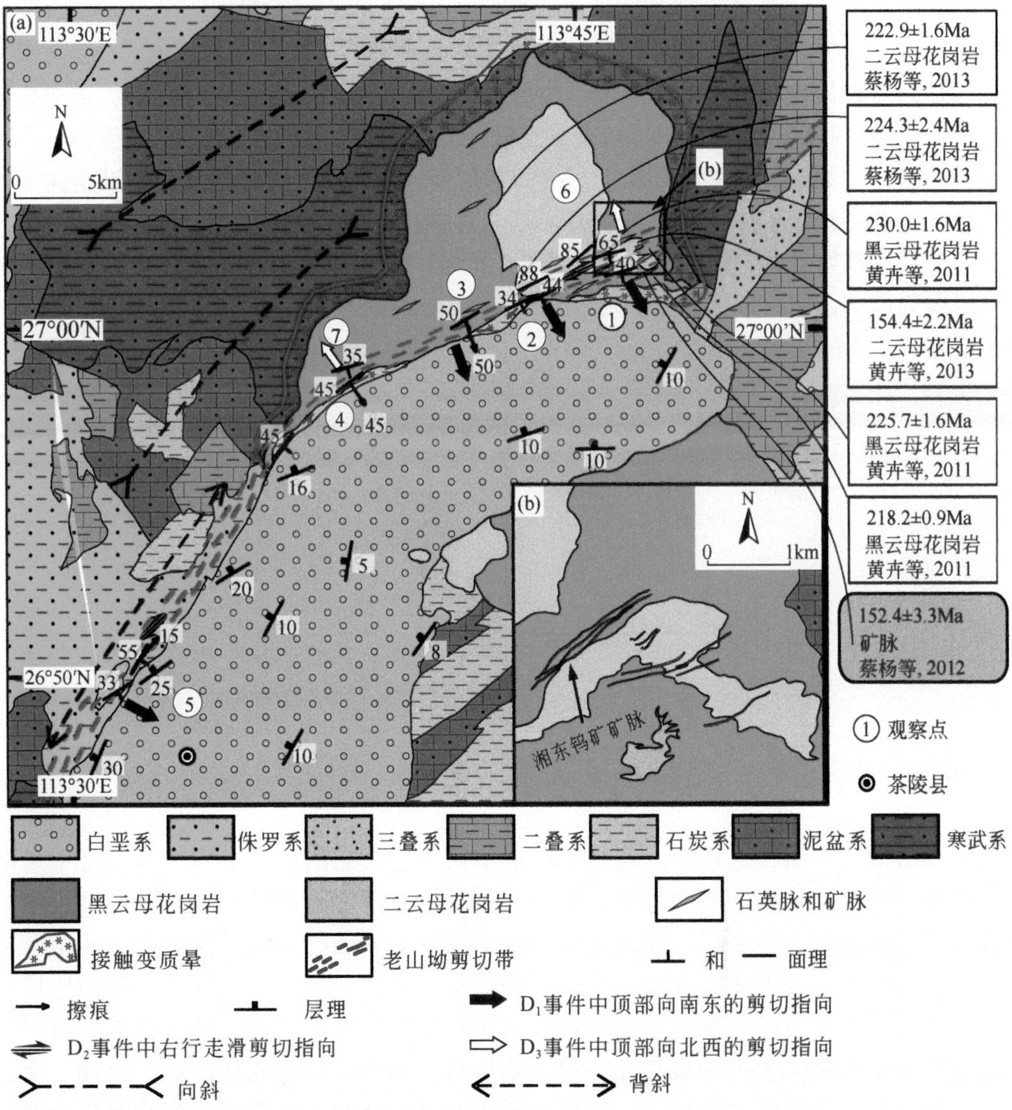

图 7.17 邓阜仙复式岩体构造简图（a）和湘东钨矿构造简图（b）（据 Wei *et al.*，2017）

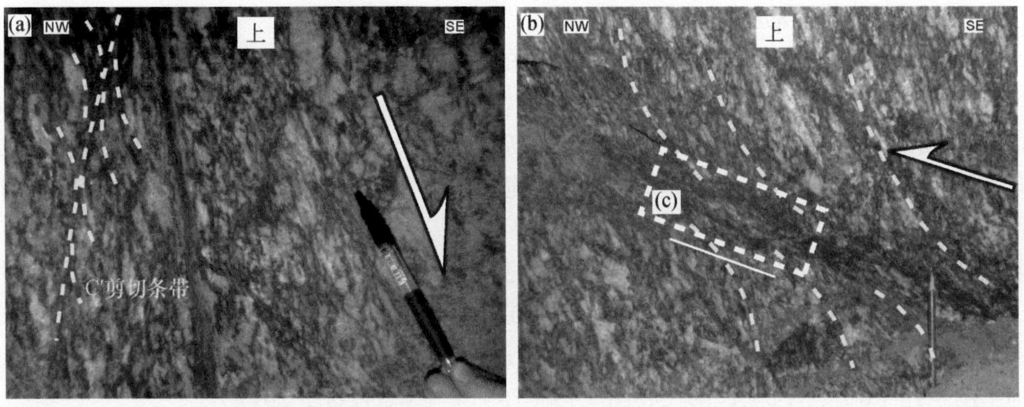

图 7.18　老山坳剪切带野外观察图（据宋超等，2016；Wei *et al.*，2017）

（a）老山坳剪切带 D_1 剪切变形时发育的 σ- 型石英集合体及剪切条带指示顶部向 SE 的剪切指向（图 7.17 中位置 1 附近）；（b）D_3 狭窄的剪切带切割 D_1 面理，面理的弯折指示 D_3 变形顶部向 NW 的剪切指向（图 7.17 中位置 1 附近）；（c）D_3 狭窄的剪切带中 σ- 型石英集合体以及 S-C 组构指示顶部向 NW 的剪切指向；（d）老山坳剪切带中的断层角砾岩；（e）T- 和 S- 破裂与断层面的几何关系指示顶部向 SE 的剪切指向（图 7.17 中位置 2）

2. 矿体产出特征

湘东钨矿主要分布于老山坳剪切带内部中心部位，向两侧矿脉数量逐渐减少。矿脉整体走向与剪切带一致，倾向 NW 或 SE，倾角陡立。矿脉与老山坳剪切带的产状关系显示其主要属于 R- 和 R′- 破裂［图 7.19（a）、（b）］（宋超等，2016；Wei *et al.*，2017）。此外，湘东锡田矿区和邓阜仙矿区井下露头显示，矿脉中不仅有 R- 和 R′- 破裂，还有少量属于 T- 破裂，并且矿脉常发生弯曲或旋转，暗示脉体形成过程中受到强烈的剪切作用改造［图 7.19（c）～（e）］（何苗，2018）。矿脉中石英、萤石和黄铜矿、方铅矿和锡石等金属矿物呈条带状细脉互层状产出［图 7.19（f）～（h）］，为典型的破裂 - 愈合构造，同时脉体中石英纤维近于垂直脉壁产出或呈大角度相交［图 7.19（h）］，代表脉体形成于张性或张剪性环境，与产状关系反映的脉体破裂性质（R 和 R′）一致［图 7.19（b）］。

湘东地区矿脉内金属矿物主要为黑钨矿、白钨矿、锡石和黄铜矿，含少量辉钼矿、闪锌矿、方铅矿等（图 7.20）。黑钨矿和白钨矿自形程度较差，常沿裂隙产出［图 7.20（a）～（c）］；锡石产出颗粒较大，具有明显的环带，呈自形 - 半自形，部分呈条带状赋存于裂隙中［图 7.20（d）、（e）］；矿脉中石英纤维近垂直脉壁展布［图 7.20（f）］，

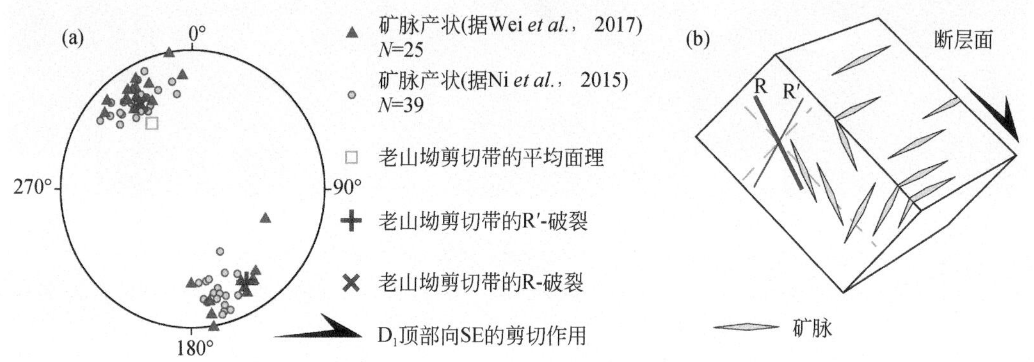

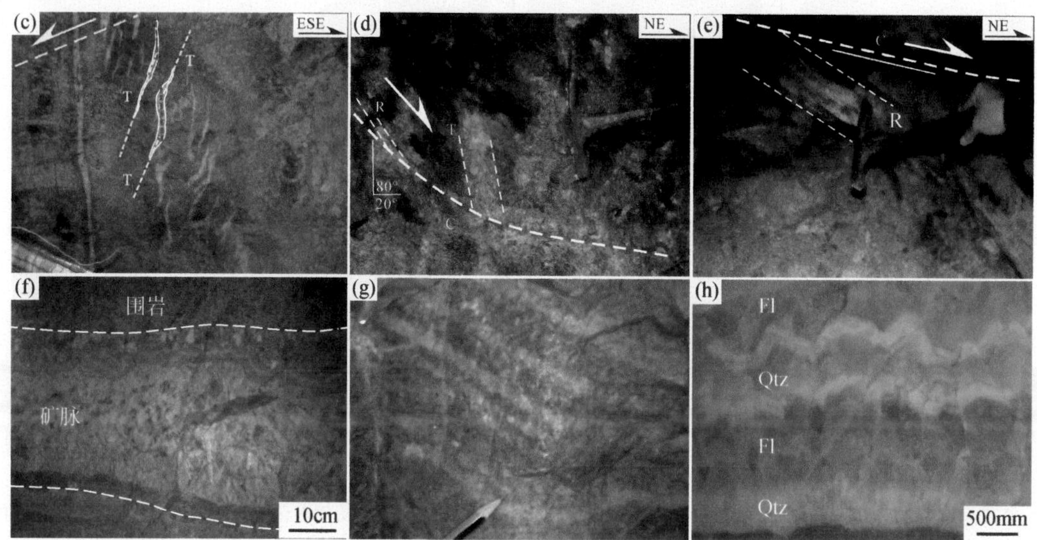

图 7.19　湘东钨矿矿脉产状及野外观察图

（a）R- 和 R′- 破裂与矿脉产状的一致性指示成矿热液被形成于 D_1 事件的这两组破裂所容纳（下半球等面积赤平投影图）；（b）矿脉形成的三维体视模型图；（c）锡田矿区石英脉呈 T- 破裂展布并发生逆时针旋转（左上黄色虚线代表剪切带产状）；（d）锡田矿区石英脉呈 R- 和 T- 破裂展布（注意剪切带倾角发生改变）；（e）锡田矿区石英脉呈 R- 破裂展布；（f）湘东钨矿中的含钨石英脉（矿脉）；（g）经历多期次破裂 - 愈合形成的矿脉；（h）矿脉中石英（Qtz）和萤石（Fl）呈互层状产出［（a）、（b）据 Wei *et al.*，2017；（c）～（e）据何苗，2018；（f）、（g）据宋超，2016］

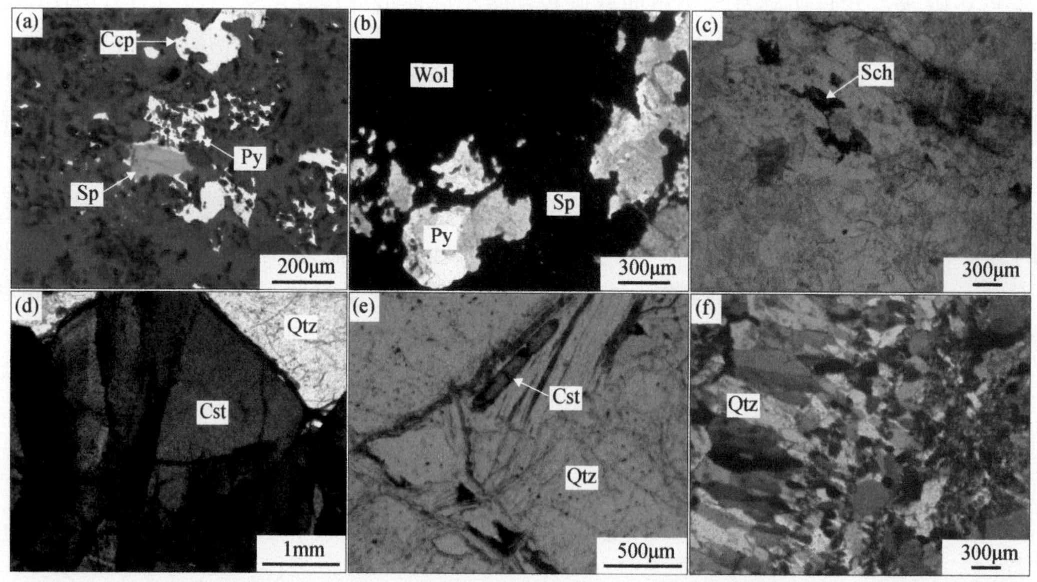

图 7.20　湘东地区矿石矿物镜下特征（据何苗，2018）

说明见正文；（a）、（b）反射光照片；（c）、（e）单偏光照片；（d）、（f）正交偏光照片。Ccp. 黄铜矿；Cst. 锡石；Py. 黄铁矿；Qtz. 石英；Sch. 白钨矿；Sp. 闪锌矿；Wol. 黑钨矿

代表其形成于张性环境，并且边部颗粒发生强烈碎裂岩化，代表其受到流体－构造的强烈改造。

7.3　剪切带型（金）矿床成矿的应力化学过程与构造层次

7.3.1　金沉淀的应力化学过程

对不同构造背景下剪切带成矿部位的构造解析表明，无论是伸展背景、挤压背景还是走滑背景，成矿部位均与应力集中密切相关（图 7.21）。如在逆冲断层中，按照 Anderson（1951）的断层模式，低角度逆冲断层（30° 左右）较易发生滑动，而高角度的逆冲断层由于受到较强的正应力作用［图 7.21（a）、（d）］，沿断层面的剪应力难以克服摩擦阻力从而使断层难以滑动，因此陡倾部位易发生应力集中。在正断层中，倾角变缓部位受到的正应力作用较陡倾部位更加强烈［图 7.21（b）、（e）］，因而更易发

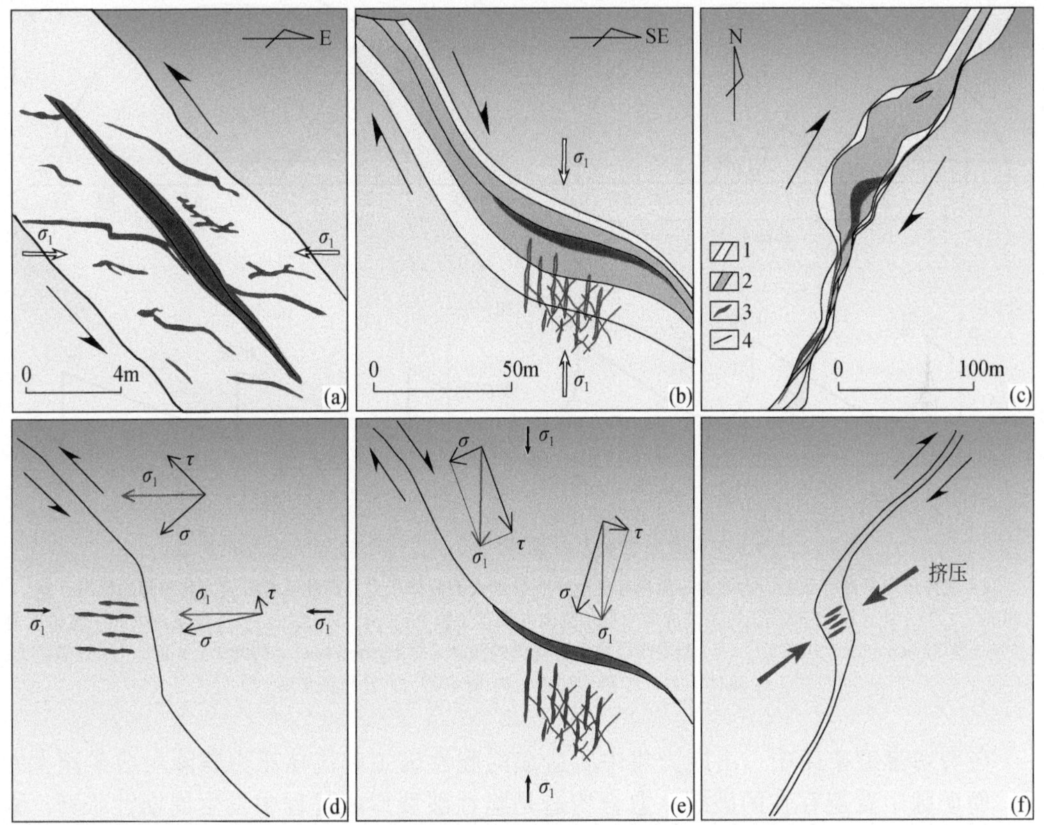

图 7.21　剪切带中成矿部位的应力集中与应力分解示意图（据程南南等，2018）

（a）、（d）逆冲断层（剖面图）；（b）、（e）正断层（剖面图）；（c）、（f）走滑断层（平面图）。1. 钾化蚀变带；2. 绢英岩化蚀变带；3. 矿体；4. 主剪切带

生应力集中。而走滑断层中阻制性转弯或侧接部位、分叉、收敛部位也因受到较强的挤压应力作用而造成应力集中［图 7.21（c）、（f）］。

应力集中会阻止剪切带的进一步滑动，同时对深部涌入的流体产生封堵作用，致使流体压力（P_f）不断升高，从而引起以下变化：①降低有效正应力，导致差应力 $\Delta\sigma$（$=\sigma_1-\sigma_3$）增加［图 7.22（a）］；②降低主应力值，使应力莫尔圆向左移动逐渐接近莫尔破裂线［图 7.22（b）］；③降低岩石破裂所需的差应力，从而使岩石发生破裂（Phillips，1972）。因此当流体压力达到一定值时，如 $P_f \geqslant \sigma_3+T$（σ_3 为最小主应力，伸展背景下为水平方向，挤压背景下为竖直方向；T 为岩石的抗张强度），应力莫尔圆与莫尔包络线相切，岩石发生水压致裂导致脆性破裂的产生（如 R-、T- 和 R′- 破裂）。断层阀模式（fault valve model；Sibson *et al.*，1988）认为，水压致裂还伴随剪应力的释放、剪切带的滑动、断层脉的形成［如图 7.22（b）中的剪切脉］及地震的发生，此时裂隙中流体压力瞬间降低导致成矿物质发生沉淀，而矿物的沉淀充填则使裂隙快速愈合，附近流体也会在压力差驱动下进入裂隙之中，从而使流体压力和剪应力再次积聚，重复上述过程［图 7.22（c）、（d）］。

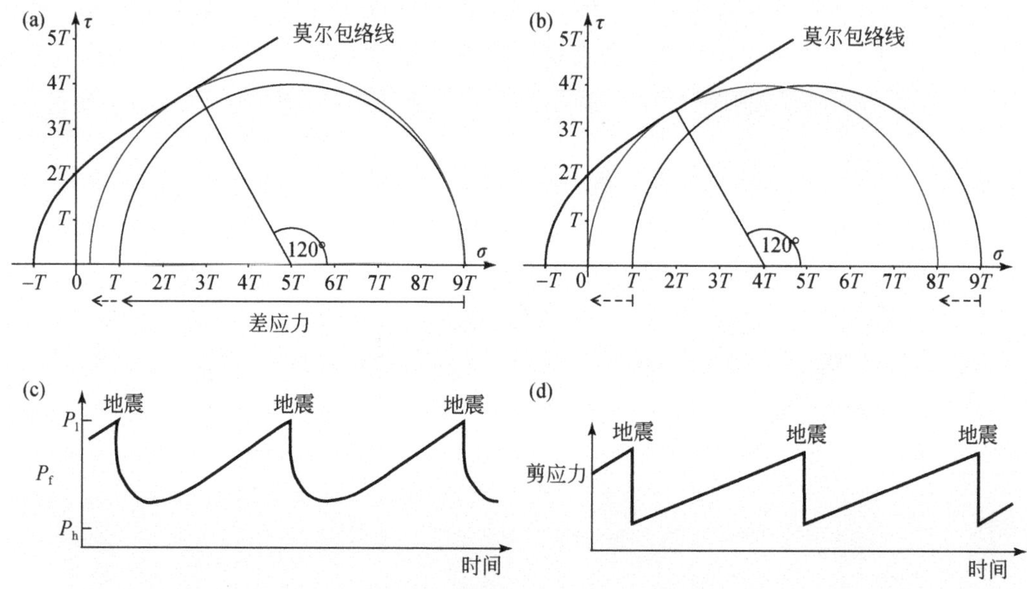

图 7.22 水压致裂莫尔图解及断层阀模式中流体压力与剪应力的波动

（a）流体压力升高导致差应力增加（黑色和红色半圆分别代表流体压力升高前后岩石应力莫尔圆的状态，据 Phillips，1972）；（b）流体压力升高造成应力莫尔圆向左漂移（据 Phillips，1972）；（c）断层阀模式中流体压力的波动（据 Sibson *et al.*，1988）；（d）断层阀模式中剪应力的波动（据 Nguyen *et al.*，1998）。σ. 正应力；τ. 剪应力；P_f. 流体压力；P_l. 静岩压力；P_h. 静水压力；T. 抗张强度

在剪切带型矿床中，由应力集中所造成的脆性破裂和流体压力骤降对成矿至关重要。而矿脉中普遍存在的破裂－愈合构造是脆性破裂形成过程中发生周期性张开－愈合及流体脉动式运移的重要证据之一，这一过程的循环出现会导致构造应力和流体压力的波动。金矿床中详细的流体包裹体数据证实了这一过程的存在（详见表 7.1）。此

外，Weatherley 和 Henley（2013）通过一个简单的活塞模型，计算出 4 级地震期间流体压力会瞬间从 290MPa 下降到 0.2MPa，之后由于流体充填裂隙压力又会重新恢复，表明即使是很小的破裂也会使流体压力发生明显骤降。这些数据均显示流体压力发生过剧烈的波动，对应于剪切带中破裂张开瞬间，对流体的物理化学性质必然产生重要影响。此外考虑到地壳平均密度（ρ）为 $2.8g/cm^3$，重力加速度（g）取 10N/kg，根据公式 $P=\rho gh$（P 为压强，h 为深度）计算出的最大成矿深度结果（表 7.1）显示，金矿床主要产出于上地壳及中地壳顶部（5 ～ 12km），而在该构造层次脆、韧性变形共存，地震活动频繁，流体作用活跃，水压致裂过程普遍，更易于应力集中及脆性破裂的产生，为成矿作用提供了有利条件。

表 7.1　胶东地区金矿床流体压力的波动程度及成矿深度总结（据程南南等，2018）

金矿区	成矿阶段	最小流体压力 /MPa	最大流体压力 /MPa	形成深度 /km
玲珑矿区	早阶段至中阶段早期	123 ～ 158	316 ～ 325	11.3 ～ 11.6
	中阶段晚期	162	191	6.8
三甲矿区	成矿主阶段	70	240	8.6
三山岛矿区	成矿主阶段	50	150	5.4
胶北隆起区金矿	成矿主阶段	78	300	10.7
苏鲁超高压变质带金矿	成矿主阶段	80	230	8.2
东风矿区	成矿主阶段	226	338	12.1
玲珑矿区	成矿主阶段	228	326	11.6

实验与理论研究发现，金主要以络合物形式［式（7.1）～式（7.3）］随流体迁移（Pokrovski *et al.*，2014；Stefánsson and Seward，2003a，2003b，2004）。根据化学平衡定理——勒夏特列原理，压力骤降条件下化学反应将向压强增大的方向移动，在这些络合反应中平衡将沿逆反应方向进行，此时络合物分解，因而金发生沉淀。近年来的研究发现，这一过程具体表现为沸腾作用（boiling）或闪蒸作用（flash vaporization）。

$$Au(s) + 2H_2S \leftrightharpoons Au(HS)_2^- + 0.5H_2 + H^+ \tag{7.1}$$

$$Au(s) + H_2S \leftrightharpoons AuHS^0 + 0.5H_2 \tag{7.2}$$

$$Au(s) + 2H_2S \leftrightharpoons Au(HS)H_2S^0 + 0.5H_2 \tag{7.3}$$

流体包裹体研究表明，压力骤降时流体沸腾是导致成矿物质发生沉淀的重要机制（范宏瑞等，2003；陈衍景等，2004；Chen *et al.*，2006；张祖青等，2007；卫清等，2015；Chai *et al.*，2016）。沸腾作用主要以大量还原性气体（如 H_2S、CO_2、CH_4、H_2 等）逃逸为特征，这些气体对维持金络合物随流体稳定迁移方面具有重要的作用，如 H_2S 主要与金形成金硫络合物［如 $Au(HS)^-_2$ 等］，CO_2 则调节流体的 pH 使其保持在金硫络合物稳定存在的范围内（Naden and Shepherd，1989；Phillips and Powell，2010）。压力骤降时流体发生沸腾作用，这些气体会优先进入气相中，从而对流体的化学性质产生巨大影响（图 7.23）。

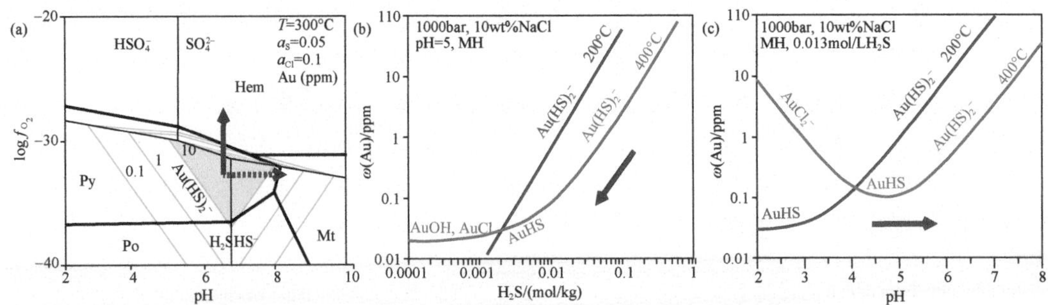

图 7.23　沸腾作用中气体逸出对金溶解度的影响图解

（a）氧逸度（实线箭头）、pH（虚线箭头）对金溶解度的影响，图中灰色区域代表铁硫化物和铁氧化物共生区域（据 Phillips and Powell，2010）；（b）、（c）H_2S 逸出、pH 对金溶解度的影响（据 Pokrovski *et al.*，2014）；f_{O_2}. 氧逸度；Hem. 赤铁矿；MH. 磁铁矿 - 赤铁矿固定氧逸度；Mt. 磁铁矿；Po. 磁黄铁矿；Py. 黄铁矿

H_2S 的逸出会降低流体的总硫含量，提高残留含矿热液的 SO_4^{2-}/H_2S 值，使含矿热液的氧逸度增加，流体也由弱酸性渐变为弱碱性，这些变化都会降低金在流体中的溶解度，有利于金的沉淀［图 7.23（a）］；同时 H_2S 的逸出打破了上述络合反应的化学平衡，使其沿逆反应方向进行，从而发生络合物的分解和金的沉淀［图 7.23（b）］。

CO_2 的逃逸会消耗流体中的 H^+，使流体的 pH 升高，如果流体中还残留有 H_2S，则会使金的溶解度有所增加［图 7.23（c）］，但随着 H_2S 的逸出，这一增加趋势逐渐减弱，最终造成金在流体中的溶解度减小［图 7.23（b）］从而使金发生沉淀。

一般认为深部流体上升到脆 - 韧性转换带之上有利于气体逃逸的开放或半开放环境中才会发生减压沸腾，产生沸腾作用的深度取决于流体中气体的含量，并且开始于围岩静岩压力等于平衡饱和蒸气压的地方（张德会，1997；陈衍景，2013）。而在地壳较深层次，特别是与地震相关的断裂活动中，由于压力快速释放，流体更可能发生瞬时蒸发作用相变为气体，致使作为溶剂而溶解金的流体大量减少，从而造成溶质金的沉淀，这一过程即为**闪蒸作用**（Weatherley and Henley，2013）。如在 6 级地震中流体压力会立即从几百 MPa 降至接近真空状态［图 7.24（a）］，此时流体就会发生闪蒸作用；闪蒸时伴随压力骤降，流体体积在 6 级地震中膨胀了近四个数量级，其对流体的物理化学性质造成巨大影响，如石英的溶解度会急速下降甚至达到极度过饱和状态从而沉淀析出［图 7.24（b）］，金也会随之发生共沉淀。

对比上述沸腾作用和闪蒸作用过程可以看出，在压力骤降条件下，沸腾作用主要是造成还原性气体成分逸出从而导致流体中金络合物失稳分解和金的沉淀；而闪蒸作用则是使流体全部气化从而造成溶剂大量减少使金发生沉淀，并且与流体的来源及气体的含量无关。因此压力骤降条件下闪蒸作用可能是导致金发生沉淀的更为有效的机制。

综上所述，对于剪切带中的不同构造部位，如逆冲断层中倾角较陡、正断层中倾角

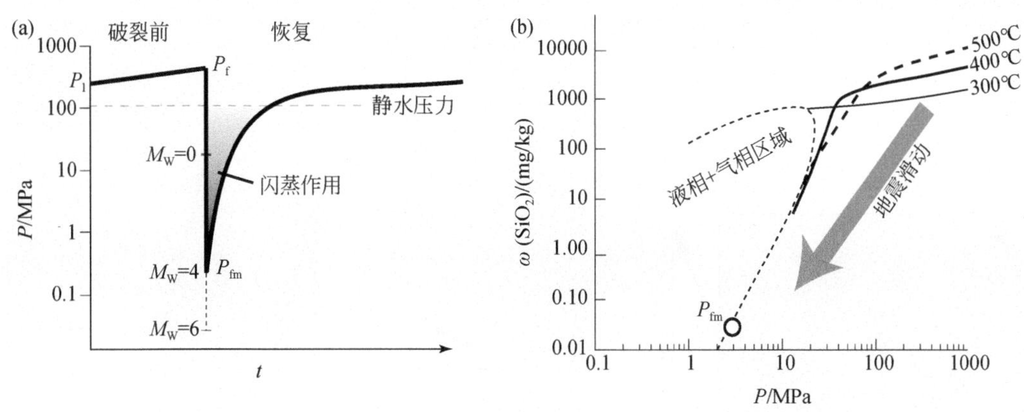

图 7.24　闪蒸时流体压力的变化（a）及石英溶解度的改变（b）（据 Weatherley and Henley，2013）

M_W. 震级；P. 压强；P_f. 流体压力；P_{fm}. 最小流体压力；P_l. 静岩压力；t. 时间

变缓以及走滑断层中阻制性转弯及侧接带等关键部位的成矿主要是由应力集中引起的，它们具有一致的矿化过程，即应力集中→脆性破裂（碎裂）→压力骤降→流体闪蒸→元素析出成矿的应力化学过程，构造应力的持续作用造成该过程在剪切带中循环出现，最终形成高品位的矿床（程南南等，2018；侯泉林和刘庆，2020）。值得注意的是，以上讨论仅是对于金成矿应力化学研究的初步认识，仍有一系列机理问题需要进一步研究。但与现有的剪切带成矿理论相比，应力化学过程研究更注重成矿的系统性与整体性，它从宏观到微观将构造活动与成矿过程联系起来使其成为一个有机整体，并可为剪切带型矿床中其他金属元素（如钨、锡等）的沉淀富集机理提供参考。

7.3.2　脉型和蚀变岩型矿化

前已述及，在脉型和蚀变岩型矿化类型中金矿体普遍出现破裂 - 愈合构造并因剪切作用而发生弯曲变形，矿体常发生强烈角砾岩化或碎裂岩化，载金矿物黄铁矿主要分布于矿脉脆性破裂处；在显微尺度上，黄铁矿主要分布于脉体裂隙之中，并且裂隙越发育，黄铁矿数量越多；而对于金矿物，无论是可见金还是不可见金，都分布于黄铁矿愈合或开放裂隙处（程南南，2020）。此外，对胶东乳山金矿的蚀变矿物进行的 Ar-Ar 年代学工作发现，在同一金矿脉，不同位置的成矿年龄存在差异，边部矿化年龄相对脉体中心小约 5Ma（Sai *et al.*，2020），暗示了矿脉的漫长矿化过程。

由此可以看出，对于剪切带型矿床，无论是脉型还是蚀变岩型矿化，成矿都具有相同的应力化学过程（图 7.25）。初始显微破裂由于高压流体作用形成于应力集中部位［图 7.25（a）］，随着应力化学过程的持续进行，一系列显微破裂逐渐形成，当破裂数量达到极限值后，岩石发生碎裂岩化并伴随剪切滑动［图 7.25（b）］。此时流体与围岩充分接触，形成蚀变岩型矿化［图 7.25（c）］。若显微破裂发育稀疏［图 7.25（d）］，达不到极限值，在同一破裂处发生多次破裂 - 愈合并被石英或其他矿物充填，则形成脉型矿化［图 7.25（e）］。

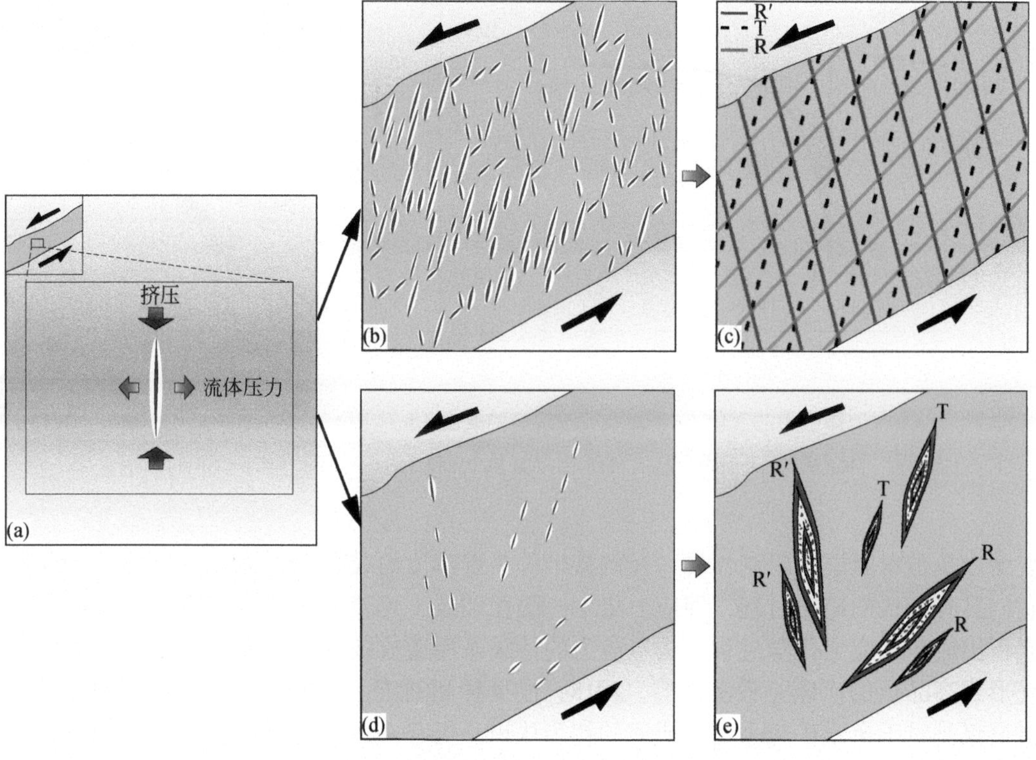

图 7.25 脉型和蚀变岩型矿化发育过程（据程南南，2020）

（a）应力集中造成显微破裂和金沉淀；（b）一系列显微破裂发育；（c）蚀变岩型矿化形成；（d）少量显微破裂形成；（e）脉型矿化形成

7.3.3 成矿的构造层次

剪切带中成矿作用发生的构造层次主要取决于应力集中能否导致脆性破裂的产生，从而出现压力骤降满足流体闪蒸的条件。前已述及，剪切带型金矿在地壳浅部表现为蚀变岩型矿化，脆 - 韧性转换域和韧性域为脉型矿化，但韧性域中脆性破裂及脉型金矿的成因尚值得深入探讨。

众多研究实例揭示了韧性域中的脆性破裂（参阅第二卷图 4.10）及脉型金矿的存在。例如，加拿大阿比蒂比绿岩带中太古宙的含金石英脉主要产于高角度逆冲韧性剪切带中，其中伸展脉的显微结构显示其形成于张性环境，属于 T- 或 R- 破裂（图 7.14）；Groves（1993）提出的地壳连续成矿模式认为从次绿片岩相到麻粒岩相不同层次的地壳深度（温度 180 ～ 700℃，压力从小于 100MPa 到 500MPa）均可形成剪切带脉型矿床；而大型金矿床通常产于韧性剪切带的石英脉中以及糜棱岩的透镜状角砾岩带中（可能属于角砾岩化糜棱岩），剪切带变形温度可达 500 ～ 700℃（Kolb，2008）。

对于韧性剪切带中脆性破裂的形成机制，部分学者认为其可能与高压流体作用有关。韧性域中晶内塑性变形和动态重结晶作用会破坏孔隙结构并使剪切带发生愈合，封闭条件下孔隙体积越来越小，因而局部流体压力能够逐渐累积并达到静岩至超静岩状态（即高压流体；图 7.26）（Kolb，2008）。局部高压流体的存在一方面会降低岩石强度［参考图 7.22（a）、（b）］；另一方面使局部应变速率加快，从而在韧性域中产生脆性微破裂，并且按照破裂准则发育和扩展（参阅附录 5 问题 17）。

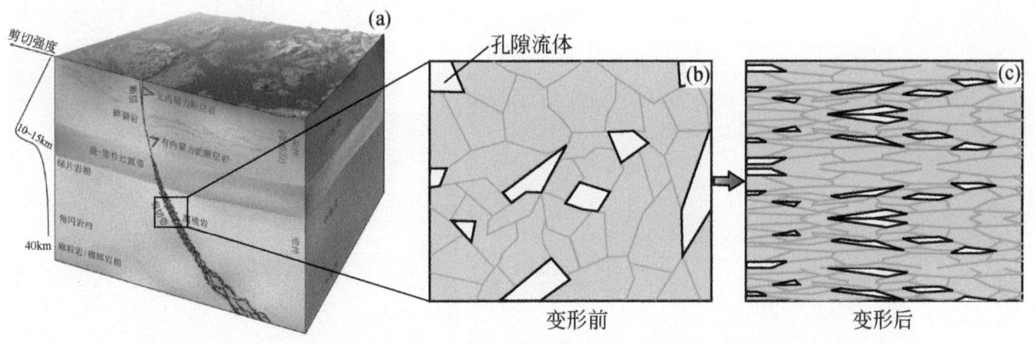

图 7.26　剪切带韧性域中高压流体的产生（据程南南，2020）

此外，韧性域中脆性破裂的形成可能直接与应变速率的变化有关。我们知道，从地壳浅层到深部，随着围压和温度的增加，岩石的破裂或摩擦滑动表现为黏滑行为（stick-slip behavior），即在构造应力累积过程中破裂或滑动不会发生（慢速应变，韧性变形），而在应力瞬时释放期间发生快速滑动，以释放弹性能量（快速应变，脆性变形）。普遍认为地震过程与岩石的黏滑行为密切相关（Brace and Byerlee，1966），并且在地球深部由慢速和快速应变交替变化所引起的慢地震（slow earthquake、slow slip earthguake）十分常见（Shelly *et al.*，2006；Daub *et al.*，2011；Veedu and Barbot，2016）。

由此来看，不仅在脆性剪切带和脆－韧性转换带的应力集中部位易出现脆性破裂，韧性剪切带中可能直接由于应变速率的变化，同样能够发育脆性破裂从而满足流体闪蒸的条件，形成脉型矿床。这可能是韧性剪切带成矿的关键机制。再者，下地壳“韧性域”和上地壳“脆性域”的说法严格来说是不准确的，对于长英质岩石，在地震应变速率下，无论是上地壳还是下地壳，都表现为脆性变形，而在地质应变速率下则表现为韧性变形（Zheng *et al.*，2015）。因而脆性域中可能会出现韧性变形（参阅第三卷图 1.13；Hou *et al.*，1995；Liu *et al.*，2002），韧性域中也可能出现脆性变形（Sintubin *et al.*，2012；宋超等，2016），同类岩石中脆、韧性变形的转换主要与应变速率的交替变化有关。

7.4　剪切带型矿床的成矿机理

对于剪切带型矿床，从剪切带的发育、成矿流体的形成到成矿物质的活化、迁移、沉淀与富集，岩体、流体、剪切带三者之间的耦合作用对成矿至关重要，其内在的匹配关系决定了哪些剪切带成矿、哪些剪切带不成矿，以及矿体主要产出在剪切带哪些部位（图 7.27）。

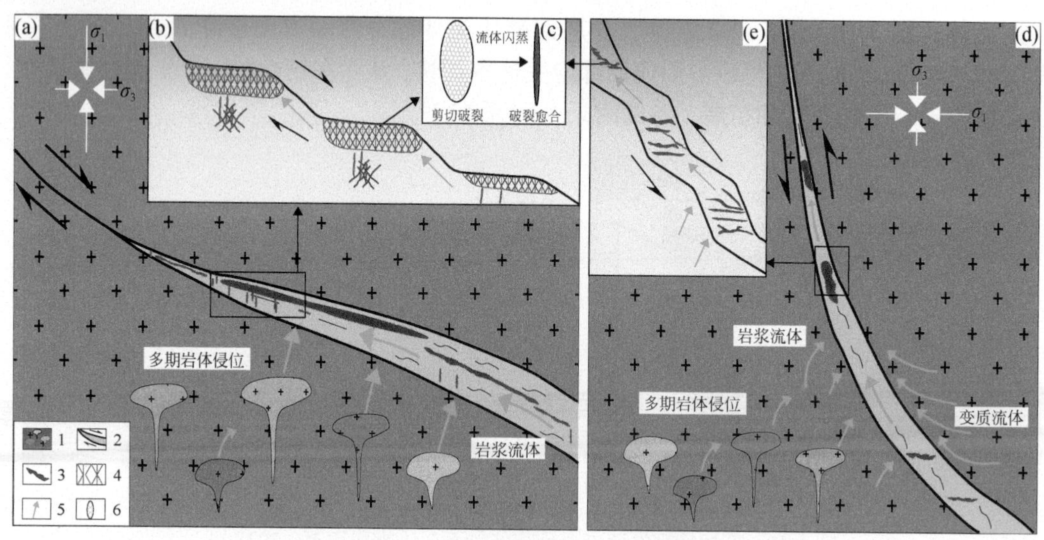

图 7.27 剪切带型矿床成矿模式图（据程南南，2020）

（a）～（c）伸展背景中矿床成矿模式；（d）、（e）挤压背景中矿床成矿模式。1. 多期岩体侵位；2. 主剪切带；3. 矿体或矿脉；4. 脆性破裂；5. 流体运移方向；6. 剪切破裂时流体闪蒸变为气体

充足的成矿物质来源是形成大型剪切带型矿床的前提和保障，而强烈的流体活动则能够促使成矿物质活化迁移至有利部位沉淀富集。强烈的岩浆活动及多期岩体侵位事件能够使成矿物质在剪切带中高度聚集［图 7.27（a）、（d）］，同时也为矿床的形成提供热源，有利于流体的循环活动。而岩石发生区域变质作用（绿片岩相至角闪岩相）也会形成变质流体促使成矿物质活化迁移［图 7.27（d）］。值得注意的是，剪切带型矿床对围岩没有选择性，不同时代、不同类型的岩浆岩、沉积岩、变质岩等都可以作为剪切带型矿床的赋矿岩石，如胶东地区大部分金矿主要产于中生代花岗岩及与前寒武纪变质岩的接触带上，而加拿大阿比蒂比绿岩带中的金矿则产于变质火山岩中。此外，流体活动还影响着岩石的变形机制，促进破裂构造的发育和扩展。例如在剪切带的韧性变形域，局部高压流体的存在会造成脆性破裂的发育，这可能是导致韧性剪切带中产出脉型矿床的关键因素之一。

剪切带的发育为流体迁移提供了有利通道［图 7.27（a）、（b）、（d）、（e）］，如区域性韧性剪切带常具有延伸远和长期活动的特点，成矿流体往往沿剪切带迁移，从而使来自深部的成矿物质能够沿剪切带向浅部运移。同时剪切带中不同构造部位（如逆冲断层中倾角较陡部位、正断层中倾角变缓部位及走滑断层中阻制性转弯和侧接部位）以及不同构造层次（脆性域、脆 - 韧性转换域和韧性域）的应力集中会造成流体压力不断升高，最终因水压致裂引发岩石的脆性破裂［如 R-、T- 和 R′- 破裂；图 7.27（b）、（e）］及流体压力的突然降低，压力骤降环境促使成矿流体在裂隙中发生闪蒸作用导致成矿元素发生沉淀［图 7.27（c）］。

随着构造应力的持续作用，应力集中→脆性破裂（碎裂）→压力骤降→流体闪蒸→元素析出成矿的应力化学过程循环发生，逐渐形成大型矿床。总之，剪切带型矿床是在同一岩体 - 流体 - 构造系统下形成的，三者之间的耦合对成矿作用至关重要，其中构造应力与流体配合所发生的应力化学过程是导致剪切带中成矿元素发生沉淀的关键，据此可对潜在矿体的产出部位及产状进行预测。

思　考　题

1. 你知道的剪切带型矿床。
2. 剪切带型矿床的矿化类型及其特征。
3. 剪切带型矿床成矿的应力化学过程。
4. 剪切带韧性域中形成脉型金矿的可能原因。
5. 剪切带型矿床的成矿机理。

参考文献

博伊尔 . 1979. 金的地球化学及金矿床 . 北京 : 地质出版社

蔡杨 , 陆建军 , 马东升等 . 2013. 湖南邓阜仙印支晚期二云母花岗岩年代学、地球化学特征及其意义 . 岩石学报 , 29（12）: 4215 ～ 4231

蔡杨 , 马东升 , 陆建军等 . 2012. 湖南邓阜仙钨矿辉钼矿铼 - 锇同位素定年及硫同位素地球化学研究 . 岩石学报 , 28（12）: 3798 ～ 3808

陈柏林 , 董法先 , 李中坚 . 1999. 韧性剪切带型金矿成矿模式 . 地质论评 , 45（2）: 186 ～ 192

陈国达 . 1985. 成矿构造研究法（第二版）. 北京 : 地质出版社 : 214 ～ 215

陈衍景 . 2013. 大陆碰撞成矿理论的创建及应用 . 岩石学报 , 29(1): 1 ～ 17

陈衍景 , Pirajno F, 赖勇等 . 2004. 胶东矿集区大规模成矿时间和构造环境 . 岩石学报 , 20（4）: 907 ～ 922

程南南 . 2020. 剪切带型金矿的成矿特征及其应力化学过程探讨 . 北京 : 中国科学院大学博士学位论文

程南南 , 刘庆 , 侯泉林等 . 2018. 剪切带型金矿中金沉淀的力化学过程与成矿机理探讨 . 岩石学报 , 34（7）: 2165 ～ 2180

迟国祥 , Jayanta G. 2011. 加拿大 Abitibi 绿岩带 Donalda 金矿近水平含金石英脉的显微构造分析及其对成矿流体动力学的指示 . 地学前缘 , 18（5）: 43 ～ 54

邓会娟 , 孔令湖 , 陈佳 . 2013. 湖南某钨矿成矿规律探讨 . 四川地质学报 , 33（1）: 40 ～ 44

邓军 , 杨力强 , 孙忠实等 . 1999a. 剪切带构造成矿动力机制与模式 . 现代地质 , 13（2）: 125 ～ 129

邓军 , 杨力强 , 孙忠实等 . 2000. 构造 - 流体 - 成矿系统及其动力学的理论格架与方法体系 . 地球科学 : 中国地质大学学报 , 25（1）: 71 ～ 78

邓军 , 翟裕生 , 杨立强等 . 1998. 论剪切带构造成矿系统 . 现代地质 ,（4）: 493 ～ 500

邓军 , 翟裕生 , 杨立强等 . 1999b. 剪切带构造 - 流体 - 成矿系统动力学模拟 . 地学前缘 , 6（1）: 115 ～ 127

邓军 , 翟裕生 , 杨立强等 . 1999c. 构造演化与成矿系统动力学——以胶东金矿集中区为例 . 地学前缘 , 6（2）: 315 ～ 323

范宏瑞 , 胡芳芳 , 杨进辉等 . 2005. 胶东中生代构造体制转折过程中流体演化和金的大规模成矿 . 岩石学报 , 21（5）: 1317 ～ 1328

范宏瑞 , 谢奕汉 , 翟明国等 . 2003. 豫陕小秦岭脉状金矿床三期流体运移成矿作用 . 岩石学报 , 19（2）:

260 ～ 266
何苗 . 2018. 湘东地区花岗岩岩浆 – 构造作用及对钨锡成矿的制约 . 北京 : 中国科学院大学博士学位论文
侯泉林，刘庆 . 2020. 剪切带型矿床成矿的岩石构造环境及力化学过程 . 北京 : 科学出版社
黄城，张德会 . 2013. 热液金矿成矿元素运移和沉淀机理研究综述 . 地质科技情报，32（4）: 162 ～ 170
黄卉，马东升，陆建军等 . 2011. 湖南邓阜仙复式花岗岩体的锆石 U-Pb 年代学研究 . 矿物学报，31（增）: 590 ～ 591
黄卉，马东升，陆建军等 . 2013. 湘东邓阜仙二云母花岗岩锆石 U-Pb 年代学及地球化学研究 . 矿物学报，33（2）: 245 ～ 255
李晓春 . 2012. 胶东三山岛金矿围岩蚀变地球化学及成矿意义 . 北京 : 中国科学院地质与地球物理研究所硕士学位论文
李晓峰，华仁民 . 2000. 韧性剪切带内流体作用的研究 . 岩石矿物学杂志，19（4）: 333 ～ 340
林少泽，朱光，严乐佳等 . 2013. 胶东地区玲珑岩基隆升机制探讨 . 地质论评，59（5）: 832 ～ 844
刘殿浩，吕古贤，张丕建等 . 2015. 胶东三山岛断裂构造蚀变岩三维控矿规律研究与海域超大型金矿的发现 . 地学前缘，22（4）: 162 ～ 172
马德成，柳智 . 2010. 湖南茶陵湘东钨矿控矿构造研究 . 南方金属，（5）: 26 ～ 29
倪永进，单业华，伍式崇等 . 2015. 湖南东南部湘东钨矿区老山坳断层性质的厘定及其对找矿的启示 . 大地构造与成矿学，39（3）: 436 ～ 445
宋超 . 2016. 湘东老山坳剪切带构造特征及其对成矿作用的制约 . 北京 : 中国科学院大学硕士学位论文
宋超，卫巍，侯泉林等 . 2016. 湘东茶陵地区老山坳剪切带特征及其与湘东钨矿的关系 . 岩石学报，32（5）: 1571 ～ 1580
宋明春，李三忠，伊丕厚等 . 2014. 中国胶东焦家式金矿类型及其成矿理论 . 吉林大学学报 : 地球科学版，44（1）: 87 ～ 104
宋明春，张军进，张丕建等 . 2015. 胶东三山岛北部海域超大型金矿床的发现及其构造 – 岩浆背景 . 地质学报，89（2）: 365 ～ 383
王瑾 . 2020. 煤力解产气机理的量子化学计算和分子模拟研究 . 北京 : 中国科学院地质与地球物理研究所博士学位论文
王义天，毛景文，李晓峰等 . 2004. 与剪切带相关的金成矿作用 . 地学前缘，11（2）: 393 ～ 400
卫清，范宏瑞，蓝廷广等 . 2015. 胶东寺庄金矿床成因 : 流体包裹体与石英溶解度证据 . 岩石学报，31（4）: 1049 ～ 1062
夏增明，刘俊来，倪金龙等 . 2016. 胶东东部鹊山变质核杂岩结构，演化及区域构造意义 . 中国科学 : 地球科学，46（3）: 356 ～ 373
徐容婷，李会军，侯泉林等 . 2015. 不同变形机制对无烟煤化学结构的影响 . 中国科学 : 地球科学，（1）: 34 ～ 42
杨立强，邓军，王中亮等 . 2014, 胶东中生代金成矿系统 . 岩石学报，30（9）: 2447 ～ 2467
杨立强，邓军，翟裕生 . 2000. 构造 – 流体 – 成矿系统及其动力学 . 地学前缘，7（1）: 178
杨南如 . 2000. 机械力化学过程及效应（Ⅰ）——机械力化学效应 . 建筑材料学报，3（1）: 19 ～ 26
翟裕生 . 1996. 关于构造 – 流体 – 成矿作用研究的几个问题 . 地学前缘，3（4）: 230 ～ 236
张德会 . 1997. 流体的沸腾和混合在热液成矿中的意义 . 地球科学进展，12（6）: 49 ～ 55

张祖青，赖勇，陈衍景．2007. 山东玲珑金矿流体包裹体地球化学特征．岩石学报，23（9）：2207～2216

郑亚东，常志忠．1985. 岩石有限应变测量及韧性剪切带．北京：地质出版社

朱日祥，范宏瑞，李建威等．2015. 克拉通破坏型金矿床．中国科学：地球科学，45（8）：1153～1168

Akbulatov S, Tian Y C, Boulatov R. 2012. Force-reactivity property of a single monomer is sufficient to predict the micromechanical behavior of its polymer. Journal of the American Chemical Society, 134（18）: 7620～7623

Anderson E M. 1951. The Dynamics of Faulting, 2nd Edition. Edinburgh: Oliver and Boyd

Archibald S, Migdisov A A, Williams-Jones A. 2001. The stability of Au-chloride complexes in water vapor at elevated temperatures and pressures. Geochimica et Cosmochimica Acta, 65（23）: 4413～4423

Benning L G, Seward T M. 1996. Hydrosulphide complexing of Au（I）in hydrothermal solutions from 150–400℃ and 500–1500bar. Geochimica et Cosmochimica Acta, 60（11）: 1849～1871

Beyer M K, Clausen-Schaumann H. 2005. Mechanochemistry: the mechanical activation of covalent bonds. Chemical Reviews, 105（8）: 2921～2948

Bonnemaison M, Marcoux E. 1990. Auriferous mineralization in some shear-zones: a three-stage model of metallogenesis. Mineralium Deposita, 25（2）: 96～104

Boullier A M, Robert F. 1992. Palaeoseismic events recorded in Archaean gold-quartz vein networks, Val d'Or, Abitibi, Quebec, Canada. Journal of Structural Geology, 14（2）: 161～179

Brace W F, Byerlee J D. 1966. Stick-slip as a mechanism for earthquakes. Science, 153（3739）: 990～992

Brantley J N, Wiggins K M, Bielawski C W. 2011. Unclicking the click: mechanically facilitated 1,3-dipolar cycloreversions. Science, 333（6049）: 1606～1609

Carr A D, Williamson J E. 1990. The relationship between aromaticity, vitrinite reflectance and maceral composition of coals: implications for the use of vitrinite reflectance as a maturation parameter. Organic Geochemistry, 16（1-3）: 313～323

Chai P, Sun J G, Xing S W, *et al.* 2016. Ore geology, fluid inclusion and $^{40}Ar/^{39}Ar$ geochronology constraints on the genesis of the Yingchengzi gold deposit, southern Heilongjiang Province, NE China. Ore Geology Reviews, 72: 1022～1036

Chen Y J, Pirajno F, Qi J P, *et al.* 2006. Ore geology, fluid geochemistry and genesis of the Shanggong gold deposit, eastern Qinling orogen, China. Resource Geology, 56（2）: 99～116

Cheng N N, Hou Q L, Shi M Y, *et al.* 2019. New insight into the genetic mechanism of shear zone type gold deposits from Muping-Rushan metallogenic belt（Jiaodong Peninsula of Eastern China）. Minerals, 9（12）: 775

Cox S F. 1995. Faulting processes at high fluid pressures: an example of fault valve behavior from the Wattle Gully fault, Victoria, Australia. Journal of Geophysical Research: Solid Earth, 100（B7）: 12841～12859

Craig S L. 2012. Mechanochemistry: a tour of force. Nature, 487（7406）: 176～177

Daub E G, Shelly D R, Guyer R A, *et al.* 2011. Brittle and ductile friction and the physics of tectonic tremor. Geophysical Research Letters, 38（10）: 1～4

Davis D A, Hamilton A, Yang J L, *et al.* 2009. Force-induced activation of covalent bonds in mechanoresponsive polymeric materials. Nature, 459（7243）: 68～72

Duwez A S, Cuenot S, Jérome C, *et al.* 2006. Mechanochemistry: targeted delivery of single molecules. Nature Nanotechnology, 1（2）: 122 ~ 125

Goldfarb R J, Groves D I. 2015. Orogenic gold: common or evolving fluid and metal sources through time. Lithos, 233: 2 ~ 26

Goldfarb R J, Groves D I, Gardoll S. 2001. Orogenic gold and geologic time: a global synthesis. Ore Geology Reviews, 18（1-2）: 1 ~ 75

Goldfarb R J, Hart C, David G, *et al.* 2007. East Asian gold: deciphering the anomaly of Phanerozoic gold in Precambrian cratons. Economic Geology, 102（3）: 341 ~ 345

Groves D I. 1993. The crustal continuum model for Late-Archaean lode-gold deposits of the Yilgarn Block, Western Australia. Mineralium Deposita, 28（6）: 366 ~ 374

Groves D I, Santosh M. 2016. The giant Jiaodong gold province: the key to a unified model for orogenic gold deposits. Geoscience Frontiers, 7（3）: 409 ~ 417

Groves D I, Goldfarb R J, Gebre-Mariam M, *et al.* 1998. Orogenic gold deposits: a proposed classification in the context of their crustal distribution and relationship to other gold deposit types. Ore Geology Reviews, 13(1): 7 ~ 27

Han Y Z, Wang J, Dong Y J, *et al.* 2017. The role of structure defects in the deformation of anthracite and their influence on the macromolecular structure. Fuel, 206: 1 ~ 9

Han Y Z, Xu R T, Hou Q L, *et al.* 2016. Deformation mechanisms and macromolecular structure response of anthracite under different stress. Energy and Fuels, 30（2）: 975 ~ 983

Heinrich C, Günther D, Audétat A, *et al.* 1999. Metal fractionation between magmatic brine and vapor, determined by microanalysis of fluid inclusions. Geology, 27（8）: 755 ~ 758

Hickenboth C R, Moore J S, White S R, *et al.* 2007. Biasing reaction pathways with mechanical force. Nature, 446（7134）: 423 ~ 427

Hodgson C J. 1989. The structure of shear-related, vein-type gold deposits: a review. Ore Geology Reviews, 4（3）: 231 ~ 273

Hou Q L, Han Y Z, Wang J, *et al.* 2017. The impacts of stress on the chemical structure of coals: a mini-review based on the recent development of mechanochemistry. Science Bulletin, 62（13）: 965 ~ 970

Hou Q L, Li J L, Sun S, *et al.* 1995. Discovery and mechanism discussion of supergene micro-ductile shear zone. Chinese Science Bulletin, 40（10）: 824 ~ 827

Kenworthy S, Hagemann S G. 2007. Fault and vein relationships in a reverse fault system at the Centenary orebody （Darlot gold deposit）, Western Australia: implications for gold mineralisation. Journal of Structural Geology, 29（4）: 712 ~ 735

Kolb J. 2008. The role of fluids in partitioning brittle deformation and ductile creep in auriferous shear zones between 500 and 700℃. Tectonophysics, 446（1）: 1 ~ 15

Levine J R. 1993. Coalification: the evolution of coal as source rock and reservoir rock for oil and gas. AAPG Studies in Geology, 38: 39 ~ 77

Li H Y, Yujiro O. 2001. Pore structure of sheared coals and related coalbed methane. Environmental Geology, 40（11-12）: 1455 ~ 1461

Lister G S, Snoke A W. 1984. S-C mylonites. Journal of Structural Geology, 6（6）: 617 ～ 638

Liu J L, Walter J M, Weber K. 2002. Fluid-enhanced low-temperature plasticity of calcite marble: microstructures and mechanisms. Geology, 30（9）: 787

Liu X H, Zheng Y, Liu Z H, *et al.* 2015. Study on the evolution of the char structure during hydrogasification process using Raman spectroscopy. Fuel, 157: 97 ～ 106

Lupi M, Miller S A. 2014. Short-lived tectonic switch mechanism for long-term pulses of volcanic activity after mega-thrust earthquakes. Solid Earth, 5（1）: 13

Naden J, Shepherd T J. 1989. Role of methane and carbon dioxide in gold deposition. Nature, 342（6251）: 793 ～ 795

Nguyen P T, Harris L B, Powell C M, *et al.* 1998. Fault-valve behaviour in optimally oriented shear zones: an example at the Revenge gold mine, Kambalda, Western Australia. Journal of Structural Geology, 20（12）: 1625 ～ 1640

Ni Y J, Shan Y H , Wu S C, *et al.* 2015. Determination of slip sense of the Laoshan'ao fault in the Xiangdong tungsten deposit (Southeast Hunan) and its implications for mineral exploration. Geotectonica et Metallogenia, 39: 436 ～ 445

Olivo G R, Williams-Jones A E. 2002. Genesis of the auriferous C quartz-tourmaline vein of the Siscoe mine, Val d'Or district, Abitibi subprovince, Canada: Structural, mineralogical and fluid inclusion constraints. Economic Geology, 97（5）: 929 ～ 947

Pan J N, Zhu H T, Hou Q L, *et al.* 2015. Macromolecular and pore structures of Chinese tectonically deformed coal studied by atomic force microscopy. Fuel, 139: 94 ～ 101

Peterson E C, Mavrogenes J A. 2014. Linking high-grade gold mineralization to earthquake-induced fault-valve processes in the Porgera gold deposit, Papua New Guinea. Geology, 42（5）: 383 ～ 386

Phillips G N, Powell R. 2010. Formation of gold deposits: a metamorphic devolatilization model. Journal of Metamorphic Geology, 28（6）: 689 ～ 718

Phillips W J. 1972. Hydraulic fracturing and mineralization. Journal of the Geological Society, 128（4）: 337 ～ 359

Pokrovski G S, Akinfiev N N, Borisova A Y, *et al.* 2014. Gold speciation and transport in geological fluids: insights from experiments and physical-chemical modelling. Geological Society, London, Special Publications, 402（1）: 9 ～ 70

Pokrovski G S, Borisova A Y, Harrichoury J C. 2006. The effect of sulfur on vapor-liquid partitioning of metals in hydrothermal systems: an experimental batch-reactor study. Geochimica et Cosmochimica Acta, 70（18）: A498

Qu Z H, Wang G G X, Jiang B, *et al.* 2010. Experimental study on the porous structure and compressibility of tectonized coals. Energy and Fuels, 24（5）: 2964 ～ 2973

Ramsay J G. 1980. Shear zone geometry: a review. Journal of Structural Geology, 2（1）: 83 ～ 99

Rezeau H, Moritz R, Beaudoin G. 2017. Formation of Archean batholith-hosted gold veins at the Lac Herbin deposit, Val d'Or district, Canada: Mineralogical and fluid inclusion constraints. Mineralium Deposita, 52（3）: 421 ～ 442

Sai S X, Deng J, Qiu K F, *et al.* 2020. Textures of auriferous quartz-sulfide veins and $^{40}Ar/^{39}Ar$ geochronology of the Rushan gold deposit: implications for processes of ore-fluid infiltration in the eastern Jiaodong gold province, China. Ore Geology Reviews, 117: 103254

Seidel C A M, Kühnemuth R. 2014. Mechanochemistry: molecules under pressure. Nature Nanotechnology, 9（3）: 164 ～ 165

Shelly D R, Beroza G C, Ide S, *et al.* 2006. Low-frequency earthquakes in Shikoku, Japan and their relationship to episodic tremor and slip. Nature, 442: 188 ～ 191

Shelly D R, Taira Ta, Prejean S G, *et al.* 2015. Fluid-faulting interactions: fracture-mesh and fault-valve behavior in the February 2014 Mammoth Mountain, California, earthquake swarm. Geophysical Research Letters, 42（14）: 5803 ～ 5812

Sibson R H. 1977. Fault rocks and fault mechanisms. Journal of the Geological Society, 133（3）: 191 ～ 213

Sibson R H, Robert F, Poulsen K H. 1988. High-angle reverse faults, fluid-pressure cycling, and mesothermal gold-quartz deposits. Geology, 16（6）: 551 ～ 555

Sintubin M, Debacker T N, Van Baelen H. 2012. Kink band and associated en-echelon extensional vein array. Journal of Structural Geology, 35: 1

Smalo H S, Uggerud E. 2012. Ring opening vs. direct bond scission of the chain in polymeric triazoles under the influence of an external force. Chemical Communication（Cambrian）, 48（84）: 10443 ～ 10445

Song M C, Wan G P, Cao C G, *et al.* 2012. Geophysical-geological interpretation and deep-seated gold deposit prospecting in Sanshandong-Jiaojia area, Eastern Shandong Province, China. Acta Geologica Sinica（English Edition）, 86（3）: 640 ～ 652

Stach E M, Mackowsky T M, Teichmuller G H, *et al.* 1982. Stach's Textbook of Coal Petrology. Berlin: Gebruder Borntraeger

Stefánsson A, Seward T M. 2003a. Stability of chloridogold（I）complexes in aqueous solutions from 300 to 600℃ and from 500 to 1800bar. Geochimica et Cosmochimica Acta, 67（23）: 4559 ～ 4576

Stefánsson A, Seward T M. 2003b. The hydrolysis of gold（I）in aqueous solutions to 600℃ and 1500bar. Geochimica et Cosmochimica Acta, 67（9）: 1677 ～ 1688

Stefánsson A, Seward T M. 2004. Gold（I）complexing in aqueous sulphide solutions to 500℃ at 500bar. Geochimica et Cosmochimica Acta, 68（20）: 4121 ～ 4143

Veedu D M, Barbot S. 2016. The Parkfield tremors reveal slow and fast ruptures on the same asperity. Nature, 532（7599）: 361 ～ 365

Wang J, Han Y, Chen B, *et al.* 2017. Mechanisms of methane generation from anthracite at low temperatures: insights from quantum chemistry calculations. International Journal of Hydrogen Energy, 42: 18922 ～ 18929

Weatherley D K, Henley R W. 2013. Flash vaporization during earthquakes evidenced by gold deposits. Nature Geoscience, 6（4）: 294 ～ 298

Wei W, Song C, Hou Q L, *et al.* 2017. The Late Jurassic extensional event in the central part of the South China Block–evidence from the Laoshan'ao shear zone and Xiangdong Tungsten deposit（Hunan, SE China）. International Geology Review, 60（11-14）: 1 ～ 21

Wu F Y, Lin J Q, Wilde S A, *et al.* 2005. Nature and significance of the Early Cretaceous giant igneous event in eastern China. Earth and Planetary Science Letters, 233（1）: 103 ～ 119

Xu R T, Li H J, Guo C C, *et al*. 2014. The mechanisms of gas generation during coal deformation: preliminary observations. Fuel, 117: 326 ～ 330

Yang Q Y, Santosh M, Shen J F, *et al*. 2014. Juvenile vs. recycled crust in NE China: zircon U-Pb geochronology, Hf isotope and an integrated model for Mesozoic gold mineralization in the Jiaodong Peninsula. Gondwana Research, 25（4）: 1445 ～ 1468

Zezin D Y, Migdisov A A, Williams-Jones A E. 2007. The solubility of gold in hydrogen sulfide gas: an experimental study. Geochimica et Cosmochimica Acta, 71（12）: 3070 ～ 3081

Zezin D Y, Migdisov A A, Williams-Jones A E. 2011. The solubility of gold in H_2O-H_2S vapor at elevated temperature and pressure. Geochimica et Cosmochimica Acta, 75（18）: 5140 ～ 5153

Zheng Y D, Zhang Q, Hou Q L. 2015. Deformation localization–a review on the maximum-effective-moment（mem）criterion. Acta Geologica Sinica（English Edition）, 89（4）: 1133 ～ 1152

Zhu G, Niu M, Xie C, *et al*. 2010. Sinistral to normal faulting along the Tan-Lu fault zone: evidence for geodynamic switching of the East China continental margin. Journal of Geology, 118（3）: 277 ～ 293

第 8 章　有机岩石的应力化学问题讨论

应力化学可能成为构造地质学的发展方向之一（见"尾声"），尽管在构造地质学中才提出不久，但可作为一种思路，即使将来被证明是错的，也可以启发思考。本章以煤为对象探讨在构造应力作用下有机岩石的变形机制和应力化学原理。其实，应力化学过程并不仅限于有机岩石，本章可与第 7 章中有关剪切带成矿作用的应力化学问题结合阅读和思考。

8.1　概　　述

煤是一种特殊的有机岩石，主要成分是 C（> 70%），其次有 H 和 O 等，其有机质分子结构主体是三维空间高度交联的非晶质大分子，每个大分子由许多结构相似的基本结构单元聚合而成，非常复杂，以致无法准确表达。基本结构单元的核心部分主要是缩合芳香环，也有少量氢化芳香环、脂环和杂环（含氮、氧、硫等）；其外围连接着各种含氧官能团和烷基等侧链；基本结构单元之间通过桥键联结成为煤大分子（图 8.1）。一般来说，随着变质程度的提高，其核心部分逐渐增多，而外围侧链逐渐减少，有序度随之增加。近年来，有关构造应力作用与煤大分子结构关系的研究逐渐受到关注，取得了长足进展，发现构造作用不仅会促进煤的变形（物理变化），而且会促进其变质和产气等化学变化。

8.1.1　有机岩石应力化学问题的提出

由于常压下，煤的抗压、抗张和抗剪强度只有泥岩的几分之一，不足砂岩和灰岩的十分之一，因此构造应力（尤其是水平挤压应力）产生的挤压剪切作用使得煤层容易发生破碎、塑性变形和流变迁移，使原生煤的结构甚至化学成分发生明显变化，从而形成**构造煤**（tectonically deformed coals，TDC），它是构造作用的产物。我国的含煤盆地多数经历了复杂的构造演化历史，煤的结构受到了不同程度的改造，普遍发育构造煤。煤与瓦斯突出几乎都发生在变形强烈的构造煤中，特别是顺层韧性剪切带的糜棱煤中（Famer and Pooley，1967；Shepherd *et al*.，1981；彭立世和陈凯德，1988；侯泉林和张子敏，

(a)

(b)

图 8.1　煤大分子结构模型

（a）柳林高挥发分烟煤单分子结构模型（$C_{312}H_{259}N_3O_{16}S$）（据 Zheng *et al.*，2014）；（b）美国宾夕法尼亚州无烟煤分子结构模型（据 Pappano *et al.*，1999）

1990；曹运兴等，1993；曹运兴和彭立世，1995），即“构造煤不一定突出，非构造煤一定不突出，突出必有构造煤”（侯泉林等，2014a）。

煤与瓦斯突出过程中，突出的瓦斯量往往超过突出煤的最大瓦斯吸附量。瓦斯的最大吸附量很少超过 $30m^3/t$，多数低于 $10m^3/t$（Clayton，1998；Moore，2012）。早期的研究认为，构造煤和煤与瓦斯突出之间的关系主要是由于构造煤具有较大的比表面积，能够吸附较多的气体，并且解吸迅速（李希建和林柏泉，2010）。然而，从煤与瓦斯突出情况统计结果（表 8.1）可以看出，突出瓦斯量可高达 200 ～ $300m^3/t$，是突出煤瓦斯吸附量的几倍甚至几十倍，这些超量瓦斯用煤层气吸附理论无法解释。此外，也不乏 CO_2 突出的实例，这也难以用单纯的煤化过程解释大量 CO_2 的产生和赋存。有观点认为，超量瓦斯来源于突出地点煤层围岩中的瓦斯。由于超量瓦斯是吸附态煤层气量的几十倍，这就需要相对应的几十倍体积的围岩孔隙来供应气体，显然不切实际。另外，构造变形程度较强的碎粒煤和糜棱煤煤体结构松软，渗透性差，其周围气体要如此迅速地运移到突出点并瞬间大量释放也几乎不可能。

表 8.1 世界不同地区矿区代表性煤与瓦斯突出（据韩雨贞，2019）

国家	年份	地区	矿区	突出煤量 /t	突出瓦斯量 /m^3	气体类型	吨煤突出量 /（m^3/t）
澳大利亚	1954	博文盆地	柯林斯维尔州煤矿	500	14000	CO_2	28
波兰	1931	西里西亚	新鲁达	5000	800000	CO_2	160
波兰	1985	上西里西亚	利普克	95	5000	CH_4	52.6
德国	1958	鲁尔	主沙赫特	220	66000	CH_4	300
法国	1921	加德	丰塔纳	5600	100000	CO_2、CH_4	17.9
法国	1938	北加莱海峡	里卡德	1270	400000	CH_4	315
法国	1983	多菲内	—	1330	130000	CO_2	97.7
加拿大	1904	不列颠哥伦比亚省	莫里西 1 号	3500	140000	CH_4	40
捷克	1990	—	斯拉尼	4310	96000	CO_2	22.3
日本	1981	北海道	新玉巴里	4000	600000	CH_4	150
土耳其	1975	宗古尔达克	卡拉顿	700	11000	CH_4	15.7
匈牙利	1957	—	伊斯特凡	1400	273000	CH_4	195
英国	1971	西威尔士	辛西德喷特雷玛	400	60000	CH_4	150
中国	1991	河南	平顶山煤矿	55	6000	CH_4	109.1
中国	2004	河南	大平煤矿	1894	250000	CH_4	132

构造煤与非突出的原生结构煤的根本区别在于构造煤经历了构造应力的作用，要想解决煤与瓦斯突出的问题，关键是弄清楚煤与瓦斯突出过程中所释放的能量及超量瓦斯的来源。这一现象用煤的热变质煤化过程无法解释，因为原生煤既难以发生煤与瓦斯突出，也不会产生超量瓦斯，因此只能考虑用力解去理解。构造应力作用可以产生应变能，应变能一方面引起煤与瓦斯突出，释放出能量；另一方面可能产生新的超量物质（侯泉林和李小诗，2014）。实验研究表明，易突出的构造煤会产生更多的氯仿提取物，说明在构造变形过程中可能比同煤级的原生煤生成过更多的烃类和气体（Cao *et al.*，2003；张玉贵等，2007）。通常认为构造应力产生的机械能主要使煤发生变形、破坏等物理状态的改变，从而影响煤的孔隙 - 裂隙结构等物理性质（Li and Ogawa，2001；Li *et al.*，2003；Qu *et al.*，2010；Li *et al.*，2015）；另一些研究则暗示，构造应力特别是剪切应力产生的机械能还可能使煤结构发生一系列的化学变化，即煤的应力化学反应，促进了煤结构的超前演化，使得构造煤的芳碳含量增加、脂碳含量降低，尤其是以韧性变形为主的糜棱煤，其化学结构受到的影响更加明显（侯泉林等，2012，2014a；Hou *et al.*，2017；韩雨贞，2019；王瑾，2019）。总之，构造应力能否引起煤乃至岩石的化学变化是一个长期争论

的问题，也是一个值得探索的新的研究方向。

8.1.2　力化学基本理论

早在 1891 年，Ostwald 就在“Textbook of general chemistry”一文中提出了力化学（mechanochemistry）的概念（Boldyreva，2013）。最早关于力化学的科学记录是 1894 年，Carey Lea 在研磨 $HgCl_2$ 时，观察到有少量的 Cl_2 逸出，认为 $HgCl_2$ 有部分发生了分解。国际理论与应用化学联合会（International Union of Pure and Applied Chemistry，IUPAC）将力化学反应定义为一种由机械能引发的化学反应。力化学的最新理论认为：①机械力可以直接作用于分子而引发或者加速化学键的断裂使其发生化学反应（Hickenboth *et al.*，2007；Davis *et al.*，2009；Smalø and Uggerud，2012）；②在力的作用下，分子的键长、键角和二面角等可能会发生一定程度的改变，导致发生化学反应的能垒大大降低，从而加快化学反应的进行，甚至促进某些在热条件下由于能垒过高不能或不易发生的反应（图 7.4；Beyer and Clausen-Schaumann，2005；Brantley *et al.*，2011；Akbulatov *et al.*，2012；Craig，2012）。

机械力场可以通过不同的方式进行释放（图 8.2），这对于材料的化学反应至关重要。材料类型、结构缺陷、不同类型的应力加载方式、应力大小、应变能的积累方式等都会

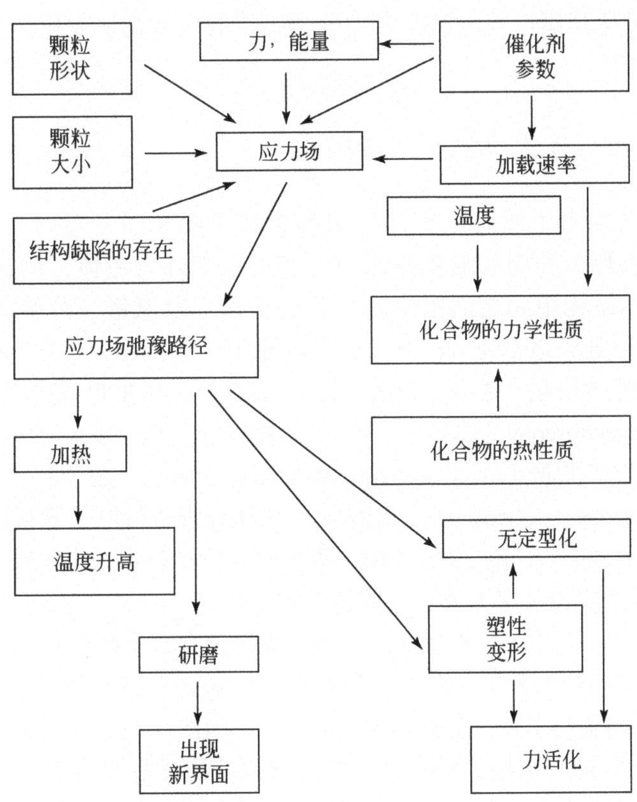

图 8.2　应力场释放的不同方式（据 Boldyreva，2013）

影响其应力场，在应力场释放的过程中可能会使材料温度升高、结构缺陷增加、发生塑性变形或力活化等，从而加速化学反应进程，如实验表明，将处于压缩或拉伸状态的弹簧和处于松弛状态的弹簧放进相同浓度的酸溶液中，压缩和拉伸状态的弹簧被腐蚀的速度比松弛状态的弹簧快得多（Gutman，1998）。

前章已述及，力和热影响化学反应的机理不同（图 7.4）。加热并不能降低化学反应的能垒，只是增加了反应物分子的能量，进而促使更多的分子克服反应能垒而发生化学反应（Seidel and Kühnemuth，2014）。对于相同的分子，在力化学和热化学分解过程中可以观察到两种完全不同的反应路径和产物类型（Konôpka *et al.*，2008）。因此，不能直接将热化学反应原理应用于煤的力化学过程。同时，无机质和聚合物等的力化学理论或许也不适合直接应用于有机质（Boldyreva，2013）。可见，对于力如何影响和控制煤大分子结构中化学键的稳定性需要建立专门的煤力化学理论。

8.2 有机岩石应力降解的实验研究

研究构造应力对煤大分子结构的作用通常有三种方法：①对比构造煤（tectonically deformed coals）与原生煤的结构参数；②用原生煤进行应力－应变实验，分析其结构变化及产物；③通过计算模拟方法追踪煤大分子结构的应力化学变化。本节介绍前两种实验研究。

8.2.1 构造煤与原生煤的基本结构差异

煤的大分子结构由不同的基本结构单元构成（图 8.1）：①基本结构单元由缩聚的芳环（或称芳香环）和周围的侧链组成，其中以芳环为主体，侧链由烷基和各种官能团组成；②基本结构单元之间由多种形式的桥键以及氢键、范德华力、π—π 堆积等多种非共价键相连；③含有 O、N、S 等杂原子（Mathews and Chaffee，2012）。通过应用谱学［X 射线衍射（X-ray diffraction，XRD）、傅里叶变换红外光谱（Fourier transform infrared spectroscopy，FTIR）、核磁共振碳谱（^{13}C Nuclear Magnetic Resonance，^{13}C NMR）、电子顺磁共振（electron paramagnetic resonance，EPR）、X 射线光电子能谱仪（X-ray photoelectron spectroscopy，XPS）］和高分辨透射电子显微镜（high-resolution transmission electron microscopy，HRTEM）等实验手段比较构造煤与原生煤的大分子结构差异，可以推测构造应力对煤大分子结构的影响。

XRD 研究显示，煤大分子是由类晶结构（或称为类石墨结构）和无序结构两部分构成（图 8.3）。类晶结构由若干芳香层片紊乱（turbostratically）堆叠形成（即趋于平行但是排列方向不同的堆叠方式）（Lu *et al.*，2001）。构造煤的分子结构参数与原生煤有明显区别：同一矿井、同一煤层、同一剖面的构造煤比原生煤具有更高的变质程度，表现为构造煤基本结构单元的层间距（d_{002}）降低，芳香层片的延展度（L_a）和堆积高度（L_c）

增加，表明应力有助于提高煤大分子结构的有序度（Bustin *et al.*，1995；曹运兴等，1996；蒋建平等，2001；李小明等，2003；张小兵等，2009；李霞等，2016）。构造煤和临近原生煤的红外光谱及核磁共振对比分析结果也表明，构造煤的脂肪结构吸收峰弱，而芳核结构吸收峰强（李小明等，2005；Cao *et al.*，2007）。

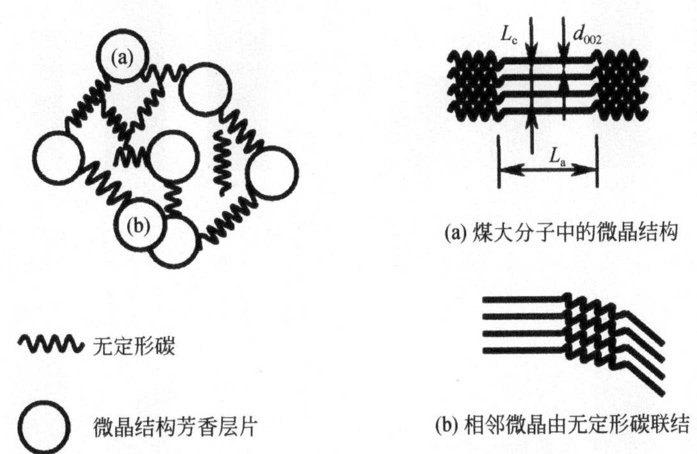

图 8.3　基于 XRD 测试分析构建的煤结构简化模型（据 Lu *et al.*，2001）

引起芳香度增加的原因可能有两种，一种是非芳香结构脱落，形成气态小分子从煤大分子结构中逸出；另一种是非芳香部分发生芳构化或环缩合形成新的芳香碳（Cao *et al.*，2013）。因此有了构造作用的应力降解和应力缩聚之说。应力降解即指构造应力以机械能或动能形式作用于煤大分子结构，使芳环结构上的侧链、官能团等依据键能大小相继裂解析出，形成各种分子量较小的烃类气体或非烃；应力缩聚是指在构造应力作用下，芳香层片通过旋转、芳构化和环缩合等一系列作用使秩理化程度提高，增大芳香稠环体系（Cao *et al.*，2007）。也有学者认为水平挤压应力产生的机械能可以促使煤中有机质迅速向烃类转化，提高有机质的转化率，从而缩短煤中有机质向烃类的转化时间，有利于液态烃（低分子化合物）和气态烃（瓦斯）的富集，同时提高煤的变质程度（张玉贵等，2005，2008）。Liu 等（2019）采用 FTIR 和 XPS 方法比较了变质程度从烟煤到无烟煤的原生煤（硬煤）和构造煤（软煤）的结构参数（图 8.4），结果表明构造煤中煤大分子结构明显受到了构造变形的影响。构造烟煤比相应的原生煤具有更大的芳香层片和更高的成熟度，脱落了更多的 C═O、OH 和甲基基团，而这一结果在无烟煤中则相反。在原生无烟煤中，C═O、OH 和甲基基团脱落较构造无烟煤快，这可能是因为原生无烟煤中更多的氢化芳环和甲基结构转化为缩聚芳环，促进了甲基和含氧官能团的脱落。

不同类型的构造应力对煤大分子结构的影响也不同，应力作用的结果不仅仅基于机械能输入，而且基于力作用的方式（Boldyreva，2013）。一个连续的单轴拉伸产生的物理和化学过程和剪切应力产生的过程并不相同，会产生不同变形程度和变形机制的构造煤（Liu and Jiang，2019）。较高的剪切应力会产生强烈的韧性变形如糜棱煤，而压缩和拉伸应力作用下一系列的化学键断裂则可能产生脆性变形（张小兵等，2009；Li *et al.*，

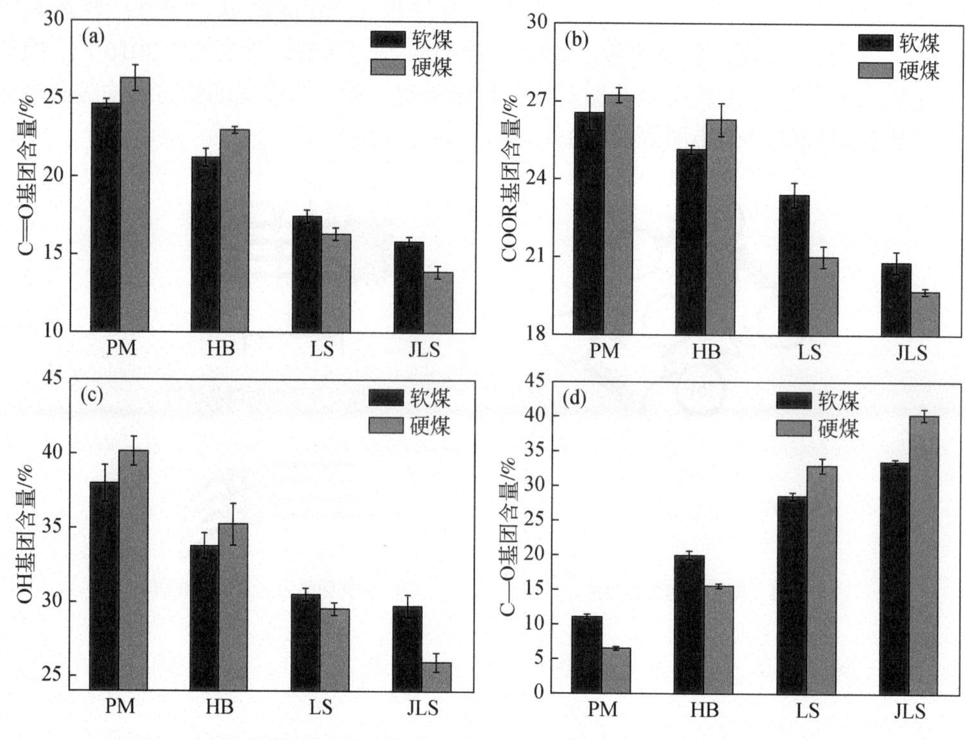

图 8.4 构造煤和原生结构煤的 XPS 参数对比（据 Liu *et al.*，2019）

PM、HB. 烟煤；LS、JLS. 无烟煤；软煤 . 构造煤；硬煤 . 原生结构煤

2017）。因此，在研究煤大分子结构对构造应力的演化响应机制时往往需要考虑不同类型应力作用导致的变形程度和变形机制的差异。在应变能积累过程中，由于局部应力集中可能会产生大量的结构缺陷，如构造煤的结构缺陷含量明显比原生煤高（Zou *et al.*，2008；Timko *et al.*，2016；Pan *et al.*，2017；Wang L. *et al.*，2019）。在煤的拉曼（Raman）光谱中通常会出现两个峰，分别为 G 峰（通常位于 1600cm^{-1} 附近）和 D 峰（通常位于 1350cm^{-1} 附近）。由于完美石墨晶体中不含有 D 峰，因此 D 峰常被称为结构缺陷峰（structure defect）或者结构无序峰（structure disorder）。G 峰被认为是由于 sp^2 杂化的碳原子的 E_{2g} 对称振动引起，D 峰被认为是由于 sp^2 碳原子的 A_{1g} 对称振动引起（Ferrari and Robertson，2000）。林红等（2009）结合淮北煤田不同类型构造煤的 Raman 光谱特征，认为不同的变形机制下，构造煤的化学演化存在差异。脆性变形构造煤主要表现为碎裂和研磨作用，随着变形程度的增加，芳香侧链上的官能团依据键能大小相继脱落，煤大分子结构中的芳碳总量相对增加，但是由于脆性变形速率较快，因变形而破坏的结构单元多数来不及重组，导致大分子结构中的无序单元增加；而韧性变形构造煤随着变形、变质作用的增强，应变能增加，位错积累到一定程度时，部分芳环被迫解体，煤中芳香碳总量相对减少，而且由于韧性变形应变速率较慢，芳香稠环部分基本结构单元得以重排（相当于动态重结晶作用），分子结构单元缺陷减少、有序度增加。Liu 和 Jiang（2019）分析了不同变形程度构造煤的分子结构参数，发现构造应力会破坏 OH—醚、环状 OH、

COOH 二聚体、OH—SH 和 OH—N 之间的各种氢键结构。随着变形程度的增加，OH—π 和 π—π 键的数量呈增加趋势，氢键的总含量先降低后略微增加（图 8.5），表明这些基团的相互作用之间存在转化关系。

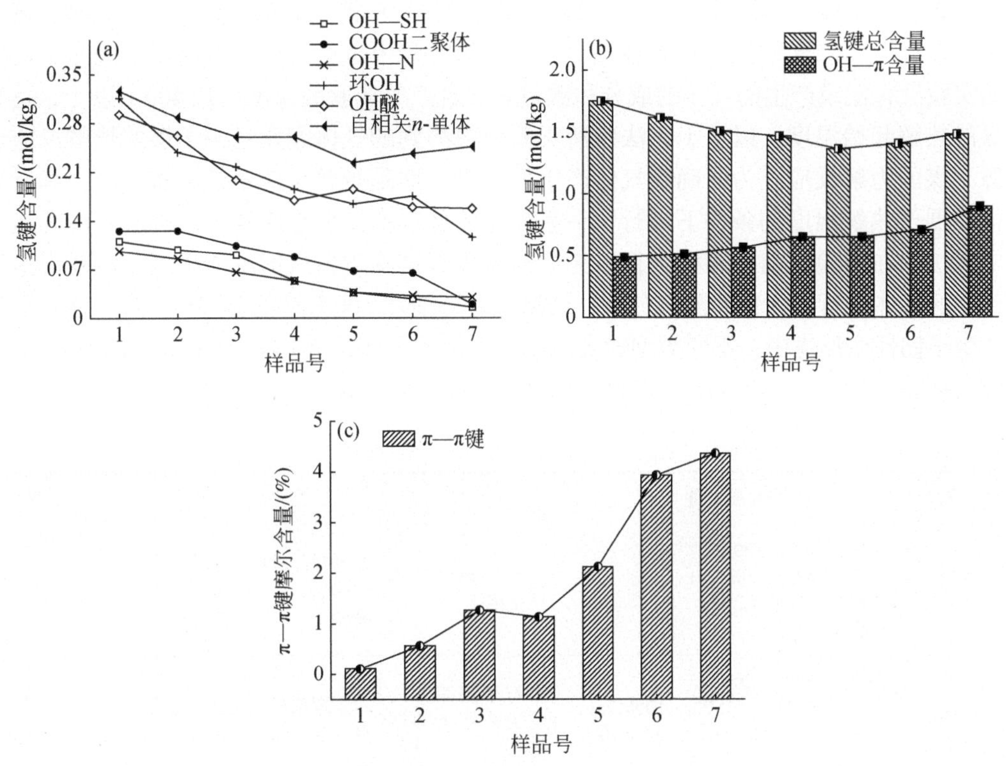

图 8.5　杂原子氢键、总氢键、OH—π 及 π—π 键数量随变形程度的变化（据 Liu and Jiang，2019）

样品从 1 到 7 变形程度逐渐增加

8.2.2　原生结构煤的变形实验

煤在变形过程中，其大分子结构也会发生一定的变化。将大分子结构的演化特征和煤的变形行为对应起来，是探究煤变形机理的重要方法。借助于结构参数特征能够对演化阶段进行较好的反演。早期的高温高压变形实验多用于煤的石墨化机制的研究，其中产气是有机大分子化学结构发生变化的直观反映。无烟煤在大气压下至少需要加热到 2200℃才会出现石墨化特征（Wilks *et al.*，1993a），但是一些地方的无烟煤大约在 300 ～ 500℃的温度下即可石墨化，远低于实验过程中所观察到的石墨化所需温度（Deurbergue *et al.*，1987；Ross *et al.*，1991；Wilks *et al.*，1993a）。因此，Mastalerz 等（1993）针对高挥发分烟煤和无烟煤进行了静水压力条件下煤的热解实验，在实验过程中收集到了 CH_4、CO 和 CO_2 气体。Wilks 等（1993b）、Bustin 等（1995）、Ross 和 Bustin（1997）等先后进行了高温高压共轴变形实验和剪切变形实验，结果表明煤的石墨化特征只出现在剪切变形（非共轴）实验中，而共轴变形中没有表现出石墨化现象。因此认为，剪应变能够提供煤石墨化所需要的能量，因此强烈的构造作用对无烟煤的石墨化过程（即变质过程）可能具有非常重要的作用。

煤的高温高压变形实验显示，煤在应力作用下普遍存在产气现象。周建勋等（1994）所做的煤变形实验中，28 个试样中有 17 个在实验过程中产气，部分样品产气强烈，甚至发生“突出”。同样的现象在姜波等（1998）的实验中也有发生。然而遗憾的是，这些早期实验没有记录产生的气体的成分和数量。而且产气实验的温度均在 400℃以上，达到了煤的热解起始温度，以至于无法判断实验中观测到的气体究竟是源于煤的热解反应还是源于煤的力解反应。为了确定气体产生的机理，即是热解反应还是力解反应，作者研究组在低于热解温度的条件下进行了一系列煤的低温高压变形实验（或称次高温高压变形实验），在实验之前对煤样进行了充分的解吸，排除残留气的可能干扰。对变形过程中产生的气体进行了收集和测试分析，结果表明即使在 100℃时就有气体产生，而且气体多产生于韧性变形煤中，不同类型的煤产生了不同的气体，有 CO、CH_4 和 CO_2（表 8.2）（侯泉林等，2014b；Xu *et al.*，2014，2015；Han *et al.*，2016）。

表 8.2　低温变形产气实验汇总（据韩雨贞，2019）

原始样品	实验条件	产气情况	结构变化	文献来源
中煤级肥煤 $R_{o,max}$=1.4%	温度：70℃、100℃； 围压：5MPa、30MPa； 轴压为围压的 1.2 倍； 应变量：5%	四组变形样品均产生甲烷	变形样品的碳氢元素含量降低，甲基含量明显降低	侯泉林等，2014b；雒毅，2014
高煤级无烟煤 $R_{o,max}$=3.21%	温度：100℃、200℃； 围压：50MPa、75MPa、100MPa； 应变速率：0.25×10^{-5} ～ 0.5×10^{-5} ～ 1×10^{-5}/s； 应变量：＜ 10%	平行于层面方向应力作用下的样品产生了二氧化碳和甲烷	与未变形样品相比，变形样品甲基和羰基含量降低	徐容婷，2014
高煤级无烟煤 $R_{o,max}$=4.03%	温度：100℃、200℃； 围压：50MPa、75MPa； 应变速率：0.5×10^{-5} ～ 1×10^{-5} ～ 2×10^{-5}/s； 应变量：＜ 10%	200℃时，低应变速率下，发生明显塑性变形的两组样品产生了一氧化碳	200℃时，随着应变速率的降低，脂肪结构和含氧官能团逐渐减少，芳香结构逐渐增加	李会军，2011；Xu *et al.*，2014

在变形实验中，气体的产生对应于应力降解过程，是应力化学效应的直接体现。对含有较多甲基、亚甲基的中煤级肥煤（$R_{o,max}$=1.4%）进行的共轴变形实验发现，在有一定轴向差异应力条件下，样品实验前后甲基含量的下降幅度高达数百倍之多，亚甲基的下降幅度也达数倍，但是远不及甲基的下降幅度（表 8.3）（侯泉林等，2014b；雒毅，2014）。在无烟煤的加热和共轴对比实验中也观察到了同样的现象（Han *et al.*，2016）。在相同的温度作用下，加热实验后—CH_3 峰仍然保留，但是在一些变形实验中，—CH_3 键消失或者降到很低的程度，说明应力可能优先作用于甲基。由此表明，无论是中煤级肥煤还是无烟煤，在应力作用下甲基都比亚甲基更容易脱落。对于含氧官能团，醚键多以桥键的方式存在于煤大分子结构的不同芳香层片之间，在应力作用下由于芳香层片间的相互错动可能导致了醚键优先于羰基脱落。

表 8.3　肥煤低温变形产气实验基本情况总结（据侯泉林等，2014b；雒毅，2014）

样品编号	温度 /℃	压强 /MPa		甲基相对含量 H_{2961}/H_{540}	亚甲基相对含量 H_{2920}/H_{540}
		围压	轴压		
1	25	0	0	0.86	0.747
2	70	0	0	0.815	0.721
3		5	6	0.047	0.454
4		30	36	0.008	0.366
5	100	0	0	0.791	0.714
6		5	6	0.045	0.463
7		30	36	0.003	0.351

通过对比构造煤与邻近原生结构煤的 XRD 数据发现，构造煤的芳香层片直径高于原生煤，暗示了构造应力能够促进芳香层片的缩聚，但是在无烟煤的次高温高压变形实验中，芳香层片的直径却在不断下降，暗示了应力对芳香层片的破坏作用（韩雨贞，2019）。造成构造煤和实验变形煤这种差异的原因还不太清楚，可能与构造煤经过漫长的构造作用，相对变形实验具有极低的应变速率有关，即天然构造煤在芳香环破裂或侧链以及官能团脱落后，大分子结构有充分的时间进行重组，进而引起缩聚作用。

从不同应变速率下的变形试验结果可以看出，不同变形机制会造成构造煤不同的演化特征，其区别可能由于能量转化机理的差异：脆性变形主要通过机械摩擦转化为热能，促使分子运动速度加快，动能增加，导致芳环边缘的侧链以及官能团依键能大小相继热解脱落；而韧性变形过程中构造应力作用主要转变为塑性应变能，通过应变能不断积累促使煤大分子结构单元变形、破坏，导致煤大分子结构中出现类似于位错蠕变等现象，在此过程中煤分子结构遭到严重破坏产生了一些小分子气体，同时煤大分子结构中储存了大量应变能，当其平衡状态被打破时则可在瞬间释放大量的应变能及小分子气体，因此韧性变形比脆性变形对煤分子结构的影响更大（侯泉林等，2012）。这可能也是煤层中的韧性剪切带易于发生煤与瓦斯突出，并产生超量瓦斯的原因。

8.3　有机岩石的结构缺陷

煤大分子结构的演化和变形行为是密切相关的，特别是韧性变形和结构缺陷（structure defects）密切相关。本节通过类比石墨烯、碳纳米管的结构及结构缺陷，对构造煤和韧性变形以及结构缺陷之间的关系进行讨论。在石墨烯、碳纳米管等碳材料中，不可避免地存在各种类型的结构缺陷，如 Stone-Wales（SW）缺陷等拓扑缺陷（六元环被其他多元环代替），或空位缺陷、增原子缺陷等非拓扑缺陷。在煤的高分辨率透射电子显微镜（HRTEM）下可以观察到类似的结构缺陷。

8.3.1 几种重要的结构缺陷

首先介绍几种重要的芳环内部和边缘的结构缺陷，如 Stone-Wales（SW）缺陷、空位缺陷、增原子缺陷、位错线等。

SW 缺陷（Stone-Wales defects）：也称五元环－七元环缺陷或 5-7 缺陷，为石墨烯中典型的拓扑缺陷之一（图 8.6）。这种缺陷最初是 Stone 和 Wales（1986）为了探讨 C_{60} 同分异构体结构的稳定性而提出的一种六元环的变形方式。该变形方式可以看作是两个六元环相连接的两个碳原子围绕其中心旋转了 90°，从而使两个五元环和两个六元环的位置互换［图 8.7（a）］。同理，在四个六元环中，两个六元环相连接的两个碳原子围绕其中心旋转 90°，就形成了两个五元环和两个七元环［图 8.7（b）］。从能量稳定性的角度看，五元环－七元环对是合理的缺陷类型之一，相比在石墨烯层上形成点缺陷（如原子空位），需要的能量更低，可以通过 SW 变形过程在石墨烯层中诱发。这种结构缺陷在 sp^2 杂化碳纳米结构的形成和转化过程中起到了至关重要的作用。

图 8.6 在石墨烯层的 HRTEM 图像中观察到的 SW 缺陷（据 Meyer *et al.*，2008）

（a）没有受到扰动、尚未出现缺陷的石墨烯层；（b）受到扰动之后出现 SW 缺陷；（c）与（b）中原子构型重叠的同一图像

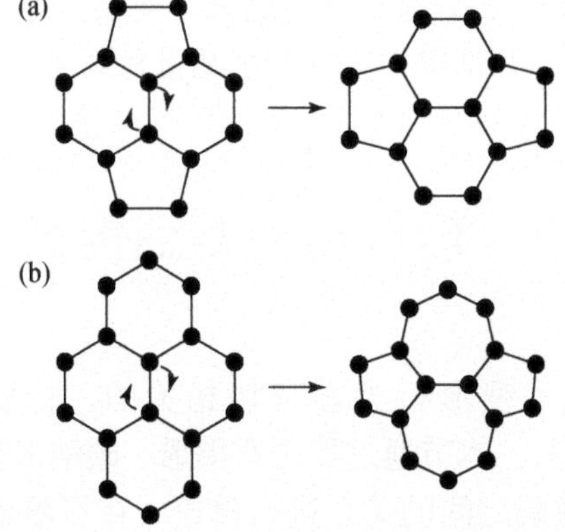

图 8.7 SW 变形（据 Stone and Wales，1986）

（a）SW 变形方式；（b）SW 结构缺陷。中心碳原子的旋转方向如箭头所示

空位缺陷（vacancy defects）和**增原子缺陷**［adatom，或自间隙原子（self-interstitial atoms）］：空位缺陷与增原子缺陷过程相反，分别为六元环中缺失或者增加原子，导致存在带有单电子的不饱和悬挂键或孤立的碳原子。空位缺陷有单空位缺陷和双空位缺陷等。在图 8.8 中，可以看到一个碳原子单空位缺陷（V_1）、一个双空位缺陷（V_2）、一个五边环－八边环－五边环（5-8-5）缺陷和一个增原子缺陷。在图 8.8（a）中，单空位和双空位附近的碳原子的原子位置尚未重排。根据理论研究预测，面内弛豫对于单空位是微弱的，而面内双空位则可以强烈地重构并转变为非六元环的聚集结构，如图 8.8（a）所示的 5-8-5 缺陷。增原子处于两个表面原子之间的类似于桥状的结构中。在石墨烯层中形成空位所需的能量（7.0eV）较高，在未受扰动的情况下通常是稳定的，在观测过程中不会合并在一起。而连续照射会导致塌陷，从而可以释放由于空位形成而产生的应变能。与空位迁移（1.7eV）相比，增原子是可移动的，并且具有较低的扩散势垒（0.47eV）。

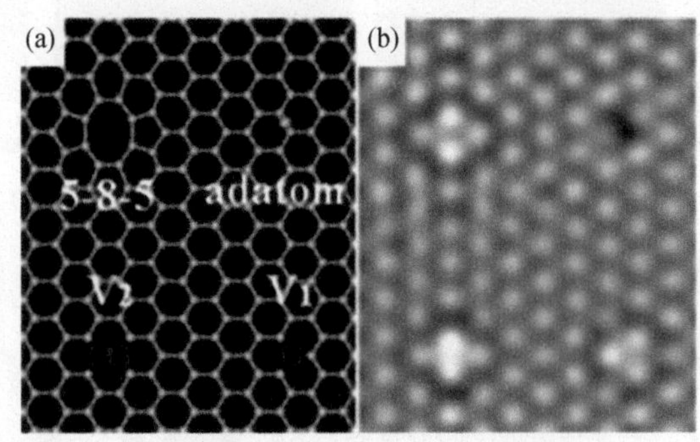

图 8.8　在石墨烯层中观察到的缺陷类型（据 Hashimoto *et al.*，2004）

（a）与（b）中原子构型重叠的同一图像，包含了两个无弛豫空位（V_1 和 V_2）、一个 5-8-5 重排和一个增原子；（b）HRTEM 图像。正方形表示空位

位错线（dislocation line）和**位错环**（dislocation loops）：淬火后再退火，天然石墨中会形成大的位错环，包含堆垛层错。这种堆垛层错的能量非常小（$3\times10^{-2}\sim5\times10^{-2}$erg/cm^2，1erg=$10^{-7}$J），通过滑移无法消除（Amelinckx and Delavignette，1960）。在室温下多层碳纳米管中的无滑移位错（静止的位错）在大约 2000℃的温度下变得高度可移动，其特征在于滑移、爬升和滑移－爬升交互（Huang *et al.*，2008）。位错滑移可以导致不同层的交联，位错爬升会产生纳米裂纹，位错滑移和爬升之间的相互作用会产生纽结，并且位错环还可以充当物质运输的通道。图 8.9 显示了多层碳纳米管中的位错滑移、爬升和滑移－爬升相互作用的动力学过程。位错在右下壁形成［图 8.9（a）］，由于碳原子的丢失或空位的聚集，沿着同一壁的边缘向上移动，留下了纳米裂纹［图 8.9（b）］。当位错向上移动到多层碳纳米管的中部时，它与由于最内层管壁的破裂而形成的另一位错相互作用［图 8.9（c）］，然后一起向上移动。由于原子缺失，右边额外的半平面变得越来越短，而左边的位错沿边缘生长，发生了原子交换，原子很可能沿着位错线从右位错向左位错迁移。在这种情况下，位错线提供了用于物质运输的通道。同时，两个边缘位错的相互作用还产生了两个螺旋位错，从而使不同的层交联。位错的详细原子结构［图 8.9（c）］显示在图 8.9（e）和图 8.9（f）中。可以看出，两个边缘位错通过两个螺旋位

错连接在了一起，形成一个位错环，该位错环连接了不同层。然后，两个边缘位错相互湮灭，在纳米管壁上形成纽结。图 8.9（g）～（i）展示了两个位错相互作用形成纽结的过程。

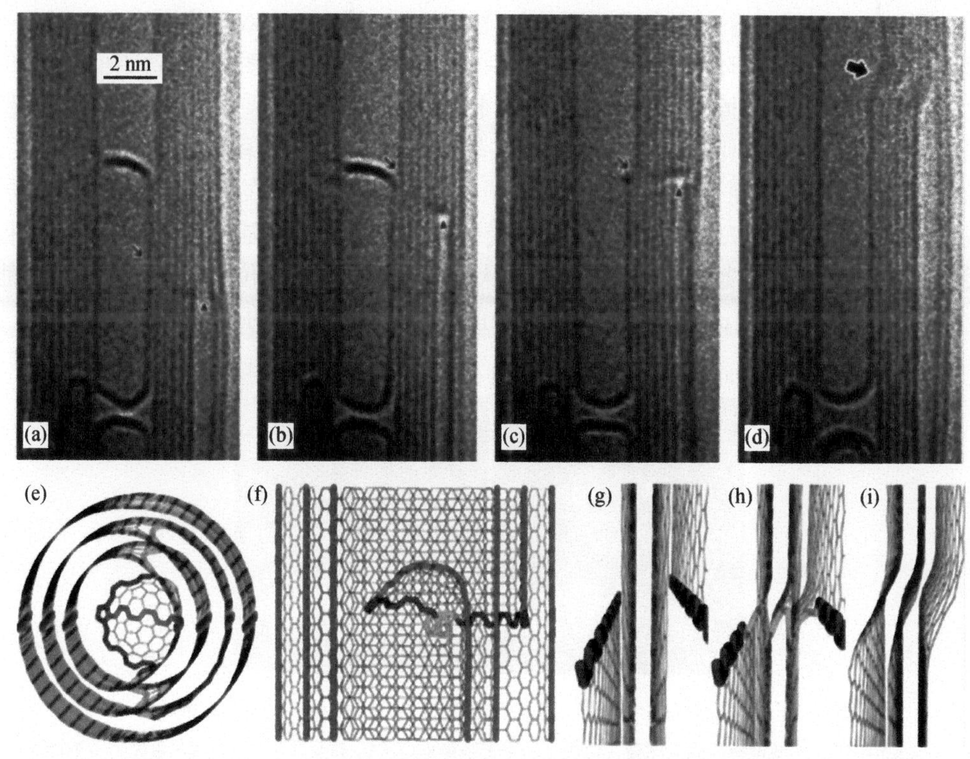

图 8.9 多层碳纳米管中的原位位错动力学（据 Huang *et al.*，2008）

箭头和细长箭头分别指出位错核心和位错线。粗箭头指出了一个纽结。施加至纳米管的电压为 2.55V。位错爬升速度为 19nm/min。（e）～（i）中的边缘和螺旋位错的核心分别用红色和绿色标记。（a）位错形成；（b）位错爬升；（c）位错相互作用；（d）相互作用的位错湮灭，形成一个纽结；（e）～（f）为（c）中位错的原子结构模型，以蓝色标记的原子仅供参考；（g）～（i）结构模型示意图，解释了由于位错相互作用而导致的纽结形成

8.3.2 煤中的结构缺陷类型

Sun 等（2011）在原生无烟煤的明场 HRTEM 图像中观察到四种边缘位错，并认为自由基引发的位错网络是在烟煤向无烟煤转化的地质演化过程中形成的。位错的两种主要类型是边缘位错（edge dislocation）和螺旋位错（screw dislocation）（在许多材料中发现的位错皆具有这两种位错的特点）。边缘位错是结构缺陷的一种，表现为两个石墨烯层之间具有半平面的“夹心型”边缘位错，即“额外半平面”，其中红色的自由基原子位点扭曲了附近的原子平面（图 8.10a''）。无烟煤的固态 ^{13}CNMR 分析表明，存在非常少量的脂肪季碳，这些 sp^3 杂化碳由图 8.10b'' 中的蓝色原子标识，产生“Y”形位错（图 8.10b'）。螺旋位错实质上使所有参与的平面成为一个连续的螺旋面［图 8.10（c）］，除非破坏 sp^2 杂化碳之间的共价键，否则它们是不可分离的。在该结构中，原子面围绕线性缺陷（位错线）绘制了螺旋路径（图 8.10c''）。图 8.10（d）中，两个在相反方向（图 8.10d'' 中的

绿色键）延伸并通过边缘（红色，与图 8.10a" 一致）连接的螺旋位错组成了一个位错环。

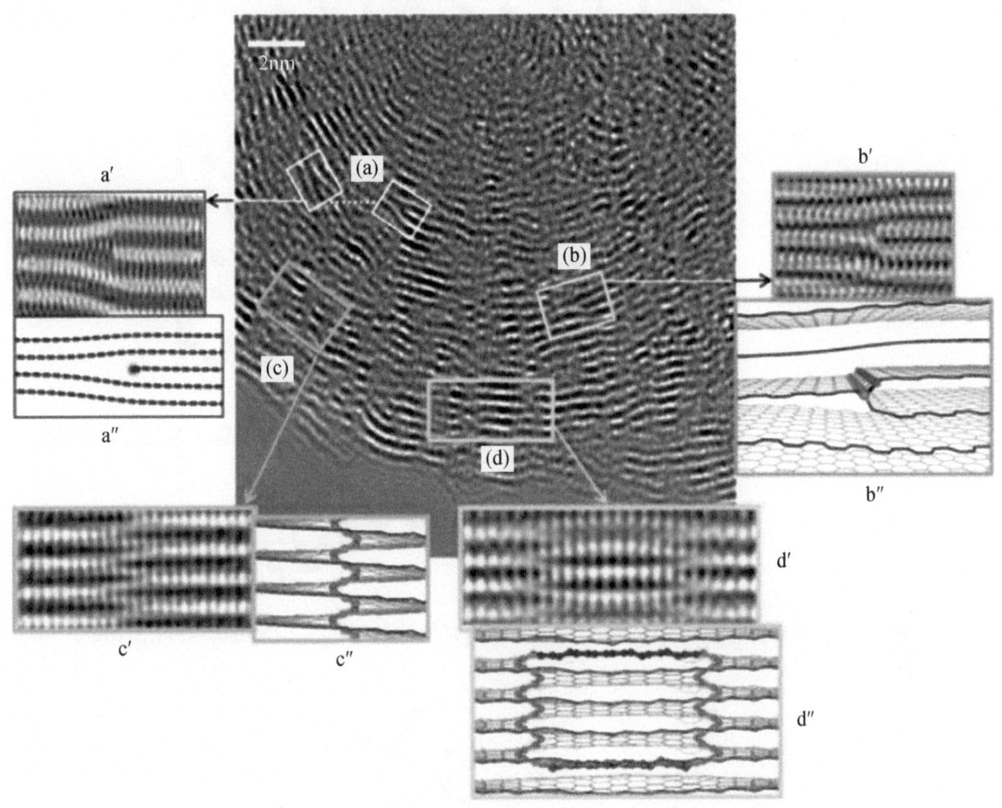

图 8.10　无烟煤的明场 HRTEM 图像显示了四种位错结构（据 Sun *et al.*，2011）

（a）自由基形式的边缘位错；（b）边缘自由基位点与相邻层结合，形成"Y"形位错；（c）交错排列的石墨烯平面形成螺旋位错；（d）相邻的螺旋位错通过边缘连接形成位错环

非六元环结构缺陷的存在会使得石墨烯层片发生褶皱，使层片弯曲度增加（图 8.11）（Schniepp *et al.*，2008）。这主要是由于当结构缺陷存在时，环上的原子会进行相应的调整以维持最稳定的结构状态，因此会偏离原来的位置。无烟煤 HRTEM 图像的定量分析表明，晶格条纹弯曲度与 Raman 光谱表征的结构缺陷有一定相关性（图 8.12），即条纹的弯曲度和结构缺陷程度之间存在良好的正相关关系，说明无烟煤中芳香层片的皱褶程度也和结构缺陷有关，类似于石墨烯中的结构缺陷，因此可能存在以化学键旋转而产生的非六元环 SW 结构缺陷（Han *et al.*，2016）。

Huan 等（2020）通过消除较弱的脂肪和官能团交联，基于煤基石墨烯量子点（coal-based graphene quantum dots，coal-based GQDs）的氧化切割方法得到分散的芳环。芳环之间的结构特征存在明显差异，这取决于煤级（图 8.13）。随着煤级的增加，芳环的数目及层片聚结态的直径显著增加。在高挥发分烟煤中，芳环的缩聚度较低，多数六边形碳层片是弯曲的，不紧凑且取向差。在 HRTEM 图像中还观察到芳环内存在两种不同类型的结构缺陷，分别是 SW 缺陷和单空位缺陷（图 8.13 中 FX-1 和 FX-2）。低挥发分烟煤的芳构化和重排过程显著增强，且芳香层片聚结态中芳环的优先取向更加明显。

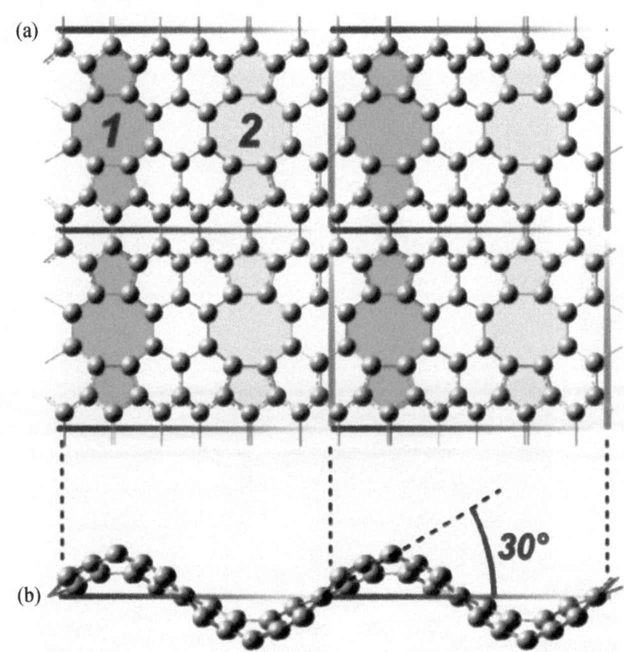

图 8.11 石墨烯中非六元环结构缺陷和层片皱褶之间的关系（据 Schniepp *et al.*，2008）

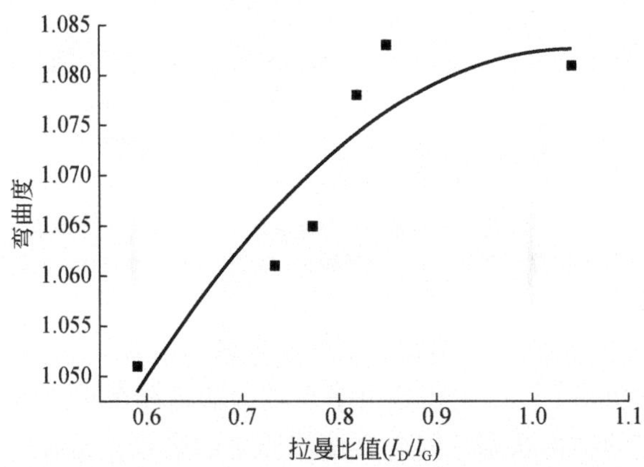

图 8.12 无烟煤弯曲度（HRTEM 定量化分析）和结构缺陷（拉曼光谱比值）的关系（据 Han *et al.*，2016）

而无烟煤的 HRTEM 图像显示芳构化和重排过程进一步增强。在无烟煤中多数杂环和无定型碳结构消失了，芳环的排列和取向最好，与石墨结构极为相似。

煤的大分子结构主要是由缩聚的芳环及芳环边缘的侧链和官能团等构成，如果与石墨烯等结构进行类比，芳环边缘的侧链和官能团可以看作是羟基（OH）、醚键（C—O—C）、羰基（C═O）、脂肪链（CH_2CH_3）等各种非六元环结构将芳香层片边缘的六元环取代，芳香层片中的氢化芳环也可看作是氢原子作为增原子而形成的结构缺陷，因此，煤的大分子结构可以看作是无序化和官能化之后的石墨。这些结构缺陷会改变碳纳米结构的物理和化学性质，因此煤大分子结构对应力作用和应变更为敏感。

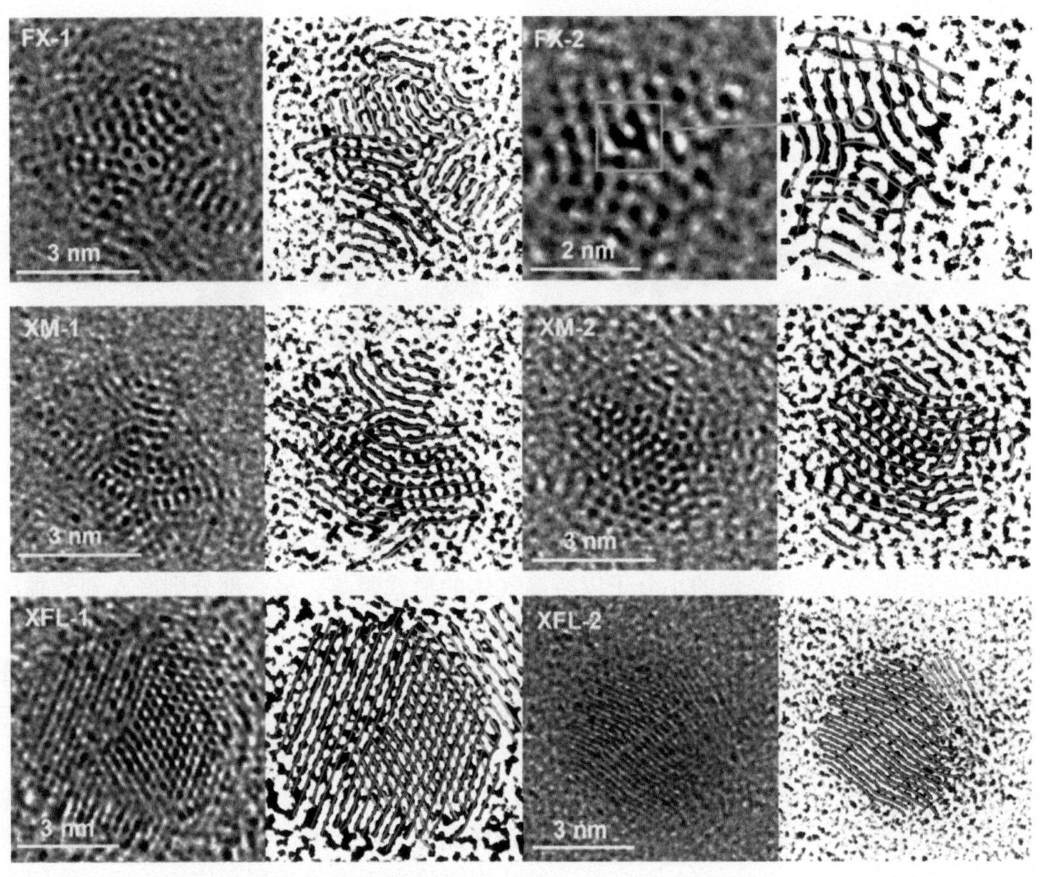

图 8.13　不同煤级芳香层片聚结态的 HRTEM 图像（据 Huan *et al.*，2020）

FX. 高挥发分烟煤；XM. 低挥发分烟煤；XFL. 无烟煤

8.3.3　应力导致的结构缺陷

研究表明，构造变形会在煤的大分子结构中产生次生结构缺陷，韧性变形对缩聚和变质程度的影响尤为明显，而脆性变形对低变质煤的缩聚程度影响不大；Raman 光谱可以反映变形作用导致的煤大分子结构缺陷的产生（图 8.14；侯泉林和李小诗，2014）。

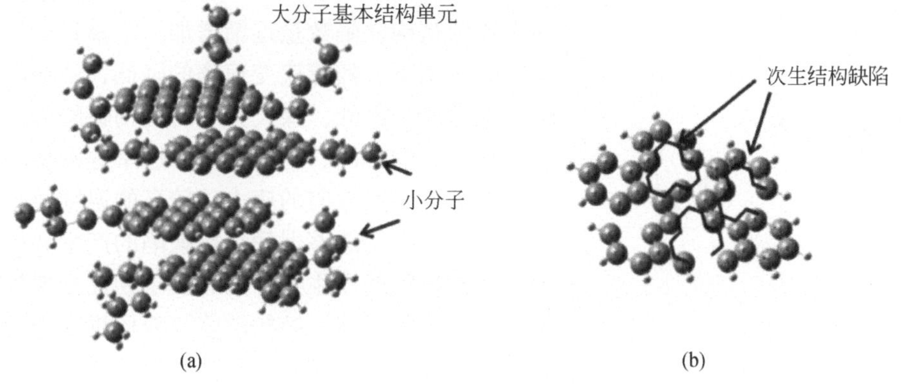

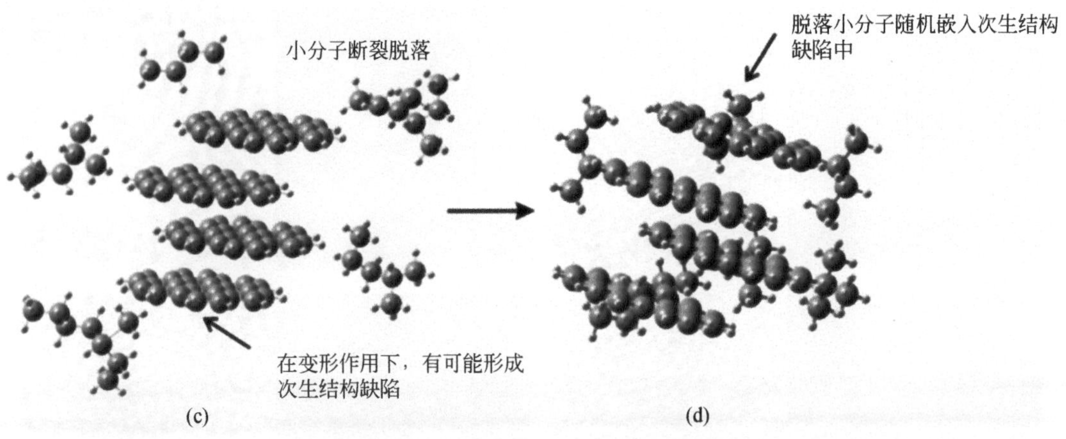

图 8.14 变形作用对煤大分子结构影响示意图（据侯泉林和李小诗，2014）

在变形过程中，脂肪结构和少量的芳环被分离，表现为芳香层片的大小和堆积层数的减少。在缩聚过程中，一部分降解的小分子以游离气体的形式脱落，另一部分则嵌入到芳香层片上，表现为芳香层片的大小和堆积层数的增加。

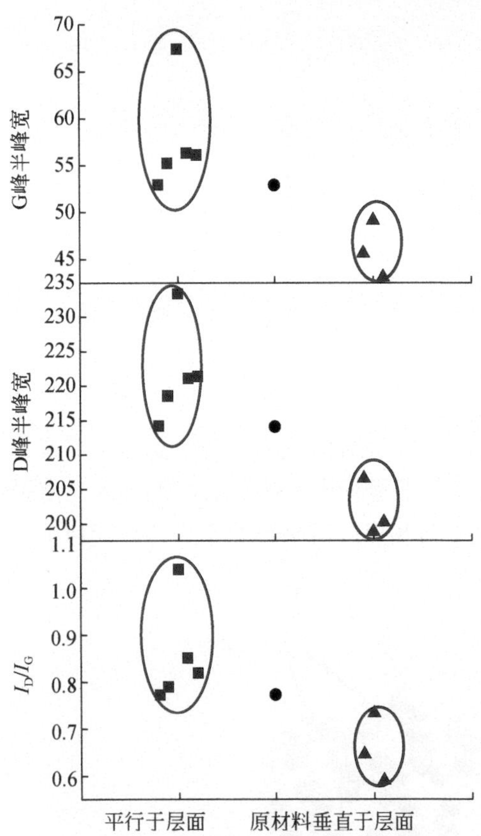

图 8.15 不同方向应力作用下拉曼光谱参数的变化（据韩雨贞，2019）

煤的 Raman 光谱分析表明，D 峰及 G 峰半峰宽，以及 D 峰和 G 峰的强度比（I_D/I_G）与变形条件具有一定的相关性（图 8.15；韩雨贞，2019）。从实验结果（表 8.4）可以看出：①除个别样品（Y09）外，平行于层面的应力导致的结构缺陷大于垂直于层面应力。这可能因为当主应力平行于层面时，层片之间容易发生剪切滑移［图 8.16（a）］。在剪应力作用下，碳-碳键发生面内旋转，使得原来的六元环转变为两个五元环和两个七元环，即产生了结构缺陷［图 8.16（b）、（c）］。而当主应力垂直于层面时，则不易引起化学键的旋转。②在平行于层面应力作用下，200℃时样品的结构缺陷程度高于 100℃，并且在 200℃条件下，随着应变速率降低结构缺陷数量逐渐增加。③垂直于层面应力作用下，随着应变速率的降低，结构缺陷程度增加。因此，煤大分子的结构缺陷程度与施加应力的方向、温度和应变速率等密切相关。平行于层面方向的应力、较高的温度及较低的应变速率均能够促使结构缺陷的产生和扩展。结构缺陷的产生条件和有利于韧性变形发生的条件一致，暗示结构缺陷与变形机制密切相关。当然，由于样品代表性问题，这一规律

还不能说具有普适性，仍需要进一步探索和验证。

表 8.4　平行于层面与垂直于层面应力作用下样品的镜质组反射率和拉曼比值（据 Han *et al.*，2016）

样品编号	温度 /℃	围压 /MPa	应变速率 /$10^{-5}s^{-1}$	R_{max}/%	I_D/I_G
应力平行于层面方向					
Y04	100	50	0.25	3.20	0.77
Y05	100	75	1.00	3.28	0.79
Y06	200	50	0.25	3.49	1.04
Y07	200	75	1.00	3.30	0.85
Y08	200	100	2.00	3.24	0.82
应力垂直于层面方向					
Y09	100	50	0.25	3.25	0.89
Y10	100	75	1.00	3.35	0.64
Y11	200	50	0.25	3.54	0.73
Y12	200	100	2.00	3.27	0.59
原材料					
Y13	—	—	—	3.21	0.77

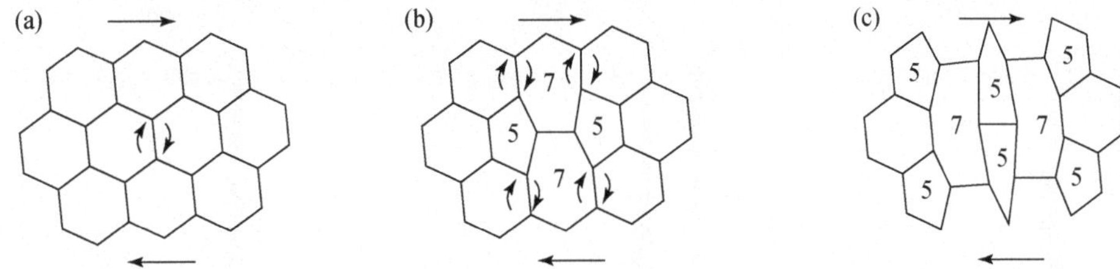

图 8.16　平行于层面应力作用下，无烟煤中结构缺陷演化示意图（据 Han *et al.*，2016）

平行于层面应力作用下的韧性变形产生较大的条纹弯曲度；而垂直于层面应力作用下芳香条纹的弯曲度最小，且相较于未变形的样品，晶格条纹变得更加平直，定向性有所增加（图 8.17；Han *et al.*，2016）。

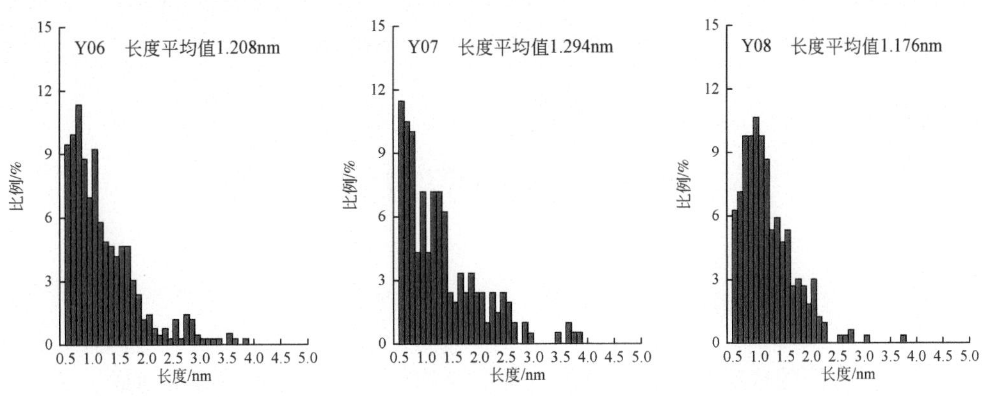

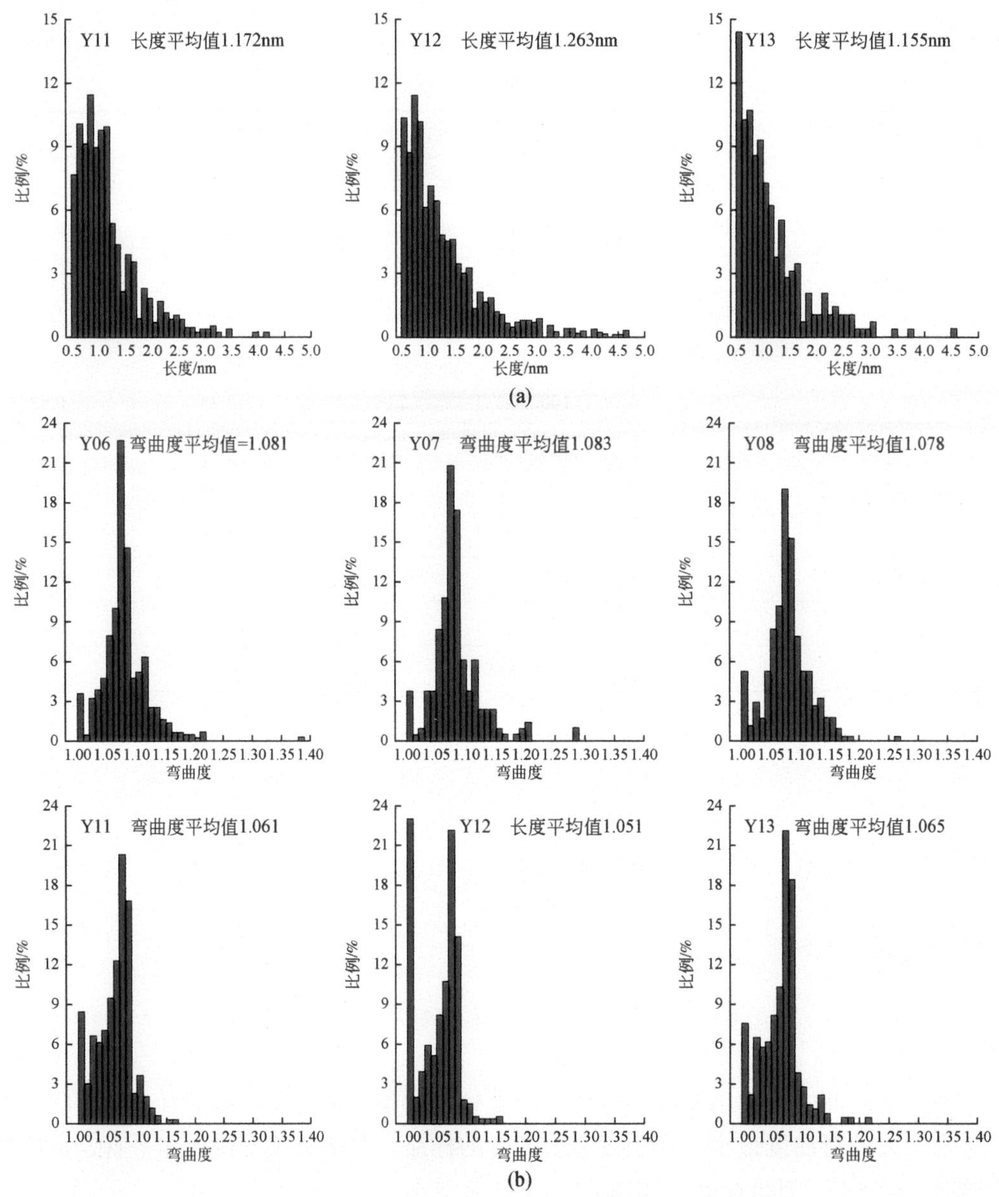

图 8.17 200℃时平行于层面与垂直于层面应力作用下样品条纹的长度和弯曲度分布（据 Han *et al.*，2016）

（a）样品的条纹长度分布；（b）弯曲度分布

8.4 有机岩石的应力化学模拟

8.4.1 应力化学相关的计算模拟

计算模拟方法的快速发展为研究煤大分子结构对应力作用的响应机制提供了有效手

段。目前国内外探索微观力化学反应采用最多的模拟方法为第一性原理分子动力学（first-principles molecular dynamics）、紧束缚密度泛函（density functional based tight-binding method，DFTB）和反应力场（reactive force field，ReaxFF）分子动力学方法。计算模拟方法可以模拟各种类型的应力加载，如进行拉伸模拟、施加应变速率、剪切压缩、三轴各向异性加压、冲击碰撞等。本节讨论几种类型的力化学分子模拟。

Davis 等（2009）设计了一种对力敏感的有机分子螺砒喃［图 8.18（a）］，并将该分子嵌入到特定的聚合物分子材料中。如果对材料进行拉伸，螺砒喃会发生开环反应，聚合物分子材料的颜色将会发生变化。在对材料进行第一性原理拉伸分子动力学模拟过程中，在力的作用下，螺砒喃分子中键能最低的 C—O 键的距离逐渐增加［图 8.18（b）］，分子势能也逐渐增加［图 8.18（c）］。当分子的拉伸量达到 17% 时，分子间的势能达到了发生化学反应所需要克服的能垒 2.3eV，而当分子的拉伸量达到 20% 时，C—O 键断裂，螺环发生开环反应［图 8.18（c）］。

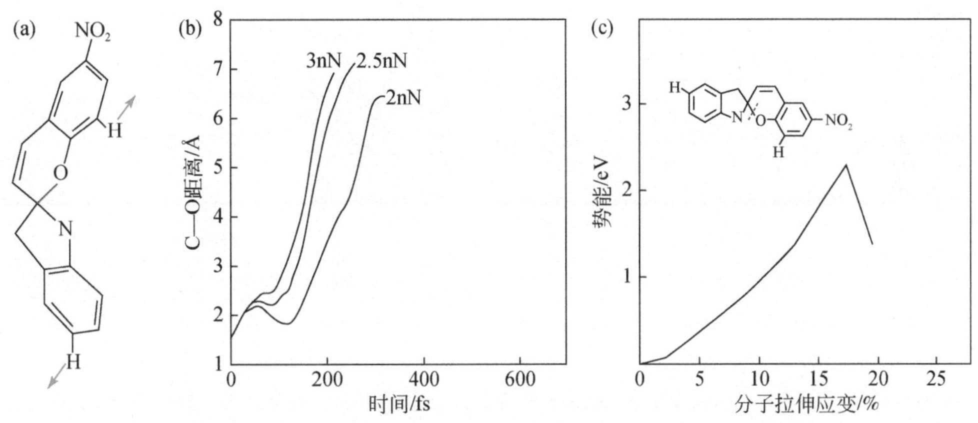

图 8.18　力活化过程的第一性原理分子动力学模拟结果（据 Davis *et al.*，2009）

（a）对力敏感的螺砒喃分子，蓝色箭头指示拉伸方向，红色 C—O 键为分子中键能最弱的化学键；（b）应力分别为 2nN、2.5nN 和 3nN 时，C—O 键的距离随时间的变化，1Å=10^{-10}m；（c）C—O 键分子势能随分子拉伸应变的变化。红色虚线指示化学键断裂位置

Strachan 等（2003）扩展了 ReaxFF 的参数集，并将其用于不同碰撞速度下冲击引发高能材料硝铵 RDX 的初始化学反应。模型相当于建立了两个二维周期性边界 RDX 厚板，然后在两个厚板中的每个原子热速度的基础上分别施加相对的碰撞速度使其相撞，在两个厚板中产生冲击波。在较高的碰撞速度（＞ 6km/s）下 RDX 分解，并且在很短的时间内（＜ 3ps）形成了一系列小分子。而对于较低的碰撞速度（4km/s），只形成了 NO_2（图 8.19）。当碰撞速度增加时，N_2 和羟基是短时间内的主要产物。这个模拟有两个过程，即碰撞时的压缩和之后爆炸时的膨胀，而气体小分子在压缩和膨胀过程中都可以产生。此过程与第 7 章提到的成矿过程中的流体闪蒸是否具有类似的应力化学过程？值得思考！

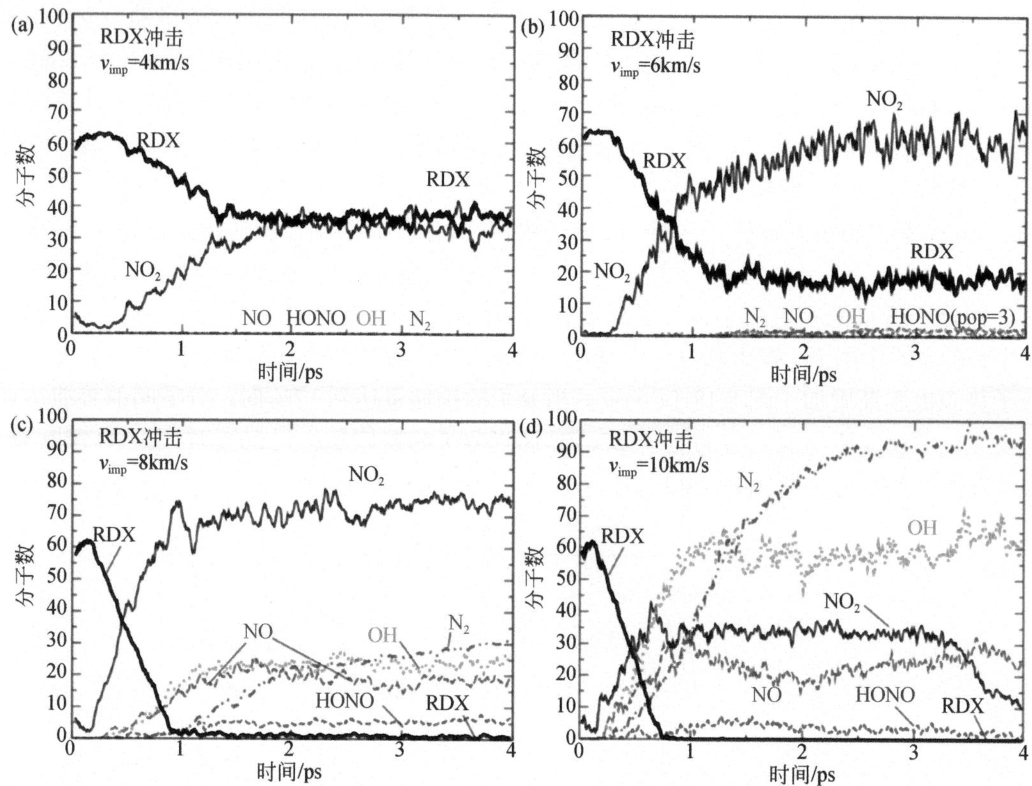

图 8.19 在不同碰撞速度下的冲击过程中各个片段随时间的演化（据 Strachan *et al.*，2003）

（a）v_{imp}=4km/s；（b）v_{imp}=6km/s；（c）v_{imp}=8km/s；（d）v_{imp}=10km/s。RDX 分子的初始数量为 64

Botari 等（2014）用 DFTB 和 ReaxFF 方法通过施加应变的方式对单层硅烯进行了拉伸模拟使其从中间破裂，采取的应变速率为 10^{-6}/fs。在施加应变的过程中，硅烯的弯曲度降低，靠近破裂区域应力迅速降低，即使在破裂发生之后，局部的应力集中导致了重新生成更多的环，如六元环重排为五元环和七元环等，形成大量的边界结构缺陷（图 8.20）。最大应力值和临界应变值都与温度密切相关，体系温度升高时，形成破裂的能垒会发生改变，临界应变值会降低。

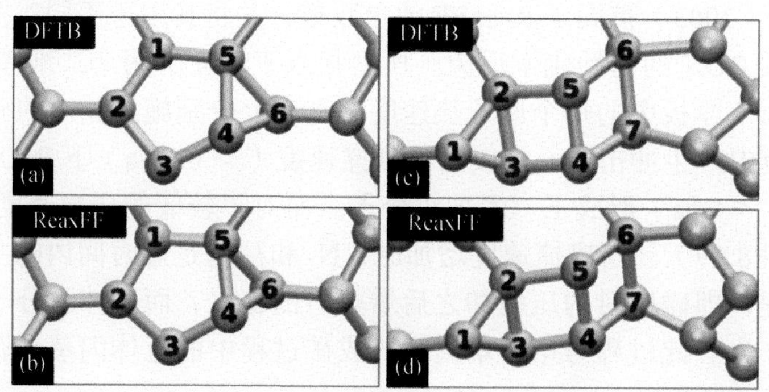

图 8.20 ReaxFF 和 DFTB 方法模拟硅烯边缘重建的详细视图（据 Botari *et al.*，2014）

（a）、（b）低应变；（c）、（d）高应变

Yang 等（2018）采用模拟长时域动力学的力偏置蒙特卡罗方法结合淬火分子动力学模拟了活性炭的单轴拉伸过程。局部剪应变分析表明，裂缝出现在非六元环缺陷的附近及活性炭结构的边缘，并沿垂直于拉伸轴方向扩展；冯米斯应力分析表明，应力集中区域位于非六元环缺陷处，并沿平行于拉伸轴方向扩展［图 8.21（a）］；基于环尺寸的概率分布发现六元环会转变为四元环和五元环［图 8.21（b）］。

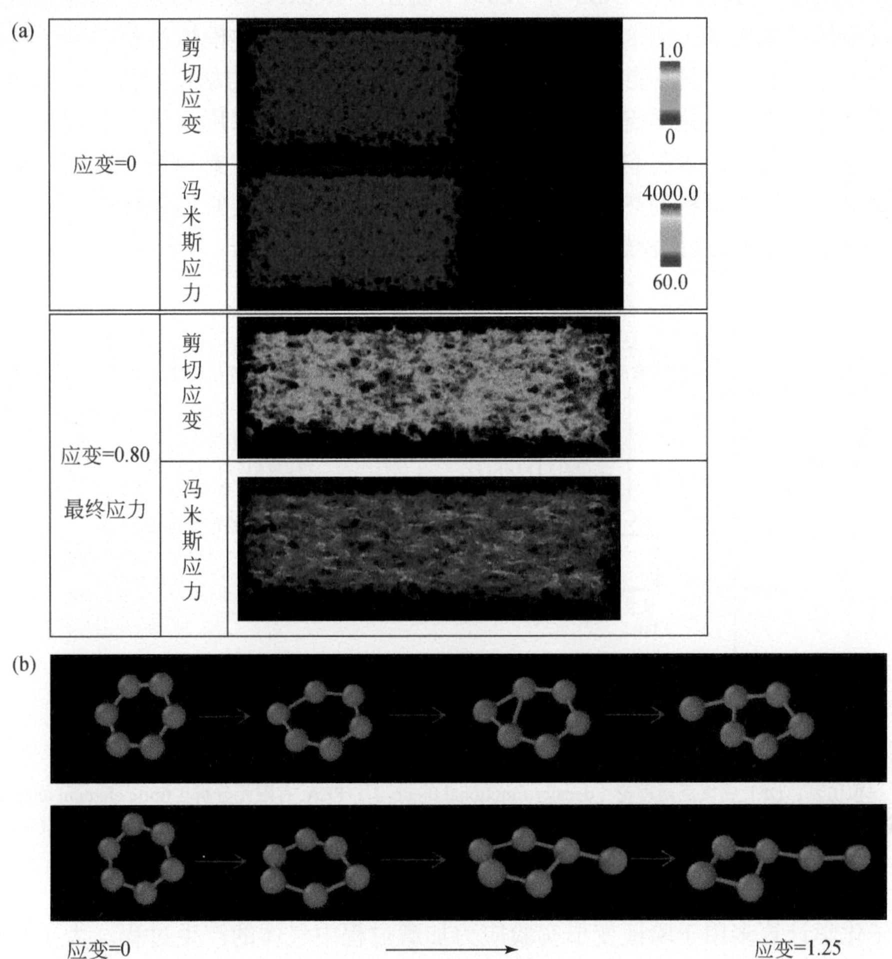

图 8.21　拉伸模拟过程中活性炭的变形和反应（据 Yang *et al.*，2018）

（a）剪切应变和冯米斯应力分布；（b）拉伸过程中六元环转变为五元环（上）和四元环（下）的反应路径

8.4.2　应力化学的反应过程

量子化学计算可以对有机物分子的结构、反应活性、反应机理和物理性质等方面提供可靠的解释，并且可以做出一些在实验条件下无法完成的、具有指导意义的预测。但是，由于量子化学能够计算的体系较小（一般不超过 100 个原子），能够处理的分子体系结构需要确定、均一，而煤的组成结构非常复杂并且具有高度异质性，要通过量子化学方法获得煤的大分子结构及全面系统的化学反应机理具有较大困难。在研究中，多采用平均分子或概念模型，针对煤的某一方面特性来构建煤的结构模型，而忽略煤的其他特性。但由于量子化学对于小分子体系的反应计算可以得到很好的结果，对其活性位点的化学键的成断机理、结构单元的最优构型及一些热力学数据都可以给出精确的结果，因此量子化学方法是研究煤的分子结构及其反应的有效手段。为了使大规模化学反应体系的分子动力学模拟成为可能，van Duin 等（2001）提出了 ReaxFF 反应力场，这是一种专门用于模拟反应体系的力场（图 8.22）。经典力场是假设在动力学模拟过程中分子共价键的拓扑结构固定不变，所以不能描述化学反应。而 ReaxFF 反应力场使用键长、键级之间的相互关系来正确地描述化学键的解离过程。目前反应力场可以用于研究各种条件下引发的化学反应以及各种纳米材料的物理性质，包括煤的热解（主要包括木质素、褐煤、烟煤）和燃烧、高分子材料的热解等。这些模拟的反应产物与实验结果往往比较一致，说明 ReaxFF 反应力场可以比较好地描述这些复杂过程的化学反应。

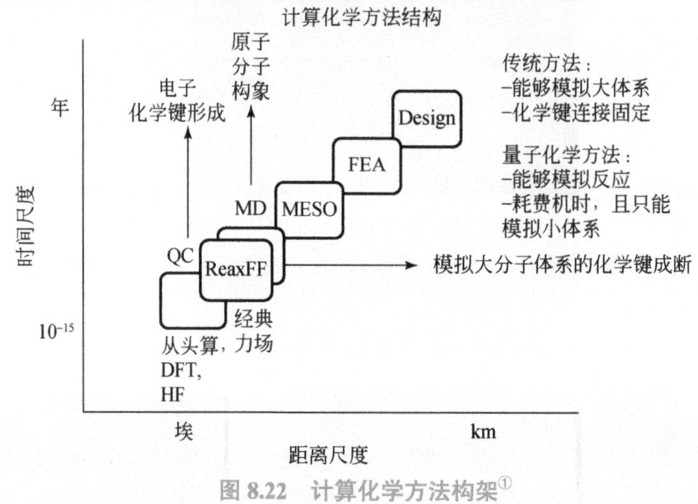

图 8.22 计算化学方法构架[①]

Design. 虚拟仿真；DFT. 密度泛函理论（density functional theory）；FEA. 有限元分析（finite element analysis）；HF. 哈特里－福克方法（Hartree-Fock）；MD. 分子动力学（molecular dynamics）；MESO. 中小尺度数值模拟（mesoscale）；QC. 量子化学（quantum chemical）；ReaxFF. 反应力场（reactive force field）

量子化学计算多用于验证变形实验应力加载过程中气体的产生过程。为了探讨无烟煤次高温高压变形实验过程中 CO 气体的来源，Xu 等（2014）以 Pappano 等（1999）针对宾夕法尼亚无烟煤所构建的分子片段［图 8.1（b）］为研究对象，通过调整化学键长来模拟实验中施加的应力，探讨了六元环酮中羰基的脱落情况。认为无烟煤在变形实验中的机械能可以转变为应变能，促进化学键的变形和断裂，产生 CO（图 8.23）。这一过

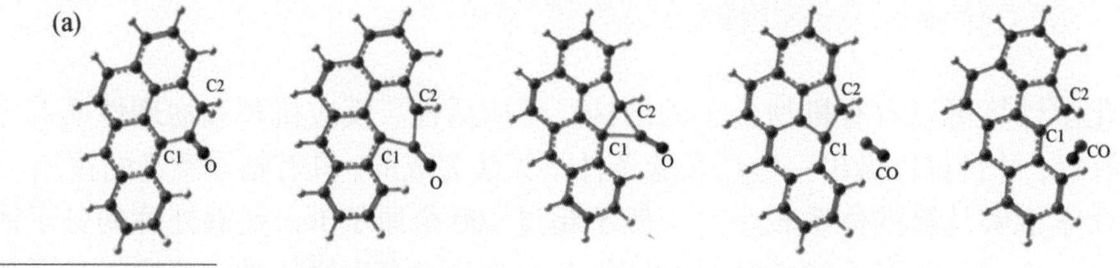

① van Duin A C T. 2002. ReaxFF user manual.

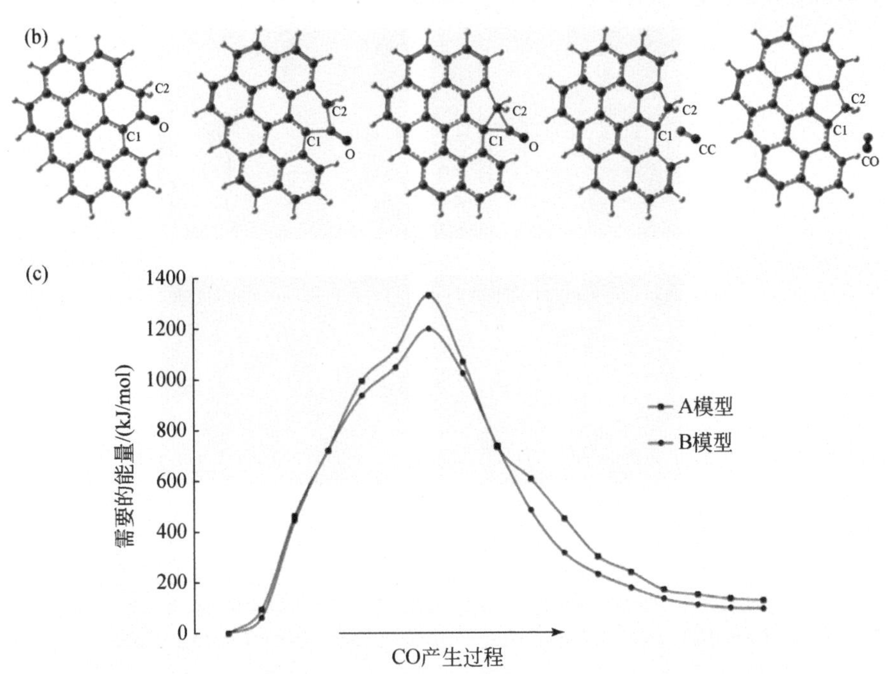

图 8.23　两种不同无烟煤结构模型产生 CO 分子的过程（据 Xu *et al.*，2014）

（a）模型中包含了四个芳香环、一个六元环酮；（b）模型中包含了八个芳香环、一个六元环酮；（c）CO 产生过程中的能量变化

程已经在 ReaxFF 分子动力学模拟中得到证实（图 8.24；Wang *et al.*，2021a）。虽然最终六元环酮并未形成五元环，但是观察到了六元环酮中的酮基与两侧碳原子之间的化学键断裂从而使酮基脱落形成 CO 的动力学过程。

Han 等（2017）对 Xu 等（2014）采用的无烟煤分子片段进行了一些修改，构建了 SW 结构缺陷，研究了结构缺陷的存在对无烟煤分子结构反应性的影响。煤大分子结构本身含有一定的结构缺陷，结构缺陷处容易应力集中（Wei *et al.*，2012）。结构缺陷的产生会使分子结构的键长和键角发生一定的变化，而键长的变化反映出分子结构的能量分布也发生了变化［图 8.25（a）、（b）］；结构缺陷的产生会促进邻近结构中官能团的脱落，在力活化的条件下，结构缺陷的存在降低了发生化学反应所需要的能量［图 8.25（c）］。

Ar　O　H_3C　Ar　CHO → Ar　O　H_3C　Ar　CHO → Ar　O　H_3C　Ar　CHO ↓ CO + Ar　H_3C　Ar　CHO

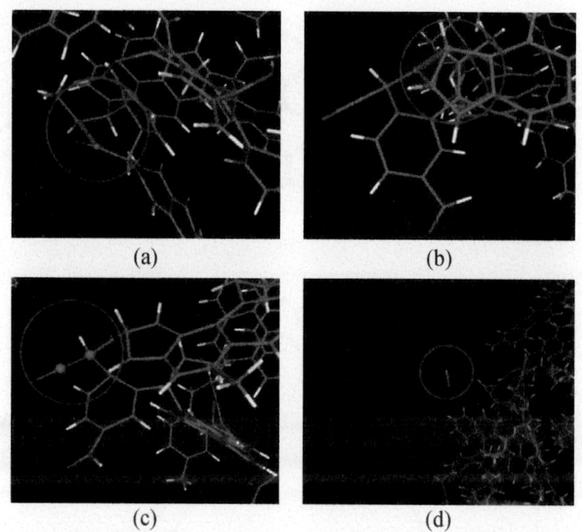

图 8.24　CO 产生的反应路径（上）及轨迹截图（下）（据 Wang *et al.*，2021a）

（上）图中，Ar 表示芳香结构，下一步将要断裂的化学键用红色表示，在反应路径中只绘制出了参与反应的分子片段；（下）图中，碳原子为深灰色，氢原子为灰白色，氧原子为红色，下一步将要断裂的化学键用红色表示，新形成的化学键用绿色表示，参与反应的原子用小球表示，反应区和产物用蓝色圆圈圈出

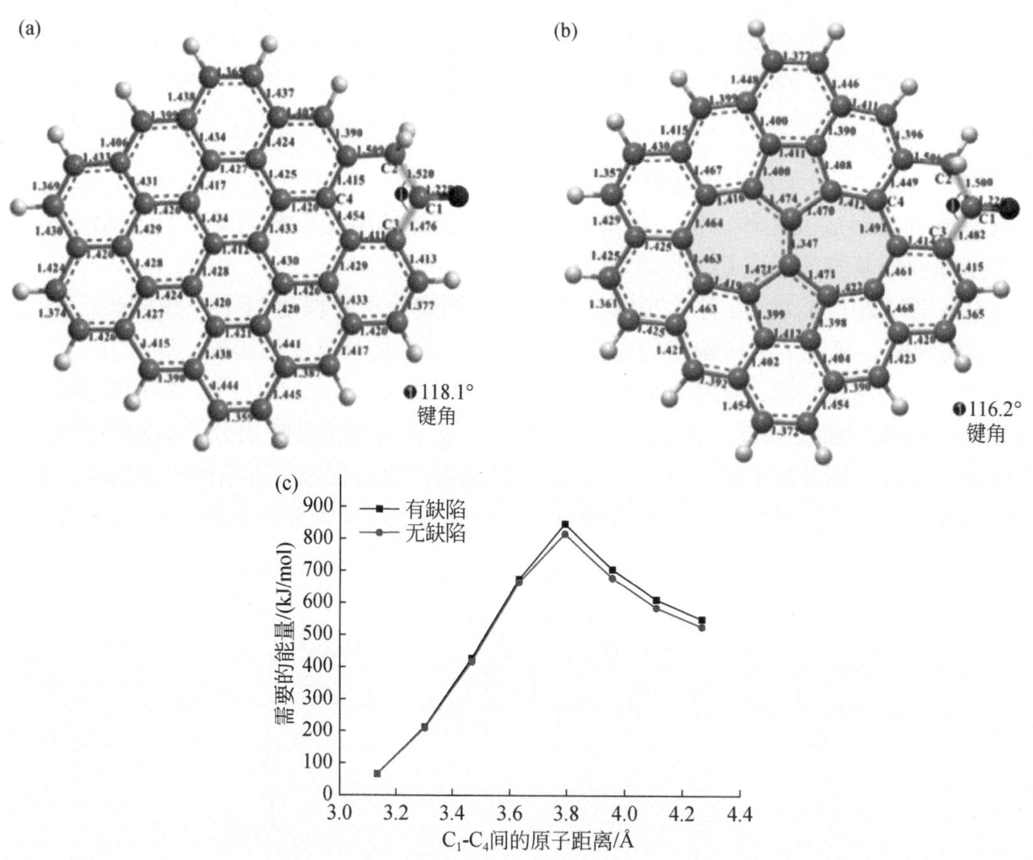

图 8.25　SW 结构缺陷产生（据 Han *et al.*，2017）

结构缺陷产生（a）前（b）后无烟煤大分子片段结构变化。碳原子为深灰色，氢原子为白灰色，氧原子为红色，非六元环结构缺陷为蓝色高亮，键长单位为 Å，1Å=10^{-10}m；（c）结构缺陷对力活化生成 CO 的影响

Wang 等（2017）从 Vishnyakov 等（1998）所做的一个无烟煤的大分子结构模型中选取了四个分子片段，分别包含了三种类型的脂肪结构。然后，计算了这四个片段裂解产生 CH_4 的自由基反应过程，分为链引发阶段、链增长阶段和链终止阶段，并分析了 CH_4 产生所需要的活化能。从图 8.26 中可以看出，链引发反应所需的能量（260.09 ～ 392.18kJ/mol）远大于链增长反应所需的能量（16.60 ～ 185.84kJ/mol），说明只要体系获得链引发反应所需的能量，整个链反应就能顺利进行。这可能是因为高活性的自由基参与到链增长反应中，可以促进 C—C 键的裂解，在很大程度上降低了链增长反应所需的活化能。将链引发阶段与链增长阶段的反应合并，计算其中最易发生反应路径的吉布斯自由能变 ΔG（$\Delta G=G_{生成物}-G_{反应物}$）（即反应 1 与反应 12，ΔG 分别是链引发和链增长阶段的最小值），在 500℃时 ΔG 为 7.24kJ/mol，在 600℃时 ΔG 为 -9.12kJ/mol，因此可以自发反应的温度为 500 ～ 600℃。因此 8.2.2 节中的次高温高压变形实验所设计的最高温度（200℃）不可能使无烟煤热解，CH_4 气体的产生应该是应力作用下力解的结果，而不是热解产生。

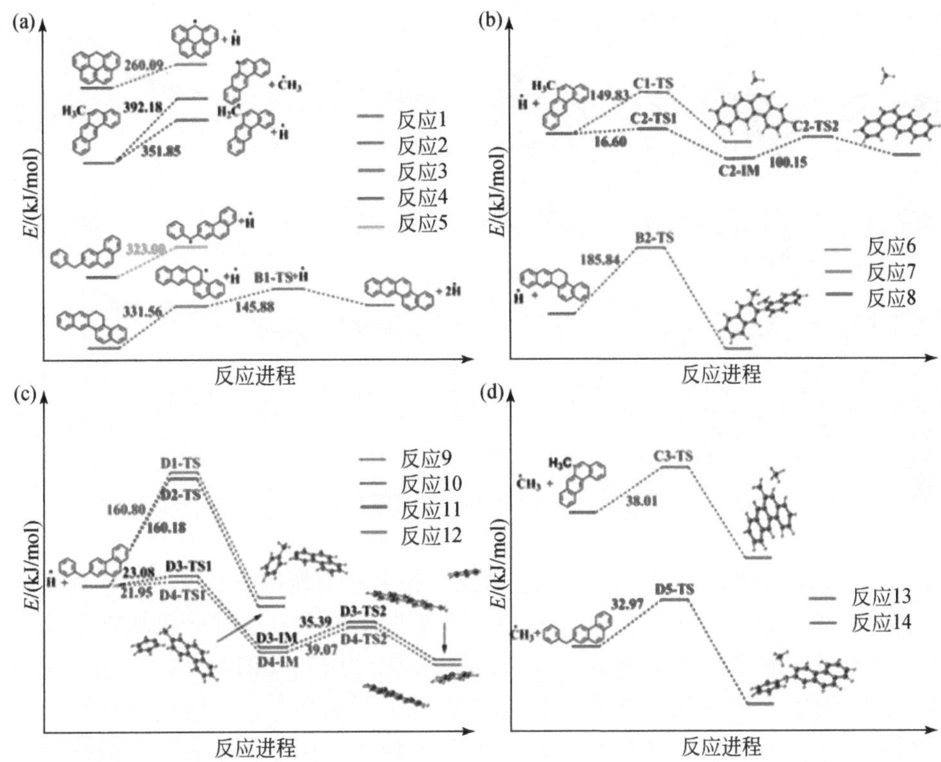

图 8.26　链引发和链增长阶段在 0K 温度下的反应进程的势能剖面图（据 Wang *et al.*，2017）

E 为经零点能校正后的能量。（a）链引发阶段产生 $\dot{H}$ 和 $\dot{C}H_3$；（b）、（c）链增长阶段 $\dot{H}$ 加于脂肪结构或者是芳香环上；（d）链增长阶段 $\dot{C}H_3$ 从侧链或者桥键上夺取氢原子。TS. 过渡态，IM. 中间体。图中，碳原子为绿色，氢原子为灰色

对比链增长阶段的反应 6、7、9、11 与 8、10、12［图 8.26（b）、（c）］，可以发现氢原子加到芳环上使 C—C 键断裂所需要的能量比加到脂肪结构上要小得多，这可能因

为氢原子加到芳环上可以形成完整的芳香化合物，产生的苄基型自由基由于共轭效应也比较稳定，而加到脂肪结构上会产生不稳定的芳基自由基。观察反应 10、12［图 8.27（b）、（d）］发现，氢原子加到芳环上可以调整两边芳环的取向，同时又由于 π — π 堆积作用，使得生成的芳环和苄基型自由基取向更加平行，也更容易发生相对滑动。由于自由基结合没有能垒，所以这些生成的自由基通过滑动很容易发生拼叠形成更大的芳香结构，使芳香层片的延展度增大，堆叠更加整齐。而氢原子加到脂肪结构上则对两边芳环的取向影响不大［图 8.27（a）、（c）］。因此在低变质无烟煤阶段，由于存在较多的脂碳与杂原子，氢原子多数加于脂碳与杂原子上，从而对芳环取向影响不大，以脱氢、脱侧链等芳构化反应为主，易于产气或生烃。而到了中变质无烟煤阶段，脂碳及杂原子含量骤降，键型以 $C_{芳香}$—$C_{芳香}$为主，氢原子多加于芳环上，促进了芳环的取向，进入以环缩合为主的阶段，减少了烃类气体的生成。

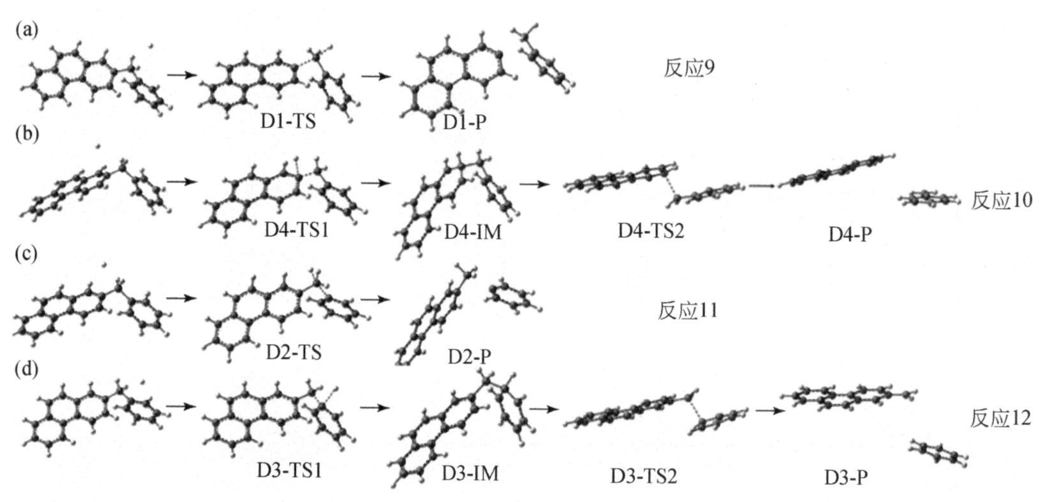

图 8.27 反应 9 ～ 12 的反应路径（据 Wang *et al.*，2017）

反应 9 ～ 12 的势能剖面见图 8.26

韧性变形能量转化过程中，在构造应力尤其是剪应力作用下，原子将偏离最低能量位置，使得原子间距及分子结构的取向角度等都发生改变，这部分机械能以化学能的形式储存起来使得整个分子的能量上升（侯泉林等，2012，2014a）。与分子键长拉伸所需要的能量相比，芳环旋转所需要的能量更低（图 8.28），取向更容易调整，对于镜质组反射率（R_o）的影响也更大，使得 R_o 对于应力作用非常敏感。一般来说，当碳含量超过 90%时，芳香层片的延展度及秩理性将导致 R_o 值的快速增加，芳香层片可能更容易发生旋转而不是化学键的断裂。这部分机械能虽然低于自由基的生成能，却降低了反应的活化能，使分子表现出较高的反应活性，可以继续积累能量使化学键断裂，或者通过分子内重排等反应而成为比较稳定的形式，甚至可以诱发普通条件下无法进行的化学反应。

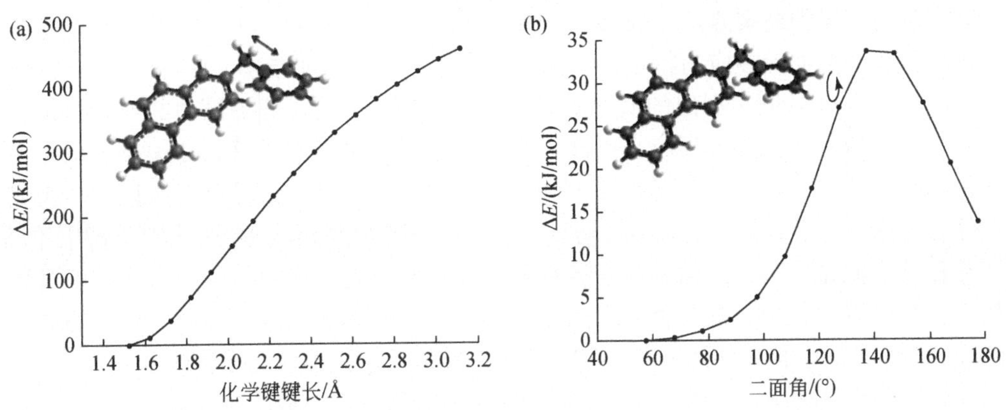

图 8.28　缩聚芳环的键长拉伸和芳环旋转模型（据 Wang *et al.*，2017）

（a）固定两边芳环的结构及方向，拉伸中间两个碳原子（红色）之间的键长的能量变化趋势；（b）固定一边芳环，通过调整二面角（由四个红色碳原子构成），旋转另一边芳环得到的能量变化趋势

采用柳林高挥发性烟煤分子结构模型（Zheng *et al.*，2014）进行 ReaxFF 反应力场分子动力学模拟，从体系中选择一个大分子使其沿着一个方向运动，产生了 CH_4 气体（图 8.29），同时有较多的 $\dot{C}H_3$ 的生成（Wang *et al.*，2021a）。在烟煤热解过程中，$\dot{C}H_3$ 可以直接从甲基或乙基链上脱落（Zheng *et al.*，2014）。但是，在力解过程中，大多数 $\dot{C}H_3$ 是由于甲基-芳基醚结构中的醚键断裂而脱落［图 8.29（b）、（c）］，这可能是因为 C—O—C 结构比 C—C 结构更容易断裂（Chatterjee *et al.*，1989；Zheng *et al.*，2014）。此外，观察到了一个甲基直接从六元环上脱落的过程，由于甲基所处的邻位碳原子上脱落了一个氢原子，从而促进了甲基的脱落以便形成更稳定的双键结构［图 8.29（a）］。这是一个很典型的芳构化过程，将会提高煤大分子的缩合度。烷基-芳基醚结构有两种脱落甲基的方式。一种是直接脱落，产生的酚基由于氧原子上的电荷离域而使结构稳定［图 8.29（b）］。另一种是由于芳基醚中的芳环发生变形或破坏，也会促进甲基脱落［图 8.29（c）］。

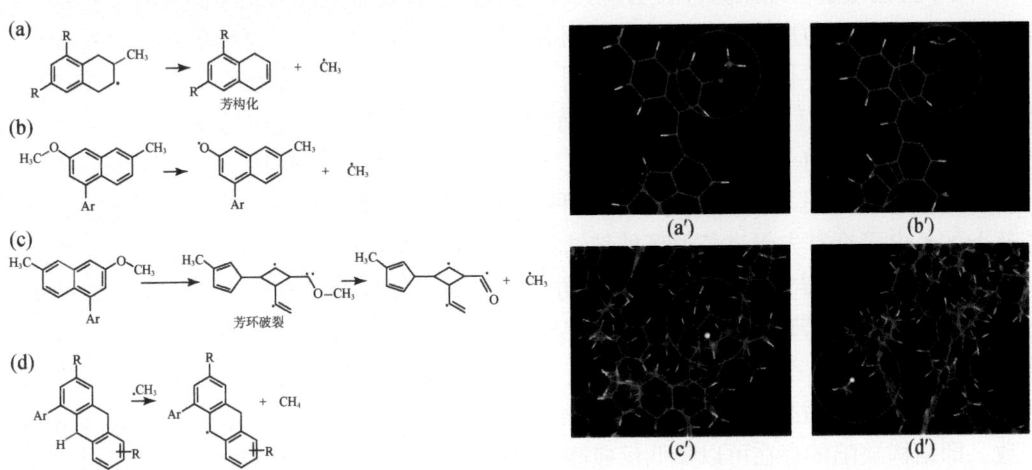

图 8.29　$\dot{C}H_3$ 和 CH_4 的产生机理（左）和 CH_4 产生过程的轨迹截图（右）（据 Wang *et al.*，2021a）

R. 脂肪结构

通常认为，煤中缩聚芳环（fused aromatic ring，FAR）的破裂非常困难，这是基于热解理论的认识。然而，在应力特别是剪应力的作用下可能并非难事。Wang J. 等（2019）对 Vishnyakov 等（1998）提出的低变质无烟煤结构模型进行了施加外力的剪切模拟。为了加快力解反应并避免热解反应，选择的体系温度为 600K，外力（0.07eV/Å）以相反的方向施加到体系中，使三个分子沿正方向移动，另外三个分子沿相反方向移动。当煤分子在外力的作用下沿着某一个方向移动时，它会受到来自相邻分子的剪应力的作用。但是，由于存在分子间排斥力，当两个缩聚芳环彼此靠近时，它们将向其他方向移动以避免过于接近。在靠近过程中，缩聚芳环之间的桥键断裂的概率比侧链与缩聚芳环之间的化学键断裂的概率要高。值得注意的是，缩聚芳环的破裂反应比预期要容易得多。

在轨迹分析过程中，发现了两种不同的缩聚芳环破裂的力解反应方式：

（1）**攻击破裂**。攻击破裂发生的频率较高，破裂方式表现为缩聚芳环受到其他不同类型组分如其他的缩聚芳环或自由基的攻击（图 8.30）。由于外力的作用，两个大分子上的缩聚芳环将会彼此靠近，当它们之间的距离足够小时，两边的芳碳原子将彼此相互连接成键［图 8.30（a）］。这种成键影响了两边缩聚芳环的电荷分布和共轭效应，两个缩聚芳环的芳碳原子相互连接形成一个四元环结构［图 8.30（b）］，促进了缩聚芳环的破裂［图 8.30（c）］，形成了一些不饱和化学键或带有孤电子的自由基长链［图 8.30（c）］。这些自由基链具有较高的能量，易与其他结构反应。不饱和碳原子上的芳香组分与另一个不饱和碳原子相连形成一个五元环结构［图 8.30（d）］，芳香组分转移到另一个不饱和碳原子上［图 8.30（e）］。这种重排反应在所有观察到的反应中发生频率很高，并且可以促进后续反应的进行。不饱和碳原子之间及与相邻缩聚芳环之间成键会产生各种环状结构［图 8.30（f）；两个三元环结构］，使得分子结构之间的连接方式发生变化［图 8.30（g）、（h）］，一些芳环自由基脱落［图 8.30（i）］）或自由基链脱落。然而，自由基链不稳定，可以促进一些小分子片段（C_2H_2）［图 8.30（1）］从叔碳或季碳原子上脱落［图 8.30（k）］。

（2）**直接破裂**。缩聚芳环在剪应力作用下直接破裂有三种方式（图 8.31）：第一种方式是缩聚芳环在剪应力作用下直接开环破裂［图 8.31（a）］，这种破裂最容易发生，其破裂过程从开始［图 8.31（a）（A）］，通过一个环状的过渡态或中间体结构进行了重排［图 8.31（a）（B）］，以产生更有利于缩聚芳环进一步反应的结构，导致缩聚芳环连续破裂［图 8.31（a）（C）］；第二种方式是在剪应力的作用下在内部先形成三元环和五元环结构［图 8.31（b）］；第三种方式是当缩聚芳环失去一个氢原子之后，缩聚芳环上的孤电子会首先促进芳香环外部结构的重排，然后破裂［图 8.31（c）］。

无论是直接破裂方式还是攻击破裂方式，都源于缩聚芳环在应力作用下导致的电荷分布的变化。缩聚芳环的破裂反应不仅仅是一个或两个缩聚芳环的破裂，而是一系列缩聚芳环的连续破裂。当一个芳环破裂后，整个缩聚芳环的稳定性会大大降低，所形成的自由基结构会促进重排反应的进行，使相邻的芳环继续破裂。这个结果与实验分析结果一致，即结构缺陷的存在可以降低反应能垒（Han *et al.*，2016，2017）。因此，煤的变形尤其是韧性变形不仅仅是结构缺陷产生的过程，更是缺陷之间相互作用以及扩展的过程，类似于“位错”迁移。在这一过程中，各种重排反应和环状结构的形成是反应不断持续

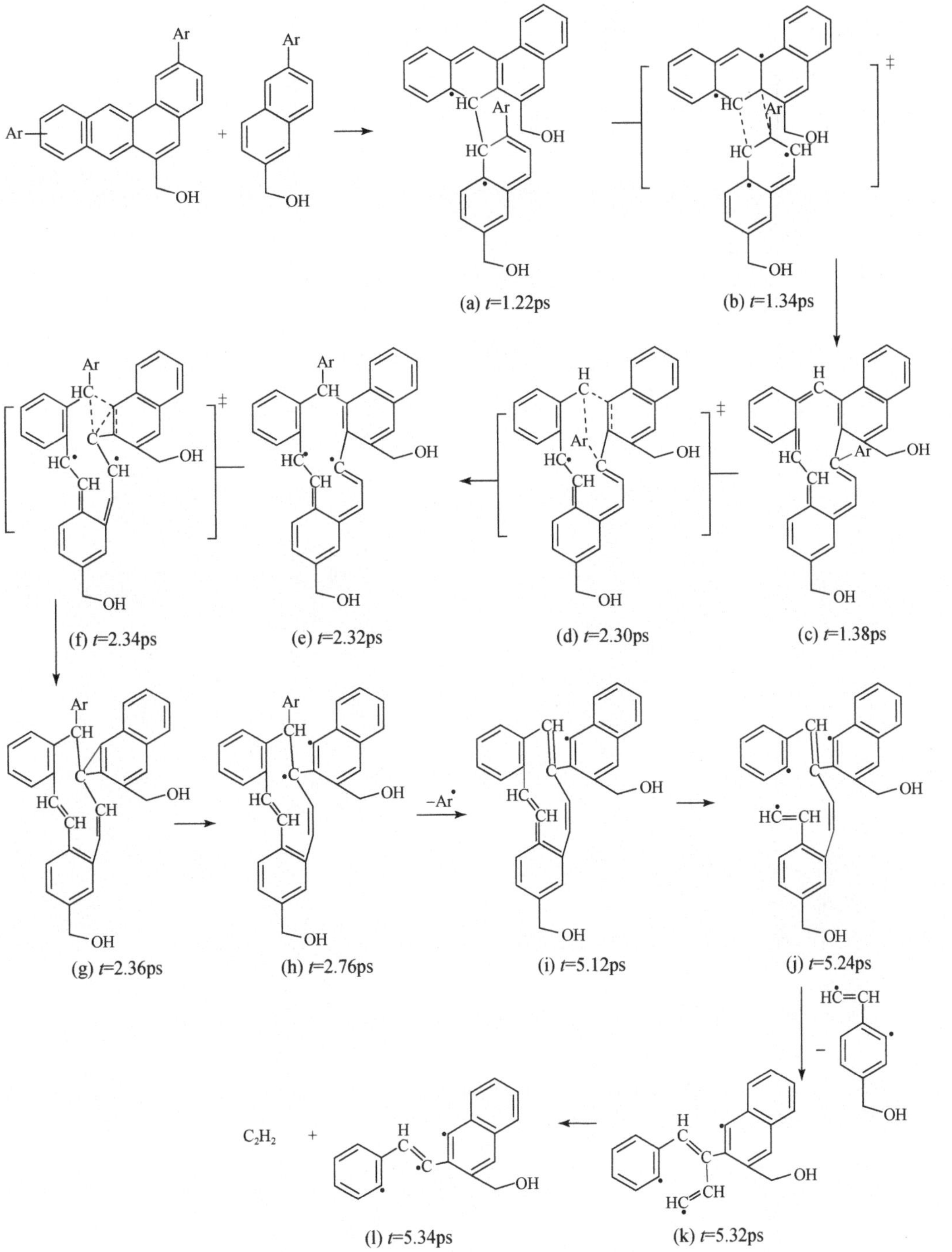

(a) t=1.22ps　(b) t=1.34ps

(f) t=2.34ps　(e) t=2.32ps　(d) t=2.30ps　(c) t=1.38ps

(g) t=2.36ps　(h) t=2.76ps　(i) t=5.12ps　(j) t=5.24ps

(l) t=5.34ps　(k) t=5.32ps

图 8.30　缩聚芳环互相攻击的破裂方式（据 Wang J. *et al.*，2019）

[ ]‡代表轨迹分析过程中观察到的可能的过渡态结构，绘制出过渡态的结构是为了使整个反应路径更加的完整和清晰。同时，在反应路径中只绘制出了参与反应的分子片段。除了初始结构，没有参与后续反应的芳香组分在反应路径中没有绘制

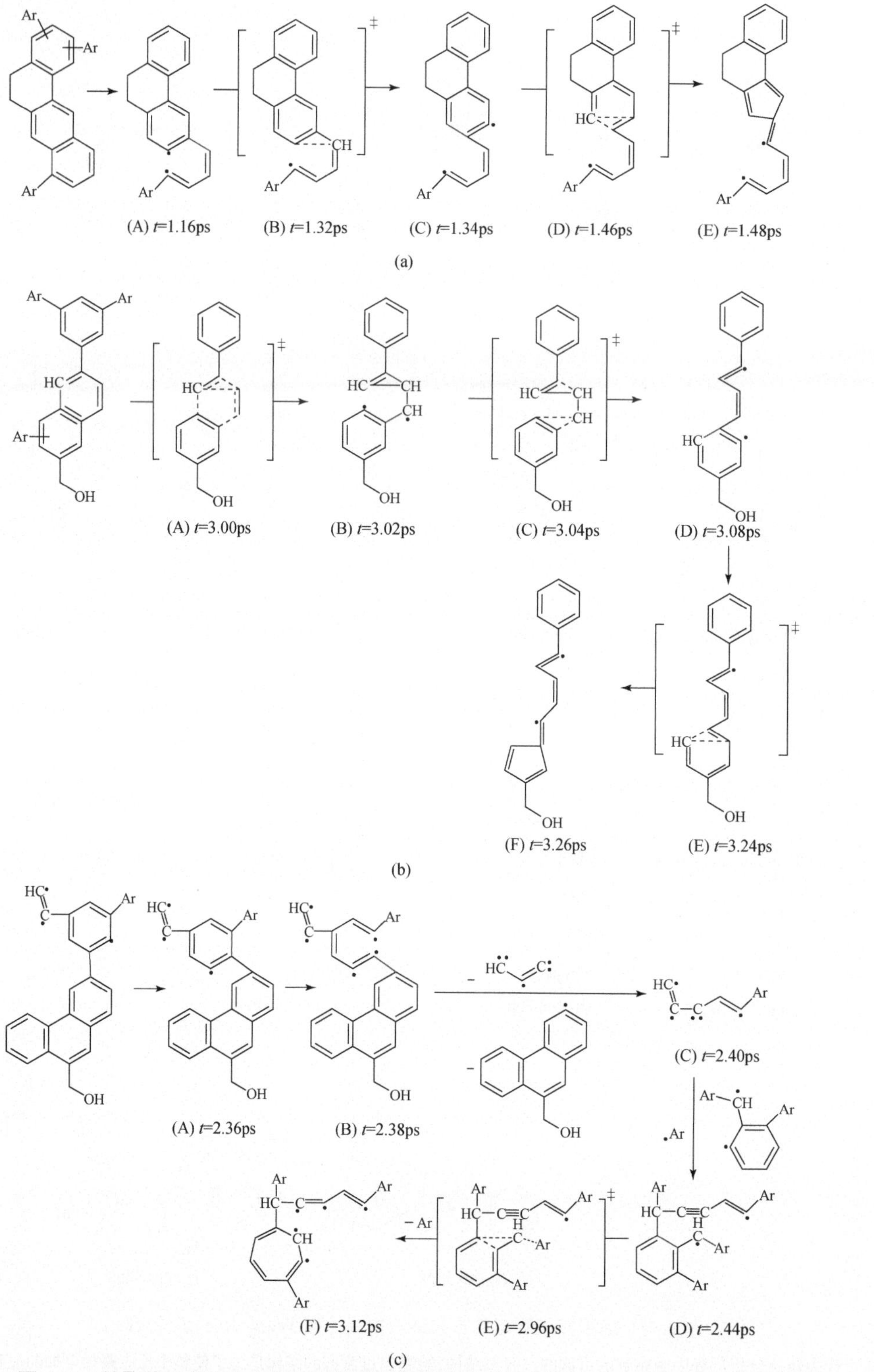

(A) t=1.16ps (B) t=1.32ps (C) t=1.34ps (D) t=1.46ps (E) t=1.48ps

(a)

(A) t=3.00ps (B) t=3.02ps (C) t=3.04ps (D) t=3.08ps

(F) t=3.26ps (E) t=3.24ps

(b)

(A) t=2.36ps (B) t=2.38ps (C) t=2.40ps

(F) t=3.12ps (E) t=2.96ps (D) t=2.44ps

(c)

图 8.31 缩聚芳环在剪应力作用下的三种直接破裂方式（据 Wang J. *et al.*，2019）

（a）直接开环破裂；（b）先形成一个三元环和五元环结构然后破裂；（c）失去一个氢原子的带有孤电子的缩聚芳环重排而破裂

的重要特征，促进了煤大分子结构的调整，在连续反应之后可能形成相对稳定的产物。

Wang 等（2021b）使用 ReaxFF 反应力场分子动力学模拟方法分析了不同大小的外力作用对烟煤模型的力解反应速率和气体种类的影响。每条轨迹体系中平均分子数（N）随时间的演化过程如图 8.32 所示。当施加的外力较小（0.01eV/Å）时很难破坏化学键，因此体系中的分子数不会增加，甚至会由于分子间偶然的相互连接而略有减少。随着外力的增加，煤大分子结构的力解反应越来越明显，N 值急剧增加，甚至在模拟时间结束时仍处于上升趋势，力解反应达到峰值（0.03eV/Å）。此后，随着外力的不断增加，力解作用逐渐减弱。当施加的外力值为 0.06eV/Å 和 0.07eV/Å 时，体系在初始阶段会迅速发生反应，随后体系中的分子数几乎保持恒定。据此推测自然条件下的煤与瓦斯突出对应力的敏感性可能仅限于一个有限的应力范围内发生。这一结果似乎可以合理地解释为什么煤与瓦斯突出通常发生于韧性剪切带中，因为韧性变形在应力敏感区间持续时间长，而脆性变形持续的时间短。这与前面变形实验中的推测一致。即脆性变形可能通过将机械能转化为摩擦热能而改变煤的化学结构，能量分布局限，耗散迅速；而韧性变形则是通过塑性应变能的积累而发生力化学反应，能量分布相对分散，且持续时间长。此外，在各向异性模拟中，虽然反应数量在不同方向上的各向异性特征并不明显，但是沿着不同方向运动产生的气体种类并不相同，可产生诸如 H_2O、CH_4、CO、CO_2 和 H_2 等气体分子，这体现了分子结构上的各向异性特征，可能与煤大分子结构的延展性以及不同官能团的应力分布有关，值得进一步探究。

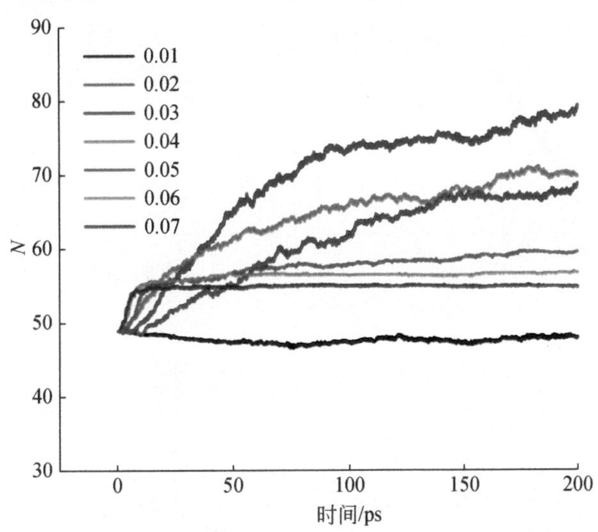

图 8.32　不同大小的外力（F）作用下体系中平均分子数（N）随时间的演化（据 Wang *et al.*，2021b）

体系初始分子数为 49

Bousige 等（2016）建立了四种成熟度不同的 II 型干酪根分子模型（PY02、MarK、EFK、MEK）。PY02 本身并不是一种干酪根类型，而是一种硬沥青质，但是它与成熟干酪根在某些方面相似。另外三种干酪根的镜质组反射率依次为 $R_{o,MarK}$=2.20%、$R_{o,EFK}$=0.65%、$R_{o,MEK}$=0.55%。PY02 和 MarK 主要包含 sp^2 碳，EFK 和 MEK 主要包含 sp^3

碳，而 sp[1] 碳在所有样品中含量均非常少。对体系施加 10^9/s 的应变速率，使体系分别发生静水压缩 - 膨胀、剪切变形和单轴拉伸。模拟结果表明，在未成熟的干酪根中，弹性载荷分支的斜率随变形的增加变化很小，如果推到零应力，则这种行为与残余应变有关，表现出了一定的塑性行为。相反，成熟的干酪根表现出的弹性载荷斜率围绕应力 - 应变曲线的起点旋转，表现为脆性行为［图 8.33（a）］。通过分析应变加载过程中的原子位移，发现脆性变形发生在平面内，脆性断裂沿表面局部分布，说明形成了破裂面；而韧性变形与大量塑性变形有关，显著的原子位移（＞1Å）随机地分散在整个体系中［图 8.33（b）］，这种差异对从干酪根的微孔中回收烃有直接影响。通过追踪 C—C 键、sp^2、sp^3 碳的数量（杂化状态由相邻原子数量决定，如果两个原子之间的距离小于 1.9Å，则认为这两个原子相邻），发现随着应变程度的增加，成熟干酪根 C—C 键的数量增加，sp^2 碳转变为 sp^3 碳；而未成熟干酪根的 C—C 键数量则降低［图 8.33（c）］，sp^3 键断裂形成脂肪链，两个链可能重新组合形成 sp^2 碳，其破裂机制由杂化状态（即 sp^2/sp^3 碳的比例）确定。

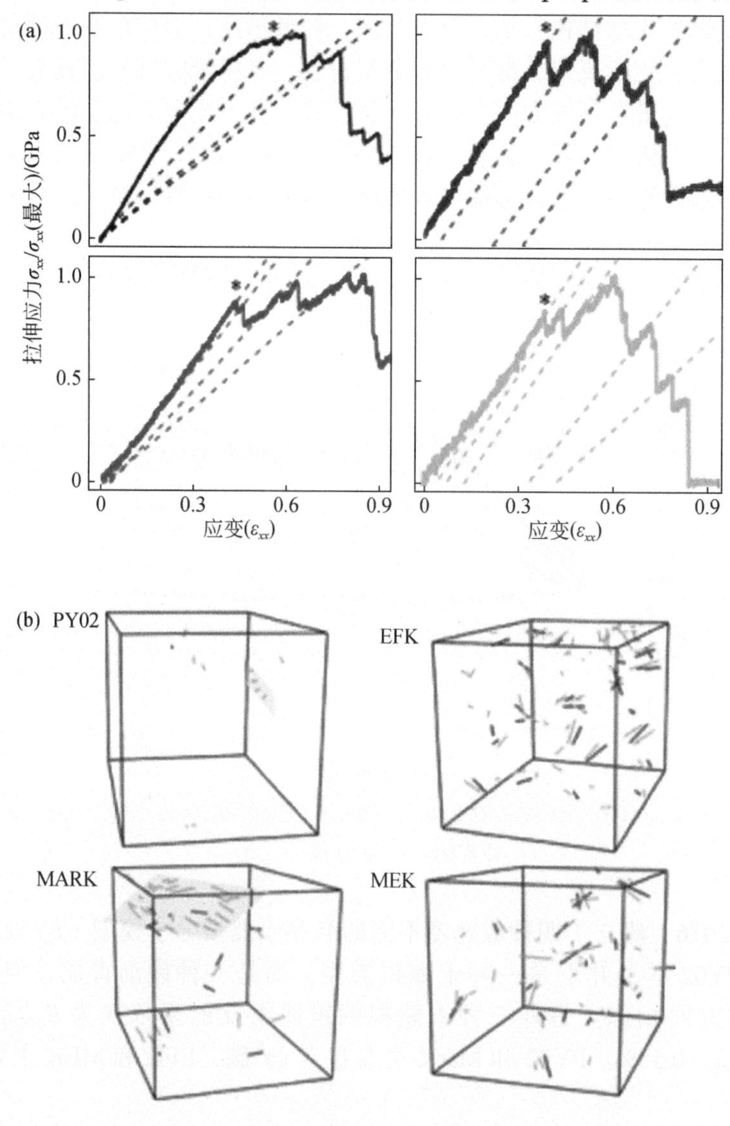

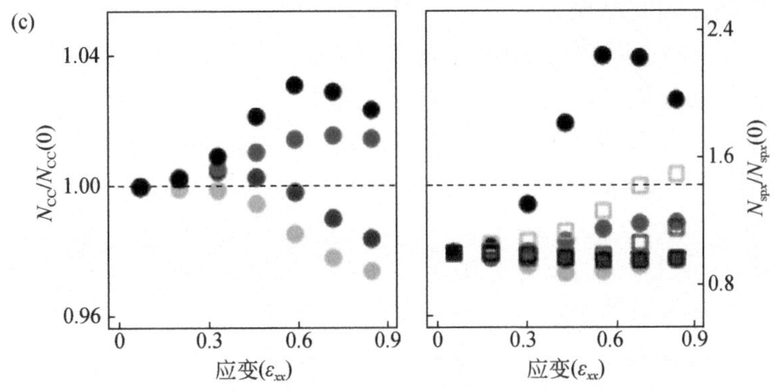

图 8.33　对四种干酪根模型进行断裂模拟（据 Bousige *et al.*，2016）

（a）限制性拉伸测试过程中的标准化应力 - 应变曲线，x 方向拉伸，y 和 z 方向保持固定；虚线是多个递增部分的线性拟合。（b）在应力降点［由（a）中的星号标出］计算的大于 1Å 的原子位移的 3D 表示；碳以灰色表示，氧以红色表示，橙色为原子位移平面。（c）C—C 键总数 N_{CC}/N_{CC}（初始，左）的演变、sp^3（实心符号）和 sp^2（空心符号）碳原子总数 N_{spx}/N_{spx}（初始，右）的演变；其中 PY02 为黑色，MarK 为蓝色，EFK 为红色，MEK 为黄色

8.4.3　力解和热解反应的比较

对比煤的次高温高压变形实验与煤的热解实验，发现相同煤级的煤在两种实验下产生的气体产物不同，推测可能是由于不同化学键对力和热的敏感程度不同，力的作用改变了化学反应的途径所致（董怡静等，2017）。Yang 等（2020）运用量子化学和分子动力学方法研究了 Wender 煤分子模型在拉伸外力作用下的化学过程。根据化学键解离确定键的断裂顺序为：脂肪醚＞脂肪侧链＞芳香醚＞芳香结构单元。但是具有低键解离能的化学键并不一定在拉伸过程中首先断裂，因为它还与化学键方向与拉伸应力方向之间的夹角有关，某些角度有利于化学键克服能垒而断裂。

Wang J. 等（2019）进行了无烟煤结构模型的剪应力作用下的力解模拟与热解模拟的对比研究。在不施加剪应力的情况下，温度达到 2500K 时才能够观察到缩聚芳环的破裂，在此过程中缩聚芳环受到强烈热波动的影响，形成了五元环或七元环（图 8.34），这与其他煤热解的研究结果（Castro-Marcano *et al.*，2012；Zheng *et al.*，2014）相一致；然而，在施加剪应力的情况下，温度在 600K 时就可观察到缩聚芳环的破裂，而且在沿着分子运动的方向观察到了分子之间可以形成剪切面［图 8.35（c）中清晰的间隙］，暗示了剪应力的力解作用特征，这与热解过程中原子在三个方向的分布相对均匀［图 8.35（d）］形成鲜明对照。尽管施加剪应力实验过程提供给体系内每个原子的能量远远低于纯加热过程（图 8.35），但是某一瞬间其原子势能会大大超过热解势能（图 8.35 右），从而造成缩聚芳环在剪应力作用下更容易发生破裂。

以上比较暗示，在热解过程中，缩聚芳环的受热相对均匀，它们之间很少发生交联。在此情况下，缩聚芳环的能量状态应该是相对均匀的，因此保持了共轭效应而稳定，从而需要 2500K 或更高的温度才能够破坏缩聚芳环的结构。与热解作用不同的是，剪应力的力解作用具有方向性（图 8.35 左），缩聚芳环具有更多的机会彼此接近，使得它们之

间更容易发生交联，因此缩聚芳环的六个芳碳原子的能量状态可能是不均匀的，并且难以保持共轭效应而失稳，即使在 600K 的温度下缩聚芳环也可以被破坏裂解。因此，可以看出力解作用和热解作用遵循两种不同的反应路径，其产物也不相同。当然，要验证缩聚芳环中能量非均匀分布的推测还需要更多实证。需要说明的是，对于那些较弱的化学键如侧链和官能团等，更容易受到热波动的影响而发生热解（Konôpka *et al.*，2008）。

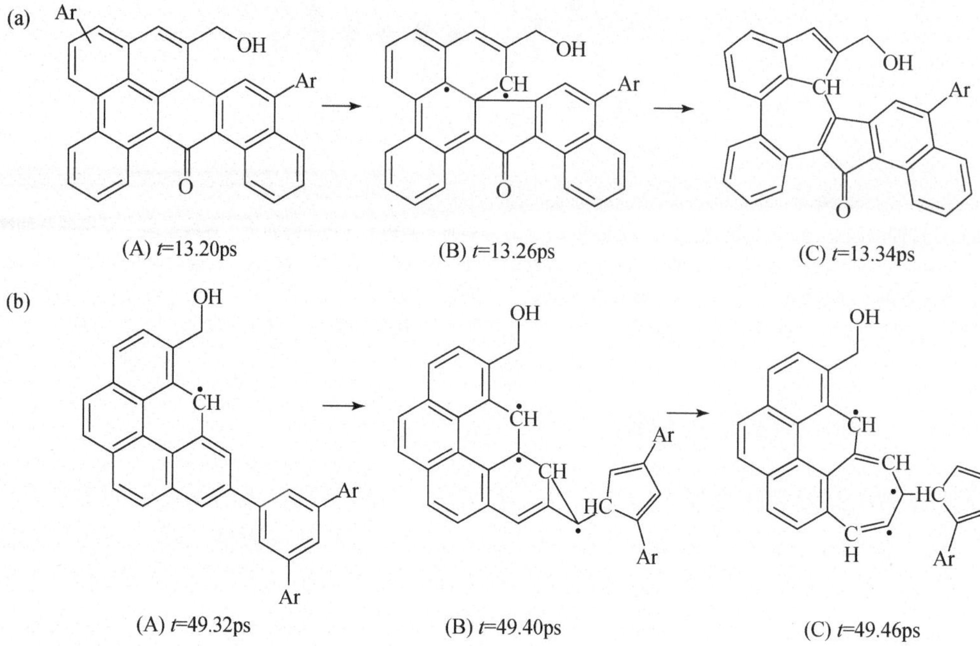

(a)

(A) t=13.20ps　(B) t=13.26ps　(C) t=13.34ps

(b)

(A) t=49.32ps　(B) t=49.40ps　(C) t=49.46ps

图 8.34　缩聚芳环的热解破裂机理（据 Wang J. *et al.*，2019）

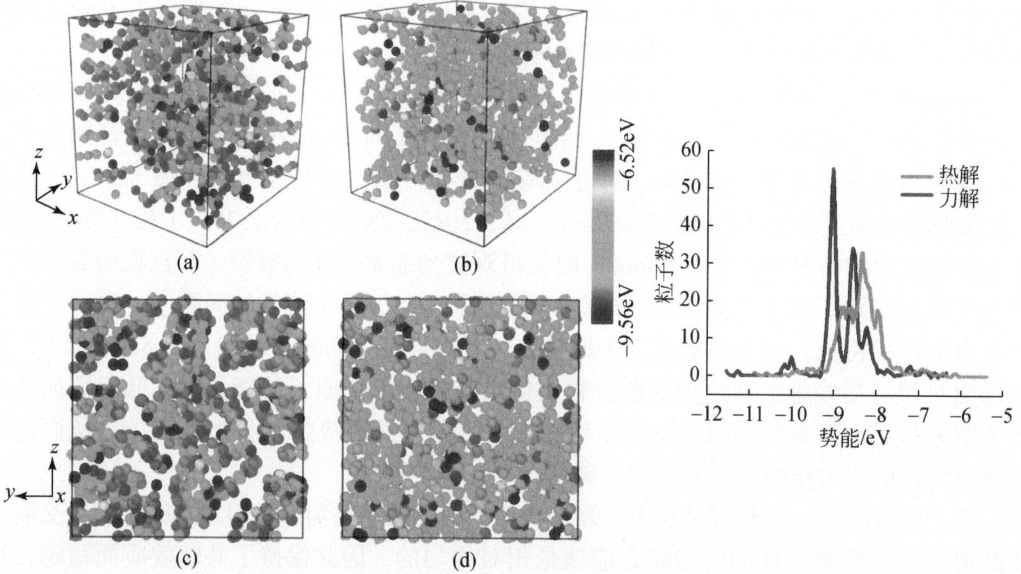

图 8.35　力解和热解的原子势能分布对比（据 Wang J. *et al.*，2019）

（左）力解［（a）、（c）］和热解［（b）、（d）］在 t=200ps 时的势能分布；在这条轨迹中，剪应力沿着 x 方向施加；为了绘图清晰，氧原子和氢原子没有在图中显示。（右）同一时刻、同一轨迹中力解和热解处于不同势能的原子数量

有机质的力解作用实际上是应力化学过程，如果具有普适性，是否存在力解产气、生烃成油？可能是值得探索的命题。

从第 7、8 章的内容可以看出，构造应力化学的研究才刚刚起步。构造作用，乃至地质作用过程中可能有诸多应力化学过程尚未被认知（参阅“尾声”），值得探究！

思 考 题

1. 你觉得应力化学是否是构造地质学的发展方向之一？
2. 有机岩石能够发生力解吗？为什么？
3. 有机岩的力解与热解作用机理有何不同？
4. 为什么如此难以热解的缩聚芳环那么容易力解？
5. 你觉得应力化学下一步的研究途径和方向有哪些？

参 考 文 献

曹运兴，彭立世 . 1995. 顺煤层断层的基本类型及其对瓦斯突出带的控制作用 . 煤炭学报，20（4）：413 ～ 417

曹运兴，彭立世，侯泉林 . 1993. 顺煤层断层的基本特征及其地质意义 . 地质评论，39（6）：522 ～ 528

曹运兴，张玉贵，李凯琦等 . 1996. 构造煤的动力变质作用及其演化规律 . 煤田地质与勘探，24（4）：15 ～ 18

董怡静，韩雨贞，侯泉林等 . 2017. 煤变形产气的力化学机理探讨 . 煤炭学报，42（4）：942 ～ 949

韩雨贞 . 2019. 无烟煤的流变学与力化学特征研究 . 北京：中国科学院大学博士学位论文

侯泉林，李小诗 . 2014. 构造作用与瓦斯突出和超量煤层气 . 物理，43（6）：373 ～ 380

侯泉林，张子敏 . 1990. 关于“糜棱煤”概念之探讨 . 焦作矿业学院学报，2: 21 ～ 26

侯泉林，李会军，范俊佳等 . 2012. 构造煤结构与煤层气赋存研究进展 . 中国科学：地球科学，42（10）：1487 ～ 1495

侯泉林，雒毅，韩雨贞等 . 2014a. 煤的变形产气机理探讨 . 地质通报，33（5）：715 ～ 722

侯泉林，雒毅，宋超等 . 2014b. 中煤级煤变形产气过程及其机理探讨 . 煤炭学报，39（8）：1675 ～ 1682

姜波，秦勇，金法礼 . 1998. 高温高压下煤超微构造的变形特征 . 地质科学，33（1）：17 ～ 24

蒋建平，罗国煜，康继武 . 2001. 煤 X 射线衍射与构造煤变质浅议 . 煤炭学报，26（1）：31 ～ 34

李会军 . 2011. 煤的变形行为及其产气机理研究——以沁水盆地南部为例 . 北京：中国科学院大学硕士学位论文

李希建，林柏泉 . 2010. 煤与瓦斯突出机理研究现状及分析 . 煤田地质与勘探，38（1）：7 ～ 13

李霞，曾凡桂，王威等 . 2016. 低中煤级煤结构演化的 XRD 表征 . 燃料化学学报，44（7）：777 ～ 783

李小明，曹代勇，张守仁等 . 2003. 不同变质类型煤的 XRD 结构演化特征 . 煤田地质与勘探，31（3）：5 ～ 7

李小明，曹代勇，张守仁等 . 2005. 构造煤与原生结构煤的显微傅里叶红外光谱特征对比研究 . 中国煤田地质，17（3）：9 ～ 11

林红，琚宜文，侯泉林等 . 2009. 脆、韧性变形构造煤的激光 Raman 光谱特征及结构成分响应 . 自然科学进展，19（10）：1117 ～ 1125

雒毅 . 2014. 煤的变形产气过程及其机理研究 . 北京：中国科学院大学博士学位论文

彭立世，陈凯德 . 1988. 顺层滑动构造与瓦斯突出机制 . 焦作矿业学院学报，（2-3）: 156 ～ 164

王瑾 . 2019. 煤力解产气机理的量子化学计算和分子模拟研究 . 北京：中国科学院大学博士学位论文

徐容婷 . 2014. 基于次高温高压变形实验条件下高煤级煤的变形变质作用机理研究 . 北京：中国科学院大学硕士学位论文

张小兵，张子敏，张玉贵 . 2009. 力化学作用与构造煤结构 . 中国煤炭地质，21（2）: 10 ～ 14

张玉贵，张子敏，曹运兴 . 2007. 构造煤结构与瓦斯突出 . 煤炭学报，32（3）: 281 ～ 284

张玉贵，张子敏，谢克昌 . 2005. 煤演化过程中力化学作用与构造煤结构 . 河南理工大学学报，24（2）: 95 ～ 99

张玉贵，张子敏，张小兵等 . 2008. 构造煤演化的力化学作用机制 . 中国煤炭地质，20（10）: 11 ～ 13

周建勋，邵震杰，王桂梁 . 1994. 实验变形煤的光性组构分析 . 地质科学，29（3）: 276 ～ 290

Amelinckx S, Delavignette P. 1960. Dislocation loops due to quenched-in point defects in graphite. Physical Review Letters, 5（2）: 50 ～ 51

Akbulatov S, Tian Y C, Boulatov R. 2012. Force-reactivity property of a single monomer is sufficient to predict the micromechanical behavior of its polymer. Journal of the American Chemical Society, 134: 7620 ～ 7623

Beyer M K, Clausen-Schaumann H. 2005. Mechanochemistry: the mechanical activation of covalent bonds. Chemical Reviews, 105（8）: 2921 ～ 2948

Boldyreva E. 2013. Mechanochemistry of inorganic and organic systems: what is similar, what is different. Chemical Society Reviews, 7719 ～ 7738

Botari T, Perim E, Autreto P A C, *et al.* 2014. Mechanical properties and fracture dynamics of silicene membranes. Physical Chemistry Chemical Physics, 16: 19417 ～ 19423

Bousige C, Ghimbeu C M, Vix-Guterl C, *et al.* 2016. Realistic molecular model of kerogen's nanostructure. Nature Materials, 15: 576 ～ 582

Brantley J N, Wiggins K M, Bielawski C W. 2011. Unclicking the click: mechanically facilitated 1, 3-dipolar cycloreversions. Science, 333: 1606 ～ 1609

Bustin R M, Rouzaud J N, Ross J V. 1995. Natural graphitization of anthracite: experimental considerations. Carbon, 33（5）: 679 ～ 691

Cao D Y, Li X M, Zhang S R. 2007. Influence of tectonic stress on coalification: stress degradation mechanism and stress polycondensation mechanism. Science in China Series D: Earth Sciences, 50（1）: 43 ～ 54

Cao X Y, Yang J, Mao J D. 2013. Characterization of kerogen using solid-state nuclear magnetic resonance spectroscopy: a review. International Journal of Coal Geology, 108: 83 ～ 90

Cao Y X, Davis A, Liu R X, *et al.* 2003. The influence of tectonic deformation on some geochemical properties of coals-a possible indicator of outburst potential. International Journal of Coal Geology, 53: 69 ～ 79

Castro-Marcano F, Kamat A M, Russo Jr M F, *et al.* 2012. Combustion of an Illinois No. 6 coal char simulated using an atomistic char representation and the ReaxFF reactive force field. Combust Flame, 159: 1272 ～ 1285

Chatterjee K, Stock L M, Zabransky R F, *et al.* 1989. The pathways for thermal decomposition of aryl alkyl ethers during coal pyrolysis. Fuel, 68: 1349 ～ 1353

Clayton J L. 1998. Geochemistry of coalbed gas. International Journal of Coal Geology, 35: 159 ～ 173

Craig S L. 2012. A tour of force. Nature, 487: 176 ～ 177

Davis D A, Hamilton A, Yang J L, *et al.* 2009. Force-induced activation of covalent bonds in mechanoresponsive polymeric materials. Nature, 459: 68 ～ 72

Deurbergue A, Oberlin A, Oh J H, *et al.* 1987. Graphitization of Korean anthracites as studied by transmission electron microscopy and X-ray diffraction. International Journal of Coal Geology, 8: 375 ～ 393

Famer I W, Pooley F D. 1967. A hypothesis to explain the occurrence of outbursts in coal, based on a study of West wales outburst coal. International Journal of Rock Mechanics & Mining Sciences & Geomechanics Abstracts, 4（2）: 189 ～ 193

Ferrari A C, Robertson J. 2000. Interpretation of Raman spectra of disordered and amorphous carbon. Physical Review B, 61（20）: 14095 ～ 14107

Gutman E M. 1998. Mechanochemistry of Materials. Cambridge: Cambridge International Science Publishing: 103 ～ 107

Han Y Z, Wang J, Dong Y J, *et al.* 2017. The role of structure defects in the deformation of anthracite and their influence on the macromolecular structure. Fuel, 206: 1 ～ 9

Han Y Z, Xu R T, Hou Q L, *et al.* 2016. Deformation mechanisms and macromolecular structure response of anthracite under different stress. Energy & Fuels, 30: 975 ～ 983

Hashimoto A, Suenaga K, Gloter A, *et al.* 2004. Direct evidence for atomic defects in graphene layers. Nature, 430: 870 ～ 873

Hickenboth C R, Moore J S, White S R, *et al.* 2007. Biasing reaction pathways with mechanical force. Nature, 446: 423 ～ 427

Hou Q L, Han Y Z, Wang J, *et al.* 2017. The impacts of stress on the chemical structure of coals: a mini-review based on the recent development of mechanochemistry. Science Bulletin, 62: 965 ～ 970

Huan X, Tang Y G, Xu J J, *et al.* 2020. Nano-level resolution determination of aromatic nucleus in coal. Fuel, 262: 116532

Huang J Y, Ding F, Yakobson B I. 2008. Dislocation dynamics in multiwalled carbon nanotubes at high temperatures. Physical Review Letters, 100: 035503

Konôpka M, Turanský R, Reichert J, *et al.* 2008. Mechanochemistry and thermochemistry are different: stress-induced strengthening of chemical bonds. Physical Review Letters, 100: 115503

Li H Y, Ogawa Y. 2001. Pore structure of sheared coals and related coalbed methane. Environmental Geology, 40: 1455 ～ 1461

Li H Y, Ogawa Y, Shimada S. 2003. Mechanism of methane flow through sheared coals and its role on methane recovery. Fuel, 82: 1271 ～ 1279

Li W, Jiang B, Moore T A, *et al.* 2017. Characterization of the chemical structure of tectonically deformed coals. Energy & Fuels, 31: 6977 ～ 6985

Li W, Liu H F, Song X X. 2015. Multifractal analysis of hg pore size distributions of tectonically deformed coals. International Journal of Coal Geology, 144-145: 138 ～ 152

Liu H W, Jiang B. 2019. Stress response of noncovalent bonds in molecular networks of tectonically deformed coals. Fuel, 255: 115785

Liu X F, Song D Z, He X Q, *et al.* 2019. Insight into the macromolecular structural differences between hard coal and deformed soft coal. Fuel, 245: 188 ~ 197

Lu L, Sahajwalla V, Kong C, *et al.* 2001. Quantitative X-ray diffraction analysis and its application to various coals. Carbon, 39: 1821 ~ 1833

Mastalerz M, Wilks K R, Bustin R M, *et al.* 1993. The effect of temperature, pressure and strain on carbonization in high-volatile bituminous and anthracitic coals. Organic Geochemistry, 20: 315 ~ 325

Mathews J P, Chaffee A L. 2012. The molecular representations of coal. Fuel, 96: 1 ~ 14

Meyer J C, Kisielowski C, Erni R, *et al.* 2008. Direct imaging of lattice atoms and topological defects in graphene membranes. Nano Letters, 8（11）: 3582 ~ 3586

Moore T A. 2012. Coalbed methane: a review. International Journal of Coal Geology, 101: 36 ~ 81

Pan J N, Lv M M, Bai H L, *et al.* 2017. Effects of metamorphism and deformation on the coal macromolecular structure by laser raman spectroscopy. Energy & Fuels, 31: 1136 ~ 1146

Pappano P J, Mathews J P, Schobert H H. 1999. Structural determinations of Pennsylvania anthracite. Preprints-American Chemical Society, Division of Petroleum Chemistry, 44（3）: 567 ~ 570

Qu Z H, Wang G G X, Jiang B, *et al.* 2010. Experimental study on the porous structure and compressibility of tectonized coals, Energy & Fuels, 24: 2964 ~ 2973

Ross J V, Bustin R M. 1997. Vitrinite anisotropy resulting from simple shear experiments at high temperature and high confining pressure. International Journal of Coal Geology, 33: 153 ~ 168

Ross J V, Bustin R M, Rouzaud J N. 1991. Graphitization of high rank coals-the role of shear strain: experimental considerations. Organic Geochemistry, 17（5）: 585 ~ 596

Schniepp H C, Kudin K N, Li J L, *et al.* 2008. Bending properties of single functionalized graphene sheets probed by atomic force microscopy. ACS Nano, 2（12）: 2577 ~ 2584

Seidel C A M, Kühnemuth R. 2014. Mechanochemistry: molecules under pressure. Nature Nanotechnology, 9: 164 ~ 165

Shepherd J, Rixon L K, Griffiths L. 1981. Outbursts and geological structures in coal mines: a review. International Journal of Rock Mechanics & Mining Sciences & Geomechanics Abstracts, 18: 267 ~ 283

Smalø H S, Uggerud E. 2012. Ring opening vs. direct bond scission of the chain in polymeric triazoles under the influence of an external force. Chemical Communications, 48: 10443 ~ 10445

Stone A J, Wales D J. 1986. Theoretical studies of icosahedral C_{60} and some related species. Chemical Physics Letterst, 128（5-6）: 501 ~ 503

Strachan A, van Duin A C T, Chakraborty D, *et al.* 2003. Shock waves in high-energy materials: the initial chemical events in nitramine RDX. Physical Review Letters, 91（9）: 098301

Sun Y Q, Alemany L B, Billups W E, *et al.* 2011. Structural dislocations in anthracite. Journal of Physical Chemistry Letters, 2: 2521 ~ 2524

Timko M T, Maag A R, Venegas J M, *et al.* 2016. Spectroscopic tracking of mechanochemical reactivity and modification of a hydrothermal char. RSC Advances, 6: 12021 ~ 12031

van Duin A C T, Dasgupta S, Lorant F, *et al.* 2001. ReaxFF: a reactive force field for hydrocarbons. Journal of Physical Chemistry A, 105: 9396 ~ 9409

Vishnyakov A, Piotrovskaya E M, Brodskaya E N. 1998. Capillary condensation and melting/freezing transitions for methane in slit coal pores. Adsorption, 4: 207 ～ 224

Wang J, Guo G J, Han Y Z, *et al.* 2019. Mechanolysis mechanisms of the fused aromatic rings of anthracite coal under shear stress. Fuel, 253: 1247 ～ 1255

Wang J, Han Y Z, Chen B Z, *et al.* 2017. Mechanisms of methane generation from anthracite at low temperatures: insights from quantum chemistry calculations. International Journal of Hydrogen Energy, 42: 18922 ～ 18929

Wang J, Hou Q L, Zeng F G, *et al.* 2021a. Gas generation mechanisms of bituminous coal under shear stress based on ReaxFF molecular dynamics simulation. Fuel, https://doi.org/10.1016/j.fuel.2021.120240

Wang J, Hou Q L, Zeng F G, *et al.* 2021b. Stress sensitivity for the occurrence of coalbed gas outbursts: a ReaxFF molecular dynamics study. Energy & Fuels, https://dx.doi.org/10.1021/acs.energyfuels.0c04201

Wang L, Cao D Y, Peng Y W, *et al.* 2019. Strain-induced graphitization mechanism of coal-based graphite from Lutang, Hunan province, China. Minerals, 9: 617

Wei Y J, Wu J T, Yin H Q, *et al.* 2012. The nature of strength enhancement and weakening by pentagon-heptagon defects in graphene. Nature Materials, 11: 759 ～ 763

Wilks K R, Mastalerz M, Bustin R M, *et al.* 1993a. The role of shear strain in the graphitization of a high-volatile bituminous and an anthracitic coal. International Journal of Coal Geology, 22: 247 ～ 277

Wilks K R, Mastalerz M, Ross J V, *et al.* 1993b. The effect of experimental deformation on the graphitization of Pennsylvania anthracite. International Journal of Coal Geology, 24: 347 ～ 369

Xu R T, Li H J, Guo C C, *et al.* 2014. The mechanisms of gas generation during coal deformation: preliminary observations. Fuel, 117: 326 ～ 330

Xu R T, Li H J, Hou Q L, *et al.* 2015. The effect of different deformation mechanisms on the chemical structure of anthracite coals. Science China: Earth Sciences 58（4）: 502 ～ 509

Yang P Y, Ju S P, Huang S M. 2018. Predicted structural and mechanical properties of activated carbon by molecular simulation. Computational Materials Science, 143: 43 ～ 54

Yang Y H, Pan J N, Wang K, *et al.* 2020. Macromolecular structural response of Wender coal under tensile stress via molecular dynamics. Fuel, 265: 116938

Zheng M, Li X X, Liu J, *et al.* 2014. Pyrolysis of Liulin coal simulated by GPU-based ReaxFF MD with cheminformatics analysis. Energy & Fuels, 28: 522 ～ 534

Zou J H, Yang B L, Gong K F, *et al.* 2008. Effect of mechanochemical treatment on petroleum coke-CO_2 gasification. Fuel, 87: 622 ～ 627

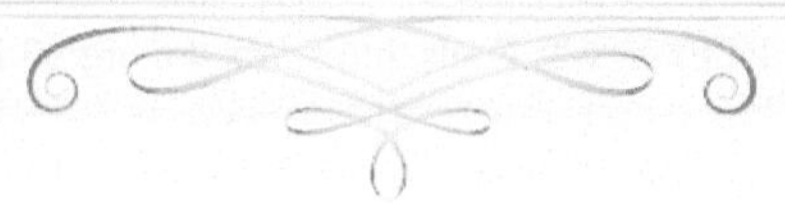

第9章　尾　　声
——“构造地质学”发展方向之思考*

“构造地质学”是地质学中比较古老的学科，也是地质学的核心基础学科，发展相对成熟。但是，构造地质学家面临的挑战之一是构造地质学的发展方向在哪？这可能是构造地质学家思考最多的问题之一，经常在不同层级的会议上展开研讨。智者见智，仁者见仁，不同学者从不同角度提出了各自看法和思考。作者在编撰《高等构造地质学》教材过程中也一直在思考这一问题。本书呈现的一些不成熟想法，仅供讨论和参考，期求共识！

从科学哲学角度看，构造地质学与其上一级学科——地质学一样，尽管有其特有的逻辑术和方法论，但并不构成完全独立之自然学科，其方法论和认识论多借鉴于物理学、化学和数学等基础自然学科。本质上，构造作用是材料即岩石和（或）矿物对应力作用的响应，包括物理响应和化学响应，进而用数学方法进行表达。因此，构造地质学未来的发展方向应是与物理学、化学乃至数学等基础学科的深度融合（图9.1），但又不同于地球物理、地球化学和数学地质的结合方式。

1. 物理过程——岩石变形

岩石对应力作用响应的物理过程主要表现为变形（deformation）。不同层次、不同尺度，其变形行为不同。

1）脆性变形

地壳浅层次，岩石变形行为一般为脆性变形（brittle deformation），表现为岩石发生脆性破裂，运用的是岩石力学的理论与方法，遵循的是岩石脆性变形（破裂）准则，如莫尔-库仑破裂准则等。这些理论和方法已发展和运用了上百年，相对比较成熟，对浅层次的岩石破裂行为和规律的认识也比较清楚。因此在岩石的脆性变形领域不太会有大的基础科学问题。但是仍然存在岩石力学的理论方法运用于地质条件下是否严谨、边界条件是

* 摘自侯泉林，Lu L X，程南南．2021．构造地质学发展方向的一些思考．岩石学报，37（8）：2271~2275.

否符合等问题。因此，**不连续、各向异性岩石介质在应力作用下的脆性和韧－脆性变形行为研究是构造地质学的一个发展方向。**

2）韧性变形

随着向地球深层次扩展，岩石变形行为逐渐过渡为塑性变形（plastic deformation），运用的是连续介质力学和流变学的理论和方法，遵循的应是岩石的韧性变形准则。但是，对岩石流变行为的认识还很肤浅，岩石韧性变形的微观机制，岩石、矿物流变率和变形准则的准确表达式，以及如何将实验室得到的流变率应用于岩石圈变形过程之中等问题也很不成熟。因此，**不同时间尺度和空间尺度下岩石的流变行为及其变形准则研究可能是构造地质学的一个发展方向。**事实上在过去 50 年的研究中，构造地质学家对于岩石圈塑性变形的研究更侧重于大变形的几何学和运动学分析，而忽略了岩石力学性能和应力。传统的构造分析与岩石力学研究处于割裂状态。

岩石的力学性能（流变学）决定了其变形行为。在几乎所有的观测尺度上，岩石圈都可以看作由诸多岩石力学性能不同的部分组成的复合材料。当岩石圈受到板块尺度的边界条件作用时，各个力学性能不同的部分相互作用导致了其内部变形特征的差异。也就是在小尺度上（露头，手标本或显微镜下）观测的构造现象只能反映其相对应尺度上的运动场和应力场，不能直接与板块尺度边界条件联系起来。而变形过程中构造、组构的发展又会反过来影响岩石圈整体力学性能。时间和空间上的不均一性一直是研究岩石圈变形特征和流变性能的巨大挑战。岩石圈多尺度变形和整体流变性能的定量研究涉及多个学科。需要结合野外和实验室观测结果，岩石力学研究，以及完备力学途径的多尺度模拟方法，即在非均匀变形中，建立整体与局部、宏观与微观之间的关系。

不同时间尺度和深度层次的变形行为相差迥异，比如瞬时的地震和百万年尺度上的造山运动；地壳浅层次与深层次之间如何过渡？其变化规律如何？近一个时期以来，有关“**慢地震**”（slow earthquake、slow slip）问题备受关注，其焦点集中于脆－韧性变形转换带的流变行为。此外，是否发育高压和超高压构造岩及其成因问题，矿物流变律和本构方程的建立、应用以及对岩石圈强度的理解，岩石圈多尺度变形问题，以及同位素年代学与构造事件的关系等也是值得关注的问题。

2. 化学过程——应力化学

构造应力作用除了引起物理变形外，能否引起岩石和矿物的化学变化如变质作用和裂解作用等？或者说应力在化学变化中发挥何种作用？其化学机理如何？仍不清楚。力的作用能否引起化学变化是一个争论了百年的老问题，现在看来是个应力化学（stress chemistry）问题。

近些年来，作者团队的研究工作有力地支持了应力化学的思想，并丰富了其内涵。对构造煤的研究揭示，应力作用引起的化学变化机理与热作用不同，它是通过降低化学反应的能垒来实现，如有机芳环在 2500K 方可发生热解，而在剪应力作用下，600K 便可发生力解。韧性剪切带成矿过程的流体闪蒸也可能包含了丰富的应力化学过程。构造作用过程的许多情况是实验室无法实现的，如极低的应变速率（造山作用、韧性剪切作用），其化学过程可能超出人们的想象。因此，**应力化学研究可能是构造地质学的另一发展方向。**以下仅就可能存在应力化学过程的几个方面做简要分析和讨论。

1）变形变质作用

通常认为，变质作用是在温度、压力（围压）和流体的作用下引起岩石和矿物的化学变化过程。那么，由应力及其所引起的变形在变质作用中发挥何种作用？恐怕不仅仅是以往认为的简单动力变质，形成一些糜棱岩那么简单。变形变质作用过程中，哪些矿物化学结构的变化或化学键的断裂是因为应力作用降低了其能垒而产生的？应力作用下，岩石发生变质的条件是否不需要现在认为的那么高？

2）剪切带的成矿作用

剪切带的成矿过程大致为“多期岩体－热液流体－构造剪切－脆性破裂（R、R′、T）－应力骤降－流体闪蒸－元素析出成矿”。在应力骤降和流体闪蒸、元素析出成矿过程中，应力对成矿化学过程是抑制作用还是促进作用？其机理如何？

3）剪切带的石墨化现象

剪切带，尤其是通过碳酸盐岩的高应变剪切带中常发育石墨，甚至称“石墨是断层的化石”。那么，这些石墨是哪里来的？如何形成的？尚不清楚。有一种可能性尚未引起关注，即碳酸盐矿物（$CaCO_3$ 和 $MgCO_3$ 等）中的 C—O 键在构造应力作用下被打开。C—O 键在常规化学作用下发生断裂相当困难，但在长期应力作用下或地震作用下 C—O 键断裂可能并非难事。若如此，一些油气资源的形成是否与此应力化学过程有关？应力作用是否会降低石墨形成的条件（温度、压力等）而促进石墨的形成？金刚石又将如何？再者，应力化学过程是否也可引起同位素的变化？如此等等尚不得而知。

4）应力生气和生烃

通常认为，有机质的生气和生烃是热解过程。然而，新近研究表明，应力可以直接作用于煤的大分子结构并产生气体和小分子片段，如剪应力作用于十分稳定的缩聚芳环反而很容易发生破裂从而变得不稳定，而且力解和热解的反应路径和产物具有很大不同。煤矿中煤与瓦斯突出产生的超量瓦斯（CH_4）很可能是煤瞬间应力裂解的结果。若如此，是否也存在应力生烃？有些油气资源的成因是否需重新认识？

慢地震是目前的研究热点之一，其发育机理是否与应力化学能的释放有关？以及在应力作用下，无机矿物和有机矿物分子化学变化机理有何差异？这些前沿问题都有待探讨。

应力化学的研究才刚刚起步。构造作用，乃至地质作用过程中有诸多应力化学过程尚未被认知，需要进一步探究。因此，应力化学研究应是构造地质学未来的重要发展方向，应当给予重视。

3. 数值模拟、量子计算和数学表达

许多构造作用过程无法在实验室再现和检验，而数值模拟及量子化学计算可能是认识该过程的有效途径。当研究达到一定程度，无论是构造作用中的物理过程还是化学过程最终都要转化为数学表达，也就是说，地质学要与数学相融合，但又不同于传统意义上的数学地质。因此，**数值模拟、量子化学计算和运用完备力学进行构造过程的数学表达等也是构造地质学未来发展值得关注的方向。**

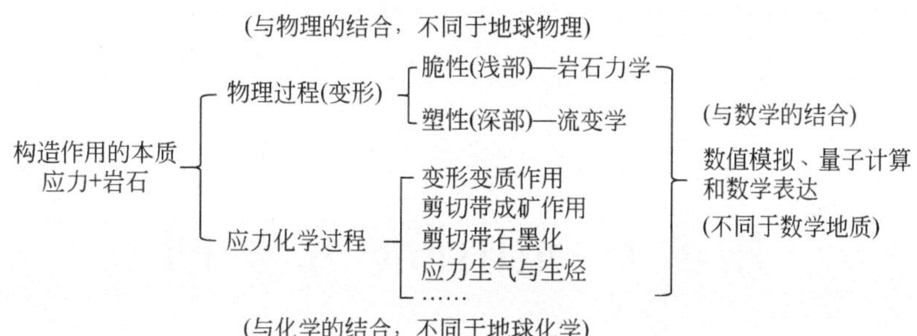

图 9.1　构造地质学发展方向框图

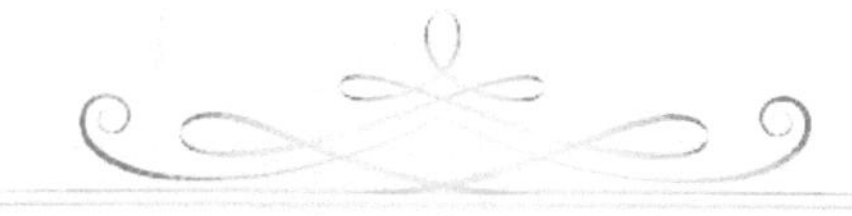

附录1　造山带研究23问

1. 俯冲混杂带的主要岩石－构造组合特征是什么?

答：混杂带是识别造山带的关键大地构造单元，有关问题在第一卷第3、第4章和第四卷中有详细论述。俯冲混杂带的典型特征是基质夹岩块（block-in-matrix），即俯冲混杂带的岩石组成包括两部分：①混杂带的基质，即原地岩系（autochthonous rock），主要由海沟以及海沟－斜坡盆地的浊积岩复理石和块体搬运沉积（mass-transport deposit，MTD）以及远洋沉积物组成，常含放射虫硅质岩；②包裹于复理石基质中的大小悬殊、岩性和时代各异的外来块体（allochthonous block），如洋岛（oceanic island）、海山（seamount）、洋底高原（oceanic plateau）、大洋岩石圈（蛇绿岩）等的残块，以及大陆碎片（continental fragments）、岛弧火山岩块、不同成因的碳酸盐岩（多变质为大理岩）块体等。由于俯冲深度和经历的温压条件不同，俯冲混杂带的基质和外来岩块经受不同的变质作用，从基本不变质到高压甚至超高压变质，这取决于其随俯冲带是否曾经俯冲下去过和俯冲深度以及随之折返情况。这些不同来源、不同成因和时代、不同变质程度的外来岩块（或构造岩块）与基质混杂在一起，构成俯冲混杂带。混杂带构造杂乱，变形强烈，尤其是基质，发育各类冲断构造（thrusts、duplex）、大型复式褶皱（阿尔卑斯式褶皱）和大型韧性剪切带，以及底劈构造等。此外，常发育 broken formation，地层呈现 out-of-sequence 特征。

2. 碰撞造山等挤压构造环境下能发育正断层和拆离断层等伸展构造吗?

答：造山过程的任何阶段都可以发育伸展构造。造山作用过程中，通常最大主压应力 σ_1 水平垂直于造山带方向，最小主应力 σ_3 从起初的铅直方向逐渐演化到平行于造山带的水平方向，从而引发垂直于造山带走向的正断层和伸展拆离断层以及平行于造山带的走滑逃逸构造，甚至形成变质核杂岩，如喜马拉雅造山带发育的一系列近南北走向的正断层和地堑，以及变质核杂岩；再者，以隧道流（channel flow）等方式可形成平行于造山带的大型伸展拆离断层，如喜马拉雅造山带的藏南拆离系（South Tibet Detachment，STD）；还有，碰撞作用过程中深部的构造底垫（underplating）顶托作用往往会引发浅部的伸展拆离作用。还有，如斜向俯冲和凸凹的碰撞边界的碰撞作用也会引起局部的伸展和走滑构造发育。因此，在碰撞造山带研究中，不能因为发现了一定规模的伸展构造就认为造山作用已经结束。

3. 俯冲混杂带中碳酸盐岩的可能形成环境有哪些?

答：俯冲混杂带中的碳酸盐岩有多种可能形成环境：①形成于洋中脊附近的CCD面（碳

酸盐补偿深度）之上的远洋碳酸盐岩随洋壳扩张进入俯冲带并被刮削下来，多变质为薄层的条带状大理岩；②海山、洋岛和洋底高原顶部的碳酸盐岩在俯冲过程中进入混杂带；③变形隆起的增生楔构造高点也可堆积碳酸盐岩；④当不发育弧前盆地时，岛弧边缘的局限台地碳酸盐岩可垮塌滑落至增生楔中；⑤被动陆缘的台地碳酸盐岩会以孤立滑塌岩块方式进入深海环境，俯冲过程中进入混杂带。因此在造山带中会有形成于不同构造环境的碳酸盐岩的共存共生现象。应具体问题具体分析，确定其形成的构造环境和成因，不能看见碳酸盐岩就认为是碳酸盐台地环境，否则，会对造山带的研究造成误导（详见第一卷第3章有关讨论）。

4. 俯冲混杂带中局部会有老的陆壳物质，其可能原因有哪些？

答：大致有几种可能原因：一是大洋中往往残留有许多大陆碎片，在洋壳俯冲过程中这些带有陆壳的碎片难以俯冲下去而可能就位于增生混杂带中，或俯冲到一定深度后折返就位于俯冲混杂带中；二是洋－陆俯冲情况下，上行板片的陆壳物质可能会发生垮塌而掉入混杂带中；三是横切活动陆缘的巨大海底峡谷（canyon）会将大陆物质以碎屑形式输送到海沟以及增生楔中沉积下来，并再循环至俯冲混杂带中。也许还有其他原因。所以在造山带中发现有老的岩石或探测到老的年龄数据是正常现象，因此，在造山带中发现老的岩石或年龄，一是不要马上否定造山带的存在和时限；二是不要轻易在其前后划出两条造山带。另外，要注意区分大陆与洋中大陆碎片。洋中的大陆碎片几乎没有或只发育有很窄的陆缘沉积，而大陆却往往发育有宽阔的被动陆缘沉积。

5. 蛇绿岩的形成时代和就位时代能反映碰撞时限吗？其出露位置能代表缝合带位置吗？

答：俯冲混杂带中的任一蛇绿岩块的时代只代表该洋壳形成的时代，它既可以就位于俯冲阶段也可以就位于碰撞阶段，与俯冲作用和碰撞造山没有对应关系。大洋岩石圈从其在洋中脊处形成到在俯冲带处消亡，是一个四维连续演化过程，俯冲混杂带中不同时代的蛇绿岩残块仅表示不同时代的洋壳碎块以不同方式就位于俯冲混杂带中或其他位置。因此，蛇绿岩的形成时代和就位时代与大洋何时闭合、两侧大陆何时发生碰撞没有直接联系，不能代表碰撞造山的时代，尽管最年轻的蛇绿岩可作为大洋闭合和碰撞事件发生的下限，但往往误差较大。蛇绿岩就位有多种方式（见第一卷第4章），不同的就位方式会导致其位置不同，而且在碰撞造山作用过程中还可能经历远距离推覆，因此蛇绿岩出露位置并不能代表缝合带的位置。

6. 为什么大部分蛇绿岩都是SSZ型的？它代表什么含义？

答：蛇绿岩是大洋岩石圈残片，大洋岩石圈形成于大洋中脊，现在地球表面的大部分被大洋所覆盖，而造山带中的蛇绿岩却90%以上是SSZ型的，这一推论让人匪夷所思，无法用“将今论古”这一地质学基本原理予以解释。标准的MOR型蛇绿岩与SSZ型蛇绿岩往往见于同一套蛇绿岩中，如阿曼蛇绿岩中就可见到两种不同类型的蛇绿岩，而且两种类型蛇绿岩之间是过渡关系，仅仅是上部玄武岩的地球化学特征与弧有类似之处（钙碱性特征）。由此看来，SSZ型蛇绿岩可能并不代表该洋壳形成于俯冲带之上，也就是说与构造环境没有直接联系，或者说没有任何构造意义（详细讨论见第一卷第4章4.1、4.2节）。

7. 何为增生型造山带？何为碰撞型造山带？

答：增生型造山带是 Sengör（1992）提出来的，又叫土耳其型或阿尔泰型造山带，是指因海沟不断向洋方向后撤，侧向上形成宽阔的消减－增生混杂带，其中常发育多条蛇绿岩带。随着海沟的后撤，岩浆弧也随之周期性地向洋方向跃迁，在增生楔上形成的岩浆弧即增生弧把增生楔和洋壳碎片等焊接起来的一类造山带，以发育增生弧为特征。这一类造山带可能属软碰撞。

碰撞型造山带，也叫特提斯型造山带，是以较窄的缝合带（增生混杂带）为特征，不发育增生弧。

然而，现阶段的一些文献中，将洋壳俯冲阶段即增生楔形成过程叫增生型造山带如环太平洋型造山带；而将大洋闭合，两侧大陆发生（间接或直接）碰撞作用形成的造山带叫碰撞型造山带。这种分类是按照演化阶段的纵向分类，与 Suess（1875）提出的“特提斯型造山带”和“太平洋型造山带”分类类似，即所谓“增生型造山带”就是“太平洋型造山带”，指大洋仍在俯冲、尚未闭合的情形。若如此，又如何称中亚造山带是增生型造山带呢？因为该洋早已闭合。如果按此划分，又有哪个造山带不是从增生型到碰撞型的呢？所以这种类型划分在研究古老造山带中不仅没有实际意义，而且还会造成混乱（详细讨论见第四卷）。因此，应将增生型造山带回归到 Sengör（1992）提出的本来面目。

8. 何为增生弧？有何岩石和地化特征？其大地构造意义如何？

答：增生弧（accretionary arc）是指形成于俯冲增生楔（又称俯冲混杂带、蛇绿混杂带或增生杂岩）之上的岩浆弧，是增生型造山带的重要标志。增生弧不同于洋内弧和陆缘弧，它是“岩浆弧与混杂带的共生体”，其岩浆主要来自增生楔物质（包括复理石基质和各类外来岩块）的高度不均匀混熔，这与经典的“岛弧拉斑玄武岩质岩浆以及钙碱系列岩浆来源于俯冲带之上的地幔楔的水致部分熔融”模式不同。这是因为在俯冲混杂带侧向长距离增生过程中，地幔楔不可能紧跟在俯冲消减带之上，所以增生弧的岩浆来源难以用地幔楔水致部分熔融机制来解释。有人认为，其部分熔融可能与增生楔中的大型逆冲断层的摩擦热和剪切带的剪切热有关；也有人认为地幔仍然是增生弧形成的主要热源。

因岩浆来源不同，岩石和地球化学特征必然有其特殊性。有研究发现，增生弧花岗岩普遍具有 Sr-Nd 同位素解耦现象，表现为 Nd 同位素亏损，Sr 同位素富集，这可能是因为增生弧花岗岩主要来自于增生楔复理石的部分熔融，海水富 Sr 之缘故。目前有关增生弧的研究比较薄弱。

9. 增生弧花岗岩中基性或超基性岩块的可能成因机制是什么？

答：增生弧的特征之一就是常含有来自蛇绿混杂带物质的顶垂体（roof pendant）。因由增生混杂带基质部分熔融形成的酸性或中酸性岩浆的黏度较大，但其温度往往较镁铁质和超镁铁质岩块的熔点低，所以在增生弧岩浆经过蛇绿混杂带时会把一些镁铁质、超镁铁质岩块以固体方式携带上来，形成顶垂体。这些镁铁质和超镁铁质岩块不乏大洋岩石圈残片即蛇绿岩，因此增生弧中的顶垂体是蛇绿岩就位的重要方式之一（详见第一卷第 4 章 4.1 节）。

10. 显著的退变质作用是碰撞作用的结果吗？退变质作用可以限定碰撞事件的发生吗？

答：退变质作用指的是变质岩石经历了温度（或压力）明显降低的过程。造山带中变质岩的退变质作用，通常与岩石变质环境的深度变小有关。尽管碰撞过程会发生抬升和拆离作用，从而引发退变质作用。但俯冲阶段，同样会有一些俯冲到一定深度的物质，因折返而发生退变质作用。所以，显著的退变质作用未必一定是碰撞作用的结果，因此不能用退变质的时间来限定碰撞事件的发生（详见第一卷第 3 章和第 4 章 4.4 节）。

11. 碰撞造山过程会形成显著的进变质作用吗？

答：进变质作用指的是变质岩石经历了温度（或压力）明显升高的过程。造山带中变质岩的进变质作用，通常与岩石变质环境的深度增大有关。碰撞造山过程以区域变质作用为主，可以造成进变质作用，但一般不会发生高压或超高压变质作用，因为两侧大陆碰撞过程中，再发生深俯冲的难度较大；俯冲过程更容易形成进变质作用，特别是高压和超高压变质作用。高压变质岩折返就位后形成高压变质带（详细讨论见第一卷第 4 章 4.4 节和第四卷）。

12. 高压变质峰期年龄与碰撞事件有关吗？

答：高压变质与俯冲作用关系密切，俯冲带可以将混杂带中的任何物质携带至深部发生高压变质，然后再折返就位，此时碰撞作用并未发生。所以高压变质与碰撞事件的关联并不密切（详见第一卷第 4 章 4.4 节讨论）。所谓"峰期"指的是变质岩石所经历温度或压力极大值的变质阶段，不能以此作为判别碰撞事件发生的依据。

13. 陆壳物质的高压变质作用是碰撞作用的结果吗？

答：需要具体情况具体分析，一般不是碰撞作用的结果。高压变质作用多发生于俯冲阶段，增生混杂带中的陆壳物质或者洋内的大陆碎片物质等均可能被俯冲带携带至深部，发生高压变质作用，然后再折返就位（详见第一卷第 4 章 4.4 节讨论）。相反，碰撞作用过程则很难发生深俯冲作用。因此，大陆物质的深俯冲更可能发生于俯冲阶段，而不是碰撞阶段。

14. "造山型 *P-T-t* 轨迹"代表的是碰撞造山过程吗？

答："造山型 *P-T-t* 轨迹"传统上指的是顺时针型 *P-T-t* 轨迹，其中退变质过程可以是近等温降压（或降温降压同时发生）的过程。许多情况下，随俯冲带进入深部发生变质的岩石在快速折返过程中，压力（*P*）随之降低；就温度（*T*）而言，如果折返速度快，加之岩石是热的不良导体，能够长期保持较高温度，形成近等温降压的 *P-T-t* 轨迹。所以"造山型 *P-T-t* 轨迹"表明岩石经历了俯冲阶段的升温（还包括升压）过程，之后在折返阶段经历降压（可能还包括降温）过程，不能代表顾名思义的碰撞造山过程。

15. 造山带中的最高海相地层能作为限定碰撞事件下限指标吗？

答：不可以。因为碰撞后仍可保留局部海相沉积，如周缘前陆盆地中的磨拉石底部仍可保留一定时间的海相沉积，但它是碰撞事件发生后的沉积。最好的实例就是台湾海峡，菲律宾海板块与欧亚板块在台湾岛已经发生碰撞，而且碰撞作用仍在持续，台湾东部海岸山脉与中央山脉之间的纵谷就是混杂带，但现在台湾海峡（前陆盆地）仍在接受海相沉积，它反而代表了碰撞事件的上限，而不是下限（详细讨论见第一卷第 3 章，第四卷）。

16. 复理石与磨拉石的含义及其大地构造意义是什么？

答：复理石是巨厚的海相浊积岩地层，常发育不完整的鲍马序列，可形成于被动陆缘、活动陆缘、岛弧等构造环境，是碰撞造山前的产物。需要说明的是，湖等陆相浊积岩不属于复理石范畴。磨拉石是一套下部为海相细碎屑沉积（如台湾海峡）和上部为陆相粗碎屑沉积的巨厚沉积组合，这一组合特征与山间盆地沉积形成明显对照。磨拉石往往堆积在较早形成的复理石的前锋部位，（周缘）前陆盆地中的磨拉石是碰撞造山过程的产物。所以它们可作为限定碰撞事件发生的上、下限标志。

17. 限定碰撞事件时限有哪些有效方法？

答：从洋壳俯冲到大洋闭合和碰撞作用发生是一个连续的过程，因此没有留下任何能直接反映碰撞事件发生的物质和年龄记录，或者说任何年龄都不能代表碰撞事件发生的时间，因此只能通过碰撞前与碰撞后环境、物质的改变以及年龄记录去限定其上、下限。限定碰撞事件发生的上、下限的方法很多，但往往误差都较大。最有效的方法是，碰撞前俯冲板块如被动大陆边缘（碰撞后进入前陆褶皱冲断带）最晚的复理石地层与其上覆的（周缘）前陆盆地中最早的磨拉石地层分别作为限定碰撞事件发生的下限和上限标志。两套地层有时为连续沉积，因此可以把碰撞事件限定在很小的时间范围之内（详细讨论见第一卷第 3 章，第四卷）。需要注意的是，只有覆于最晚复理石地层之上，即晚于最晚复理石地层的周缘前陆盆地中最早的磨拉石地层方可作为限定碰撞事件发生的上限，其他类型的前陆盆地如弧背前陆盆地（retro-arc foreland basin）以及增生楔顶盆地等的磨拉石地层则不能用于限定碰撞事件发生的上限。

18. 造山带中地层的不整合与碰撞事件有对应关系吗？

答：造山带中地层的不整合，即使是较大规模的角度不整合，与碰撞事件也无必然对应关系。无论是俯冲还是碰撞造山均是连续的构造过程，都会形成大量不同规模地冲褶席（duplex）、冲断席（thrust）以及褶皱构造，自然会形成遭受剥蚀的高地和接受沉积的洼地。构造规模不同，遭受剥蚀的范围就不同，加之持续的构造作用会造成岩石的强烈变形，从而形成不同规模的不整合特别是角度不整合自然是造山过程中的普遍现象，与碰撞构造事件并无对应关系，也就是说不整合并不代表有重大构造事件发生。相反，如前所述的复理石向前陆盆地磨拉石地层的转变过程可能是连续沉积，但它指示了碰撞事件的发生。因此，造山带中地层的连续沉积并不代表没有重大构造事件发生。

19. 碰撞造山过程中的大规模成矿前景如何？

答：碰撞造山过程中的（内生）成矿作用一般比较有限，因为该过程地壳加厚，深部地幔物质难以上升至浅部，所以成矿的物质基础相对匮乏，形成大规模内生矿床的可能性较小。反而，在碰撞前的俯冲阶段，尤其是洋脊俯冲会有大量地幔物质上涌，成矿物质基础丰厚，有利于大规模成矿（见第一卷第 3 章 3.3、3.7 节）；碰撞造山后的拆沉作用会引发大规模地幔物质或能量上升，加之浅部伸展拆离作用的构造配套，有利于大规模成矿。总之，碰撞前和造山后是内生矿床成矿的关键时期，反而碰撞造山作用过程中不利于内生矿床的大规模形成。

20. 造山带中发育具有“大陆型”岩石圈地幔的可能成因有哪些？

答：这里的“大陆型”岩石圈地幔是指造山带中的富集型地幔，实际上是地球化学

意义上的大陆地幔。大致有三种可能成因：一是洋内大陆碎片的岩石圈地幔；二是洋岛和海山的岩石圈地幔；三是大洋核杂岩（OCC）和大洋拆离断层直接将未经洋脊玄武质岩浆抽取或少量抽取后的未亏损或轻度亏损的岩石圈地幔拆离至洋底，其地球化学特征可能与大陆型岩石圈地幔有相似之处。此外，还有一种可能就是洋盆形成初期的洋－陆过渡性地幔（OCT）。对于慢速或超慢速扩张的大洋中脊普遍发育大洋核杂岩和大洋拆离断层，其岩石圈地幔的地球化学特征与快速扩张形成的岩石圈地幔会有明显不同（详细讨论见第一卷第 4 章第 4.2 节）。

21. 造山带中的淡色花岗岩与碰撞事件有关吗？

答：淡色花岗岩是一种暗色矿物含量极低（一般不超过 5%）的花岗岩，因其颜色较浅而得名。其化学成分以高硅、过铝、富碱为特征，富含白云母、石榴石等富铝矿物。一般认为淡色花岗岩来自陆壳熔融，特别是沉积岩的部分熔融。因此，碰撞造山作用会引起陆壳部分熔融形成同碰撞的淡色花岗岩；俯冲过程中，增生混杂岩复理石基质的部分熔融也可以形成淡色花岗岩，如增生弧花岗岩中的淡色花岗岩；碰撞造山期后或之后的伸展拆离过程也会引起陆壳部分熔融形成碰撞后的淡色花岗岩。所以淡色花岗岩既与碰撞作用有关系，但又没有必然联系。因此，造山带中淡色花岗岩的出现并不能反映碰撞事件是否发生。

22. 缝合带（suture zone）与深大断裂对应吗？

答：缝合带（suture zone）是板块构造学的术语，是以水平运动为主的活动论概念，指俯冲下盘与仰冲上盘的接触部位；而深大断裂则是槽台学说的术语，属以垂向运动为主的固定论概念，指垂向上切过地壳乃至岩石圈的大断层。所以，二者无论在概念还是内涵方面都不具有对应关系。

23. 角度不整合与造山幕有对应关系吗？板块构造理论如何理解这一问题？

答：造山幕（orogenic episode）又称褶皱幕（folding episode）、构造幕（tectonic episode）。这一概念最早是由 Stille（1936）提出来的，其含义是地槽转变为褶皱带的过程都经历了一系列短时间的褶皱幕；褶皱幕之间，为比较长的、相对静止的阶段所隔开；每一个褶皱幕在整个地槽区，乃至全球所有的地槽区都是近于同时发生的，而且褶皱幕是根据地层间的角度不整合来确定的。之所以用地层角度不整合来确定造山幕，是因为地槽学说认为，造山带是地槽褶皱回返抬升的垂向运动的结果，造山带的回返抬升造成整个造山带的强烈变形和剥蚀，然后再沉降接受沉积时，就会形成地层的角度不整合。

板块构造学说认为，从大洋岩石圈的俯冲到大陆岩石圈的碰撞，以及其后的持续碰撞造山作用是一个连续的过程。在此过程中，可以形成经历变形和遭受剥蚀的高地（如冲断岩席），也可同时形成接受沉积的洼地（盆地），也就是说在同一次造山作用过程中会形成若干个角度不整合，而且一个地方遭受剥蚀形成角度不整合和另一个地方接受连续沉积是同时进行的，并不存在统一的角度不整合；再者，角度不整合的成因也是多种多样的，即使同一个角度不整合的不同位置也可能是穿时的，如日本西南部石库岛增生楔顶盆地底部的不整合。因此，**造山作用过程中并不存在造山幕；造山带中的角度不整合也不与任何所谓的造山幕有对应关系**。

自 20 世纪 60~70 年代，地球科学革命取得成功，板块构造学说范式取代地槽学说范式之后（参阅第一卷第 1，2 章），全球性的造山幕、造山运动，如加里东运动、燕山运动、喜马拉雅运动等术语已不再使用，地质学教科书中也没有了这些概念。认识这个问题并非仅仅是概念和术语的使用问题，而是如何深层次理解和准确把握板块构造学说的内涵本质和理论体系的问题，也是正确认识板块构造学说与地槽学说两个范式间的不可通约性（incommensurability）问题。至于加里东期、燕山期、喜马拉雅期之类术语仍被广泛使用，其含义也仅代表时代的概念。

Appendix 1 23 questions in the study of orogenic belts

1. What are the main rock-structure associations in the subduction mélange?

Answer: Tectonic mélange is a key tectonic unit to recognize the orogenic belts. Some related questions have been discussed in detail in the chapters 3 and 4 in Volume 1. The "block-in-matrix" fabric is the typical characteristic of a subduction mélange (SM), which usually consists of the two rock associations: ① the matrix, as the *in situ* rock series (autochthonous rock), is mainly composed of the turbidite deposited in the trench and trench-slope basins, the mass-transport deposit (MTD), and the pelagic sediment that usually contains radiolaria chert; ② the blocks enclosed within the flysch matrix, as the exotic blocks (allochthonous block), cropped out with different size, lithology, and age, such as the blocks derived from the intra-oceanic island, seamount, oceanic plateau, oceanic lithosphere (ophiolite), arc volcanic rock, carbonate rock of different origins (mainly as marble) and continental fragments. The matrix and blocks in the SM undergo different metamorphic level, from basically no metamorphism to high pressure and even ultra-high pressure metamorphism, which depends on whether they have ever been subducted, the subduction depth, and subsequent exhumation. These exotic blocks of different origins, ages, and metamorphic degrees are mixed in the matrix, forming the SM. Structurally, the SM is characterized by chaotic structure and strong deformation, especially the matrix, with various thrust structures (thrusts, duplex), large scale folds (Alpine-type folds), large ductile shear zones, and diapiric structures. Additionally, the broken formation and out-of-sequence structure are also commonly developed in the SM.

2. Can extensional structures such as normal faults and detachment faults be developed in the compressional regime such as the collision orogeny?

Answer: Extensional structures can be developed at any stage of the orogenic process. In the orogenic process, generally the maximum principal compressive stress (σ_1) is perpendicular to the orogenic belt in the horizontal dimension, while the direction of the minimum principal compressive stress (σ_3) is progressively changed from the vertical to the parallel to the orogenic belt. Consequently, the normal faults and detachment faults perpendicular to the orogenic belt and strike-slip escape structure parallel to the orogenic belt, even the metamorphic core complex (MCC), will be developed. For example, in the Himalaya orogenic belt, a series of N-S trending normal faults, grabens and MCC are developed during the orogenic process. Or, the large extensional detachment faults parallel to orogenic belts can be formed by channel flow, such as the South Tibetan Detachment in the Himalaya orogenic belt. Furthermore, the underplating in depth, oblique subduction and collision of convex and concave boundaries can also cause local extension and strike-slip structure development. Therefore, in the study of collision orogenic belt, the discovery of extensional structures of a certain scale should not be interpreted as the end of orogenesis.

3. What are the possible tectonic environments of carbonates in the subduction mélange?

Answer: The carbonates in the subduction zone perhaps derive from various tectonic environments: ① the pelagic carbonates formed above the carbonate compensation depth (CCD) surface near the mid-ocean ridge will be scrapped off from the subducting oceanic crust, usually metamorphosed as thin lamellar bedded marbles; ② the carbonates deposited on the top of the oceanic islands, seamounts and oceanic plateaus will be juxtaposed in the subduction mélange; ③ the topography high of deformed accretionary wedge can also accumulate carbonates; ④ when the fore-arc basin is not developed, the carbonates deposited in the limited platform at the edge of island arc which may collapse into the subduction mélange; ⑤ the passive continental margin platform carbonates will enter the deep-sea environment in the form of isolated slump blocks in olistostromes and then enter the subduction mélange during subduction. Therefore, in the orogenic belts, there will be the coexistence of carbonates formed in different tectonic environments. So, it should be specifically analyzed to determine the tectonic environments and origins of the carbonates in the subduction mélange before considering them as platform environment carbonates. Otherwise, the misleading will be obtained in the study of orogenic belts.

4. What are the possible reasons for old continental crust materials emerged in the subduction mélange?

Answer: It can be concluded as the following reasons: First, there are a lot of continental fragments in the ocean basin. During the oceanic lithosphere subduction, these continental crust fragments are difficult to subduct, and thus be accreted into the subduction mélange, or they may be subducted into a certain depth then exhumated in the subduction mélange. Second, in the ocean-continent convergent boundaries, the continental crust materials from the upper plate may collapse and fall into the subduction mélange. Third, the continental materials may be transported in the form of debris flow, through large submarine canyons across-cutting the active continental margin, into the trenches and accretionary wedges and then be recycled it into the subduction mélange. Of course, there may be other reasons. So, it is normal for the presence of old rocks or old age data in young orogenic belts. Thus, it is unnecessary to deny the existence of an orogenic belt or dividing one complete orogenic into several individual orogenic belts separated by the

speculated “continent block” . Furthermore, it is important to distinguish the continent plates and continental fragments in the ocean basin. Generally, the continental fragments in the ocean basin have little or only narrow continental margin deposits, while continents often have broad passive continental margin deposits.

5. Can the formation and emplacement ages of ophiolite reflect the collision time? Can the location of ophiolite represent the suture zone?

Answer: The age of any ophiolite block in the subduction mélange only represents the age at which the oceanic lithosphere was formed. The ophiolite can either be emplaced in the oceanic plate subduction phase or the collision phase, thus have no connection with subduction or collision event. The evolution of the oceanic lithosphere, from its formation at the mid-ocean ridge to its extinction at the subduction zone, is a continuous 4-demontion process. The ophiolite fragments of different ages in subduction mélange only indicate that oceanic lithosphere fragments of different ages are emplaced in subduction mélange through different mechanism, in different localities. Therefore, the formation and emplacement ages of ophiolite have no direct relation with the closure age of the ocean basin, or the collision age of the orogenic belt. Although the youngest ophiolite exposed in the orogenic belt could constrain the lower limit time of collision event, the error is often very large. Different emplacement ways of the ophiolite lead to their different location in the orogenic belts (see details in Volume 1, Chapter 4). Besides, the already emplaced ophiolite is possible to experience long-distance transport as a nappe during collision orogeny. So the ophiolite outcrops don’t represent the location of the suture zone.

6. Why are most ophiolites SSZ-type, and what is the implication of the SSZ-type ophiolite?

Answer: The ophiolites are fragments of the oceanic lithosphere, and the oceanic lithosphere is formed at the mid-ocean ridge setting. The modern Earth surface is mostly covered by ocean, but the > 90% ophiolites reported in the orogenic belts are considered as SSZ-type ophiolite. This is a paradox, and cannot be explained by the basic principle of geology of “the present is a key to the past” . The standard MOR-type ophiolite and SSZ-type ophiolite are often found in the same suit of ophiolite. For example, in the Oman ophiolite, both types of ophiolite are existed. There is a transitional relationship between them, and the difference is just whether the basalt on the top of sequence have arc magma signature in geochemistry (calc-alkaline series rock). Therefore, the SSZ-type ophiolite may not represent that the oceanic crust formed above the subduction zone, in other words, the SSZ-type ophiolite makes no sense for indicating tectonic setting (see Volume 1, Chapter 4, Sections 4.1 and 4.2 for details).

7. What are the accretionary orogeinic belt and collisional orogenic belt?

Answer: The accretionary orogenic belt was proposed by Şengör (1992), also known as the Turkey- or Altai-type orogenic belt, which refers to the orogenic belt developing a wide subduction-accretion complex laterally due to the continuous retreat of the trench to the ocean, in which multiple ophiolite belts are often developed. With the retreat of the trench, the magmatic arc also periodically jumps to the ocean and developed on the accretionary wedge, termed the accretionary arc. The accretionary arc linked the accretionary wedge materials and oceanic crust fragments together, which characterizes accretionary orogenic belt.

On the contrary, the collisional orogenic belt, also known as the Tethys-type orogenic belt, is characterized by the very narrow suture (mélange) zone between two continent plates without development of accretionary arcs.

However, in some literatures at present, the collage formed during the oceanic lithosphere subduction phase or during the forming process of accretionary wedge, is called accretionary orogenic belt, such as circum-Pacific orogenic belt. While the orogenic belts formed by collisions between the two continents (indirect or direct) following the closure of ocean basin are called collisional orogenic belts. This classification is according to the evolution stage, which is similar to the classification of "Tethys orogenic belt" and "Pacific orogenic belt" proposed by Suess (1875). In other words, the so-called "accretionary orogenic belt" is "Pacific orogenic belt", referring to the situation where the oceanic plate is still subducting and not yet closed. If so, how can we call the Central Asian Orogenic Belt accretionary orogenic belt, as the ocean basin has already been closed? This classification is therefore not only of no practical use in the study of ancient orogenic belts, but can also cause confusion (see Volume 4 for a detailed discussion). Therefore, the term of accretionary orogenic belt should be returned to the original definition proposed by Şengör (1992).

8. What is the accretionary arc? What are the geochemical features of rocks in the accretionary arc? And what is the tectonic significance of it?

Answer: Accretionary arc refers to the magmatic arc formed on top of the subduction accretionary wedge (also known as subduction mélange, ophiolitic mélange belt or accretionary complex), which is an important symbol of the accretionary orogenic belt. The accretionary arc is a "combination of magmatic arc and mélange", which is different from the oceanic island arc and the continental arc. The magma of the accretion arc mainly comes from the highly heterogeneous mixing of the partial melts from the accretionary wedge materials (including the matrix of flysch and various exotic rocks), which is different from the classic model that island-arc tholeiite magma and calc-alkaline series magma are derived from water-induced partial melting of mantle wedge above the subduction zone. This is because the mantle wedge could not migrate following the migration of the subduction zone during the process of the long-distance lateral accretion of the subduction mélange toward the ocean. So the magma source of the accretionary arc could not be explained by the process of water-induced partial melting of mantle wedge above the subduction zone. It has been suggested that the partial melting of the accretionary wedge materials may be caused by the frictional heat of large thrust faults developed in the accretionary wedge. On the other hand, it is believed that mantle is still the main thermal source for the formation of accretionary arc.

The special magma formation mechanism makes the rock association and its geochemical

characteristics distinctive in the accretionary arc. It has been found that the accretionary arc granite is commonly characterized by depleted Nd isotopic composition and enriched Sr isotopic composition. This signature may be caused by the partial melting of accretionary wedge materials which carry the enriched Sr isotope in seawater. At present, the research on accretionary arc is very weak.

9. What is the possible genetic mechanism of mafic-ultramafic blocks in the accretionary arc granite?

Answer: One of the characteristics of an accretionary arc is the development of the roof pendant of materials from the ophiolitic mélange. The acid to intermediate accretionary arc magma formed by partial melting of accretionary complex matrix tends to have higher viscosity but lower temperature than the melting points of mafic and ultramafic blocks. When the accretionary arc magma passes through the ophiolitic mélange, it will carry up some mafic and ultramafic rocks in a solid way to form the roof pendant. These mafic and ultramafic rocks commonly including the oceanic lithospheric fragments known as ophiolite, so the roof pendant in the accretionary arc is one of the important ways for ophiolite emplacement (see Volume 1, Chapter 4, Section 4.1 for details).

10. Is the significant retrograde metamorphism the result of collision? Can it constrain the time of collision event?

Answer: The retrograde metamorphism refers to the process by which metamorphic rocks undergo a significant decrease in temperature (or pressure). Retrograde metamorphism of metamorphic rocks in orogenic belts is usually related to the decrease of the depth of the metamorphic environment. Although the uplift and detachment occurred in collision process can lead to the retrograde metamorphism, some materials subducted to a certain depth during the oceanic plate subduction process will also experience retrograde metamorphism when they are exhumed to shallower level. Therefore, the significant retrograde metamorphism is not necessarily the result of collision, and the time of retrograde metamorphism cannot be used to determine the occurrence of collision event (see Volume 1, Chapter 3 and Chapter 4, Section 4.4 for details).

11. Does the collision orogenic process result in significant prograde metamorphism?

Answer: The prograde metamorphism is the process by which metamorphic rocks undergo an obvious increase in temperature (or pressure). The prograde metamorphism of rocks in orogenic belts is usually related to the increase of the depth of the metamorphic environment. The metamorphism occurred during collision process is dominated by regional metamorphism. The collision process can result in the prograde metamorphism, but generally exclude high pressure or ultra-high pressure metamorphism, because deep subduction is more difficult to occur during continental collision. During the oceanic plate subduction process, the prograde metamorphism, especially high pressure and ultra-high pressure metamorphism are more likely to be occurred. The high pressure metamorphic belt on surface is generally formed by the exhumed high pressure metamorphic rocks from depth (see Volume 1, Chapter 4 and Volume 4 for details).

12. Is the age of peak period of high-pressure metamorphism associated with the time of collision event?

Answer: The high-pressure metamorphism is closely related to the oceanic plate subduction. Any materials in the mélange can be subducted into the depth to experience high-pressure metamorphism, and then be exhumed to the shallow level, when the collision has not happen. So the high-pressure metamorphism is not closely related to collision events (see details in Volume 1, Chapter 4, Section 4.4). The "peak period" refers to the stage of metamorphism in which the metamorphic rock experiences a maximum temperature or pressure, which cannot be used as an indicator for the collision events.

13. Is the high-pressure metamorphism of continental materials the result of collision?

Answer: It needs specifically studied, but commonly the high-pressure metamorphism of continental materials is generally not the result of collision. The high-pressure metamorphism occurs mainly in the oceanic plate subduction stage. The continental crust materials in the accretionary complex or continental fragments in the ocean basin may be carried into the depth of the subduction zone and experience the high-pressure metamorphism, followed by exhumation to surface (see details in Volume 1, Chapter 2, Section 4.4). Instead, the deep subduction is difficult to occur during collision. Thus, the deep subduction of continental material is more likely to occur during the subduction stage rather than collision stage.

14. Does the "orogenic *P-T-t* path" represent a collision process?

Answer: Traditionally, the "orogenic *P-T-t* path" refers to the clockwise-type metamorphic path, in which the retrograde metamorphism process can be a process of near-isothermal decompression (or simultaneous cooling and decompression). In many cases, the pressure (*P*) decreases during the rapid exhumation of metamorphosed rocks in the depth. For the temperature (*T*), as the rock is a poor conductor of heat, the fast exhumation will maintain the relative higher temperature for a long time, forming a *P-T-t* path of near-isothermal decompression. Therefore, the "orogenic *P-T-t* path" indicates that the rock underwent a process of temperature rising (including pressure rising) during the oceanic plate subduction stage, followed by a process of pressure decreasing (possibly including temperature decreasing) during the exhumation stage, which does not represent the collision process.

15. Can the youngest marine strata in orogenic belts be used as an indicator to constrain the lower limit time of collision events?

Answer: Generally, the answer is no. Locally, some marine sediments can still deposit after the collision. For example, the marine sediments can still deposit for a certain period at the bottom of the molasse formation in the peripheral foreland basin. But in fact it was deposited after the collision. The best example is the strata in Taiwan Strait, where the Philippine plate and Eurasian plate have collided and the collision is still ongoing. The longitudinal valley between

the Coast mountains at east of Taiwan and the central mountain range is actually the mélange, but now the Taiwan Strait (foreland basin) is still receiving marine sediments. This fact indicates that the youngest marine strata in the Taiwan Strait represents the upper limit time of collision event, rather than the lower limit time (see details in Volume 1, Chapter 3 and Volume 4).

16. What are the meanings and tectonic significances of flysch and molasses?

Answer: The flysch is extremely thick marine turbidite strata, generally with the development of incomplete Bouma sequence, which can be formed in passive continental margin, active continental margin, island arc and other tectonic environments, but generally as the products of pre-collision orogeny. It should be stated that lacustrine turbidites do not belong to the flysch. The molasses is a set of extremely thick sedimentary assemblage with marine fine clastic deposits at the lower part (such as the Taiwan Strait) and continental coarse clastic deposits at the upper part. This rock association is obviously different from intermountain basin deposits. The molasse tends to accumulate in the front position of the earlier formed flysch, and the molasse formed in the peripheral foreland basin is the product of the collision process. Therefore, the molasses and flysch can be used as indicators of the upper and lower limit time of collision events.

17. What are the effective methods to limit the time of collision events?

Answer: It is a continuous process from the oceanic plate subduction to the ocean basin closure and terminal collision. There are no material records can directly reflect the occurrence of the collision events. In other words, any age can't represent the time of the collision events. Therefore, the upper and lower limit time can only be defined by the changes of environment and material and the age records before and after the collision event, respectively. There are many methods to constrain the upper and lower limit time of the collision events, but the error is usually large. The most effective method is to use the latest flysch strata on the the passive continental margin of the subducted plates (involved in foreland fold and thrust belt after collision) and the overlying earliest molasses strata in the foreland basin as the lower and upper limit time constraining the collision events, respectively. In some cases, these two strata are continuously deposited, so the collision time can be limited to a very small range (see details in Volume 1, Chapter 3 and Volume 4). It is important to note that only the formation age of the earliest molasses strata in the peripheral foreland basin, which is overlying the latest flysch strata, can be used as the upper limit time of the collision events. On the contrary, the molasses deposited in other types of foreland basins, such as retro-arc basins and accretionary wedge-top basins, can't be used to constrain the upper limit time of the collision events.

18. Is there a correlation between stratigraphic unconformity and collision events in orogenic belts?

Answer: The stratigraphic unconformity in orogenic belts, even the large-scale angular unconformity, does not necessarily correspond to collision events. Both the oceanic plate subduction and collision are continuous tectonic processes. During these processes a large number of duplex, thrust, and fold structures of different scales will be developed, naturally forming the denuded uplands and depositional depressions. Different scales of tectonic activity can result in different ranges of denudation. Accompanied with the strong deformation by continuous tectonism, different scales of unconformity, particularly the angle unconformity, are commonly developed during the orogenic process. So, there is no directly corresponding relationship between angle unconformity and collision events, meaning that unconformity does not represent a major tectonic event. Instead, the transition process from flysch to molasses strata in the foreland basin, as discussed above, may be a continuous deposition process, yet it indicates the occurrence of the collision event. Therefore, the continuous deposition of strata in the orogenic belts does not mean that no major tectonic events have occurred.

19. What is the potential of large-scale mineralization in the process of collisional orogeny ?

Answer: In the process of collisional orogeny, the (endogenic) mineralization is generally limited. It is because the crustal thickening during this process makes it difficult for the deep mantle material to upwell to the shallow level, so the material basis for mineralization is relatively scarce and the possibility of forming large-scale endogenic deposits is relatively small. However, during the oceanic plate subduction stage before the collision, especially the oceanic ridge subduction, there will be a large amount of mantle material enriched with mineralization material upwelling, which is facilitated large-scale mineralization (see Volume 1, Chapter 3, Sections 3 and 7). After the collision orogeny, the delamination will lead to a large scale mantle material or energy upwelling and extension detachment in the shallow level, which is conducive to large-scale mineralization. Therefore, the pre-collision and post-collision are the key period for the mineralization of endogenic deposits, but the process of collision orogeny is not conducive to the formation of large-scale mineralization.

20. What are the possible origins of "continental" lithospheric mantle in orogenic belts?

Answer: The "continental" lithospheric mantle here refers to the enriched mantle in the orogenic belt, actually the continental mantle in the geochemical sense. There are three possible origins: ① the lithospheric mantle of continental fragments in the ocean basin; ② the lithospheric mantle of the oceanic islands and seamounts; ③ the prime or slightly depleted lithospheric mantle without the extraction of basaltic magma or after a small amount of extraction, directly detached by the oceanic core complex (OCC) and oceanic detachment faults to the sea floor, with similar geochemical characteristics to those of continental lithospheric mantle. In addition, another possible origin is the ocean-continental transitional mantle (OCT) in the early stage of ocean basin formation. The OCC and oceanic detachment faults are generally developed in the slow or ultra-slow spreading mid-ocean ridge, and the geochemical characteristics of this kind of lithospheric mantle are significantly different from those of the lithospheric mantle formed by fast spreading mid-ocean ridge (see details in Volume 1, Chapter 4, Section 4.2).

21. Is there any relations between leucogranite in the orogenic belt and collision events?

Answer: The leucogranite is a kind of granite with very low dark mineral content (generally no more than 5%). It is characterized by high silicon, aluminum, alkali geochemically, and enriched in muscovite, garnet and other aluminum minerals. It is generally believed that the leucogranite is derived from the partial melting of continental crust, especially the sedimentary rocks. The leucogranite can be formed in three mechanisms: ① the collisional orogenesis can cause partial melting of continental crust and the formation of syn-collision leucogranite; ② during the oceanic plate subduction, the partial melting of the flysch matrix in accretionary complex can also form leucogranite, such as leucogranite in accretionary arc granite; ③ the process of extensional detachment post- or after collision also causes partial melting of continental crust to form post-collision leucogranite. So the leucogranite is related to the collision, but not necessarily. Therefore, the appearance of leucogranite in the orogenic belts can't suggest whether the collision event occurred or not.

22. Is the suture zone equal to deep faults?

Answer: The suture zone is a terminology in plate tectonics theory, which belongs to the concept of activity theory dominated by horizontal movement. It refers to the contact zone between the subducting and overriding plates. While the deep faults is a terminology of geosyncline-platform theory, which belongs to the concept of fixism dominated by vertical movement. It refers to a large fault cutting vertically through crust even lithosphere. Therefore, there is no correspondence between them either in terms of concept or significance.

23. Does angular unconformity correspond to orogenic episode? How to understand this question from the view of plate tectonics?

Answer: The orogenic episode is also called the folding episode and tectonic episode. This concept was first put forward by Stille (1936), and it means a series of short folding episodes during the transformation of geosynclinal into fold belt. These folding episodes are separated by long, relatively static stages. Every folding episode occurs nearly simultaneously in the whole geosynclinal region and even all geosynclinal regions around the world. The folding episode is generally determined by the angular unconformity, because the geosynclinal theory believes that the orogenic belt is resulted from the vertical movement of the returning uplift of the geosynclinal fold. This uplift causes the strong deformation and denudation of the entire orogenic belt, and then the angular unconformity of the stratum will be formed when the orogenic belt accepts deposition later.

Plate tectonics holds that the orogeny is a continuous process from the subduction of the oceanic lithosphere to the collision of the continental lithosphere and the subsequent continuous collision. During this process, high reliefs (e.g. thrust sheet) can be formed and suffered deformation and erosion, at the same time, a depression (e.g. basin) can also be formed to accept the deposition. In other words, many angle unconformities can be formed in the same orogenic process. What's more, erosion in one place and deposition in another occur simultaneously. So there is no a uniform angle unconformity. Moreover, the causes of angle unconformity are various, even though different positions in the same unconformity may be diachronous, such as the unconformity at the bottom of the Shiku Island accretionary wedge-top basin in southwestern Japan. Therefore, there is no orogenic episode in the process of orogeny, and the angular unconformity in orogenic belts does not correspond to any so-called orogenic episode.

Since the 60 ~ 70s of the 20th century, the Earth Science revolution has made success and the theory of plate tectonics paradigm has replaced the geosyncline theory paradigm. From then on, some terms of global orogenic episode or orogeny are no longer used, such as the Caledonian movement, Yanshan movement and Himalayan movement. These concepts are also missing from geology textbooks. This is a great question related to the usage of concepts and terminology, the deeply understanding of the essence and theoretical system of plate tectonics theory, and also the recognition of the incommensurability between the two paradigms of plate tectonics and geosynclinal theory. Terms such as Caledonian, Yanshanian, and Himalayan are still widely used and only represent epochal concepts.

附录 2　我国关键区域构造问题

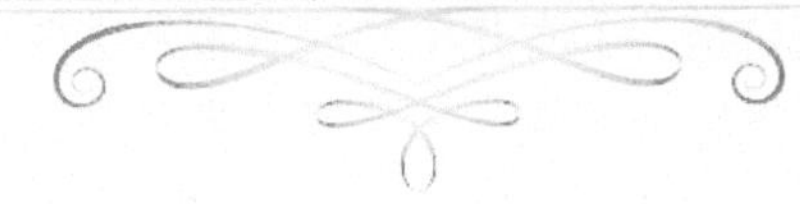

李继亮（2010）在“求索地质学 50 年”一文中提出了我国亟待解决的一些地质问题，是对中国构造地质问题的很好总结。以此为基础，整理出几项我国关键的区域构造问题，以供思考和参考。

1. 中国大陆的组成

这个问题，不是说中国大陆由多少个板块构成，而是说中国大陆有多少个前寒武纪结晶基底单元？它们来自哪里？它们是什么时候、经过什么样的过程拼合在一起的？关于中国大陆有多少个前寒武纪结晶基底单元的问题，不难统计出来，至少就出露地表的前寒武纪结晶基底单元而言，不难统计。但它们的来源是个难题，不过只要下功夫去与有关地区作对比，还是可以解决的。为了研究我国活动论古地理，我们至少要搞清楚在早古生代时期，它们在什么位置？它们是什么时候拼合在一起的？可以把这个问题放在造山带问题研究中一并考虑，但通过走滑拼合的，应该另作研究。

2. 中国的显生宙造山带

中国是世界上的造山带大国，只计算显生宙时期的造山带的数量，世界上就没有一个国家可以相比。以下由北向南，简述各显生宙造山带及其存在的主要问题。

（1）天山－兴安造山带。东西走向，绵延 4000km 以上，类型属于中亚增生型造山带。这条造山带的碰撞时代不清楚，现在争议颇多。黄汲清先生曾认为西部于泥盆纪造山，东部为二叠纪造山。现在看来并不一定，因新近研究表明，其碰撞造山时间可能会晚些，西部可能为晚二叠世—早三叠世，东部更晚。造成不确定性的原因是前陆褶皱冲断带在哪里，尚不能确定。在西部，库尔勒一带尚有迹可寻；在东部，华北板块北缘哪里是前陆褶皱冲断带，无法定断，可能是埋在了二连盆地之下。

（2）那丹哈达造山带。在我国境内，沿乌苏里江的饶河－虎林地区出露蛇绿混杂带，在松辽盆地下伏着弧火山岩，在双鸭山附近出露有弧前盆地浊积岩。这条造山带的问题是：乌苏里江以东究竟是陆块还是岛弧？或其他？这个单元与北海道的中生代造山带有什么关系？有人认为同是白垩纪混杂带，还不能确定。

（3）昆仑－祁连－秦岭－大别造山带。绵延 4000km，也应属增生型造山带。这条造山带的仰冲陆块、蛇绿混杂带和前陆褶皱冲断带表现清楚，碰撞时代为三叠纪早－中期。遗留的问题是：①大别山为什么找不到蛇绿岩？②苏鲁造山带是什么性质的造山带，它与大别山怎样相接？③该造山带往朝鲜半岛如何延伸？侯泉林等（2008）、武昱东和

侯泉林（2016）提出了其向朝鲜半岛的延伸方式，有其道理，但证据还需进一步加强。

（4）班公湖－怒江造山带。普遍认为是弧后盆地闭合形成的造山带。弧后盆地北侧是羌塘陆块，南侧是拉萨－冈底斯弧。遗留的问题是：①弧后盆地的洋壳向北还是向南俯冲消减？②北羌塘和南羌塘之间还有没有一条缝合带？如果有，是什么时代？近年来的研究已取得了一些进展，但证据还不够充分。

（5）喜马拉雅造山带。拉萨－冈底斯活动大陆边缘、雅鲁藏布江蛇绿混杂带和印度前陆带基本清楚。剩余的问题只是：①有几条蛇绿岩带？②印度前陆褶皱冲断带为什么如此复杂？是板块边界几何形状复杂所致，还是混杂带与前陆冲断带界线划分不确定，或是其他问题；③其碰撞作用究竟发生于何时？这一问题近年争论较多，肖文交等（2017）认为，印度与欧亚大陆最终的碰撞拼贴时间最早不早于14Ma，与以往60Ma左右的认识相差较远。下一步应如何解决这些问题？

（6）三江造山带。这是一条非常复杂的造山带，在云南境内格局比较清楚。高黎贡山东侧有三台山蛇绿混杂带；保山陆块东侧有昌宁－孟连蛇绿混杂带，保山陆块的前陆褶皱冲断带向两侧俯冲。昌宁－孟连带东侧是兰坪－思茅陆块，它的前陆褶皱冲断带向东俯冲到哀牢山蛇绿混杂带之下，扬子板块仰冲到哀牢山混杂带之上。在四川境内，不清楚的问题很多。在金沙江蛇绿混杂带与甘孜－理塘－木里蛇绿混杂带之间，现在能够确定的只有义敦弧，其他地质格局不清楚。甘孜－理塘带与丹巴蛇绿混杂带之间，地质格局也不清楚。最近研究表明，丹巴以东则属于元古宙晋宁造山作用拼合的扬子板块的部分。所以，三江造山带还需要进行深入的研究。

（7）雪峰山造山带。这条造山带西侧具有清楚的前陆褶皱冲断带和覆于其上的前陆盆地，东侧有仰冲的湘中陆块。一个显著的问题是蛇绿岩时代与碰撞时代的协调问题。从西侧前陆褶皱冲断带看，碰撞作用应发生于三叠纪，但需要更多证据，应该通过混杂带中基质和硅质岩块的时代来解决。另一个问题是向东如何延伸。李继亮（2010）的看法是从黔阳经溆浦、常德到益阳，然后与赵崇贺等（1995）发现古生代放射虫的江西混杂带相接。看法相当简单，然而需要做的研究工作则十分繁重、复杂。

（8）那坡造山带。那坡位于广西境内，那坡及其东侧是从十万大山向西增生到此处的增生楔混杂带；西侧是云南境内的前陆褶皱冲断带。问题是这条蛇绿混杂带向哪里延伸？目前的资料很难解答这个问题，必须进行深入的研究工作。

（9）闽赣湘造山带。这是一条志留纪末期碰撞的造山带。造山带内部，从前陆褶皱冲断带到增生楔混杂带向东到前缘弧，再到弧后混杂带和仰冲的小陆块，单元十分齐全（李继亮，1993）。向北，这个带被萍乡－铅山断裂切断，不能延伸。向南可能延入广东，但是如何延伸，其地质格局如何，目前尚不清楚。

（10）浙西和闽西三叠纪造山带。这两条带具有相同的格局，西部是前陆褶皱冲断带，向东，浙江有芝溪头蛇绿混杂带；福建有戴云山混杂带。两者的仰冲陆块都不清楚。两者的碰撞时代都是早三叠世（侯泉林等，1995；肖文交，1995）。浙西带向北，过了长兴之后被太湖和第四系覆盖。向南，被浙江南部的中生代火山岩覆盖。以此，浙西和闽西造山带是否相连，目前尚不清楚。闽西带向南可能延伸到广东。到广东境内如何展布，目前也不清楚。

（11）福建沿海造山带。这条造山带出露了变质的前陆褶皱冲断带岩石和混杂带岩石（李继亮，1993）。在研究东海西湖凹陷天然气时，李继亮（1993）发现了一条向东俯冲的残留海沟的地震影像，其东侧经过该凹陷，见到一个由白垩纪安山岩组成的隆起。这说明：①福建沿海造山带延伸到东海海域；②海沟向东消减，以此不是太平洋向西俯冲的构造，应该属于特提斯构造域。还有待进一步工作。

（12）台湾海岸造山带。这里经过我国学者和美国、法国学者多年的研究，已经形成了习惯的看法：仰冲盘是菲律宾岛弧，混杂带是纵谷蛇绿混杂带，太鲁阁带是变质的前陆褶皱冲断带，台湾西部是前陆盆地。这里有很多问题，例纵谷蛇绿岩代表缝合带，恒春半岛蛇绿岩如何解释？太鲁阁变质岩已经达到角闪岩相，而海岸造山带的碰撞历史只有 3 ～ 5Ma，太鲁阁带的俯冲 - 变质 - 折返速率何其快哉？台湾的蛇绿岩为何都具有滑塌堆积的再沉积特点？这些问题目前都缺乏深入研究。

3. 中国前寒武纪造山带

我国的前寒武纪造山带，在南方，环扬子晋宁造山带已经有了比较系统的研究（Li，1993），但需要进一步精细化。我国北方的前寒武纪造山带，需要像 Hoffman（1988）研究加拿大前寒武纪造山带那样，每一个造山带都研究之后，再进行归纳。有学者开展了五台山的一些岩石地球化学工作，提出将前寒武纪造山带外推到整个华北克拉通等认识。前寒武纪，特别是早前寒武纪，陆块和岩浆弧的规模比显生宙小得多，因此必须开展相当密集地详细地质构造研究。现在华北地区的早前寒武纪造山带在五台山地区发育比较典型。需要静下心来，在五台山的相邻地区或者远离五台山的地区，一个一个均匀区去测量不同期次的面理和线理，一块一块露头地去恢复原岩，一个一个岩石组合去研究其大地构造功能及其与相邻岩石组合的构造关系，研究其大地构造指向和碰撞时代标志，研究大区域的变形特征、变形关系和岩石组合体的相互构造关系，才能厘清另一条造山带。也许用 10 年的时间，可以把华北究竟有多少条早前寒武纪造山带研究清楚。

4. 板内构造问题

华北板块的一个最引人注目的问题是缺失中奥陶统—下石炭统，是本来就没有沉积，还是沉积后剥蚀了？什么原因造成的？这个问题不仅对于华北的构造演化意义重大，对天然气烃源岩层也有经济价值，另外，对于华北与韩国京畿地块的构造对比及构造关系也很重要。花很多人力、物力和时间把走滑挤压造成的隆升作为板内造山去研究，远不如研究这个地层缺失事件的意义重大。

1986 ～ 1995 年，中国科学院的六个研究所与四所大学集中了地球物理、地球化学和地质学科的近 300 人的队伍，研究了我国东南地区岩石圈构造演化。其中一项重要成果就是证明了扬子板块没有出露过老于 2.0Ga 的岩石，并证明 850Ma 的晋宁造山作用中，扬子板块盖层向周边造山带下俯冲，使得扬子板块基底更加难以出露。扬子板块周边的太古宙、古元古代岩石都是晋宁造山作用期间外来的仰冲陆块（李继亮，1992，1993）。

近年来，塔里木板块的塔中隆起的深钻，证明塔中有一条元古宙的岩浆弧。在昆仑山北部也可以见到元古宙末—早古生代的岛弧残余。因此，塔里木盆地的塔中以南地区是一个弧间盆地。这个弧间盆地的靠近昆仑山的地方有一个高背斜，然后一个低背斜；继续向北，古生代和中生代地层一马平川，既无褶皱也无断层，所以给油气勘探造成了

困难。所以，在塔中以南地区，要认识以洋壳为基底的盆地的岩性油气藏的特点和分布规律，才能突破困难，开拓塔里木油气区新的辉煌前景（李继亮，2010）。

5. 地幔柱问题

二叠纪峨眉山玄武岩的地幔柱成因，已经不存在疑义。需要进一步研究的是扬子板块和塔里木板块的岩石圈在峨眉山地幔柱上的运动轨迹。如果二叠纪时期，塔里木和扬子板块曾经在一个地幔柱上运动，运动距离可能相当大，时距易于超过误差范围。至少，从最远点开始定年，容易做出成果。另外两个可能的地幔柱：山东蒙阴和辽宁复县的金伯利岩，华北板块从熊耳群到大庙岩体，有待证实，更有待运动轨迹的验证。

6. 两个岛的复原

台湾岛和海南岛都已经做了详细的地质工作，积累了大量的资料。从已有资料看，它们与相邻地区的地质情况相差很多。因此，研究它们的来源，应该提上研究日程。

参考文献

侯泉林，李培军，李继亮 . 1995. 闽西南前陆褶皱冲断带 . 北京：地质出版社

侯泉林，武昱东，吴福元等 . 2008. 大别－苏鲁造山带在朝鲜半岛可能的构造表现 . 地质通报，27（10）：1660 ～ 1666

李继亮 . 1992. 中国东南海陆岩石圈结构与演化研究 . 北京：中国科学技术出版社，1 ～ 315

李继亮 . 1993. 东南大陆岩石圈结构与地质演化 . 北京：冶金工业出版社，1 ～ 263

李继亮 . 2010. 求索地质学 50 年 . 地质科学，45（1）：1 ～ 11

武昱东，侯泉林 . 2016. 大别苏鲁造山带在朝鲜半岛的延伸方式——基于 $^{40}Ar/^{39}Ar$ 构造年代学的约束 . 岩石学报，32（10）：3187 ～ 3204

肖文交 . 1995. 浙西北前陆褶皱冲断带的构造样式及其演化 . 中国科学院地质与地球物理研究所博士研究生论文

肖文交，敖松坚，杨磊等 . 2017. 喜马拉雅汇聚带结构－属性解剖及印度－欧亚大陆最终拼贴格局 . 中国科学：地球科学，47：631 ～ 656

赵崇贺，何科昭，莫宣学等 . 1995. 赣东北深断裂带蛇绿混杂岩中晚古生代放射虫硅质岩的发现及其意义 . 科学通报，40（23）：2161 ～ 2163

Hoffman P F. 1988. United plates of America，the birth of a craton. Annual Review of Earth and Planetary Sciences，16：543 ～ 603

Li J L. 1993. Circum-Yangtze Jinninide. Memoir of Lithospheric Tectonic Evolution Research，1：11 ～ 17

Appendix 2 The key regional tectonic problems in China

Li (2010) raised some urgent geological problems in China in his article "Seeking geological interpretations for 50 years" , which is a good summary of tectonic problems in China. From this article, several key regional tectonic problems in China are listed as followed for consideration and reference.

1. The composition of China continent

The question is not how many plates there are in China continent, but how many Precambrian crystalline basement units. Where are they from? When and how did they combine together? The question of how many Precambrian crystalline basement units in China continent is easy to count, at least for the well exposed ones. Although their origins are hard to tell, it can still be tracked with detailed comparing with relevant regions. In order to study the paleogeography in activity theory, we must at least find out their localities during the early Paleozoic. When did they combine together? This problem can be considered as part of the research on related orogenic belt, but it should be studied separately in the case of amalgamation by strike-slip.

2. Phanerozoic orogenic belts in China

China crops out abundant orogenic belts in the world. None of all the countries in the world can catch up with China if counting the number of orogenic belts in Phanerozoic Eon only. From north to south, a brief description of the Phanerozoic orogenic belts and their major problems are drawn below.

(1) Tianshan-Xingmeng orogenic belt. It strikes E-W, stretches over 4000km and belongs to the Central Asian accretionary orogenic belt. The time of collision of this orogenic belt is unclear and controversial. Jiqing Huang considered that the collision event happened in Devonian for the western part and Permian for the eastern part. It now seems imprecise, as recent studies have suggested that the collision time may be later, in late Permian to early Triassic for the western part and even later for the eastern part. The reason for the uncertainty is that it's still unclear for the locality of the foreland fold and thrust belt of this orogenic belt. Some evidence suggest the Kuerle area in the west may be the foreland fold and thrust belt; while in the east it cannot be

determined that where to find the foreland fold and thrust belt in the northern margin of the north China plate, which possibly be buried under the Erlian Basin.

(2) Nadanhada Orogenic belt. In the territory of China, there crops out a combination of: ① an ophiolite mélange belt exposed in the Raohe-Hulin area along the Ussuri River; ② Arc volcanic rocks under Songliao Basin; ③ Forearc basin turbidite exposed near Shuangyashan. The question about this orogenic belt is whether the tectonic unit to the east of the Ussuri River is a continental block or an island arc? Or other possibilities? What's the connection between this unit and the Mesozoic orogenic belt in Hokkaido? It is thought to be a Cretaceous mélange belt, but it is still uncertain.

(3) Kunlun-Qilian-Qinling-Dabie orogenic belt. This belt stretches for 4000km and should belong to the accretionary orogenic belt. The major characteristics of this belt as the overthrust block, ophiolite mélange belt and foreland fold and thrust belt are clearly exposed, and the collision time is determined as early-middle Triassic. The remaining questions are: ① Why there aren't any report for ophiolite in Dabie Mountain? ② What is the nature of Sulu orogenic belt, and how does it connect with Dabie Mountain? ③ How does this orogenic belt extend to the Korean Peninsula? Hou *et al.* (2008), Wu and Hou (2016) proposed the style on how this belt extend to the Korean Peninsula, which is meaningful, but the evidence need to be strengthened.

(4) Bangonghu-Nujiang orogenic belt. It is generally accepted that this belt is an orogenic belt formed by the closure of a backarc basin. The Qiangtang continental block is to the north of the backarc basin and the Lasa-Gangdisi arc is to the south. The remaining questions are as follows: ① The subduction polarity of the back-arc oceanic crust is under debate for northward or southward subduction? ② Is there a suture zone between the North and South Qiangtang? If so, what's the time? Some progress has been made in recent years, but the evidence is still not sufficient.

(5) Himalayan orogenic belt. The tectonic setting from the Lasa-Gangdisi active continental margin, the Yarlung Zangbo ophiolite mélange belt, and the Indian foreland zone is basically clear. The remaining questions are: ① How many ophiolite belts are there? ② Why is the Indian foreland fold and thrust belt so complicated? Is it because of the unique geometry of plate boundary, or because of some misunderstanding of the boundary between the mélange belt and the foreland fold and thrust belt, or other reasons? ③ When did the collision happen? This issue has been much debated in recent years. Xiao *et al.* (2017) suggested that the earliest time of collision between Indian and Eurasia plate is no earlier than 14Ma, which is much younger than the previous conclusion of about 60Ma.

(6) Sanjiang orogenic belt. This is a very complicated orogenic belt, and its tectonic setting is relatively clear in Yunnan Province. The Santaishan ophiolite mélange belt is located to the east of the Gaoligong Mountain; the Changning-Menglian ophiolite mélange belt crops out to the east of the Baoshan continental block; and the foreland fold and thrust belt of the Baoshan continental block subducted to both sides. The Lanping-Simao continental block is located to

the east of the Changning-Menglian belt, and the foreland fold and thrust belt of this continental block subducted eastward under the Ailaoshan ophiolite mélange belt, while the Yangtze plate overthrust on top of the Ailaoshan mélange zone. In Sichuan Province, there are many questions. The only conclusion could be drawn from this area is that the Yidun arc develops between the Jinshajiang and the Ganzi-Litang-Muli ophiolite mélange belts. The tectonic framework of the area between the Ganzi-Litang belt and the Danba ophiolite mélange belt is still unclear. Recent studies suggest that the eastern side of Danba is a part of Yangtze plate amalgamated during the Proterozoic Jinning orogeny. Therefore, the Sanjiang orogenic belt needs to be further studied.

(7) Xuefengshan orogenic belt. The western side of this orogenic belt develops a clear foreland fold and thrust belt and a foreland basin overlying it, and the eastern side develops the overthrusted Xiangzhong continental block. An obvious problem is the conflicting ages of the ophiolite and the collision event. Evidences drawn from the foreland fold and thrust belt of this orogenic belt show that the collision should have happened in Triassic, but more evidence is needed, especially with the help from ages of the matrix and the chert rocks preserved in the mélange belt. Another question is how to track this belt to the east. According to Li (2010), it was from Qianyang to Yiyang via Xupu and Changde, and then connected with Jiangxi mélange belt where Zhao *et al.* (1995) discovered some Paleozoic radiolarians. The model is quite simple, but heavy and complicated research work should be done.

(8) Napo orogenic belt. This belt is located in Guangxi Province. The Napo belt and its east side are the accretionary complex developed by the east-dipping subduction and westward accretion from the Shiwandachan; to its west side , in Yunnan Province, locates the foreland fold and thrust belt. The question is where does this belt extend. It is difficult to answer from the available information and further research is needed.

(9) Min-Gan-Xiang orogenic belt. This is a collisional orogenic belt closed in late Silurian. It has a complete set of tectonic units in the orogenic belt, from west to east including foreland fold and thrust belt, accretionary wedge mélange belt, front arc, retroarc mélange belt, and small-scale overthrust continental blocks (Li *et al.*, 1993). This belt is cut off by Pingxiang-Qianshan fault to the north and cannot extend. It may extend southward in Guangdong Province, but its geological framework is still unclear.

(10) Triassic western Zhejiang and western Fujian orogenic belts. These two belts have the same pattern: the foreland fold thrust belt is in the west, and the ophiolite mélange belt is in the east, as Zhixitou complex in Zhejiang Province and Daiyuanshan complex in Fujian Province. The overthrust blocks of both belts are not clear. The closure ages of both belts are all early Triassic (Hou *et al.*, 1995; Xiao, 1995). The western Zhejiang oragenic belt is covered by Taihu Lake and Quaternary system to the north of Changxing, and covered by Mesozoic volcanic rocks in southern Zhejiang. Therefore, it is unclear whether the western Zhejiang and western Fujian orogenic belts are connected. It is suggested that the western Fujian belt may extend southward to Guangdong Province. But its tectonic setting is still unclear at present.

(11) Fujian coastal orogenic belt. This orogenic belt crops out both metamorphic foreland fold and thrust belt and mélange belt (Li, 1993). While studying natural gas in Xihu sag, east China sea, Li (1993) found a remnant trench that subducted eastward from seismic image, which passed through the sag on the east side. An uplift composed of Cretaceous andesite could be seen there. These evidences indicate that: ① The Fujian coastal orogenic belt extended to the east China sea; ② The trench subducted to the east, so it is not originated by the westward subduction of the Pacific subduction, but belongs to the part of the Tethy tectonic domain. Further work is needed.

(12) Taiwan coastal orogenic belt. After years of study by researchers from Taiwan, United States, and France, a common view has been accepted: the Philippine island arc is the overthrust plate, the Vertical Valley belt is the ophiolite mélange belt, the Taroko zone is the metamorphic foreland fold and thrust zone, and the western Taiwan is the foreland basin. There are many problems here. For example, how to explain the ophiolite in Hengchun Peninsula if the Vertical Valley ophiolite represents a suture zone. Taroko metamorphic rocks have reached amphibolite facies, while the collision history of coastal orogenic belts is only 5 ～ 3Ma. Why is the rate of subduction-metamorphism-exposure of the Taroko belt so fast? Why are the ophiolites in Taiwan all characterized by reworked olistostromes rather than tectonic mélange? Further study should be done on these issues.

3. Precambrian orogenic belts in China

Considering the Precambrian orogenic belts in China, the Jinning orogenic belt around Yangtze plate in the southern China has been systematically studied (Li, 1993), but it needs to be further refined. The Precambrian orogenic belts in the northern China need to be summarized after every orogenic belt has been carefully studied, as Hoffman's study on the Canadian Precambrian orogenic belt(Hoffman, 1988). Some researchers have carried out some lithological geochemistry work in Wutai Mountain and proposed to extend the Precambrian orogenic belt to the whole north China craton. In the Precambrian, especially the early Precambrian, the continental blocks and magmatic arcs were much smaller in scale than the Phanerozoic period, so dense studies in space of detailed regional structure-tectonic were necessary. Wutai Mountain is a typical early Precambrian orogenic belt in north China. To identify another orogenic belt in this area adjacent to or far away from the Wutai Mountain, the following work is needed: ① Collect the lineation and foliation of different stages ; ② Restore the protolith of the metamorphic rocks in different outcrops; ③ Study the tectonic role of different rock associations and their relationship with others; ④ Get the tectonic polarity and the collision time; ⑤ Confirm the structural relations between deformation features and rock combination in a regional scale. It may take 10 years to figure out how many Precambrian orogenic belts there are in north China.

4. Intra-plate tectonic problems

One of the most appealing questions in the north China plate is the reason of the missing Middle Ordovician - Lower Carboniferous strata. Was it originally missed on the deposition

stage, or denuded after deposition? What is the reason of the erosion? This problem is of great significance not only for the tectonic evolution of north China, but also for the economic significance because the strata is natural gas source rocks. Additionally, it is very important for the comparison and relationship of the structural geology between north China and South Korea. It is of greater value to study this strata missing event, rather than spend much fanances and time to study the uplift caused by strike-slip compression as intra-plate mountain building.

During 1986 ~ 1995, six institutes of the Chinese Academy of Sciences and four universities, together teamed up by nearly 300 people from the disciplines of geophysics, geochemistry and geology, to study the lithospheric tectonic evolution in southeastern China. One of the important results is to prove that the Yangtze plate did not expose rocks older than 2.0Ga, and during the Jinning orogeny of 850Ma, the Yangtze plate cap sequence subducted beneath the surrounding orogenic belt, making it more difficult for the exposure of the base of Yangtze plate. The Archaean and early Proterozoic rocks around the Yangtze plate are all exotic overthrust blocks during the Jinning orogeny (Li, 1992, 1993).

In recent years, the deep drilling on the uplift in the central of the Tarim plate has proved that there is a Proterozoic magmatic arc. Remnants of late Proterozoic to early Paleozoic island arcs can also be found in the northern Kunlun Mountains. Therefore, the southern part of Tarim basin is an intra-arc basin. A high anticline and a low anticline develop in this intra-arc basin near the Kunlun mountain. Northward, the Paleozoic and Mesozoic strata are undeformed with no fault nor folds. This kind of structure makes the petroleum exploration difficult. Therefore, in the southern part of central Tarim, it is necessary to know the characteristics and distribution patterns of lithologic oil and gas reservoirs in the basin with oceanic crust as the base, thus to break through the difficulties and open up new brilliant prospects of Tarim oil and gas field.

5. Mantle plume problems

There is no doubt about the mantle plume origin of the Permian Emeishan basalt. What needs to be further studied is the plate tectonic track of the lithosphere of the Yangtze plate and Tarim plate on the Emeishan mantle plume. If the Tarim and Yangtze plates had moved on top of the same mantle plume during the Permian, the distance could be rather large, enough to exceed the test error. At least, dating from the farthest point is easy to achieve. Two other possible plumes are: the kimberlite in Mengyin, Shandong Province and Fuxian, Liaoning Province. The Xiong'er group to the Damiao pluton in North China craton, needs to be confirmed, especially with the confirmation from plate migration track.

6. Restoration of two islands

Detailed geological works in Taiwan and Hainan islands have been done, which accumulaed a large number of data. According to the available data, they have different regional geology conditions from adjacent areas. Therefore, the study of their origin should be put on the research agenda.

References

Hoffman P F. 1988. United plates of America, the birth of a craton. Annual Review of Earth and Planetary Sciences, 16: 543 ～ 603

Hou Q L, Li P J, Li J L. 1995. The fold and thrust belt in southwest Fujian Province. Beijing: Geological Publishing House, 1 ～ 107

Hou Q L, Wu Y D, Wu F Y, et al. 2008. Possible tectonic manifestations of the Dabie-Sulu orogenic belt on the Korean Peninsula. Geological Bulletin of China, 27(10): 1659 ～ 1666

Li J L. 1992. Study on the structure and evolution of oceannic and continental lithosphere in southeast China. Beijing: Chinese Science and Technology Press, 1 ～ 315

Li J L. 1993. Circum-Yangtze Jinninide. Memoir of Lithospheric Tectonic Evolution Research, 1: 11 ～ 17

Li J L. 1993. Lithosphere structures and geological evolution of the southeastern continent. Beijing: Metallurgical Industry Press, 1 ～ 263

Li J L. 2010. Seeking geological interpretations for 50 years. Chinese Journal of Geology, 45(1): 1 ～ 11

Wu Y D, Hou Q L. 2016. The extension of the Dabie-Sulu orogenic belt in Korean Peninsula: Based on 40Ar/39Ar tectonic chronology. Acta Petrologica Sinica, 32(10): 3187 ～ 3204

Xiao W J. 1995. Tectonic pattern and evolution of the foreland fold and thrust belt in northwest Zhejiang Province. Beijing: Institute of geology and geophysics, Chinese academy of sciences. PhD Thesis.

Xiao W J, Ao S J, Yang L, et al. 2017. Anatomy of composition and nature of plate convergence: Insights for alternative thoughts for terminal India-Eurasia collision. Science China Earth Sciences, 47: 631 ～ 656

Zhao C H, He K Z, Mo X X, et al. 1995. Discovery and significance of late Paleozoic radiolarian siliceous rocks in ophiolite melange in the deep fault zone of northeast Jiangxi Province. Chinese Science Bulletin, 40(23): 2161 ～ 2163

附录 3　糜棱岩与片岩和片麻岩的比较

岩石类型	糜棱岩	片岩、片麻岩
应力作用方式	剪应力	正应力（差异应力）
加载 / 卸载速率	加载速率>卸载速率	加载速率≤卸载速率（松弛）
面理	S-C 面理	S- 面理
a- 线理	发育	不发育
变形特征	变形局部化	变形均一化
变形行为	塑性（弹黏性）	黏性
变形方式	位错蠕变	扩散蠕变
变质作用	动力变质	区域变质

附录4 符号说明

a　微裂隙的半长；应变椭球长轴，等于 X，$\sqrt{\lambda_1}$

A　常数；试件顶或底面积

$\boldsymbol{A}$　应变速率分配张量；任意张量

b　应变椭球中间轴，等于 Y，$\sqrt{\lambda_2}$

B　形态因子

$\boldsymbol{B}$　应力分配张量

B^*　临界形态因子，等于运动学涡度

c　应变椭球短轴，等于 Z，$\sqrt{\lambda_3}$

C　与温度有关的材料常数；内聚强度（也可写为 τ_0）

$\boldsymbol{C}$　弹性模量张量，是一个四阶张量

$\boldsymbol{C}_E$　包体 / 异质体中的黏度张量

$\boldsymbol{C}_M$　基质中的黏度张量

C_p，μ_p，σ_n　界面的内聚力、（内）摩擦系数和正应力

C_w　先存断裂面的内聚力，等于 τ_0

$\boldsymbol{C}^{\text{sec}}$　切线黏度张量

$\boldsymbol{C}^{\text{tan}}$　有效黏度（割线黏度）张量

C_{ijkl}^{tan}　切线黏度

C_{ijkl}^{sec}　有效黏度

$\overline{\boldsymbol{C}}$　均匀对等基质 HEM 的黏度张量

$\overline{\boldsymbol{C}}_{\text{inital}}$　均匀对等基质 HEM 的初始力学性质

De　德波拉数

d　伸展位移量；剪切带位移；RDE 的平均特征长度

d'　各相邻标志体中心间的距离

D　代表体积元（RVE）的特征长度

$\mathcal{D}$	整个岩石圈尺度的高应变带的特征长度
$\boldsymbol{D}$	对称的应变率张量
d_{002}	煤基本结构单元的层间距
e	伸长度，即线段长度改变量与原长度的比值（伸长为正，缩短为负）
$\boldsymbol{e}$	包体内的弹性应变；柯西应变张量
$\boldsymbol{e}^{c}$	包体内部的应变张量
$\boldsymbol{e}^{*}$	均匀应变张量
$\bar{e}$	自然应变
$\bar{e}_{1,2,3}$	应变椭球三个主轴的自然应变
$\bar{e}_{s}$	单位八面体的自然剪应变
$\dot{e}$	应变速率
e_1，e_2，e_3	沿主方向的伸长度，也叫主应变
e_x，e_y，	横截面 x 和 y 方向的伸长度
e_z	轴向伸长度
$\dot{e}_x$，$\dot{e}_y$，$\dot{e}_z$	主应变速率，即平行于 ISA 的应变速率
$e_{z'}$	垂向对试件施压导致的轴向缩短应变
$e_{z''}$，$e_{z'''}$	相关的水平伸长应变产生的围压导致的垂向伸长应变
E	比例系数，称为杨氏模量或弹性模量
$\boldsymbol{E}$	宏观应变速率
E_0，E_i	主弹簧和附属 i 弹簧的弹性模量
f_a	先存构造活动性系数
f_{aF}	先存断裂活动性系数
f_{aW}，f_{aK}	先存构造面和库仑剪破裂面在临界库仑应力状态下的活动性系数
f_s	任意三轴应力状态下、任意方位界面的剪切活动趋势因子
f_F	断层面摩擦系数
F	试件所受轴向挤压力； 作用在预期将形成剪切带的有限小方块边界上的力
$\boldsymbol{F}$	变形梯度或位置梯度张量，是二阶张量
$\boldsymbol{F}^{\varepsilon}$	平面纯剪应变张量
$\boldsymbol{F}^{\gamma}$	简单剪切应变张量
$F_{ij}(x)$	位置梯度张量
$\boldsymbol{F}^{i}$	第 i 个应变增量
F_{ij}^{TP}	剪切缩短情形时的纯剪应变分量

F_{ij}^{TT}	剪切伸展的应变分量
ΔF_{ij}^{γ}	无限小单剪增量
G	刚性模量；剪切模量
h	缩胀构造厚度
H	作用在预期将形成剪切带的有限小方块边界上的力臂
ISA_{1-3}	最大 / 中间 / 最小瞬时伸长轴
$\boldsymbol{J}^{d}$	偏四阶单位张量
$\boldsymbol{J}^{m}$	平均四阶单位张量
$\boldsymbol{J}^{s}$	对称四阶单位张量
k	弗林参数，用以描述应变椭球体形态
k_x，k_y，k_z	沿 x、y、z 坐标轴的伸长或缩短量
K	Maxwell 体的松弛模量；体积模量
l_0，l_1	物体中某质点线段变形前后的长度
L	单位长线段
$\boldsymbol{L}$	速度场对质点瞬时坐标的梯度，是一个二阶张量
L_{a}	芳香层片的延展度
L_{c}	芳香层片的堆积高度
L_d	缩胀构造主波长
L_d/h	缩胀构造的长宽比
$L_{ij}(x)$	速度梯度张量，是一个关于空间位置 x 的函数
L_{ij}^{ε}	以坐标轴为主轴的纯剪分量
L_{ij}^{γ}	与 x_1x_3-面平行的简单剪切分量
$\boldsymbol{M}$	基质中的场变量
M_{eff}	有效力矩
$M_{G\text{-}eff}$	泛有效力矩
M_x，M_n	碎斑长轴和短轴
n，$n^{(k)}$	应变速率敏感度；应力指数
P_c	三轴挤压实验中试件所受围压
P_f	孔隙流体压力
Q	活化能
r'	莫尔图解中椭圆的短半轴
R	气体常数；应变椭圆的长短轴比（轴率），或叫二长比
$\boldsymbol{R}$	旋转变形张量

R^*	临界二长比
R_c	临界二长比，等于刚性体最小二长比（R_m）
R_f	原始椭圆形的标志体变形后的最终轴率
R_i	椭圆形标志体变形前的原始轴率
R_m	碎斑最小轴比
R_o	镜质组反射率
$R_{o,\ max}$	最大镜质组反射率
R_s	应变椭圆的长短轴比（轴率），或叫二长比
s，S	长度比，线段变形后长度 l_1 与变形前长度 l_0 的比值，与 β 因子为同义语
$\boldsymbol{S}$	“对称”Eshelby 张量
$\boldsymbol{S}^E$	外部问题的“对称”Eshelby 张量
t	时间
t_m	Maxwell 松弛时间
t_r	黏弹材料的 Maxwell 松弛时间
t_{visc}	黏性流特征时间
T	温度（K 或℃）；表面张力；岩石的抗张强度
T_0	材料的单轴抗张强度；岩层的伸展强度
T_c	张应力临界值
T_H	材料的均一温度
T_m	材料熔点的绝对温度
$\boldsymbol{U}$	对称张量
v	速度；Lode 参数，具有与弗林参数（k）相似的作用
v_i（i=1, 2, 3）	速度矢量的坐标分量
$\boldsymbol{V}$	对称张量
$\boldsymbol{w}^{(k)}$	RDE 内部的微观（局部）涡度
W	涡度向量
$\boldsymbol{W}$	反对称的涡度张量
W_k	运动学涡度
$W_{k,\ max}$	运动学涡度最大值
W_m	平均运动学涡度
Y	剪切带宽度
$\boldsymbol{x}$	物质点在变形状态的位置矢量
X，Y，Z	最大 / 中间 / 最小应变轴
$\boldsymbol{X}$	连续体在变形前的任意一物质点的位置矢量

符号	含义
α	两个流脊的夹角； 膝褶带内长翼与膝褶边界的夹角，为外侧角； 界面在 σ_1-σ_3 平面上的交线与 σ_3 的夹角； 方块边界法线与 σ_1 间的夹角； 任意方位面的倾角； 标志层初始方位与剪切带的夹角
α'	先存构造面在特定的坐标系（坐标轴与三个主应力平行）中的方位，通过坐标转换可以求解 α； 标志体变形后与剪切带的夹角
β	石英 C- 组构大环带的法线与糜棱岩面理间的夹角； 膝褶带内短翼与膝褶边界的夹角，为内侧角； 薄弱面上剪应力 τ 与 EF 的夹角，当 σ_1 直立时，是侧伏角
$\boldsymbol{\varepsilon}^{(k)}$	RDE 内部的微观（局部）应变速率
$\dot{\varepsilon}$	纯剪应变速率
$\dot{\boldsymbol{\varepsilon}}$	应变速率张量，是一个二阶张量
$\dot{\varepsilon}_1$，$\dot{\varepsilon}_2$，$\dot{\varepsilon}_3$	分别为沿 x_1-，x_2- 和 x_3- 轴的应变率
Δ	变形带的体积变化；体积损失因子
ΔG	化学反应路径的吉布斯自由能变
Δt	时间增量
$\Delta\sigma$	差（异）应力
γ	断层走向与伸展方向（σ_3）的夹角； 剪应变
γ	剪应变速率
γ_0	断层走向与伸展方向（σ_3）夹角的临界值
$\bar{\gamma}_{\text{oct}}$	共轴变形中八面体［111］面上的剪应变
Γ	次简单剪切（一般剪切）变形矩阵的非对角项
η，$\eta^{(k)}$	黏度常数； 刚性体长轴分别在直角坐标中的取向
η^*	有效动力学黏度
η_i	阻尼的黏度
λ	平方长度比，长度比（S）的平方； 边界条件波动的特征长度；拉美常数

λ_1，λ_2，λ_3	应变椭球长、中、短轴平方长度比；变形矩阵的特征值
$\sqrt{\lambda_1}$，$\sqrt{\lambda_2}$，$\sqrt{\lambda_3}$	应变椭球体长、中、短轴轴长
μ	内摩擦系数，即莫尔包络线斜率（等于 tan ϕ）
μ_p	某一界面的内摩擦系数
μ_w	先存构造面或断面上的摩擦系数
ν	泊松比
θ	ISA_1 与剪切平面的夹角；长轴与剪切带的夹角，某质点线变形前与应变主轴 X 的夹角； 界面与 σ_1 的夹角； 任意方位面的倾向； 破裂面与 σ_1 的夹角，即剪裂角
2θ	共轭剪裂角
θ'	先存构造面在特定的坐标系（坐标轴与三个主应力平行）中的方位，通过坐标转换可以求解 θ； 应变椭球长轴 X 与剪切方向间的夹角； 某质点线变形后与 X 轴的夹角； 剪切带边界面理与剪切带夹角
$\theta^{\perp}$	三轴应力莫尔圆上先存断层的倾角
θ_r	先存断层的活化角
ρ	密度
σ	正应力
$\boldsymbol{\sigma}$	柯西应力张量
$\boldsymbol{\sigma}'$	偏应力张量
$\boldsymbol{\sigma}^{(k)}$	RDE 内部的微观（局部）应力场
σ_0	初始应力； 材料在各向等值拉伸条件下的抗张断裂极限
σ_1，σ_3	分别为最大和最小主应力（压应力为正）
σ_c	临界剪应力
σ_d	最大有效力矩准则的莫尔包络线与横坐标的交点
σ_H	水平主应力
σ_{ij}	张量在 i 面上沿 j 方向的分量
σ_m	平均正应力；平均压力

σ_n	受力岩石任一截面上的有效正应力； 先存断裂面上的正应力
σ^*_n	有效正应力
σ_v	垂向主应力
σ_z	垂向应力
σ_a	轴向压应力
τ	剪应力
τ_0	抗纯剪断裂极限，即抗剪强度，也称岩石的内聚力
τ_{max}	最大剪应力
τ_n	界面上的剪应力
τ_w	临界剪应力
τ_n^w	先存构造面上的临界剪应力
$[\tau_n]$	沿界面产生剪切活动时的临界剪应力
ϕ	内摩擦角； 刚性体长轴分别在极坐标系中的取向； 异质体（CE）与剪切带边界的夹角； 应力率； 剪切方向与 x_1- 轴的夹角
φ	刚性体原始长轴与应变椭圆长轴的夹角； 各向异性方向； 各向异性面与伸展方向（X 或 σ_3）间的夹角； 变形带与先存面理之间的夹角
φ'	最终椭圆长轴与应变椭圆长轴的夹角
ψ	变形前与剪切面垂直的线的旋转角度，即角剪切
ω	角速度； 应变椭球三个主轴从参考状态到变形状态的旋转，可从 $\boldsymbol{R}$ 求得
$\boldsymbol{\omega}$	旋转张量
$\boldsymbol{\omega}^c$	包体内部的旋转张量
$\boldsymbol{\omega}_{ij}$	无限小旋转，为无限小变形的反对称部分
ξ	变形带（剪切带）边界的法线与瞬时最小主长度或最大主应力轴的夹角； 糜棱面理或石英条带的与石英斜向面理或云母解理面的夹角
δ	剪切带与缩短轴（Z 或 σ_1）间的初始夹角
δ_d，δ_s	右行和左行断裂与施加主压应力 σ_1 间的夹角

δt	时间增量
δ_{ij}	克罗内克函数
$\boldsymbol{\Pi}$	“反对称”Eshelby 张量
$\boldsymbol{\Pi}^E$	外部问题的“反对称”Eshelby 张量
$\boldsymbol{\Sigma}$	应力场
Ω	无限延伸的均匀弹性材料包含的一个子体积
Ω^*	无限延伸的均匀弹性材料包含的一个无应力状态的子体积

附录5　中小构造研究20问

1. 如何认识剪节理概念问题？

答：国外现行教材大多对节理是这样定义的：节理是具有小的伸展位移但没有或几乎没有沿壁位移的破裂。也就是说并不把具有剪切性质的破裂当作节理，或者说节理仅指具有引张性质的破裂。国内现行教材是按照力学性质将节理分为张节理和剪节理两类，并强调剪节理是剪应力作用的结果，张节理是张应力作用的结果。由此可以看出，国内外教材对“节理”的认识有较大差异，读者应对此有清楚的认识（参阅第三卷第3章）。

2. 自然界存在共轭的正交破裂吗？

答：水平直线型包络线破裂理论在地质条件下无法实现，因为剪破裂面上的正应力（σ_n）不可能为0，因此要使剪裂角 θ=45° 夹角的截面发生滑动，剪应力不仅需要克服岩石的内聚力（τ_0），还需要克服该界面上的内摩擦力（内摩擦角 $\phi\neq0$）岩石才可能发生破裂。因此，剪应力仅达到内聚力（τ_0）时，岩石不可能发生破裂，也就是说不可能形成共轭的正交破裂。反之，如果要产生共轭的正交破裂，按照库仑－莫尔破裂准则，需要平行于横坐标（σ_n）的莫尔圆包络线，该包络线与横坐标的截距（抗张强度）为无限大，而自然界根本不存在抗张强度无限大的材料（包括岩石）。所以，野外看到的正交破裂往往并非共轭，而更可能是两组非共轭的节理或剪破裂（参阅第二卷第2章）。

3. 破劈理是劈理吗？

答：尽管岩石容易沿劈理面裂开，但劈理间仍具有内聚力；再者，劈理的四种成因类型包括机械旋转、重结晶、压溶作用和晶体塑性变形等。然而，破劈理完全是岩石的脆性破裂行为，与岩石中的矿物排列毫无关系，其间已不具有内聚力；而且形成劈理的四种机制均无法形成破劈理。因此，无论从劈理的特征，还是成因机制来看，破劈理并不属于劈理范畴，而仅仅是密集的破裂而已。故建议摒弃“破劈理”概念（参阅第三卷第5章）。

4. 何为主动面理和被动面理？

主动面理（active foliation）是指由剪切条带或应力活动面如糜棱岩中的C-面理和C′-面理等构成的面理，与应变积累无关，通常与有限应变的*XY*面不平行，递进变形过程中通常不旋转。

被动面理（passive foliation）作为物质的均匀流动面，应变过程中随着应变积累而被动旋转如糜棱岩中的S-面理等大部分连续面理。理想情况下，被动面理平行或近于平行于构造应变的*XY*面。

区分主动面理与被动面理有利于认识变形过程中不同面理的行为（参阅第三卷第 5 章）。

5. 伸展褶劈理（C′）在递进剪切过程中旋转吗？ S- 面理如何变化？其意义如何？

答：有两种不同的观点：一是按照最大有效力矩准则，认为 C′ 为一材料不变量，不管变形程度如何，不管岩石类型和变形方式，C′ 始终与 σ_1 保持约 55° 的夹角关系，即 C′ 不会因持续的剪切作用而旋转。另一种观点认为，当 C′ 形成时，如果剪切带有简单剪切成分，则 C′ 必须是总体旋转的，微劈石必然正在变形。

我们的研究结果表明：（1）伸展褶劈理是递进变形过程中应变分配（strain partitioning）的结果，其初始方向与剪切带（C- 面理）的运动学涡度（W_k）有关。按照应变分配原则，C′ 发育后主要承担了剪切带的简单剪切部分，而 S- 面理则承担了剪切带的纯剪切部分。若应变分配充分，原始剪切带（C- 面理）则不再发生应变，之后的应变则分别由 C′- 面理上的简单剪切和 S- 面理上的纯剪切来实现，C′ 不再受 C- 面理的控制，因此递进变形过程中 C′ 不发生旋转（参阅第三卷 114 页）。（2）随着递进剪切作用进行，C′ 之间的微劈石（即 S- 面理）在 C′ 的控制下发生反向旋转，因此随着变形程度的增加，S- 面理与剪切带（C- 面理）之间的夹角（θ'）不是减小，而是增大。因此，国内外教材中常用的剪应变（γ）与 θ' 之间的函数关系 [见第三卷第 7 章式（7.3），图 7.11] 将不复存在。也就是说，在发育伸展褶劈理（C′）的情况下，不能再利用 θ' 来求解剪应变（γ）（参阅侯泉林等 2021 年《岩石学报》有关文章）。

有研究者认为，低角度的拆离断层（韧性剪切带）可能是由伸展褶劈理发展而来的。若如此，在逆冲推覆构造发育的过程中会形成伸展褶劈理，进而发展成为拆离断层，而逆冲剪切带则趋于停止。也就是说，在同一构造应力场作用下，既可以发育逆冲推覆构造，也可以发育伸展拆离构造（这里的“伸展”是指应变，而非应力），二者顺序上有先后，一般逆冲作用在先，拆离作用（C′）略晚，但时间上非常接近。因此，不能轻易地将同一地区发育的逆冲推覆构造和伸展拆离构造看作是两次构造作用（事件）的结果，即前者代表挤压事件，后者代表拉张事件；另一方面，这可能解释了为什么两套相同剪切方向（如同为左旋剪切或右旋剪切）的构造系列（逆冲推覆构造系列和伸展拆离构造系列）会在同一地区且几乎同时发育。

总之，这一问题还没有达成共识，值得重视，有待进一步研究（参阅第二卷第 2 章和第 6 章，第三卷第 5 章）。

6. 糜棱岩的 S-面理与有限应变 *XY* 面平行吗？

答：糜棱岩中的 S-面起初与应变椭圆的 *XY* 面平行，即位于 ISA_1 方向。递进变形过程中，S-面的旋转速度比 *XY* 面快，而变得不平行（参阅第二卷图 1.8）。所以通常情况下，糜棱岩的 S-面理与有限应变的 *XY* 面不平行，但随着变形程度的增加，S-面的旋转速度逐渐减慢，二者往往近于平行。因此，实际工作中假定平行，通常把 S-面看作 *XY* 面（参阅第三卷第 5 章）。

7. 拉伸线理与剪切带的剪切方向一致吗？

答：理论上拉伸线理（L）与有限应变椭圆的 *X* 轴平行，因糜棱岩的 S-面理与 *XY* 面近于平行，因此拉伸线理位于 S-面上，而不是 C-面上。而我们的剪切方向是沿 C-面的剪切方向，但拉伸线理并不在C-面上，因此L与剪切方向并不一致。在简单剪切情形下，拉伸线理在C-面上的投影与剪切方向一致，可用于指示剪切方向。然而，自然界完全的简单剪切却几乎不存在，所以通常情况下不能用拉伸线理判别剪切方向。

研究表明，拉伸线理方向与剪切带的剪切方向之间的关系比较复杂，即使在剪切方向比较稳定的近简单剪切的高应变带中，拉伸线理的方向也会发生显著变化。因此拉伸线理的方向通常与剪切方向不平行，故不能用拉伸线理判别剪切方向（参阅第三卷第1，6，7章）。

8. 斜面理（oblique foliation）与S-面理的关系及意义如何？

答：斜面理或斜向面理（oblique foliation）是显微尺度下的一种面理，也称斜向显微面理（oblique microscopic foliation），主要由定向排列的亚颗粒构成，仅代表构造应变最后阶段的增量应变。这些小颗粒的优选方向与应变椭球*XY*面（近似于有限应变S-面）斜交。递进变形过程中，斜面理保持相对固定的方向，一般与C-面理夹角≤45°，角度的大小与剪切带的运动学涡度（W_k）、重结晶机理等有关。有限应变的S-面理与斜面理之间的组构关系犹如河床与鹅卵石的关系，实际工作中应注意区分斜面理与S-面理。借此可判断剪切带运动方向，计算运动学涡度（参阅第二卷第1章1.3节；第三卷第5、7章）。

9. 何为侧生构造？有何意义？

答：应变带或糜棱岩带中，面理或层理等标志层［即寄主元素（host element，HE）］中常常发育斜切寄主元素的脉、裂隙、小断层及剪切条带等不连续面［称为“异质体”或“斜切元素”（crosscutting elements，CE）］。研究表明，这些异质体（CE）是在糜棱岩或应变带形成过程中侵入或发育的，它们与寄主元素（HE）的相互作用可以形成一些不对称构造，称为侧生构造（flanking structures），异质体两侧的相应褶皱称为侧生褶皱（flanking-folds）。尽管看上去好像侧生褶皱被异质体所切，但实际上侧生褶皱的形成晚于异质体（CE）。侧生构造有时可作为剪切指向的判别标志，但侧生褶皱的弯曲方向受控于诸多因素如CE的初始方位、与围岩的黏度差，以及应变大小等，运用时需谨慎（参阅第三卷第2章）。

10. 如何理解变形局部化与均匀变形问题？

答：变形局部化与均匀变形分属不同的变形领域，取决于加载速率与卸载（松弛）速率的相对大小。变形局部化和均匀变形的比较见下表：（参阅第二卷；附录3）

变形局部化	加载速率＞卸载速率	剪应力控制	位错蠕变	间隔性	共轭性	最大有效力矩准则（～110°）
均匀变形	加载速率≤卸载速率	正应力控制	扩散蠕变	透入性	单方向	连续介质力学

11. 莫尔－库仑准则与最大有效力矩准则如何相容？

答：莫尔－库仑准则是表述岩石脆性状态下，破裂面发育的位置，即与主压应力（σ_1）的夹角（通常θ=30°），受控于剪应力（$\tau=\tau_0+\sigma_n\tan\phi$），且岩石脆性破裂的强度随围压的增大而增大，因此莫尔圆包络线为正倾斜（$\tan\phi>0$）。

最大有效力矩准则是表述岩石塑性状态下，韧性剪切带或应变带发育的位置，即与主压应力（σ_1）的夹角（$\theta\approx 55°$），受控于力矩［$M_{eff}=\pm 1/2\cdot(\sigma_1-\sigma_3)L\sin2\theta\sin\theta$］，

且岩石塑性变形强度随围压的增加而减小，因此莫尔圆包络线为反倾斜（$\tan\phi < 0$）。

可以看出，莫尔 - 库仑准则适用于浅层次脆性破裂面的发育，而最大有效力矩准则适用于深层次韧性剪切带的发育（参阅第二卷第 2 章）。

12. 伸展褶劈理（C′）是褶劈理吗？

答：尽管我们可能难以区分一般的伸展褶劈理（extentional crenulation cleavage，C′）与褶劈理（crenulation cleavage），但伸展褶劈理与褶皱并没有直接联系，它并非由先存面理（如 S- 面）经褶皱发展而成。S- 面在 C′- 面附近的轻度弯曲是牵引褶皱，属侧生褶皱（flanking folds），略晚于或与 C′ 近同期发育，而且 C′ 与最大缩短方向并不垂直，而褶劈理与最大缩短方向垂直。因此，伸展褶劈理（C′）既不是轴面劈理，也不是褶劈理。伸展褶劈理实际上是韧性剪切带中发育的一种平行的间隔性剪切条带，属主动面理，因此用“剪切条带”（shear bands）术语更为贴切（参阅第三卷第 5 章）。

13. 如何理解和认识应变（变位形）分配问题？

答：应变分配（strain partitioning）或变位形分配（deformation partitioning）概念的提出，是基于 20 世纪 70 年代末、80 年代初，大量的构造分析、震源机制解和水压致裂揭示，主压应力方向与走滑断层近垂直、走滑断层与逆冲推覆构造平行等。这种应力状态与运动学间的不相容导致不连续介质的变位形分配或应变分配理念的应运而生。

地壳乃至岩石圈中的不连续面几乎是随处可见，地质结构的不均一性包括原生不均一性和次生不均一性普遍存在。对于应变不均一的地质体，其应变可以用递进伸缩应变分量（共轴变形）和递进剪切应变分量（非共轴变形）来描述。这种把横跨变形带的总应变分别分配到以不同应变类型（共轴变形与非共轴变形）为主导的带或域上的过程即为应变分配。运用应变分配理论可以解释许多连续介质力学无法解释的现象，如美国加州圣安德烈斯断裂带中褶皱轴与走滑断层平行的问题（参阅第二卷第 1 章；第三卷第 9 章）。

14. 核幔构造的核与幔的矿物成分相同吗？其意义如何？

答：核 - 幔构造（core-and-mantle structure）也称被幔残斑（mantled porphyroclast）是由核部的单晶矿物及与其相同矿物成分的较细粒矿物构成的幔部共同构成。所以，一般情况下幔部是由核晶动态重结晶的细粒产物，理论上其矿物成分相同。但如果有流体等作用，动态重结晶会伴有化学反应，形成新的矿物，如长石会反应生成石英或云母。

核幔构造的不对称形态可指示剪切方向。不同类型的核幔构造与变形程度有关：δ- 型和复合型被幔碎斑系主要发生于高应变糜棱岩中；σ- 型被幔碎斑系主要出现于低应变糜棱岩中；裸碎斑多见于超糜棱岩，特别是高级别的超糜棱岩；ϕ- 型被幔碎斑系常见于高级别的相对粗粒糜棱岩中，但并不代表共轴流变。注意，不要将 σ- 型核幔构造与矿物鱼、S 形矿物集合体混为一谈，也不应与不对称应变影和反应边相混淆，因为每个类型都有其不同的形成机理（参阅第三卷第 7 章）。

15.（超）高压条件下能形成构造岩吗？

答：尽管高压 - 超高压构造岩与高压 - 超高压变质岩一样，是个非常重要的命题，然而与高压 - 超高压变质岩不同的是，高压 - 超高压构造岩的存在与否长期以来饱受争议。主要有两种观点：一种观点认为，在深俯冲带内，差异应力强度较低，只有几个兆帕（MPa），小于位错蠕变所需的应力强度，应变以溶解 - 沉淀（dissolution-precipitation）方式为主，因此无法形成（超）高压糜棱岩。另一种观点认为，在深俯冲带内差异应力强度可达几十个兆帕以上，位错蠕变仍然是矿物和岩石的主要变形机制之一，可以形成（超）高压糜棱岩。而且认为，高应变主要集中于韧性剪切带内，构成了超高压变质体的折返通道和润滑带。近期研究发现榴辉岩的强烈变形（如第一卷图 4.52）和蓝片岩的碎裂作用。这一问题尚未完全取得共识，国人应有进一步作为（参阅第三卷第 1 章）。

16. 同为长英质糜棱岩，为什么有的不发育不对称残斑构造？

答：在高级别条件下，剪切带趋于变宽，这是因为软化作用和局部化机理的效应比低级别条件下更低。如此条件下，不同矿物之间的流变性差异减小，扩散蠕变变得更为重要，差异应力降低。在低应变速率下，形成残斑很少、粒度相对较粗的层状岩石，基质中的颗粒可能呈网状，除组分层外，面理和线理的发育程度较弱。在高级别的糜棱岩中，能干性弱的矿物表现为带状伸长重结晶，而能干性强的矿物表现为对称的残碎斑晶，不显示不对称残斑构造，形成菱网状或条带状糜棱岩（参阅第二卷第 4 章图 4.8；第三卷第 1、7 章；附录 3）。

17. 韧性剪切带中会出现脆性破裂吗？与成矿作用关系如何？

答：韧性剪切带中发育脆性破裂的最著名实例是加拿大魁北克卡迪拉克（Cadillac）构造带北侧的西格玛等著名剪切带型金矿。其近水平含金电气石石英脉主要赋存于高角度逆冲型韧性剪切带中及其旁侧。脉纤维与脉壁垂直，表明为张性脉。韧性剪切带与张性脉体现的应力状态相同而岩石的变形行为迥然各异。其脆、韧性变形共存，并非构造层次的变化，而可能是孔隙流体压力和应变速率的变化所致。韧性剪切带形成过程中，晶体塑性变形和动态重结晶作用会破坏孔隙结构并使剪切带发生愈合，封闭条件下孔隙体积逐渐缩小，造成局部流体压力累积并达到静岩至超静岩压力（即高压流体）。局部高压流体所造成的岩石强度的降低和应变速率的突然增加，以及岩石能干性的差异等因素可以引发脆性破裂，往往是 R、R′ 和 T 破裂。新近研究认为，非稳态变形是“常态”，因应变速率的变化而导致岩石韧、脆性变形交叉进行是常见现象。正是由于韧性剪切带发育过程中的脆性破裂构成了剪切带型矿床形成的根本原因，其成矿过程大致为：（多期）岩体 - 热液流体 - 韧性剪切 - 脆性破裂（R、R′ 和 T）- 应力骤降 - 流体闪蒸 - 元素析出成矿（参阅第二卷第 4 章，第四卷有关部分；及侯泉林和刘庆，2020，《剪切带型矿床成矿的岩石构造环境及力化学过程》）。

18. 韧性剪切带中未变形的岩石或矿物能作为限定变形时代的上限吗？

答：应具体情况具体分析，许多情况下不可以。因为韧性变形是非均匀变形，尽管其中的某些岩石或矿物未发生变形，但并不意味着它一定形成于变形之后。韧性剪切带成核后物质的流变性发生变化，即应变软化或硬化，这就是为什么韧性剪切带往往发育于狭长的带内（变形局部化）。其中塑性变形仅限于某些岩石或矿物，而另一些岩石或矿物并不发生变形，如糜棱岩中的残斑。这些未变形的岩石或矿物与变形的岩石和矿物并无时代差异，均形成于变形之前。因此不能用此作为限定变形时代的上限，就像不能用残斑的年龄作为变形时代上限一样。

19. 如何理解运动学涡度（W_k）与剪切带厚度之关系问题？

答：有研究者认为：

当 ξ=90°、α= −90° 时，W_k= −1 代表平行剪切带的挤压或缩短，或者垂直于剪切带的拉张或伸长，形成增厚型剪切带；

当 45° ＜ ξ ＜ 90°、−90° ＜ α ＜ 0° 时，−1 ＜ W_k ＜ 0，形成增厚型一般剪切带，往往解释为多次构造作用（参阅郑亚东和王涛《中国科学》D 辑 2005 年第 4 期文献）。

ξ- 剪切带边界的法线与瞬时最小主应变轴（λ_3）或最大主应力轴（σ_1）间的夹角，0° ≤ ξ ≤ 90°; α- 两特征方向（流脊）间的夹角，若考虑顺时针和逆时针夹角，−90° ≤ α ≤ 90°; 若只考虑夹角的大小，0° ≤ α ≤ 90°（参阅第二卷图 1.37）。

然而，如何理解如下问题：①二维情形下运动学涡度计算公式 W_k=cosα 或 W_k=sin2ξ［第二卷式（1.33）和式（1.36）］，以及其他公式均无法求解出 W_k 为负值的情况。再者从运动学涡度的初始定义及表达式［第二卷式（1.30）—式（1.32）］看，运动学涡度是涡度（W）与应变速率（$\dot{e}$）之比的数值度量，并无负值情形，也就是说运动学涡度不可能为负值（参阅第二卷图 1.37）。② W_k=1，代表非共轴变形的简单剪切（并未强调是左旋剪切还是右旋剪切）; W_k=0，代表共轴变形的纯剪切（也不强调是挤压应变还是拉伸应变）; 0 ＜ W_k ＜ 1 代表一般剪切，其大小反映了与剪切带边界垂直的和平行的应变分量所占比例，或者说纯剪切与简单剪切所占比例。那么，W_k= −1 和 −1 ＜ W_k ＜ 0 代表什么物理含义呢？其本身似乎并不表达任何物理含义。③ 45° ＜ ξ ≤ 90° 可能会导致剪切带的增厚，但未必是多次构造作用的结果，如在剪切带转弯松弛部位往往可以形成增厚型一般剪切带。

若如此，第二卷 47 页的一些表述可能欠妥。总之，剪切带的运动学涡度方面还有许多问题有待深入研究。

20. 如何认识最大有效力矩准则的适用范围和边界条件？

答：岩石韧性变形的“最大有效力矩准则”是由北京大学郑亚东教授 2004 年提出来的，尽管尚未被普遍接受或形成共识，但在解释低角度正断层、高角度逆断层、伸展褶劈理（C′）等构造的形成机理方面收到了一定效果（参阅第二卷第 2、5 和 6 章）。在最大有效力矩准则的求解过程中并没有设置任何边界条件，即任何条件下变形带与最大主应力 σ_1 的夹角 θ 始终保持约 55°（第二卷图 2.13、图 2.14），因此在莫尔圆图解上的莫尔包络线为一条反倾斜的直线（见第二卷图 2.16、图 2.20）。然而，北京大学苏君（2020）博士论文的测定结果显示，从地壳浅层次到深层次，破裂面（变形带）与 σ_1 的夹角 θ 逐渐增大，从小于 30° 直到下地壳层次的近 90°。虽然这一变化趋势与我们的预测结果相协调（见第二卷图 2.20），但是在深层次塑性变形状态下，θ 角可达近 90°。这暗示变形带与 σ_1 的夹角可能并不总是 55°，而是随深度层次的变化而变化的。因此，最大有效力矩准则可能是有适用范围和边界条件的。若如此，其莫尔包络线可能并非直线，而应该是曲线如抛物线、双曲线或其他。究竟如何？尚不清楚，有待探索。

Appendix 5 20 questions in small-scale structural study

1. How to understand the concept of shear joints?

Answer: The definition of joint in most abroad textbooks is as follows: a joint is a fracture with minute opening-mode displacement and little or no displacement along its walls. According to this definition, fractures with shear displacement are not joints. Only the tensional joints are true "joints". In China, the current textbooks divide joints into tensional and shear ones according to their mechanical properties. It is also emphasized that shear joints are caused by shear stress and tension joints are led by tension stress. By comparison between the foreign and native textbooks, it can be noted that the understanding of the concept of the joint is different, that is, the foreign textbooks emphasize the strain of the fracture while the native one emphasize the stress which creates the fracture.The readers of this book should keep this difference in mind (see details in Chapter 3, Volume 3).

2. Does a pair of conjugate fractures which are orthogonal with each other exist in nature?

Answer: The Tresca criterion with horizontal envelope can not be applied to a real geological process. Because in compressive regime, the normal stress is positive ($\sigma_n > 0$) on the planes in the $\theta = 45°$ direction. The fracture can not be formed along this direction until the shear stress overcomes the cohesive strength (τ_0) and the internal friction of the rock at the same time (the internal friction angle $\phi \neq 0$). This means that the shear stress can not make rocks fracturing when it just achieves cohesive strength. This lead to a conclusion that the conjugate orthogonal fractures does not exist in nature. On the contrary, the conjugate orthogonal fractures can be formed only when the Mohr envelope parallels to the horizontal axis (σ_n) according to the Coulomb-Mohr criterion. At that time, the intercept (tensile strength) between the envelope and the horizontal axis is infinite. However, there are no materials with infinite tensile strength, including rocks. Therefore, the orthogonal fractures observed in the field are more likely to be two sets of non-conjugated joints or shear fractures rather than conjugated (see details in Chapter 2, Volume 2).

3. Does "fracture cleavage" belong to cleavage?

Answer: It should be noted that the cleavage cutting rock still has cohesion despite it tends to split along the cleavage surface, and the cleavage develops by means of grain rotation, recrystallization, pressure solution and plastic deformation of crystals. However, there are no cohesion inside the rocks cut by fracture cleavage, and it is created by the brittle deformation of rocks, not the re-arrangement of minerals in rocks indicated above. Therefore, it is better to consider the fracture cleavage as concentrated brittle fracture rather than cleavage in view of both morphology and the genetic mechanism. In this sense, we suggest to abandon the concept of fracture cleavage (see Chapter 5, Volume 3 for details).

4. What is active foliation and passive foliation?

Answer: Active foliation consists of micro shear zones or other active planes. It is normally independent with strain accumulation, not parallel to the *XY*-plane of finite strain and usually does not rotate during progressive deformation. Such as, the C-plane (from French "cisaillement") and C′-plane (extensional crenulation cleavage) in mylonites.

Passive foliation act as material planes in a homogeneous flow, which is rotating passively towards the fabric attractor. It is parallel or subparallel to the *XY*-plane of finite strain in ideal conditions. Examples are most types of continuous foliations, like S-foliation in mylonites.

It is helpful to distinguish the definition between active foliation and passive foliation to know the behavior of different foliations during deformation (see details in Chapter 5, Volume 3).

5. Does extensional crenulation cleavage (C′) rotate during progressive deformation? How about S-foliation? What is the significance of these problems?

Answer: There are two different points of view: one is according to the Maximum Effective Moment criterion (MEMC), C′ is a material invariant and always has an angle relationship of about 55° with σ_1, regardless of the deformation degree, rock type and deformation mode. According to this theory, C′ is not expected to rotate even in the case of continuous simple shear. Another view is that C′ should generally rotate during its formation due to the microlithons' ongoing deformation and tilting if there is a simple shear component in the shear zone.

Our results show that: (1) The formation of extensional crenulation cleavage is the result of strain partitioning during progressive deformation and its initial orientation is related to the kinematic vorticity (W_k) of shear zones. According to the principle of strain partitioning, C′ mainly bears the simple shear part of shear zones after its development, while S-plane bears the pure shear part. With the completion of strain partitioning, further deformation of the initial shear zones (C-foliation) will not occur. The subsequent strain will be realized by simple shear on C′- foliation and pure shear on S-foliation, respectively, and C′ is no longer controlled by C. So C′ will not rotate during progressive deformation (see Page 114, Volume 3). (2) As progressive shearing progresses, the microlithons (S-foliation) between C′ reversely rotates under the control of C′. Therefore, with the increase of deformation degree, the angle (θ') between S-foliation and shear zones (C-foliation) increases rather than decreases. So the functional relationship between shear strain (γ) and θ' commonly used in textbooks at home and abroad (see Equation 7.3 and Fig. 7.11, Chapter 7, Volume 3) will no longer exist. In other words, under the condition of the development of extensional crenulation cleavage (C′), we cannot use θ' to solve the shear strain (γ) (see the relevant articles of Hou Quanlin *et al.* in Acta Petrologica Sinica, 2021).

Some researchers suggest that low-angle detachment faults (ductile shear zones) may be developed from extensional crenulation cleavage. If so, this cleavage can be formed during the development of thrust nappes, then develop into detachment faults and the activity of thrust shear zone tends to stop. In other words, both thrusting nappes and extensional detachment structures (this extensional refers to strain, not stress) can be developed under the same tectonic stress field. In general, the former is formed firstly, and the latter (C′) is formed a little later, but the time is very close. Therefore, we should not rashly regard the thrust nappes and extensional detachment structures developed in the same area as the result of two tectonic events, and suggest that the former represents the compression event and the latter represents the extension ones. On the other hand, this view may explain why two sets of tectonic series (thrust nappes and extensional detachments) with the same shear direction (e.g. both sinistral shear or both dextral shear) developed in the same area at almost the same time.

Generally, this issue has not reached consensus and needs further study (see Chapters 2 and 6, Volume 2; Chapter 5, Volume 3).

6. Is schistosity (S-plane) in mylonites parallel to the *XY*-plane of finite strain?

Answer: The S-plane (from French "schistosité") is initially parallel to the *XY*-plane of the strain ellipse, which is in the direction of ISA_1. During the progressive deformation, the rotation speed of S-plane is faster than the *XY*-plane, making them unparallel to each other (see Figure 1.8, Volume 2). In this sense, the S-plane in mylonites is generally not necessarily parallel to the *XY*-plane of finite strain. As the degree of deformation increases, the rotation of S-plane slows down gradually, making them nearly parallel. Therefore, parallel is assumed in practice and consider the S-plane as the *XY*-plane (see Chapter 5, Volume 3 for details).

7. Is the stretching lineation consistent with the shear direction in ductile shear zone?

Answer: Theoretically, the stretching lineation is parallel to the *X*-axis of the finite strain ellipse. Because the S-plane in mylonites is nearly parallel to the *XY*-plane, the stretching lineation is located on the S-plane, not C-plane. However, the shear direction is along the C-plane, while the stretching lineation is not on this plane. Hence this kind of lineation is not consistent with the shear direction. In the case of simple shear, the projection of the stretching lineation on the C-plane is consistent with the shear direction and can be used to indicate the shear direction. However, completely simple shear in nature is almost nonexistent, so it is usually impossible to use stretching lineation to determine the shear direction.

The previous studies show that the relationship between the direction of stretching lineation and shear direction of shear zones is complicated, and the direction of stretching lineation will

change significantly even in the high-strain zone with relatively stable shear direction near simple shear. Therefore, the direction of the stretching lineation is usually not parallel to the shear direction, so it can not be used to determine the shear direction (see details in Chapters 1, 6 and 7, Volume 3).

8. How about the relationship between oblique foliation and schistosity (S-foliation) in mylonite and its significance?

Answer: Oblique foliation is a type of grain shape preferred orientation that commonly develops in response to non-coaxial flow, which is also called as oblique microscopic foliation. It consists of oriented subgrains and represents only the incremental strain of the deformation history. These foliations are not normally parallel to the *XY*-plane (approximate to S-plane of finite strain) of tectonic strain. During progressive deformation, oblique foliation keeps a relative fixed direction, and the angle with C-plane is generally $\leqslant 45°$, which is related to the kinematic vorticity (W_k) and the recrystallization mechanism in shear zones. The fabric relations between S-plane of finite strain and oblique foliation is just like the relation between riverbed and cobbles, which should be distinguished carefully in practice. The direction of shear sense can be determined and the kinematic vorticity can be calculated based on this phenomenon (see details in Chapter 1, Section 1.3, Volume 1; Chapters 5 and 7, Volume 3).

9. What is flanking structure and its significance?

In the strain zone or mylonites zone, the veins, faults or shear bands generally transect the mylonitic foliation or layering. The foliation or layering is usually called "host elements (HE)", and the discontinuities is generally called "crosscutting elements (CE)". Previous studies have showed that the crosscutting elements were intruded or active during mylonite or strain zone generation. Their interrelationship with a foliation or other host element (HE) can give asymmetric structures known as flanking structures. Particularly, the asymmetric folds developed on both flanks of the CE are called flanking folds. Although it looks like the flanking folds was cut by the CE, in fact the formation of flanking folds is later than the CE. The flanking structures occasionally could be used as shear sense indicators. However, the curving-direction of the flanking folds is controlled by various factors, such as the initial orientation of the CE, viscosity differences between the CE and HE, and strain degree of the strain zone. So it needs to be cautious in application (see Chapter 2, Volume 3).

10. How to understand localization and homogenization of strain?

Answer: Localization and homogenization of strain belong to different deformation domain, which depend on the net balance of loading and unloading (relaxation) rate. The comparison of localization and homogenization of strain is shown in the table below (see details in Volume 2; Appendix 3) :

localization	loading rate > unloading rate	controlled by shear stress	dislocation creep	spaced	conjugate	MEMC(~ 110°)
homogenization	loading rate ≤ unloading rate	controlled by normal stress	diffusion creep	penetrative	single direction	continuum mechanics

11. How is the Mohr-Coulomb criterion compatible with MEMC?

Answer: The Mohr-Coulomb criterion is used to predict the location of factures (the angle θ relative to principal compressive stress σ_1) developed in the brittle state of rocks. The angle (usually θ=30°) of these fractures with the principal compressive stress (σ_1) is controlled by shear stress ($\tau=\tau_0+\sigma_n \tan\phi$) . The envelop of Mohr circle is normally tilted ($\tan\phi > 0$) because the strength of brittle fracture of rocks increase with the increase of the confining pressure.

MEMC is used to predict the location of ductile shear zones or shear bands developed in the plastic state of rocks. The angle (usually $\theta \approx 55°$) of these shear zones or shear bands with the principle compressive stress is controlled by maximum effective moment [$M_{eff}=\pm\frac{1}{2}(\sigma_1-\sigma_3) L \sin 2\theta \sin\theta$] . Because the strength of plastic deformation decrease with the increase of the confining pressure, the envelop of MEMC is inversely tilted ($\tan\phi < 0$) .

It is obvious that the Mohr-Coulomb criterion is more applicable to the development of shallow brittle fractures, while MEMC is preferred to the development of deep ductile shear zones (see details in Chapter 2, Volume 2).

12. Is extensional crenulation cleavage (C′) a kind of crenulation cleavage?

Answer: Although it is hard to distinguish between extensional crenulation cleavage (C′) and crenulation cleavage, there are no direct relations between them. The former is not caused by folding of the pre-existing foliation (e.g. S-plane). The slight bending of S-plane near C′-plane is drag fold, which belongs to flanking folds and developed later than or contemporaneous with C′. What′s more, C′ is not perpendicular to the maximum shortening direction, while crenulation cleavage is. Therefore, C′ is neither axial-plane cleavage nor crenulation cleavage. It is actually a parallel and "spaced shear" bands developed in ductile shear zones and belongs to active foliation. So the term "shear bands" is more appropriate (see details in Chapter 5, Volume 3).

13. How to understand and recognize strain partitioning?

Answer: The concept of strain partitioning or deformation partitioning was proposed based on a large number of structural analysis, focal mechanism solutions and hydraulic fracturing during the late 1970s and early 1980s, which revealed that the direction of principal compressive stress was nearly perpendicular to the strike-slip fault, and the strike-slip fault was parallel to the thrust nappe structure. The incompatibility between the stress state and kinematics results in the development of the concept of strain partitioning or deformation partitioning in discontinuous media.

Discontinuities surface in the crust and lithosphere are widely distributed as a result of the heterogeneity of geological structure, including primary and secondary heterogeneity. For geological bodies with heterogeneous strain, their strain can be described by progressive expansion strain component (coaxial deformation) and progressive shear strain component (non-coaxial deformation). This process of distributing the total strain across a deformation zone to a band or zone dominated by different strain types (coaxial and non-coaxial) is known as strain

partitioning. This theory can explain many phenomenon while continuum mechanics cannot, e.g., the problem of parallel fold axis and strike-slip fault in the San Andreas fault in California (see details in Chapter 1, Volume 2; Chapter 9, Volume 3).

14. Is the mineral composition homogeneous in the core-and-mantle structure of a deformed crystal in a shear zone? And their significance?

Answer: The core-and-mantle structure, also called as mantled porphyroclast, usually consists of a single crystal, surrounded by a mantle of fine-grained material of the same mineral. Therefore, mantle is the fine-grained deformation product by the dynamic recrystallization of core mineral. In theory, they have the same mineral composition. But if fluid is involved, the dynamic recrystallization can be accompanied by chemical reaction to form new minerals, e.g. feldspar, which can react to form quartz or mica.

The asymmetric morphology of the core-and-mantle structure can indicate shear direction. Different types of this structure are related to the degree of deformation. δ-type and complex mantled clasts mainly occur in high strain mylonites, while σ-type mantled clasts occur also at lower strain. Naked clasts occur commonly in ultramylonites, especially at high grade. ϕ-type mantled clasts are most common in high-grade relatively coarse-grained mylonites, but does not represent coaxial rheology. σ-type mantled clasts should not be confused with mineral fish or S-shape mineral aggregates, or with asymmetric strain shadows and strain fringes since each category is formed by different mechanisms (see details in Chapter 7, Volume 3).

15. Can tectonite form under (ultra-) high pressure?

Answer: Although high to ultra-high pressure tectonite ranks as an important scientific issue, similar with the high to ultra-high pressure metamorphic rocks, the existence of former has long been controversial. There are two main views: one is that, in deep subduction, the differential stress intensity is relatively small, only a few MPa, less than the stress intensity required for dislocation creep, and the strain is dominated by solution-precipitation mode. So the formation of (ultra-) high pressure tectonite is impossible. Another view is that the differential stress intensity in deep subduction zones can reach more than tens of MPa, dislocation creep is still one of the main deformation mechanisms of minerals and rocks. So (ultra-) high pressure mylonites can be formed under that condition. Moreover, it is believed that high strain is mainly localized in the ductile shear zones, which constitutes the exhumation channel and lubrication zone of the ultra-high pressure metamorphic rocks. Recent studies have found strong deformed eclogite (as shown in Figure 4.52 in Volume 1) and cataclasis of blueschist. This issue has not yet fully reached a consensus, and we should do more work (see details in Chapter 1, Volume 3).

16. Why don't some of the felsic mylonites develop asymmetrical porphyroclast?

Answer: At the higher strain level, shear zones tend to be wider because softening and localization mechanisms have smaller effects than that at the lower condition. Under the higher conditions, rheological differences between different minerals decrease, which result in the increase effect of diffusion creep and decease of differential stress. At lower strain rate, stratified rocks with few porphyroclast and relatively coarse-grains are formed, and particles in matrix may be reticulated. Except for the stratification, the development of foliation and lineation is rare. At higher strain mylonites, the minerals with low strength are characterized by ribbon-elongated recrystallization, while the minerals with high strength are characterized by symmetric porphyroclast, which do not show asymmetric porphyroclast structure and form rhomboids or banded mylonites (see details in Chapter 4, Figure 4.8, Volume 2; Chapters 1 and 7, Volume 3; Appendix 3).

17. Do brittle fractures occur in ductile shear zones? How is it related to mineralization?

Answer: The most famous example of brittle fractures in ductile shear zones is Sigma gold deposit in the north of Cadillac belt in Quebec, Canada. The subhorizontal auriferous tourmaline-quartz veins are commonly hosted in a high-angle reverse ductile shear zone and its side rocks. The vein fibers are perpendicular to the vein wall, indicating an extension condition. The ductile shear zone has the same stress arrangement with the extensional veins, however, the deformation behavior of rocks is very different. The coexistence of brittle and ductile deformation is rather caused by the change of pore fluid pressure and strain rate than the change of structural level. During the development of ductile shear zones, the interconnected porosity may be destroyed by ductile deformation and dynamic recrystallization and then parts of shear zones are sealed, which lead to the decrease of pore volume and the accumulation of fluid pressure to lithostatic or supralithostatic level (high-pressure fluids). Brittle fractures, usually R, R′ and T fracture, can be triggered by factors such as a decrease of rock strength and a sudden increase of strain rate caused by locally high-pressure fluids, as well as differences in rock strength. Recent studies suggest that unsteady deformation is normal, and it is common for the alternation of brittle and ductile deformation of rocks due to the change of strain rate. It is the brittle fractures during the development of ductile shear zones that cause the formation of shear zone type ore deposits, and the mineralization process is summarized as follows: (multi-stage) pluton emplacement, hydrothermal fluid action, ductile shearing action, brittle fracturing (R, R′ and T fracture), sudden reduction of stress, flash vaporization, mineralization (see details in Chapter 4, Volume 2; relevant parts in Volume 4; Hou and Liu, 2020, *Tectonic conditions and mechanochemical process of mineralization of shear zone type deposits*).

18. Can the undeformed minerals or rocks be considered as the upper temporal limit of deformation event in ductile shear zones?

Answer: It depends on the individual case. In most case, the undeformed mineral or rocks involved in shear zone can not provide a temporal limit of the deformation age due to the heterogeneity of ductile deformation. Although some of the minerals or rocks don't experience deformation in shear zones, it doesn't guaranteed that they are formed after the deformation event. Owing to the change of rheology of materials after the nucleation of ductile shear zones, which is also called strain hardening or softening, the strain of ductile shear zones is generally localized in narrow bands (deformation localization). This means that only some minerals or

rocks have experienced the ductile deformation, while others not, such as the porphyroclast in mylonites. This undeformed minerals or rocks have no age difference from deformed ones, both of which are formed before the deformation event. Therefore, the age of undeformed minerals or rocks, just like the age of porphyroclasts, can't be used as the upper temporal limit of deformation event in a ductile shear zones.

19. How to understand the relationship between kinematic vorticity (W_k) and shear zone thickness?

Answer: Some researchers think that 1) When ξ=90° or α=−90°, W_k=−1 means the compression parallel to shear zone boundary or extension perpendicular to shear zone boundary, leading to shear zone thickening; 2) When 45° $< \xi <$ 90° or −90° $< \alpha <$ 0°, $-1 < W_k < 0$ indicates a general thickening shear zone, which is commonly interpreted as multiple phases deformations (see Zheng and Wang, 2004). ξ is defined as the angle between the shear zone boundary-normal direction (the pole to the shear zone boundary) and the instantaneous minimum principal strain axis (λ_3) or the maximum principal stress axis (σ_1), and 0° $\leqslant \xi \leqslant$ 90°; α is the angle between two eigenvectors of the deformation matrix (flow apophyses), and 0° $\leqslant |\alpha| \leqslant$ 90° (see Figure 1.37 in Volume 2).

Then how to understand the following questions: ① According to the expressions of kinematic vorticity for 2D general shearing W_k=cosα or W_k=sin2ξ (Equations 1.33 and 1.36 in Volume 2), or other expressions, W_k cannot be negative. Furthermore, based on the definition of the kinematic vorticity [Equations (1.30)–(1.32) in Volume 2], W_k is the ratio of the magnitudes of vorticity (W) and strain rate ($\dot{e}$). It cannot be negative. ② W_k=1 corresponds to non-coaxial simple shearing, but it does not distinguish sinistral shearing and dextral shearing; W_k=0 corresponds to coaxial pure shearing, but it does not distinguish compression and extension deformation; $0 < W_k < 1$ correspons to general shearing, and W_k is a function of the ratio of boundary-parallel and boundary-normal motion components. In other words, W_k reflects the ratio of simple shear and pure shear components. Then, what is the physical meaning of the case of W_k =−1 and $-1 < W_k < 0$? It seems that $W_k < 0$ has not any physical meaning. ③ In the case of 45° $< \xi \leqslant$ 90°, a shear zone may be thicken; however, shear zone thickening is not necessarily caused by multiple phases deformations. For example, shear zone thickening could occur at the releasing bends of shear zones.

If so, some statements in Page 47, Volume 2, may be inappropriate. In general, further studies are required to clarify the kinematic vorticity of a shear zone.

20. How to understand the Maximum Effective Moment Criterion (MEMC)?

Answer: The Maximum Effective Moment Criterion (MEMC) was proposed by Professor Zheng Yadong of Peking University in 2004. Although it is not widely accepted in the community, the MEMC is helpful to explain the formations of low-angle normal fault, high-angle reverse fault, extensional crenulation cleavage (C′) and other structures (see Chapters 2, 5, and 6, Volume 2 for more details). According to MEMC, the angle θ between the shear band/kink band/deformation zone and the maximum principal stress (σ_1) is always about 55° under any boundary condition. Therefore, the Mohr envelope on the Mohr diagram is a straight line with a negative slope (see Figures 2.13 and 2.14 in Volume 2). However, Su (2020) in her PhD thesis of Peking University pointed out that θ increases with increasing depths, from less than 30° at shallower depths to nearly 90° at lower crust, which is consistent with our predictions (Figure 2.20 in Volume 2). On the other hands, It implies that θ may vary with depth, not always about 55°. Therefore, MEMC may be valid in certain conditions. If so, the Mohr envelope may be a curve such as a parabolic, hyperbolic curve, or others instead of a straight line. This problem remains unclear.

附录6 名词索引

续表

续表

续表

续表

续表

续表

续表

续表

续表

续表

续表

名词	页码（卷号）
库仑破裂理论（Coulomb fracture criterion）	68（二）
块体搬运沉积（mass-transport deposit，MTD）	52（四）
块体–基质结构（block-in-matrix）	67、73、76（一）
块状或网脉状硫化物带（massive stockwork zone）	148（四）
块状硫化物透镜体（massive sulphide lens）	152（四）
快速剪切波极性（fast shear-wave polarization direction）	87（四）
快速扩张洋脊（fast-speed spreading ridge）	148（一）
矿物纤维线理（mineral fiber lineation）	142（三）
矿物线理（mineral lineation）	139（三）
矿物鱼（mineral fish）	199（三）
亏损地幔（depleted mantle）	171（一）
扩散蠕变（diffusion creep）	15（三）
扩张应变（dilational strain）	19（二）
拉分盆地（pull-apart basins）	296（三）
拉伸破裂（tensile fractures）	65（二）
拉伸线理（stretching lineation）	139（三）
离散型板块边界（divergent plate boundaries）	48、51（一）
里德尔剪破裂（Riedel shear fractures）	292（三）
粒子流（particulate flow）	63（二）
连续介质力学（continuum mechanics）	345（三）
连续面理（continuous foliation）	104（三）
两状态描述（two-state formulation）	346（三）
亮片岩（schiefer lustre）	64（四）
裂谷（rift）	6（四）
临界楔形体（critical taper）	275（三）
流变学（rheology）	86（二）
流痕（current ripples）	132（四）
流脊（flow apophyses）	42（二）
硫化物矿化带（sulphide zone）	147（四）

续表

续表

续表

续表

续表

续表

续表

续表

续表

续表

结 束 语

至此，《高等构造地质学》第四卷顺利收笔，也恰逢我年满五十八周岁，总算了却了自己多年的夙愿，下一步就是准备收拾行囊，进入人生的又一阶段，安度晚年了！然而，心里对这耕耘了几十年的三尺讲台却仍然依依不舍，许多往事浮上心头。

回想过去，尽管觉得有些坎坷，但非常幸运。1978 年我从农村初中毕业时，恰好赶上了全县“文化大革命”后的首届统一中考，择优录取（以往都是按家庭出身推荐上高中，当然与我无缘），我有幸考取了“武陟县第一高中”。当时初、高中均为两年学制，1980 年高考时，起初一直想学医学，觉得将来当个好医生，为病人解除痛苦是件很神圣的事情。结果因高考成绩不理想，录取到了所有志愿中唯一非医学类学校——焦作矿业学院（现为河南理工大学）煤田地质与勘探专业。当时我的理念是，不管学什么专业，都要努力学到最好，这是自己唯一能够选择的。毕业时因成绩优秀留校任教，满足了自己人生的第二大理想职业——教师。为什么把医生和教师作为自己的理想职业追求呢？可能与我童年时代受到的一些影响有关。那时常听我外婆称村里的医生和老师为“先生”，不管男女长幼。这使我幼小的心灵里对医生和教师产生了懵懂的崇敬和羡慕。

留校工作后，主要参加了原煤炭部重点项目“全国煤矿瓦斯地质编图”的工作，这为自己后来开展煤的应力化学研究奠定了基础。1986 ～ 1987 学年在北京大学地质学系构造地质专业为期一年的进修大大地拓展了我的视野，使我领略到了学术大师的风范和自由的学术氛围，改变了我的科学人生观，奠定了努力奋斗和拼搏的思想基础。一年后到中国科学院地质研究所攻读硕士、博士学位研究生，再到高能物理研究所做博士后。因我原有的工作关系，经过长期曲折的过程，在领导和朋友们的支持下，最终如愿以偿，得以在中科院从事科研和教学工作至今。我要感谢在此过程中所有帮助和支持我的人。回顾过去，自己的体会是，无论学什么专业、无论从事什么工作、无论有什么样的追求，坚持和不懈努力是成功的前提，正所谓“功夫不负有心人”。但愿我的经历能对地质学科的研究生，乃至本科生们稳定专业思想和培养奋发图强的精神有所裨益和启发。

近些年到一些大学聆听老师们尤其年轻老师的专题报告或课题申请答辩，或参加一些学术会议。说实话，每次心里都会很复杂，有一种说不出的感觉。报告人的经历和成果（主要是论文和专利等）可谓丰富和丰硕，但也不乏基本概念不甚清楚或欠准确，以致研究思路显得混乱之情况。这也是我下决心撰写这套教材的根本原因之一，即旨在明晰概念，

以正视听。我曾与某著名大学学院院长谈论此事。他说这些年以“四唯*”论英雄，文章多就能留校作老师，这也是多数学校选择师资的主要学术标准，因此对基本概念和理论的把握程度居于次要地位。其实，我认为对一名教师来说，基本概念准确、基本理论清楚和基本思路清晰远比发表的论文数量乃至影响因子重要。若不加以重视，如此下去，可能会造成恶性循环，甚至影响科学和教育的发展。当然科学总是发展的、历史总是前行的，但总希望前行的更加稳健，少一些波折。

学术绝非仅是论文数量、影响因子、引用次数，也非获奖级别和多少，更非主持项目之多寡。学术应回归学术之本真，其实质是科学精神，是对学问的追求，是具有渊博的知识和强劲的创新能力，以及战略思想的综合衡量，简单地说，对学术水平的最好评价就是科学共同体的认可度，而绝非定量指标可衡量。钱三强先生回国后没有发表过一篇学术论文，但他是“两弹一星”元勋，无人怀疑他的学术水平和学术贡献；屠呦呦先生没有 SCI 论文，但她是我国目前为止自然科学的唯一“诺奖”得主；民国时期的陈寅恪先生是“三无”教授，而又有谁不为他的学问和科学精神所折服。若按“四唯”衡量，恐在普通大学也难觅一职。当然，并非说发表论文不重要，基础研究成果的主要表现形式还是发表学术论文，但体现学术水平的并非论文数量或影响因子，而是论文的学术思想和科学贡献，要经得起历史的检验，如爱因斯坦的“相对论”和魏格纳的“大陆漂移”等起初并不为学界所接受。

在此，我特别想对青年学子们说：你可以论文寥寥，但不可以没有科学精神；你可以没有奖项，但不可以没有科学思想；你可以没有任何“桂冠”，但不可以没有科学追求；你可以没有丰厚的经济收入，但不可以没有丰富的科学知识。科学应回归其本质，科学家应挺直其脊梁，以追求科学真理为己任，努力担当起历史责任，接受历史的检验，不为那些蝇头微利而屈膝折腰、失去自我！

在第三卷“跋”中曾提到科学前沿问题。所谓前沿就是知道的和不知道的之间的界线。如果把知道的，或者说拥有的知识当作一个圆，圆之外是不知道的，那么这个圆的圆周就是前沿。学科前沿就是包括这个学科全部知识的大圆的圆周。要想使自己站到学科前沿，就要努力用专业知识去撑大自己的圆，使之接近甚至等于学科大圆。突破大圆才是创新。所以，一个人的创新能力与自己的圆的大小，即拥有知识的多寡密切相关；同理，一个国家的创新能力取决于拥有大圆的人的多寡。

2019 年底开始的新冠病毒全球传播和防控伴随着《高等构造地质学》第四卷的撰写过程。疫情肆虐给全世界造成了极大的创伤和灾难，给人们留下了难以磨灭的记忆。然而，这也为我“被迫”宅家，静心思考和撰写提供了“难得”的机遇。也在想，对任何事情，无论有多么可怕，都应冷静、理性面对，这样可以使损失（精神的和物质的）降到最低，甚至有时坏事还可以变为好事，同时也使自己经受锻炼而更加顽强和成熟；反之，好事也可能变为坏事。

侯泉林

2021 年 1 月 30 日于家中

* 四唯：唯论文、唯职称、唯学历、唯奖项。